大学计算机基础教程

郭师虹　王小完　刘培奇　张　鹏　主编

电子工业出版社

Publishing House of Electronics Industry

北京·BEIJING

内 容 简 介

本书分为教程篇、实验篇和测试篇三部分。第 1～6 章为教程篇，主要内容包括计算机基础知识、操作系统基础、文字处理软件 Word 2010、电子表格处理软件 Excel 2010、演示文稿制作软件 PowerPoint 2010、计算机网络及 Internet 基础；第 7～11 章为实验篇，根据教学要求安排了操作系统实验、文字处理软件实验、电子表格软件实验、演示文稿软件实验、计算机网络基础与应用实验；测试篇包括计算机基础知识、操作系统、文字处理软件、电子表格软件、演示文稿软件、计算机网络基础与应用六个测试题。

本书注重培养学生的思维能力和实际应用能力，适用于普通高等学校非计算机专业学生，以及对计算机基础感兴趣的读者。

未经许可，不得以任何方式复制或抄袭本书之部分或全部内容。
版权所有，侵权必究。

图书在版编目（CIP）数据

大学计算机基础教程 / 郭师虹等主编 . —北京：电子工业出版社，2019.1
ISBN 978-7-121-35269-0

Ⅰ. ①大… Ⅱ. ①郭… Ⅲ. ①电子计算机—高等学校—教材 Ⅳ. ①TP3

中国版本图书馆 CIP 数据核字（2018）第 237794 号

策划编辑：刘小琳
责任编辑：刘小琳 　　 特约编辑：刘 　炯
印 　　 刷：三河市鑫金马印装有限公司
装 　　 订：三河市鑫金马印装有限公司
出版发行：电子工业出版社
　　　　　北京市海淀区万寿路 173 信箱 　邮编 100036
开 　本：787×1 092 　1/16 　印张：25.25 　字数：690 千字
版 　次：2019 年 1 月第 1 版
印 　次：2022 年 7 月第 6 次印刷
定 　价：59.80 元

凡所购买电子工业出版社图书有缺损问题，请向购买书店调换。若书店售缺，请与本社发行部联系，联系及邮购电话：（010）88254888，88258888。
质量投诉请发邮件至 zlts@phei.com.cn，盗版侵权举报请发邮件至 dbqq@phei.com.cn。
本书咨询联系方式：liuxl@phei.com.cn，（010）88254538。

前　言

信息技术飞速发展，全社会对计算机应用的需求不断增加，提高非计算机专业大学生的计算机应用水平和技能、满足社会发展对应用技术人才的需求迫在眉睫，因此我们编写了本书。

本书根据教育部高等学校非计算机专业计算机基础课程教学指导委员会关于"大学计算机基础"的教学要求编写，包括教程篇、实验篇、测试篇三部分。第 1～6 章为教程篇，主要内容包括计算机基础知识、操作系统基础、文字处理软件 Word 2010、电子表格处理软件 Excel 2010、演示文稿制作软件 PowerPoint 2010、计算机网络及 Internet 基础；第 7～11 章为实验篇，根据教学要求安排了操作系统实验、文字处理软件实验、电子表格软件实验、演示文稿软件实验、计算机网络基础与应用实验；测试篇包括计算机基础知识、操作系统、文字处理软件、电子表格软件、演示文稿软件、计算机网络基础与应用六个测试题。

本书根据普通高等学校非计算机专业学生的认知特点，结合当前大学生具备的信息技术基础知识，从计算机基础知识及基本操作入手，引导学生由浅入深、循序渐进地掌握相关知识及操作。本书内容丰富、通俗易懂、实用性强，注重培养学生的思维能力和实际应用能力。为了促进学生学习积极性，及时检验学习效果，教程篇每章都配有课后习题，实验篇与测试篇配合紧密，书后还附有参考答案。

本书由西安建筑科技大学郭师虹、王小完、刘培奇、张鹏任主编，郭师虹负责全书的统稿工作。第 1～2 章、第 7 章、测试一和测试二由刘培奇编写，第 3 章、第 8 章和测试三由郭师虹编写，第 4～5 章、第 9～10 章、测试四和测试五由王小完编写，第 6 章、第 11 章、测试六由张鹏编写。西安建筑科技大学的辛嘉麒、周玉婷、张亚杰、刘宇、李宸宸、李文博、刘立博、刘磊、舒展、庞飞彪、张栋鹏、李涛、翟彦昭等人参加了本书的编写及校对工作。

本书的编写得到了西安建筑科技大学陈梅和王丹两位老师的大力支持和热心帮助。本书的出版还得到了电子工业出版社领导和编辑的鼎力支持，在此深表感谢！

由于时间仓促及编写者水平所限，错误和疏漏之处在所难免，恳请广大读者批评指正。

编　者
2018 年 11 月

目 录

教 程 篇

实 验 篇

测 试 篇

教 程 篇

<h1 style="text-align:right">第 1 章</h1>

计算机基础知识

计算机是 20 世纪最有影响力的发明。由于计算机的出现，人类历史快速地进入了信息时代新纪元。目前，计算机和以计算机为基础的计算机网络，已经遍布人们的学习、工作和生活中，掌握计算机的基本知识成为每个人的基本要求。本章就是基于这样的要求，介绍一些计算机基础知识和基本操作。

1.1 计算机概述

1.1.1 计算机的诞生

从广义上讲，计算机就是一部计算工具。从这个意义上讲，计算机诞生的历史非常久远。从最早的简单计算机工具开始，有算筹、算盘、计算尺、机械式计算机、机电式计算机，直到电子模拟计算机和电子数字计算机的出现，经过了漫长的发展过程。

远古时期，人们利用一些自然方法计数和计算。在古人类生活过的岩石洞里的刻痕就说明了这一点。另外，人手是大自然赋予人类最方便的计算工具（这也是人类使用十进制数的最根本原因），通过手指就可以进行一些简单的计数和计算。后来，当数据超过十以后，人们就用石子、贝壳计数和计算，这是人类使用的最早计算工具。

到了周代，我国古代劳动人民开始用算筹计数和计算，算筹是最原始的人造计算工具。到了春秋战国时期，算筹使用得已经非常普遍。根据史书记载，算筹是一些同样长短和粗细的小棍子，常用竹子、木头、兽骨、象牙等材料制成（见图 1.1）。到唐代后，我国出现了算盘。算盘是一种广泛使用的计算工具，直到 20 世纪初仍然是社会上重要

图 1.1　算筹

的计算工具，图 1.2 就是 20 世纪 70 年代使用的算盘。在国外到了大约 1620 年，约翰·纳皮尔发表了对数概念，不久牛津大学的埃德蒙·甘特（Edmund Gunter）发明了一种使用单个对数刻度的计算尺，后来人们对计算尺不断改进，使之成为一种重要的计算工具，到 20 世纪 60 年代，计算尺已成为工程师身份的象征，图 1.3 就是常见的计算尺。直到 20 世纪 70 年代，袖珍科学计算器的诞生才使计算尺的使用宣告结束。

图 1.2　算盘

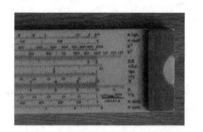

图 1.3　常见的计算尺

随着工业革命的开始，人们发明了各种机械设备。为了解决设备设计和制造过程中越来越复杂的计算问题，科学家对计算工具展开了广泛研究，取得了丰硕成果。1642 年，法国物理学家帕斯卡发明了机械齿轮式加减法器（见图 1.4）。到 1673 年，德国数学家莱布尼兹发明了乘除器（见图 1.5），从此便诞生了能进行四则运算的机械式计算机，商品化的机械式计算机最早出现在 1820 年。在随后的一段时期，人们一直在不断研究、扩充和完善这些计算装置。在这方面最卓越的是英国发明家查里斯·巴贝奇在 19 世纪三四十年代设计的差分机和分析机（见图 1.6）。分析机已经有了今天计算机的基本结构。

图 1.4　机械齿轮式加减法器

图 1.5　莱布尼兹发明的乘除器

图 1.6　查里斯·巴贝奇设计的差分机和分析机

现代计算机的研究始于 20 世纪。1938 年，德国工程师 K. Zuse 研制出 Z-1 计算机，这是第一台采用二进制的计算机。在后来的四年中，K. Zuse 先后研制出采用继电器的计算机 Z-2、Z-3、Z-4。Z-3 是世界上第一台真正的通用程序控制计算机，全部采用继电器元件，并采用了浮点计数法、二进制运算、带存储地址的指令形式等，具备了现代计算机的特征，Z 系列计算机如图 1.7 所示。同时，1940—1947 年在美国也相继制成了继电器计算机 MARK-1、MARK-2、Model-1、Model-5 等，图 1.8 为 MARK-1 计算机。不过，继电器的开关速度大约为 1%s，使计算机的运算速度受到很大限制。

图 1.7　Z 系列计算机

图 1.8　继电器计算机 MARK-1

几乎与 MARK-1 计算机诞生的同一时期，以美国宾夕法尼亚大学莫尔学院莫利奇和艾克特为领导的团队，为美国陆军军械部阿伯丁弹道研究实验室研制了一台用于炮弹弹道轨迹计算的电子数字积分器和计算器（Electronic Numerical Integrator And Calculator，ENIAC），经多次改进后成为能进行各种科学计算的通用计算机，ENIAC 计算机如图 1.9 所示。ENIAC 计算机是世界上第一台真正意义上的电子计算机，它占地面积 170m²，总重量 30t，使用了 18000 只电子管、6000 个开关、7000 只电阻、10000 只电容、50 万条线，耗电量 140kW，每秒可进行 5000 次加法运算。这个庞然大物于 1946 年 2 月 15 日在美国举行了揭

图 1.9　世界上第一台电子计算机 ENIAC

幕典礼。这台计算机的问世，标志着现代电子计算机时代的开始。1945 年，ENIAC 的顾问 Von Neumann 在电子离散变量计算机（Electronic Discrete Variable Automatic Computer，EDVAC）的研制计划中首次提出了存储程序的概念。

存储程序的基本思想是把一些常用的基本操作都制成电路，每个操作都用一个数代表，于是这个数就可以指示计算机执行某项操作。程序员根据解题的要求，用这些数来编制程序，并把程序同数据一起放在计算机的存储器里。当计算机运行时，它可以依次以很高的速度从存储器中取出程序里的每条指令，逐一予以执行，以完成全部计算的各项操作。它自动从一个程序指令转到下一个程序指令，作业顺序通过"条件转移"指令自动完成。存储程序的思想使全部计算成为真正的自动过程，它的出现被誉为电子计算机史上的里程碑。1946 年，Von Neumann 在 Princeton Institute 进行高级研究时，设计了一台存储程序的计算机 IAS，虽然 IAS 直到 1952 年也未能问世，但 IAS 的总体结构得到确认，并成为后来通用计算机的原型。

从 ENIAC 可以看出，现代计算机的运行速度很高，运算精确，由于采用了存储程序的思想，ENIAC 可以自动进行计算。因此，可以将现代计算机更精确地定义为一台能够自动进行高速精确运算的电子设备。

1.1.2　计算机的发展历程

ENIAC 的诞生，标志着现代电子计算机正式诞生，从此人类社会进入一个崭新的电子计算机和信息时代。经过 70 多年的发展，计算机元件也不断改进。按照传统的以计算机基本元件划分发展时代的方法，可将计算机发展分为四代。

1. 第 1 代：电子管计算机（1946—1957 年）

电子管计算机是世界上第 1 代电子计算机。它在硬件方面采用电子管作为基础元件，主存储器为汞延迟线，后来逐渐过渡到用磁芯存储器、外存储器作为磁带，输入、输出设备主要采用穿孔卡片，用户使用起来很不方便。这一代计算机系统软件还非常原始，用户使用类似于二进制机器语言编写程序，后期出现了汇编语言。这时的计算机主要应用于军事和科学计算领域。

第 1 代计算机的重要特点是体积大、功耗高、可靠性差、速度慢（一般为每秒数千次至数万次）、价格昂贵，但为以后的计算机发展奠定了基础。

2. 第 2 代：晶体管计算机（1958—1964 年）

1948 年发明的晶体管极大地促进了电子工业的快速发展。到 1956 年，在计算机硬件制造上，用晶体管代替了体积庞大、功耗大的电子管，用磁芯存储器代替了汞延迟线，运算速度为10 万～300 万次/s。在这一代计算机中，已经出现了操作系统，并配备了 COBOL 和 FORTRAN 高级程序设计语言。这时的计算机以科学计算和事务处理为主，并开始进入工业控制领域。

第 2 代计算机的特点是体积小、能耗低、可靠性较高、运算速度快。

3. 第 3 代：集成电路计算机（1965—1971 年）

随着电子工业的迅速发展，科学家研制出了中、小规模集成电路（MSI、SSI），并在计算机的制造中用 MSI、SSI 代替分立元件晶体管，主存储器仍采用磁芯存储器，这就产生了第 3 代计算机，即集成电路计算机。第 3 代计算机在软件方面有更大进步，应用了分时操作系统及结构化、模块化程序设计方法。

第 3 代计算机的特点是体积更小、计算速度更快（一般为每秒数百万次至数千万次），而且可靠性有了显著提高，价格进一步下降，产品走向了通用化、系列化和标准化等。

4. 第 4 代：大规模集成电路计算机（1972 年至今）

从 20 世纪 70 年代起，集成电路的生产技术飞速发展，出现了大规模集成电路（LSI）和超大规模集成电路（VLSI），促进了计算机科学的进一步发展。在硬件方面，逻辑元件采用了大规模和超大规模集成电路，出现了第 4 代计算机。在软件方面，出现了数据库管理系统、网络管理系统和面向对象语言等。计算机应用领域从科学计算、事务管理、过程控制逐步走向家庭。

第 4 代计算机的主要特点为体积小、运算速度快、系统稳定性高、发热量小、维护方便。

1.1.3　计算机的特点

以 ENIAC 为代表的计算机，属于电子数字计算机，是真正意义上的计算机。同以往的各种计算工具相比，现代电子数字计算机有以下显著特点。

1. 运算速度快

计算机内部电路组成了可以高速、准确地完成各种算术运算的部件。当今计算机系统的运算速度已达到每秒万亿次，微机也可达每秒上亿次，使大量复杂的科学计算问题得以解决。例如，卫星轨道的计算、大型水坝的计算、24 小时天气计算等，过去往往需要几年甚至几十年的时间，而现代计算机只需要几分钟就可完成。

2．计算精确度高

科学技术的发展，特别是尖端科学技术的发展，需要高度精确计算。计算机控制的导弹之所以能准确击中预定目标，是与计算机的精确计算分不开的。一般计算机可以有十几位甚至几十位（二进制）有效数字，计算精度可由千分之几到百万分之几，是任何计算工具所望尘莫及的。

3．逻辑运算能力强

计算机不仅能进行精确数值计算，还具有逻辑运算功能，能对信息进行比较和判断。计算机能把参加运算的数据、程序及结果保存起来，并能根据判断的结果自动执行下一条指令。

4．存储容量大

计算机存储器具有记忆特性，可以存储大量的数据和程序。

5．自动化程度高

由于计算机具有存储记忆和逻辑判断能力，所以可以将预先编好的程序存入计算机。在程序控制下，计算机可连续、自动地工作，不需要人工干预。

1.1.4　计算机分类

从第一台计算机 ENIAC 的诞生到现在，出现了大小不同、功能各异的各种计算机，可按照不同的分类方法，将它们进行分类。

1．按照制造原理分类

按照计算机的制造原理，一般将电子计算机分为数字计算机和模拟计算机两大类。

1）数字计算机

数字计算机通过电信号的有无来表示数据，并利用算术和逻辑运算法则进行计算。它具有运算速度快、精度高、灵活性大和便于存储等优点，适合科学计算、信息处理、实时控制和人工智能等应用。通常所用的计算机，一般都是数字计算机。

2）模拟计算机

模拟计算机通过电压的大小来表示数据，利用电的物理变化过程进行数值计算。模拟计算机运算速度快，适合求解高阶微分方程。在模拟计算和控制系统中应用较多，但通用性不强，信息不易存储，且计算精度受设备限制。因此，不如数字计算机应用普遍。

2．按用途分类

按照用途可将计算机划分为专用计算机和通用计算机。

1）专用计算机

专用计算机具有使用面窄甚至专机专用的特点，它是为解决一些专门问题而设计制造的。因此，它增强了某些特定功能，而忽略一些次要功能，使得专用计算机能够高速度、高效率地解决某些特定的问题。

2）通用计算机

通用计算机具有功能多、配置全、用途广、通用性强等特点，可适用于绝大部分应用场合。我们通常所说的计算机就是通用计算机。

3. 按综合指标分类

在通用计算机中，按照运算速度、字长、存储容量、软件配置等多方面的综合性指标又将计算机分为超级计算机、巨型机、大型机、小型机、工作站、微型机等几类。

1）超级计算机

超级计算机（Supercomputers）通常指由成百上千甚至更多的处理器（机）组成的、能计算普通 PC 机和服务器不能完成的大型复杂课题的计算机。超级计算机是计算机中功能最强、运算速度最快、存储容量最大的一类计算机，是国家科技发展水平和综合国力的重要标志。超级计算机拥有最强的并行计算能力，主要用于科学计算。在气象、军事、能源、航天、探矿等领域承担大规模、高速度的计算任务。在结构上，虽然超级计算机和服务器都可能是多处理器系统，二者并无实质区别，但是现代超级计算机较多采用集群系统，更注重浮点运算的性能，可看作一种专注于科学计算的高性能服务器，而且价格非常昂贵。

目前，超级计算机的研究已经成为衡量一个国家科学技术发展水平和经济实力的重要标志。国际 TOP500 组织每年发布两次全球已安装的超级计算机系统排名，其目的是促进国际超级计算机领域的交流和合作，促进超级计算机的推广应用。2017 年 6 月，在德国法兰克福召开的 ISC2017 国际高性能计算大会上，我国的"神威·太湖之光"超级计算机以 12.5×10^{16} 次/s 的峰值计算能力，以及 9.3×10^{16} 次/s 的持续计算能力，再次蝉联 2017 年全球超级计算机排名榜单 TOP500 第一名，实现三连冠，"天河二号"位居第二名。

2）巨型机

为适应现代科学技术，尤其是国防尖端技术的发展，国家需要投入巨资研制比一般大型机速度更高、容量更大、性能更强的巨型机。巨型机在技术上朝两个方向发展：一方面是开发高性能器件，缩短时钟周期，提高单机性能；另一方面是采用多处理器结构，提高整机性能。

目前，我国的"银河-III"是百亿次巨型机。该系统采用了目前国际最新的可扩展多处理机并行体系结构。它的整体性能优越、系统软件高效、网络计算环境强大、可靠性设计独特、工程设计优良，运算速度可达 130×10^8 次/s，其系统综合技术达到当前国际先进水平。在该系统研制的同时，一批适用于天气预报、地震机理研究、量子化学研究、气动力研究等方面的高水平应用软件也研制出来，这使它增加了进入市场的竞争力。

3）大型机

大型机是对一类计算机的习惯称呼，本身并无十分准确的技术定义。其特点为通用性强、具有很强的综合处理能力、性能覆盖面广等，主要应用在公司、银行、政府部门、社会管理机构等。

大型机研制周期长，设计技术与制造技术非常复杂，耗资巨大，需要相当数量的设计师协同工作。大型机在体系结构、软件、外设等方面又有极强的继承性，因此，国外只有少数公司能够从事大型机的研制、生产和销售工作。美国的 IBM、DEC，日本的富士通、日立等都是大型机的主要厂商。

4）小型机

小型机机器规模小、结构简单、设计试制周期短，便于及时采用先进工艺。这类机器由于可靠性高,对运行环境要求低,易于操作且便于维护,用户使用机器不必经过长期的专门训练。因此,小型机对广大用户具有吸引力,加速了计算机的推广普及。DEC 公司的 PDP-11 系列是 16 位小型机的早期代表。

小型机应用范围广泛,如用在工业自动控制、大型分析仪器、测量仪器、医疗设备中的数据采集、分析计算等场合,也用作大型机、巨型机系统的辅助机,并广泛运用于企业管理及大学和研究所的科学计算等。

5)工作站

工作站(Workstation)是一种以个人计算机和分布式网络计算为基础,主要面向专业应用领域,具备强大数据运算与图形、图像处理能力,为满足工程设计、动画制作、科学研究、软件开发、金融管理、信息服务、模拟仿真等专业领域而设计开发的高性能计算机。它属于一种高档的计算机,一般拥有较大的屏幕显示器和大容量的内存和硬盘,也拥有较强的信息处理功能和高性能的图形、图像处理功能及联网功能。

工作站是一种高档的微机系统。它具有较高的运算速度,既具有大、中、小型机的多任务、多用户能力,又兼具微型机的操作便利和良好的人机界面。它可连接多种输入、输出设备,其最突出的特点是图形性能优越,具有很强的图形交互处理能力,因此在工程领域,特别是在计算机辅助设计(CAD)领域得到了广泛运用。

6)微型机

随着大规模和超大规模集成电路的发展,美国 Intel 公司于 1971 年成功地在一个芯片上实现了中央处理器功能,研制成世界上第一片 4 位微处理器(Micro-Processing Unit,MPU),也称 Intel 4004,并组成了第一台微型计算机 MCS-4,从此揭开了微型机大普及的序幕。随后,许多公司相继推出了 8 位、16 位、32 位和 64 位微处理器。同时,微处理器的主频和集成度也在不断提高,一种比台式微机更小、更轻、可随身携带的"便携机"应运而生,笔记本电脑、PAD 和智能手机就是它们的典型代表。

7)网络计算机

网络计算机是客户计算模式下的一种交互式信息设备,是指在一定应用领域和网络环境下,将应用程序运行和数据存储都放在服务器上,去掉了传统计算机的硬盘、软盘等部件,属于"瘦形"PC。因此,网络计算机是具有 PC 功能的一种低成本、免升级、免维护、方便操作、强安全、高可靠的终端客户机,具有自己的处理能力。除核心软件之外,它的其他软件都需要从网络服务器下载,避免了频繁的软件升级和维护,降低了成本。

8)服务器

服务器专指某些能通过网络对外提供各种服务的高性能计算机。相对于普通计算机来说,服务器在稳定性、安全性等方面都要求更高,因此 CPU、芯片组、内存、磁盘系统等硬件与普通计算机不同。服务器是网络的节点,存储、处理网络上 80%的数据和信息,其高性能主要表现在运算速度高、长时间可靠运行、强大的外部数据吞吐能力等方面。服务器主要有网络服务器(DNS、DHCP)、数据库服务器、打印服务器、终端服务器、磁盘服务器、邮件服务器、文件服务器等。

1.1.5 计算机应用领域

计算机已经深入到社会各个领域,除最初的科学计算外,现已经进入管理、制造、教育等各个行业,正改变着人们传统的工作、学习和生活方式。归纳起来,计算机的应用主要有以下几个方面。

1. 科学计算

科学计算又被称为数值计算，是指应用计算机解决科学研究中的计算问题。早期的计算机主要用于科学计算，目前科学计算仍然是计算机应用的一个重要领域。例如，高能物理、工程设计、地震预测、气象预报、航天技术等领域都有庞大的数值计算。由于计算机具有运算速度高、运算精度高、逻辑判断能力强等优点，因此出现了计算力学、计算物理、计算化学、生物控制论等新学科。

2. 过程控制

过程控制是指利用计算机实时采集数据、分析数据，并按最优值迅速地对控制对象进行自动调节或自动控制。采用计算机进行过程控制，不仅可以极大地提高控制的自动化水平，而且可以提高控制的时效性和准确性，从而改善劳动条件、提高产量及合格率。因此，计算机过程控制已在机械、冶金、石油、化工、电力等部门得到广泛的应用。

3. 数据处理

数据处理又称为信息管理，是指以数据库管理系统为基础，利用计算机加工、管理、操作数据资料，如企业管理、物资管理、报表统计、账目计算、信息情报检索等。信息管理已广泛应用于办公自动化、企事业计算机辅助管理与决策、情报检索、图书管理、电影电视动画设计、会计电算化等各行各业，成为计算机应用的主导方向。

4. 计算机辅助系统

计算机辅助系统是将计算机作为工具，借助计算机上的特定软件，完成特定任务，提高工作质量的系统。例如，用计算机对一座高楼在地震中各层的内部结构受力情况的逼真展示，就属于计算机辅助教育（CBE）方面的例子。除此之外，计算机辅助系统还包括计算机辅助设计（CAD）、制造（CAM）、测试（CAT）等，用计算机辅助进行工程设计、产品制造、性能测试，提高设计、制造、测试水平，是计算机未来应用的一个重要方向。

5. 人工智能

在计算机上开发一些具有人类某些智能的应用系统，用计算机模拟人类的思维判断、推理等智能活动，使计算机具有自学习和逻辑推理功能，如计算机推理、智能学习系统、专家系统、机器翻译、机器人等，帮助人们学习和完成某些智能工作。

6. 多媒体应用

随着电子技术特别是通信和计算机技术的发展，人们已经有能力把文本、音频、视频、动画、图形和图像等各种媒体综合起来，构成"多媒体"（Multimedia）的概念。在医疗、教育、商业、银行、保险、行政管理、军事、工业、广播、交流和出版等领域中，多媒体的应用发展很快。

7. 计算机网络

计算机网络是由一些独立的、具备信息交换能力的计算机互连构成，以实现资源共享的系统。计算机在网络方面的应用使人类之间的交流跨越了时间和空间障碍。计算机网络已成为人类建立信息社会的物质基础，它给我们的工作带来极大的方便和快捷，如在全国范围内的银行信用卡的使用、火车和飞机订票系统的使用等。Internet 是全球最大的计算机网络，可以浏览信息、检索信息、收发邮件、阅读书报、玩网络游戏、选购商品、实现远程医疗服务等。

1.1.6 计算机发展趋势

随着科学技术的进步，各种计算机技术、网络技术也得到了飞速发展，计算机的发展已经进入了一个快速而又崭新的时代。计算机已从功能单一、体积较大发展成了具有功能复杂、体积微小、资源网络化等特征的设备。未来计算机性能还将向着巨型化、微型化、网络化、智能化和多媒体化的方向发展。

1. 巨型化

巨型化是指为了适应尖端科学技术的需要，发展高速度、大存储容量和功能强大的超级计算机。随着人们对计算机的依赖性越来越强，军事和科研教育等方面对计算机的存储空间和运行速度等的要求会越来越高。此外，计算机的功能更加多元化。

2. 微型化

随着微型处理器的出现，计算机中开始使用微型处理器，使计算机体积更小、成本更低。另外，软件行业的飞速发展也提高了计算机内部操作系统的便捷度，计算机外部设备也趋于完善。计算机理论和技术上的不断完善促使微型计算机很快渗透到全社会的各个行业和部门，并成为人们生活和学习的必需品。近 50 年来，台式机、笔记本电脑、掌上电脑、平板电脑、智能手机相继出现，计算机的体积不断缩小，逐步微型化，为人们提供更便捷的服务。因此，未来计算机仍会不断趋于微型化，体积将越来越小。

3. 网络化

互联网将世界各地的计算机连接在一起，从此进入了互联网时代。计算机网络化彻底改变了人类世界，人们通过互联网进行沟通、交流（OICQ、微博等）、教育资源共享（文献查阅、远程教育等）、信息查阅共享（百度、谷歌）等，特别是无线网络的出现，极大地提高了人们使用网络的便捷性，未来计算机将会进一步向网络化方向发展。

4. 智能化

智能化是计算机未来发展的必然趋势。现代计算机具有强大的功能和极快的运行速度，但与人脑相比，其智能化和逻辑能力仍有待提高。人类在不断探索技术和新方法，使计算机具有人类的逻辑思维判断能力，可以通过思考与人类沟通、交流，从而抛弃以往通过编码程序运行计算机的方法，直接对计算机发出指令。

5. 多媒体化

传统的计算机处理的信息主要是字符和数字。事实上,人们更习惯的是图形、文字、声音、图像等多种形式的信息。多媒体技术可以集图形、图像、音频、视频、文字为一体,使信息处理的对象和内容更加接近真实世界。

📖 1.2 计算机系统

一个完整的计算机系统由计算机硬件系统和计算机软件系统组成,如图 1.10 所示。

在图 1.10 中,计算机硬件系统是由计算机中看得见、摸得着、实实在在存在的物理实体组成的一个有机整体。其中,每个物理实体可以是电子设备、机械设备或机械与电子混合设备,每个设备被称为一个硬件。计算机系统硬件设备很多,除组成主机的运算器、控制器和存储器之外,还有输入/输出设备。所有这些硬件组成了计算机硬件系统。

计算机硬件系统提供了计算机最基本的功能,是计算机系统的物理基础。为了使计算机完成更复杂的功能,必须有计算机软件的支持。所谓计算机软件,就是在计算机系统中,除计算机硬件系统之外,计算机中的程序、与程序相关的数据、开发程序的文档和维护程序的文档等组成的集合。显然,软件是对计算机硬件系统的二次开发。一个计算机系统的功能体现在计算机软件系统的功能上。

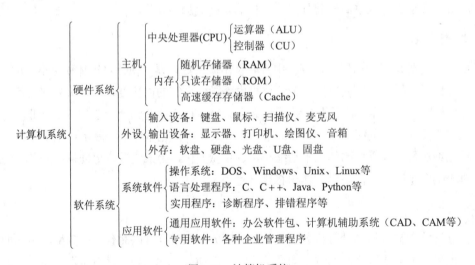

图 1.10　计算机系统

1.2.1　计算机硬件系统

一个完整的计算机系统应由计算机硬件系统和计算机软件系统组成。为了进一步了解计算机,本节将对计算机硬件系统的组成和工作原理进行简单介绍。

1. 冯·诺依曼计算机

自第一台计算机 ENIAC 发明以来,计算机系统的技术已经得到了很大发展,但计算机硬件系统的基本结构没有发生变化，仍然是按照冯·诺依曼思想设计的，冯·诺依曼计算机的主要思想是存储程序原理。

1946 年，美籍匈牙利科学家冯·诺依曼提出存储程序原理，又称冯·诺依曼思想，奠定了现代计算机的基础，因此人们尊称冯·诺依曼为计算机之父。存储程序原理是将程序（按照一定逻辑关系组织的指令集合）像数据一样存储到计算机内部存储器中的一种设计原理。程序存入存储器后，计算机便可自动地从一条指令转到执行另一条指令。存储程序原理有两点，首先，把程序和数据通过输入/输出设备送入内存。一般内存划分为很多存储单元，每个存储单元都有地址编号，这样按一定顺序把程序和数据存储起来，而且还把内存分为若干个区域，如有专门存放程序的程序区和专门存放数据的数据区。其次，由于程序是指令的集合，所以程序的执行就是指令的执行过程。当执行程序时，必须从第一条指令开始，以后一条一条地执行。

一般情况下程序按存放地址号的顺序，由小到大依次执行，当遇到条件转移指令时，才改变执行的顺序。每条指令的执行都要经过三个步骤：首先，将内存中的指令送到指令寄存器，称为取指；其次，将指令寄存器中的指令分解成操作码和操作数，将操作码送往译码器，由译码信息、机器状态和时序产生相应的各种控制信号，并送往计算机各个电器部件；最后，对操作数执行操作码相应的操作。在整个过程中，当取指令完成后，立即修改内存地址，形成后续指令的内存地址，从而实现计算机自动连续地工作。

按照存储程序原理设计的计算机属于冯·诺依曼计算机，冯·诺依曼计算机的基本思想可概括为以下几点。

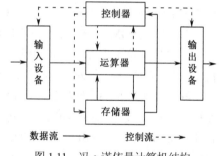

图 1.11　冯·诺依曼计算机结构

（1）计算机由运算器、控制器、存储器、输入设备和输出设备五大部分组成，各部分之间的关系如图 1.11 所示。

（2）程序和数据以二进制的形式存放在存储器中。

（3）指令都是由操作码和地址码组成的，其中，操作码表示运算性质，地址码指示操作数在存储器中的地址。

（4）指令在存储器中按执行顺序存放，由指令计数器指明要执行的指令地址，一般按顺序递增，也可按运算结果和外部条件改变。

（5）以运算器为中心，输入/输出设备与存储器间的数据传送都通过运算器完成。

2．计算机硬件系统

自第一台计算机 ENIAC 发明以来，计算机科学和技术已经得到了快速发展，但计算机硬件系统的基本结构没有变，仍然属于冯·诺依曼计算机，由运算器、控制器、存储器、输入设备和输出设备五部分组成。下面对这五部分进行简要介绍。

1）运算器

运算器又称算术逻辑单元（ALU）。它是计算机完成各种算术运算和逻辑运算的装置，在控制器的控制下以二进制形式，进行加、减、乘、除等数学运算，也能做比较、判断、查找、逻辑或、逻辑与、逻辑非运算。

2）控制器

控制器是计算机指挥和控制其他各部分工作的中心，决定执行程序的顺序，给出执行指令时机器各部件需要的操作控制命令。控制器由程序计数器、指令寄存器、指令译码器、时序产生器和操作控制器组成，它是发布命令的决策机构，完成协调和指挥整个计算机系统的操作。

控制器的主要功能是从内存中取出一条指令，并指出下一条指令在内存中位置，然后对指令进行译码或测试，并产生相应的操作控制信号，以便启动规定的动作。控制器指挥和控制运算器、内存和输入/输出设备之间数据流动的方向，并根据事先给定的命令发出控制信息，使整个计算机指令执行过程一步一步地进行。

在现代计算机中，将运算器和控制器集成在一起，称为中央处理器（Central Processing Unit，CPU），是计算机中非常重要的部件。

3）存储器

存储器可分为内存和外存两大类。内存是直接受 CPU 控制与管理，并只能暂存数据信息的存储器；外存是可以永久性保存信息的存储器。存于外存中的程序必须调入内存才能运行，内存是计算机工作的舞台，外存必须借助内存才能与 CPU 交换数据信息。为了提高计算机的工作效率，匹配 CPU 与内存的速度，在内存和 CPU 之间增加了高速缓存 Cache。

内存进一步划分为随机存储器（RAM）与只读存储器（ROM）。RAM 可读可写，但断电后 RAM 中的信息就立即丢失；而 ROM 中存放的信息只能读取，一般不允许用户改写。在计算机系统中，ROM 经常用于保存 BIOS。

计算机中除了内存，还有容量更大的外存。常见的外存有磁带、磁盘（软盘和硬盘）、光盘、U 盘、固盘等。另外，内存的访问速度快，外存的访问速度慢。

存储器中最小的存储单位为存储元，为一个二进制位，每个二进制位称为 1bit（简写为 b），8bit 为 1 字节，称为 Byte（简写为 B）。在存储器中，还有 K、M、G、T 等单位，其中，1KB=1024B、1MB=1024KB、1GB =1024MB、1TB =1024GB。在存储器中，一个存储单元可以是 1 字节，也可以是多字节，存储一定位数的信息，它可以是指令（告诉计算机做什么），也可以是数据（指令的操作对象）。每个存储单元都用一个地址（编号）区分。

4）输入设备

输入设备是向计算机输入数据和信息的设备，是用户和计算机系统之间进行信息交换的主要装置。输入设备的任务是把数据、指令及某些标志信息等输送到计算机中去。在现在的计算机系统中，像键盘、鼠标、摄像头、扫描仪、光笔、手写输入板、游戏杆、语音输入装置等都属于输入设备。

5）输出设备

输出设备是把计算机处理的结果或中间结果以人能识别的各种形式，如数字、符号、字母等形式展现给用户。因此，输出设备起了人与机器之间进行联系的作用。常见输出设备有显示器、打印机、绘图仪、影像输出系统、语音输出系统、磁记录设备、光盘刻录设备等。

可以看出，输入/输出设备（I/O）起了人和计算机、设备和计算机、计算机和计算机之间的联系作用。

3. 计算机工作过程

计算机的工作过程，就是执行程序的过程。怎样组织存储程序，涉及计算机体系结构问题。现在的计算机都是基于"存储程序"思想设计制造出来的。

当了解了"存储程序"，再去理解计算机工作过程就变得十分容易。如果想让计算机工作，就得先把程序编出来，然后通过输入设备送到存储器保存起来，即存储程序。下面就是执行程序的问题。根据冯·诺依曼的设计，计算机应能自动执行程序，而执行程序又归结为逐条执行指令。执行一条指令又可分为以下四个基本操作。

（1）取出指令。从存储器某个地址中取出要执行的指令送到 CPU 内部的指令寄存器暂存，并修改程序计数器的值，为执行下一条指令做好准备。

（2）分析指令。把保存在指令寄存器中的指令操作码送往指令译码器，译出该指令对应的微操作。

（3）执行指令。根据指令译码结果和计算机当前状态，生成相应控制信号，并送往各个部件，完成指令规定的各种操作。

（4）回写数据。将指令执行结果保存在寄存器或存储器中。

计算机在运行程序时，先从内存中取出第一条指令，通过控制器的译码，按指令的要求，从存储器中取出数据进行指定的运算和逻辑操作等操作，然后按地址把结果送到内存中去。接下来，再取出第二条指令，在控制器的指挥下完成规定操作。依此进行下去，直至遇到停机指令。

1.2.2　计算机软件系统

在计算机系统中，另一个重要组成部分为计算机软件系统（Software Systems）。软件系统是由系统软件、支撑软件和应用软件组成的有机整体。所谓软件是指为方便使用计算机、发挥计算机的功能和提高使用效率而组织开发的程序，以及用于开发、使用和维护程序的有关文档、资料、数据等。

1. 计算机软件的发展

计算机软件技术发展很快。从 70 多年前只有计算机专家才会使用的机器语言，到今天中学生就可方便进行程序设计的高级程序设计语言；从最初的面向过程的程序设计，到面向对象的程序设计；从最初计算机的手工操作，到窗口式操作系统的应用，计算机软件系统得到了迅速发展。为了全面理解计算机软件系统，下面将简要地介绍计算机软件的发展过程。

1）第 1 代软件（1946—1953 年）

最初在计算机上使用的语言是机器语言。机器语言由计算机内部的二进制指令组成，是一串由 0 和 1 组成的代码序列。例如，计算 3+4 在某计算机的机器语言程序如下：

111 10 100；将 4 读入寄存器 AL

110 10 011；3+（AL）→（AL）

101 10 111；将 AL 写入 7 号单元

在每条指令中，最高 3 位为指令操作码，101、110 和 111 分别代表保存数据、加法操作和取数据；10 为第一操作数，最后三位为第二操作数。

可以看出，机器语言有两个典型的特点：①不同计算机的机器语言不同，程序员必须记住每条指令的二进制组合；②编写程序、查错和程序修改都很困难。

在这个时代末期，人们开始使用英文缩写（助记符）表示指令，就出现了汇编语言，如 ADD 表示加，SUB 表示减等。相对于机器语言，汇编语言程序设计就容易多了。例如，计算 3+4 的汇编语言指令如下：

```
LAD   AL，4
ADD   AL，3
STO   #7，AL
```

由于计算机上只能执行机器语言，所以在汇编语言执行时，必须将汇编语言编写的源程序通过汇编器翻译成机器代码。编写汇编器的程序员简化了他人的程序设计，是最初的系统程序员。

第 1 代软件主要是机器语言和汇编语言。由于它们和计算机关系密切，处于硬件之上所有软件的下层，所以将它们统称为低级语言。

2）第 2 代软件（1954—1964 年）

第 2 代软件开始使用高级程序设计语言。在高级语言中，指令形式类似于数学语言，适合进行数学计算，因此又称为算法语言。例如，要将 3+5 存入变量 y 中，就可简单地表示为 $y=3+5$。显然，高级语言具有易学、易用、可读性好的优点。

第 2 代软件包括：IBM 公司 1954 年发明的第一个科学与工程计算语言 FORTRAN，1958 年麻省理工学院麦卡锡（John Macarthy）设计的第一个人工智能语言 LISP，1959 年宾州大学霍普（Grace Hopper）发明的第一个商业应用程序设计语言 COBOL，以及 1964 年达特茅斯学院凯梅尼（John Kemeny）和卡茨（Thomas Kurtz）发明的 BASIC 语言。

在第 1 代软件和第 2 代软件时期，计算机软件规模较小，也没有系统化方法，程序的编写者和使用者往往是同一个（或同一组）人。这种个体化的软件开发环境使得软件设计往往只是人们头脑中的一些过程，除程序清单外，没有其他文档资料。

3）第 3 代软件（1965—1970 年）

随着处理器的运算速度大幅度提高，出现了可由用户直接访问计算机的终端设备。为了充分发挥计算机硬件的效率，人们研制了可对计算机资源有效管理的操作系统，以及许多用户各自同时与一台计算机进行通信的分时操作系统。同时，为解决多用户、多应用共享数据的需求，出现了统一管理数据的软件系统，即数据库管理系统。

这一时期，还有三个对软件发展影响重大的事件：①1967 年塞缪尔（A. L. Samuel）发明了第一个下棋程序，开始了人工智能的研究；②1968 年狄杰斯特拉（Edsgar W. Dijkstra）发表了论文《GOTO 语句的害处》，逐渐确立结构化程序设计思想；③为了解决 "软件危机" 问题，1968 年，北大西洋公约组织的计算机科学家在德国召开的国际会议上正式提出并使用了 "软件工程" 的概念。

4）第 4 代软件（1971—1989 年）

20 世纪 70 年代出现了结构化程序设计技术，PASCAL 语言和 Modula-2 语言都采用了结构化程序设计规则，BASIC 语言也升级为结构化的版本。此外，还出现了功能强大的 C 语言。

这一时期，开发了许多功能强大的操作系统。例如，IMB PC 系列计算机的 PC-DOS 和 MS-DOS，Macintosh 机的图形界面操作系统等。同时，也开发出许多应用程序，如商用电子制表软件 Lotus1-2-3、商用文字处理软件 WordPerfect、数据库管理系统 dBase Ⅲ。

5）第 5 代软件（1990 年至今）

在这个时期，Microsoft 公司的 Windows 操作系统在 PC 市场占有显著优势，Microsoft Office（文字处理软件 Word、电子制表软件 Excel、数据库管理软件 Access 和其他应用程序）也成为重要的办公软件。同时，面向对象的程序设计成为主流，出现了 Java、C++、C#等语言。

同时期，由于万维网（World Wide Web）的普及，开发出了许多相关的软件和新方法。1990 年，英国研究员提姆·柏纳李（Tim Berners-Lee）创建了一个全球 Internet 文档中心，并创建了一套技术规则、创建格式化文档的 HTML 语言，以及能让用户访问全世界站点上信息的浏览器。由于计算机网络的出现，软件体系结构也从集中式的主机模式转变为分布式的客户机/服务器模式（C/S）或浏览器/服务器模式（B/S），专家系统和人工智能软件走出实验室进入实际应用，完善的系统软件、丰富的系统开发工具和商品化的应用程序大量出现。另外，通信技术和计算机网络的飞速发展，使计算机进入了一个大发展阶段。

2. 计算机软件的分类

软件系统可分为系统软件和应用软件两大类。

1）系统软件

系统软件由一组控制计算机系统并管理其资源的程序组成，主要功能包括：启动计算机，存储、加载和执行应用程序，对文件进行排序、检索，将程序语言翻译成机器语言等。实际上，系统软件可以看作用户与计算机的接口，它为应用软件和用户提供了控制、访问硬件的手段。系统软件可分为以下几种。

（1）操作系统。操作系统是管理、控制和监督计算机软、硬件资源协调运行的程序系统，由一系列具有不同控制和管理功能的程序组成，它是直接运行在计算机硬件上的、最基本的系统软件，是系统软件的核心。操作系统有两个主要目的：一是方便用户使用计算机，是用户和计算机的接口；二是统一管理计算机系统的全部资源，合理组织计算机工作流程，以便充分、合理地发挥计算机的优势。操作系统通常应包括处理器管理、作业管理、存储器管理、设备管理和文件管理五大功能模块。

（2）语言处理系统。人和计算机交流信息使用的语言称为计算机语言或程序设计语言。计算机语言通常分为机器语言、汇编语言和高级语言三类。如果要在计算机上运行高级语言程序就必须配备程序语言翻译程序。翻译程序本身是一组程序，不同的高级语言都有相应的翻译程序。翻译的方法有两种。

一种称为"解释"。早期的 BASIC 源程序的执行就采用这种方式。它调用机器配备的 BASIC 解释程序，在运行 BASIC 源程序时，逐条把 BASIC 的源程序语句进行解释和执行，它不保留目标程序代码，即不产生可执行文件。这种方式速度较慢，每次运行都要经过解释，边解释边执行。解释程序执行过程如图 1.12 所示。

另一种称为"编译"。它调用相应语言的编译程序，把源程序变成目标程序（以.OBJ 为扩展名），然后再用链接程序，把目标程序与库文件相链接后形成可执行程序。尽管编译的过程复杂一些，但它形成的可执行程序（以.exe 为扩展名）可以反复执行，速度较快。运行程序时只要键入可执行程序的文件名，再按 "Enter" 键即可。编译程序执行过程如图 1.13 所示。

图 1.12　解释程序执行过程　　　　　　　　图 1.13　编译程序执行过程

对源程序进行解释和编译任务的程序，分别称为编译程序和解释程序。如 FORTRAN、COBOL、PASCAL 和 C 等高级语言，使用时要有相应的编译程序；BASIC、LISP 等高级语言，使用时要相应的解释程序。

（3）服务程序。服务程序能够提供一些常用的服务性功能，它们为用户开发程序和使用计算机提供了方便， 微型计算机上经常使用的诊断程序、调试程序、编辑程序均属此类。

（4）数据库管理系统。数据库是指按照一定关系存储的数据集合，可为多种应用共享。数据库管理系统（Data Base Management System，DBMS）则是能够对数据库进行加工、管理的系统软件，其主要功能是建立、消除、维护数据库，以及对库中数据进行各种操作。数据库系统主要由数据库、数据库管理系统及相应的应用程序组成。数据库系统不但能够存放大量的数据，更重要的是能迅速、自动地对数据进行检索、修改、统计、排序、合并等操作，以得到所需的信息。这一点是传统的文件无法做到的。

数据库技术是计算机技术中发展最快、应用最广的一个分支。可以说，今后的计算机应用开发大都离不开数据库。因此，了解数据库技术，尤其是微机环境下的数据库应用是非常必要的。

2）应用软件

为解决各类实际问题而设计的程序系统称为应用软件。从其服务对象的角度，又可分为通用软件和专用软件两类。其中，通用软件包括字处理软件、报表处理软件、地理信息软件、网络软件、游戏软件、企业管理软件、多媒体应用软件、统计软件 SPSS、建筑信息建模软件 Revit 等，而专用软件是应用面更窄的专业软件，如病虫害预警软件、职称考试软件、素质测试软件等。

1.3 微型计算机

微型计算机简称"微型机"，是由大规模集成电路组成的、体积较小的电子数字计算机。它是以微处理器为基础，配以内存储器及输入/输出接口电路和相应的辅助电路而构成的裸机。

微型计算机的特点是体积小、灵活性大、价格便宜、使用方便。把微型计算机集成在一个芯片上即构成单片微型计算机。由微型计算机配以相应的外围设备（如打印机等）及其他专用电路、电源、面板、机架及足够的软件构成的系统称为微型计算机系统。

自 1981 年美国 IBM 公司推出第一代微型计算机 IBM-PC/XT 以来，微型机以其执行结果精确、处理速度快捷、性价比高、轻便小巧等特点迅速进入社会各个领域，且技术不断更新、产品快速换代，从单纯的计算工具发展成为能够处理数字、符号、文字、语言、图形、图像、音频、视频等多种信息的强大多媒体工具。如今的微型机产品在运算速度、多媒体功能、软硬件支持、易用性等方面都比早期产品有了很大飞跃。

微型计算机系统从全局到局部存在三个层次：微型计算机系统、微型计算机、微处理器（CPU）。单纯的微处理器和单纯的微型计算机都不能独立工作，只有微型计算机系统才是完整的信息处理系统，才具有实用意义。

一个完整的微型计算机系统包括硬件系统和软件系统两大部分。硬件系统由运算器、控制器、存储器（含内存、外存和缓存）、各种输入/输出设备组成，采用"指令驱动"方式工作。软件系统可分为系统软件和应用软件，包括操作系统、各种语言处理程序、数据库管理系统及各种工具软件，以及为某种应用目的而编制的应用软件、各种程序包等。由于微型计算机的软件系统与计算机软件系统一致，在 1.3 节已经介绍，这里不再赘述。本节主要介绍微型计算机的硬件系统。

1.3.1 微型计算机的发展

微型计算机的发展通常以微处理器芯片 CPU 的发展为基点。当一种新型 CPU 研制成功后，相应的软、硬件配套产品就会推出，使微型计算机系统的性能得到进一步完善，这样只需要两三年的时间就会形成一代新的微型计算机产品。美国 Intel 公司在微处理器生产商中一直处于主导地位。到目前为止，微型计算机的发展共经历了六个阶段。

1. 第 1 代：低档微处理器时代（1971—1973 年）

这一阶段的典型产品是 Intel 4004 和 Intel 8008 微处理器，以及分别由它们组成的 MCS-4 和 MCS-8 微机。Intel 4004 是一种 4 位微处理器，可进行 4 位二进制的并行运算，它有 45 条指令，速度 0.05MIPs，主要用于计算器、照相机、电视机等家用电器。Intel 8008 是世界上第一个 8 位微处理器，系统结构和指令系统都比较简单，编程语言为机器语言或汇编语言，指令数目较少（20 多条指令），用于简单的控制场合。

2. 第 2 代：中高档微处理器时代（1971—1977 年）

这一阶段的典型产品有 Intel 8080/8085、Motorola 的 M6800、Zilog 公司的 Z80 等。它们的集成度提高约 4 倍，运算速度提高 10～15 倍，指令系统比较完善，具有典型的计算机体系结构和中断、DMA 等控制功能。在软件方面采用汇编语言、BASIC、FORTRAN 编程语言，操作系统为单用户操作系统。

3. 第 3 代：16 位微处理器时代（1978—1984 年）

第 3 阶段的典型产品有 Intel 8086/8088/80286、M68000、Z8000 等微处理器，其特点是集成度和运算速度都比第 2 代提高了一个数量级。指令系统更加丰富、完善，采用多级中断、多种寻址方式、段式存储结构、硬件乘除部件，并配置了软件系统。这一时期的著名微机产品有 IBM 公司的个人计算机。1981 年 IBM 公司推出的个人计算机 PC/XT 的 CPU 采用 Intel 8088，1984 年生产的 IBM PC/AT 的 CPU 为 Intel 80286。

4. 第 4 代：32 位微处理器时代（1985—1992 年）

第 4 代的典型产品有 Intel 80386/80486、M69030/68040 等，其特点是集成度高达 100 万个晶体管/片，具有 32 位地址线和 32 位数据总线，每秒可完成 600 万条指令。微型计算机的功能已经达到甚至超过超级小型计算机，完全可以胜任多任务、多用户的作业。同期，AMD 等公司也推出了 80386/80486 系列芯片。

80486 将 80386 和数学协微处理器 80387 及 一个 8KB 的高速缓存集成在一个芯片内，80486 的性能比带有 80387 数学协微处理器的 80386 DX 的性能提高了 4 倍。

5. 第 5 代：奔腾系列微处理器时代（1993—2005 年）

奔腾（Pentium）系列微处理器的典型产品是 Intel Pentium、Pentium MMX、Pentium II、Pentium III、Pentium 4、Pentium D、Pentium EE 处理器等一系列处理器，CPU 的频率得到了很大提升，出现了多核处理器，后期的 Pentium EE 支持超线程技术，使微机的发展在网络化、多媒体化和智能化等方面迈上了更高的台阶。

6．第 6 代：酷睿（Core）系列微处理器时代（2005 年至今）

从 2005 年至今属于酷睿（Core）系列微处理器时代。酷睿是一款领先、节能的新型微架构，设计的出发点是提供出众的性能和能效，提高能效比。早期的酷睿是基于笔记本处理器的。Core 2 Duo 是 Intel 在 2006 年推出的新一代基于 Core 微架构的产品体系称，是一个跨平台的架构体系，包括服务器版、桌面版、移动版三大领域。其中，服务器版的开发代号为 Woodcrest，桌面版的开发代号为 Conroe，移动版的开发代号为 Merom。

2011 年，Intel 发布 SNB（Sandy Bridge）处理器微架构，与处理器"无缝融合"的"核芯显卡"终结了"集成显卡"时代，理论上实现了 CPU 功耗的进一步降低。此外，第二代酷睿还加入了全新的高清视频处理单元，视频处理时间至少缩短了 30%。在 2012 年 4 月 24 日，Intel 在北京天文馆正式发布了 Ivy Bridge（IVB）处理器，执行单元达到 24 个，CPU 耗电量减少一半。

1.3.2　微型计算机硬件系统

硬件系统是指构成计算机的物理设备，即由机械、电子器件构成的具有输入、存储、计算、控制和输出功能的实体部件。下面对微型计算机硬件系统的基本硬件进行简单介绍。

（1）电源。电源是计算机中不可缺少的供电设备，它的作用是将 220V 交流电转换为 5V、12V、3.3V 直流电，其性能的好坏直接影响其他设备工作的稳定性，进而会影响整机的稳定性。

（2）主板。主板是计算机中各个部件工作的一个平台，它把计算机的各个部件紧密连接在一起，各个部件通过主板进行数据传输。主板一般为矩形电路板，上面安装了组成计算机的主要电路系统，一般有 BIOS 芯片、I/O 控制芯片、键盘和面板控制接口、指示灯插接件、扩充插槽、主板及插卡的直流电源供电接插件等元件。

（3）CPU。CPU 即中央处理器，是一台计算机的运算核心和控制核心。其功能主要是解释计算机指令及处理计算机软件中的数据。CPU 由运算器、控制器、寄存器、高速缓存及实现它们之间联系的数据、控制及状态的总线构成。作为整个系统的核心，CPU 也是整个系统最高的执行单元，因此 CPU 已成为决定计算机性能的核心部件，很多用户都以它为标准来判断计算机的档次。

（4）内存。内存又称为内部存储器（RAM），属于电子式存储设备，它由电路板和芯片组成，特点是体积小、速度快、有电可存、无电清空，即计算机在开机状态时内存中可存储数据，关机后将自动清空其中的所有数据。内存有 SD/DDR、DDR2、DDR3、DDR4 四大类，容量 128MB～8GB，其中，DDR4 运行电压只有 1.2V，工作频率为 2133MHz，最高可以达到 3200MHz。

（5）硬盘。硬盘属于外部存储器，由金属磁片制成，而磁片有记忆功能，所以存储到磁片上的数据，不论是开机，还是关机，都不会丢失。硬盘容量很大，已达 TB 级，尺寸有 3.5 英寸、2.5 英寸、1.8 英寸、1.0 英寸等，接口有 IDE、SATA、SCSI 等，SATA 最普遍。

移动硬盘是以硬盘为存储介质、强调便携性的存储产品。市场上绝大多数的移动硬盘都是以标准硬盘为基础的，而只有很少部分的移动硬盘是以微型硬盘（1.8 英寸硬盘等）为基础的，但价格因素决定了主流移动硬盘还是以标准笔记本硬盘为基础的。因为采用硬盘为存储介质，移动硬盘的数据读写模式与标准 IDE 硬盘是相同的。移动硬盘多采用 USB、IEEE1394 等传输速度较快的接口，可以较高的速度与系统进行数据传输。

（6）声卡。声卡是组成多媒体计算机必不可少的一个硬件设备，其作用是当发出播放命令后，声卡将计算机中的声音数字信号转换成模拟信号送到音箱上发出声音。

（7）显卡。显卡在工作时与显示器配合输出图形、文字，显卡的作用是将计算机系统所需要的显示信息进行转换驱动，并向显示器提供行扫描信号，控制显示器的正确显示。显卡是连接显示器和个人计算机的重要元件，是"人机对话"的重要设备之一。

（8）网卡。网卡是工作在数据链路层的网路组件，是局域网中连接计算机和传输介质的接口。网卡不仅能实现与局域网传输介质之间的物理连接和电信号匹配，还涉及帧的发送与接收、帧的封装与拆封、介质访问控制、数据的编码与解码及数据缓存的功能等。网卡是计算机与网线之间的桥梁，它是用来建立局域网并连接到 Internet 的重要设备之一。

在集成型主板中常把声卡、显卡、网卡集成在主板上。

（9）软驱。软驱用来读取软盘中的数据。软盘是可读写外部存储设备，与主板用 FDD 接口连接。现已淘汰。

（10）光驱。光驱是计算机用来读写光盘的机器，也是在台式计算机和笔记本便携式计算机里比较常见的一个部件。随着多媒体的应用越来越广泛，光驱在计算机诸多配件中已经成为标准配置。光驱可分为 CD-ROM 驱动器、DVD 光驱（DVD-ROM）、康宝（COMBO）和刻录机等。

（11）显示器。显示器显示计算机处理后的结果，它是计算机必不可少的部件之一，属于输出设备。显示器分为 CRT、LCD、LED 三大类。

（12）键盘。键盘是主要的输入设备，通常为 104 键或 105 键，用于将文字、数字等输入计算机。

（13）鼠标。移动鼠标时，计算机屏幕上就会有一个箭头指针跟着移动，并可以很准确地切换到想指的位置、快速地在屏幕上定位。鼠标是人们使用计算机不可缺少的部件之一。键盘鼠标接口有 PS/2 和 USB 两种。

（14）音箱。通过音箱可以把计算机中的声音播放出来。

（15）打印机。通过打印机可以把计算机中的文件打印到纸上，它是重要的输出设备之一。打印机分为针式打印机、喷墨打印机、激光打印机等。

（16）视频设备。如摄像头、扫描仪、数码相机、数码摄像机、电视卡等设备，用于处理视频信号。

（17）U 盘。U 盘是通用串行总线 USB 接口的微型高容量移动存储产品，存储介质为闪存存储介质（Flash Memory），即插即用。U 盘一般包括闪存、控制芯片和外壳。闪存盘具有可多次擦写、速度快、防磁、防振、防潮等优点。

（18）移动存储卡及读卡器。存储卡是利用闪存（Flash Memory）技术达到存储电子信息的存储器，一般应用在数码相机、MP3、MP4 等小型数码产品中作为存储介质，所以样子小巧，犹如一张卡片，所以称为闪存卡。根据不同的生产厂商和不同的应用，闪存卡有 SmartMedia（SM 卡）、Compact Flash（CF 卡）、Multi-Media Card（MMC 卡）、Secure Digital（SD 卡）、Memory Stick（记忆棒）、TF 卡等多种类型，这些闪存卡虽然外观、规格不同，但是技术原理都是相同的。

📖 1.4　计算机中的信息表示

数据是计算机能够计算和处理的符号集合。计算机处理的数据是多种多样的，日常的十进制数、文字、符号、图形、图像和语言等信息都是数据。但是，计算机无法直接"理解"这些信息，所以，在处理这些信息之前必须采用数字化编码的形式对这些信息进行编码，之后计算机才能对信息进行存储、加工和传送。由于计算机内部采用二进制作为处理和存储形式，所以，在计算机中必须将数字、文字、声音、图像等信息按照二进制表示。本节主要介绍进制、数值转换和计算机中信息的表示。

1.4.1 进位计数制及转换

1. 进位计数制

在日常生活中，我们遇到过各种不同的计数制，如秒、分钟、小时就是六十进制，英寸、英尺是十二进制，还有常用的十进制。从这些常见的进制可以看出，数制就是数的表示规则，进位计数制是利用固定的数字符号和统一的规则来计数的方法，是指按进位的方法进行计数。在计算机内部采用二进制，为了书写方便，计算机中还有十进制、八进制和十六进制。

在进位计数制的数字系统中，当数值的基本符号只有 0，1，2，…，$r-1$ 的 r 个，并且在计算中逢 r 进一，这样的数据称为 r 进制数。在 r 进制数中，r 称为基数，而数值中第 i 位的单位 2^i 称为权。计算机中常用的进制如表 1.1 所示。

表 1.1　计算机中常用进制

进位制	二进制	八进制	十进制	十六进制
基数	2	8	10	16
符号	0，1	0，1，…，7	0，1，…，9	0，1，…，9，A，B，…，F
规则	逢二进一	逢八进一	逢十进一	逢十六进一
权	2^i	8^i	10^i	16^i
下标表示	B，2	O，8	D，10	H，16

2. 计算机采用二进制表示数据的原因

计算机内部的数据是用二进制数表示的。二进制仅有"0"和"1"两个数码。计算机采用二进制表示数据的主要原因有以下几点。

1）电路实现简单

只要有两种稳定状态，就可表示"0"和"1"两个数码。计算机是由逻辑电路组成的，逻辑电路通常只有导通和截止两个状态，一个状态表示 0，另一个状态表示 1。

2）电路工作可靠

两个状态表示的二进制两个数码，数字传输和处理不容易出错，因而电路更加可靠。

3）运算简化

加法、乘法只有四条规则，运算简单。例如，对于乘法，只有 0×0=0，1×0=0，0×1=0，1×1=1 这四种情况，比九九乘法表简单得多。

4）与逻辑量相吻合

用 0 和 1 分别表示逻辑真和逻辑假，表示结构和逻辑量一致。

5）与十进制转化容易

3. 十进制数与 r 进制数间的转换

十进制数与 r 进制数间的转换分为两种情况。

1）r 进制数转换成十进制数

将任意 r 进制数转换成十进制数时，先计算各位数乘以该位数的权，再将每位数的计算结果相加，就得到 r 进制数对应的十进制数。

设 $(a_n, \cdots, a_1, a_0.a_{-1}, \cdots, a_{-m})_r$ 为一个 r 进制数，任意一位数 $a_i \in \{0, 1, \cdots, r-1\}$，则该数对应的十进制数 x 为：

$$x = a_n \times r^n + \cdots + a_0 \times r^0 + a_{-1} \times r^{-1} + \cdots + a_{-m} \times r^{-m}$$

$$= \sum_{i=-m}^{n} a_i \times r^i$$

例 1.1 将二进制数 $(1101.1001)_2$ 转换为十进制数。

解：$(1101.1001)_2$

$\quad = 1 \times 2^3 + 1 \times 2^2 + 0 \times 2^1 + 1 \times 2^0 + 1 \times 2^{-1} + 0 \times 2^{-2} + 0 \times 2^{-3} + 1 \times 2^{-4}$

$\quad = 8 + 4 + 0 + 1 + 0.5 + 0 + 0 + 0.0625$

$\quad = (13.5625)_{10}$

例 1.2 将十六进制数 $(B4F.EA)_{16}$ 转换为十进制数。

解：$(B4F.EA)_{16}$

$\quad = 11 \times 16^2 + 4 \times 16^1 + 15 \times 16^0 + 14 \times 16^{-1} + 10 \times 16^{-2}$

$\quad = 11 \times 256 + 4 \times 16 + 15 \times 1 + 14/16 + 10/256$

$\quad = (2895.2140625)_{10}$

2）十进制数转换成 r 进制数

一般十进制数分为整数部分和小数部分。对于整数部分，连续除以 r 取余数，当商为 0 时停止，则从最后一次的余数直到第一次余数组成的序列即为整数部分对应的 r 进制数；对小数部分，连续用 r 乘以小数部分，取最小整数，当小数部分为 0 或达到数据精度要求后停止，则从第一个取得的整数到最后一个取得的整数组成的序列即为小数部分对应的 r 进制数。

例 1.3 将十进制数 $(35.8125)_{10}$ 转换为二进制数。

解：先用除 2 取余法求出整数 35 对应的二进制（见图 1.14），得二进制数 $(100011)_2$；再用乘 2 取整法求出小数部分 0.8125 对应的二进制（见图 1.15），得二进制数 $(0.1101)_2$；将两个值加起来就是 $(35.625)_{10}$ 对应的二进制数，即

$(35.8125)_{10} = (100011.1101)_2$

图 1.14 将整数 35 转换为二进制数 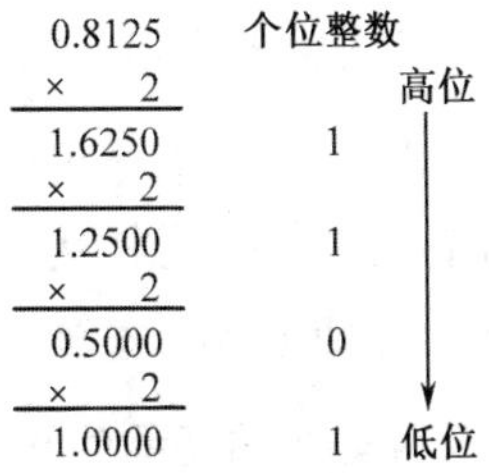　　　图 1.15 将小数 0.8125 转换为二进制数

例 1.4 将十进制数（35.8125）$_{10}$ 转换为八进制数。

解： 先对 35 除以 8 取余，得八进制数（43）$_8$（见图 1.16），再对 0.8125 乘以 8 取整法得八进制数（0.64）$_8$（见图 1.17），最后得（35.8125）$_{10}$=（43.64）$_8$。

图 1.16 将整数 35 转换为八进制数　　　　图 1.17 将小数 0.8125 转换为八进制数

4．二进制数与八进制数、十六进制数的转换

二进制数与八进制数、十六进制数间的转换也分为两种情况。

1）将二进制数转换为八进制数、十六进制数

如果要将二进制数转换为八进制（十六进制）数，则先从小数点开始向左、右两边按 3 位（4 位）分段；当最后分段不足一段时，小数部分最右补 0，整数部分最左补 0；最后计算每段数中各位数的加权和就是二进制数对应的八进制（十六进制）数。

例 1.5 将二进制数（100011.1101）$_2$ 转换为十六进制数。

解：（100011.1101）$_2$=（<u>10 0011.1101</u>）$_2$=（<u>0010 0011.1101</u>）$_2$=（23.D）$_{16}$

例 1.6 将二进制数（100011.1101）$_2$ 转换为八进制数。

解：（100011.1101）$_2$=（<u>100 011.110 1</u>）$_2$=（<u>100 011.110 100</u>）$_2$=（43.64）$_8$

2）将八进制数、十六进制数转换为二进制数

将八进制（十六进制）数转换为二进制数，即将每位数转换成 3 位（4 位）二进制数即可。

例 1.7 将八进制数（43.64）$_8$ 转换为二进制数。

解：（43.64）$_8$=（<u>100 011.110 100</u>）$_2$=（100011.110100）$_2$=（100011.1101）$_2$

例 1.8 将十六进制数（43.64）$_{16}$ 转换为二进制数。

解：（43.64）$_{16}$=（<u>0100 0011.0110 0100</u>）$_2$=（1000011.01100100）$_2$=（1000011.011001）$_2$

1.4.2　数值在计算机中的表示

在日常生活中，我们遇到各种不同的数，如自然数、整数、实数等，但是，计算机内部能够处理的数只有二进制。因此，在用计算机解决日常生活中的实际问题时，必须将实际的自然数、整数、实数等数据存储到计算机内存中，才能对它们进行各种数据处理。下面介绍计算机中数据的表示方法。

1．计算机中无符号数的表示

无符号数就是一个数据只有数值、没有符号，其实就是一个自然数。在计算机中，一个 n 位的无符号二进制数 X 的表示范围为：$0 \leqslant X \leqslant 2^n - 1$。

例如，对于 8 位二进制无符号数，最小数为 0，最大数为 255。

2．计算机中带符号数的表示

对于带符号数，数据可正可负，一个数据由符号和数值两部分组成。当数据用"+""−"号和数的绝对值来表示数值的大小时，称这个数为数值的真值。如果将符号数码化，二进制数的

最高位用 "0" 表示正号，用 "1" 表示负号，这种形式表示的数值称为机器数。例如，+（1011）$_2$ 和-（1101）$_2$ 是数的真值表示形式。假设计算机字长为 8 位，当要将这两个数存入计算机时，需要先将符号数值化，则它们在计算机中的存储形式为（00001011）$_2$ 和（10001101）$_2$，这就是前两个数据对应的机器数。

下面介绍几种常见机器数的表示形式。

1）原码

整数 X 在原码表示中，最高位为符号位，用 0 表示符号 "+"，用 1 表示符号 "-"，其数值为 X 对应的二进制数。

对于 n 位带符号纯整数，原码的表示范围为-（$2^{n-1}-1$）～+（$2^{n-1}-1$）。

例 1.9 将+85 和-59 表示为 8 位原码形式。

解： [+85]$_原$=0101 0101，[-59]$_原$=1011 1011

其中，最高位的 0 表示其后的数据为正数，最高位的 1 表示其后的数据为负数。

在原码中，0 的原码有两种表达方式，[+0]$_原$= 0000 0000，[-0]$_原$=1000 0000，0 的原码表示不唯一。

2）反码

正数的反码与原码相同；负数的反码与负数原码符号相同，其数值是负数原码按位取反（0 变 1，1 变 0）。

例 1.10 将+85 和-59 表示为 8 位反码形式。

解： [+85]$_反$=0101 0101，[-59]$_反$=1100 0100

在反码中，0 有两种表达方式，[+0]$_反$= 0000 0000，[-0]$_反$=1111 1111。

对于 n 位带符号纯整数，反码的表示范围为-（$2^{n-1}-1$）～+（$2^{n-1}-1$）。

3）补码

在补码表示中，正数的补码与原码表示相同；负数的补码与负数原码符号相同，其数值是负数原码按位取反后末位加 1，即该负数的反码加 1。

例 1.11 将+85 和-59 表示为 8 位补码形式。

解： [+85]$_补$=0101 0101，[-59]$_补$=1100 0101

在补码表示中，[+0]$_补$=[-0]$_补$=0000 0000。计算机中采用补码的最大优点是可将数值的减法运算用加法运算来实现，计算机中只需要一套加法装置，就可完成加法和加法运算，简化了运算器的结构。

对于 n 位带符号纯整数，补码的表示范围为-2^{n-1}～+$2^{n-1}-1$。

3．计算机中定点数的表示

定点数是指小数点位置固定的数。当计算机存储数据时，小数点固定的位置默认有两种形式：一种默认小数点位置固定在最后一位比特位之后，该数只有整数部分，没有小数部分，为定点纯整数；另一种默认小数点位置固定在符号位之后、最高有效位之前，该数没有整数部分，只有小数部分，为定点纯小数。

例如，如果（00001011）$_2$ 为定点纯整数，最高位 0 表示符号为正，小数点默认在最后那个 1 之后，没有小数部分，所以它表示+11；如果该数为定点纯小数，最高位为符号位，表示为正数，小数点默认在符号位 0 之后，则它表示+0.0859375。

对于一个二进制定点数，其数值的大小和数值的位数直接相关。如果 x 为 n 位带符号定点纯整数，则 x 的表示范围为 $-(2^{n-1}-1)\sim+(2^{n-1}-1)$；如果 x 为 n 位带符号定点纯小数，则 x 的表示范围为 $-(1-2^{-(n-1)})\sim+(1-2^{-(n-1)})$。

4．计算机中浮点数的表示

从定点数表示方法可以看出，定点数的数值范围有限。在实际应用中，经常有比较大的数据，如在科学计算中经常见到很大的数据。对于比较大的数据，一般采用科学计数法表示。对于一个十进制数 N，可用科学计数法表示为：

$$N=10^E\times M$$

式中，E 为指数，M 为一个实数。随着 E 的变化，M 中小数点的位置左右浮动。当 M 为一规格化数（整数部分为 0，小数的最高有效位不为 0）时，数据的表示是唯一的。这就是十进制数的浮点数形式。

在计算机中一个任意 R 进制数 N 可以写成

$$N=R^e\times m$$

式中，m 是一个纯小数，称为尾数，可正可负；指数 e 是一个整数，称为阶码，可正可负；R 为基数，一般规定 R 为 2、8 或 16。在一个数据 N 的存储形式中，R 是默认的，只需要存储阶码 e、尾数 m 及其符号，这就是计算机中浮点数的表示形式（见图 1.18）。

阶符	阶码	数符	尾数

图 1.18　计算机中浮点数表示

1.4.3　计算机中的字符编码

字符是指字母、数码、运算符号、标点符号和汉字字符。在计算机使用中，除涉及数值之外，还大量地涉及字符。由于计算机只能存储和识别 0 和 1 两种数码，所以字符也必须按照二进制编码后才能被存储和处理。下面就介绍几种字符的编码方法。

1．ASCII 编码

美国信息交换标准代码（American Standard Code for Information Interchange，ASCII）是美国国家标准局（ANSI）制定的一套字符编码系统，是目前计算机中用得最广泛的字符集及其编码，已被国际标准化组织（ISO）定为国际标准，称为 ISO 646 标准，适用于所有拉丁字母。

ASCII 码采用 7 位二进制编码形式，每 7 位二进制数就表示一个字符，共可表示 128 个字符。这 128 个字符分为以下三种类型。

（1）十进制的 0～32 及 127，表示 34 个控制字符或通信专用字符，例如，控制符：LF（换行）、CR（回车）、FF（换页）、Delete（删除）、BEL（振铃）等；通信专用字符：SOH（文头）、EOT（文尾）、ACK（确认）等。

（2）48～57 为 0～9 共 10 个阿拉伯数字；65～90 为 26 个大写英文字母，97～122 为 26 个小写英文字母。

（3）33～47，58～64，91～96，123～126 共 32 个标点符号、运算符号。

7 位编码 $d_6d_5d_4$、$d_3d_2d_1d_0$ 的 ASCII 编码如表 1.2 所示。

表 1.2　7 位 ASCII 编码

$d_3d_2d_1d_0$ ＼ $d_6d_5d_4$		000	001	010	011	100	101	110	111
		0	1	2	3	4	5	6	7
0000	0	NUL	DLE	space	0	@	P	`	p
0001	1	SOH	DC1	!	1	A	Q	a	q
0010	2	STX	DC2	"	2	B	R	b	r
0011	3	ETX	DC3	#	3	C	S	c	s
0100	4	EOT	DC4	$	4	D	T	d	t
0101	5	ENQ	NAK	%	5	E	U	e	u
0110	6	ACK	SYN	&	6	F	V	f	v
0111	7	BEL	ETB	'	7	G	W	g	w
1000	8	BS	CAN	(	8	H	X	h	x
1001	9	HT	EM	)	9	I	Y	i	y
1010	A	LF	SUB	*	:	J	Z	j	z
1011	B	VT	Esc	+	;	K	[	k	{
1100	C	FF	FS	,	<	L	\	l		
1101	D	CR	GS	-	=	M	]	m	}
1110	E	SO	RS	.	>	N	↑	n	~
1111	F	SI	US	/	?	O	↓	o	Delete

2．汉字字符编码

汉字是一种重要的图形文字，与电子计算机现有的输入键盘、英文打字机键盘完全兼容。在信息处理系统中，对于汉字的处理一般包括汉字的输入、存储、编辑、输出和传输等。根据应用目的不同，汉字编码分为外码、交换码、机内码、字形码和地址码。

1）外码

外码也称为输入码，是用来将汉字输入到计算机中的一组键盘符号。常用的输入码有拼音码、五笔字型码、自然码、表形码、认知码、区位码和电报码等。一种好的编码应有编码规则简单、易学好记、操作方便、重码率低、输入速度快等优点，每个人可根据自己的需要进行选择。

2）交换码

交换码又称为国标码，是计算机内部汉字信息处理的标准。由于汉字使用范围广，所以汉字有多种交换码标准，如 GB 2312—80、GBK、GB 18030 和 Big5 等。其中，GB 2312—80 是中华人民共和国国家标准总局 1981 年制定的《信息交换用汉字编码字符集——基本集》，共收录汉字、符号、拉丁字母、希腊字母、日文假名等 7445 个图形字符，其中汉字 6763 个。

在国标码中，将图形符号组成一个 94×94 的方阵，行为区、列为位，可存储图形字符 8836 个，其中 1391 个空位保留备用。

3）机内码

根据国标码的规定，每个汉字都有确定的二进制代码。每个汉字在计算机内部用连续的 2 字节表示，并且每个字节的最高位为 1。在微型计算机内部，汉字代码都用机内码，在磁盘上记录汉字时也使用机内码。

4）字形码

字形码是汉字的输出码，输出汉字时都采用图形方式，无论汉字的笔画多少，每个汉字都可以写在同样大小的方块中。通常用 16×16 点阵来显示汉字。在 16×16 点阵中，共有小方框 256 个，有汉字笔画的小方框对应的位置为 1，没有笔画的小方框对应的位置为 0。一个汉字就组成一个 16×16 的 0—1 矩阵，存储量为 32B。对于打印汉字，用更精确的点阵表示一个汉字，如 24×24、64×64 等点阵，表示同样大小的方块，可划分成 24 行 24 列或 64 行 64 列。数字越大，汉字越精密，打印出来越好看，但存储容量也就变大了，例如，对于 64×64 点阵，一个汉字需要 512B。

5）地址码

地址码是指汉字库中存储汉字字形信息的逻辑地址码。它与汉字内码有简单的对应关系，以简化内码到地址码的转换。

📖习题

一、单选题

1. 世界上第一台电子数字计算机诞生于（　　）。

    A. 1642 年   B. 1820 年   C. 1971 年   D. 1946 年

2. 计算机存储程序的思想是由（　　）提出的。

    A. 帕斯卡   B. 冯·诺依曼   C. 莱布尼茨   D. 图灵

3. 计算机中所有部件的运行是由计算机硬件（　　）控制的。

    A. 控制器   B. 运算器   C. 内存   D. 输入/输出设备

4. 在计算机的存储器中，不可改写存储内容的存储器是（　　）。

    A. RAM   B. ROM   C. Cache   D. 磁盘

5. 世界上第一代微型计算机是（　　）。

    A. MCS-4   B. IBM-PC/XT   C. Z80   D. M6800

6. 在电子数字计算机内部使用的数值为（　　）。

    A. 十进制   B. 二进制   C. 八进制   D. 十六进制

7. 在计算机中，通过（　　）可将减法运算转换为加法计算。

    A. 原码   B. ASCII 码   C. 反码   D. 补码

8. CPU 是计算机中重要的部件，它包括（　　）两部分。

    A. 控制器和内存   B. 运算器和控制器

    C. 内存和运算器   D. 输入设备和输出设备

9. 计算机中可直接执行的语言是（　　）。

    A. 机器语言   B. 汇编语言   C. 高级语言   D. 算法语言

10. 对于一台 16 位计算机，其带符号二进制纯整数原码的表示范围是（　　）。

    A. $-(2^{16}-1)\sim+2^{16}-1$ B. $-2^{15}\sim+2^{15}-1$

    C. $-(2^{16}-1)\sim+2^{16}-1$ D. $-(2^{15}-1)\sim+2^{15}-1$

二、填空题

1. 世界上第一台电子数字计算机称为_____，于_____年诞生于_____。
2. 计算机存系统由计算机的硬件系统和计算机的_____系统组成。
3. 计算机的程序由计算机指令组成，一条计算机指令分为_____两部分。
4. 十进制数 215.125 的二进制数是_____。
5. 在计算机中，_____是将每个字符按照 7 位二进制编码的。
6. 计算机语言按照其执行的形式可分为_____和_____。
7. 计算机软件分为系统软件和_____。
8. 世界上第一颗 CPU 芯片是 IBM 公司的_____。
9. 在计算机中每个汉字用两个连续_____表示，并且每个字节的最高位为 1。
10. 在机器数中，补码的 0 的表示形式唯一，并且可将减法转换为_____计算。

三、简答题

1. 简述冯·诺依曼思想的主要内容。
2. 简述一个高级语言程序的执行过程。
3. 简述一条机器指令的执行过程和步骤。
4. 简述计算机的未来发展方向。
5. 简述微型计算机的组成。

第 2 章

操作系统基础

在计算机系统中，操作系统是非常重要的系统软件，是整个计算机系统的控制中心和管理中心。操作系统不仅管理计算机中硬件和软件资源，还为用户提供了功能强大、使用方便和安全可靠的应用环境，其主要目的是充分提高系统资源利用率。本章首先介绍操作系统的基本概念，然后介绍几个典型的操作系统，最后介绍 Windows 7 的重要内容。

2.1 操作系统概述

在计算机系统中，CPU、内存、磁盘、显示器、总线等硬件资源构成了计算机硬件系统。纯粹的计算机硬件几乎不能完成任何工作，还不能算作完整的计算机系统，它既没有反映计算机系统的强大功能，也不方便用户使用。为了充分发挥计算机硬件资源性能、提高用户使用效率，为了给用户提供使用这些硬件的通用方法，必须为计算机配备操作系统软件。

操作系统（Operating System，OS）是计算机硬件之上的第一层系统软件，是对硬件功能的进一步扩充。操作系统的工作就是管理计算机的硬件资源和软件资源，并组织用户尽可能方便地使用这些资源。操作系统是软、硬件资源的控制中心，它以尽量合理有效的方法调度、分配和管理所有的硬件设备和软件系统使其协调运行，以满足用户的实际操作需求。操作系统的主要作用体现在两个方面。

（1）管理计算机。操作系统要更加合理地组织计算机的工作流程，使软件和硬件之间、用户和计算机之间、系统软件和应用软件之间的信息传输和处理流程准确畅通；更有效地管理和分配计算机系统的硬件和软件资源，使得有限的系统资源能够发挥更大作用。

（2）使用计算机。操作系统必须为用户提供界面友好、操作简便的使用环境，在用户不必了解计算机系统有关细节的情况下可方便地使用计算机。

2.2 操作系统的发展历史

2.2.1 手工操作阶段

20 世纪 50 年代中期以前的计算机，处于计算机发展初期，计算机上还未出现操作系统，计算机工作处于手工操作方式。

当需要使用计算机时，程序员将程序和数据做成纸带或卡片，再利用光电机或读卡机将程序和数据读入计算机内存，然后通过控制台开关启动并运行程序。程序计算完毕后，通过打印机输出计算结果。在用户取走结果并卸下纸带（或卡片）后，才可让下一个用户使用。在整个计算过程中，当程序出现错误或数据有错误时，用户只能取走记录出错情况，卸下纸带（或卡片），让出计算机，然后根据出错情况修改程序或数据。

手工操作方式有两个显著特点：①用户独占全机，资源利用率低；②CPU 等待手工操作。

到 20 世纪 50 年代后期，随着计算机运算速度的进一步提高，慢速的手工操作和高速度计算机之间的矛盾越来越尖锐，手工操作方式已经满足不了计算机科学日益发展的需要，严重阻碍了系统资源利用率的发展。为了解决这一对矛盾，只有设法去掉人工干预，实现作业自动过渡，这样就出现了批处理的思想和方法。

2.2.2　批处理操作阶段

为了解决手工操作阶段的人机矛盾，出现了批处理的思想和方法，实现批处理的软件就是批处理系统，它是计算机上的系统软件。在批处理系统的控制下，计算机能够自动、成批地处理一个或多个用户的作业（这作业包括程序、数据和命令）。

在批处理系统中，首先出现的是联机批处理系统，即作业的输入/输出由 CPU 来处理。

主机与输入机之间增加了磁带，在主机上监督程序的控制下，计算机可自动成批地把输入机上的用户作业读入磁带，依次把磁带上的用户作业读入主机内存执行，并把计算结果向输出机输出。完成了上一批作业后，监督程序又从输入机上输入另一批作业，保存在磁带上，并按上述步骤重复处理。

监督程序不停地处理各个作业，从而实现了作业到作业的自动转接，减少了作业建立时间和手工操作时间，有效克服了人机矛盾，提高了计算机的利用率。但是，在作业输入和结果输出时，主机的高速 CPU 仍处于空闲状态，等待慢速的输入/输出设备完成工作，主机处于“忙等”状态。为克服、缓解高速主机与慢速外设的矛盾及提高 CPU 的利用率，又引入了脱机批处理系统，即输入/输出脱离主机控制。

脱机批处理系统的显著特征是在系统中增加一台卫星机，它不与主机直接相连，而专门与输入/输出设备打交道。其功能是：从输入机上读取用户作业并放到输入磁带上，从输出磁带上读取执行结果并传给输出机。

在系统中，主机与相对较快的磁带机发生关系，卫星机与磁带机和输入/输出设备打交道，主机与卫星机可并行工作，从而有效地缓解了主机与设备的矛盾，可以充分发挥主机的高速计算能力。

脱机批处理系统在 20 世纪 60 年代应用十分广泛，它极大缓解了人机矛盾及主机与外设的矛盾。但是，每次主机内存中仅存放一道作业，当它运行期间发出输入/输出（I/O）请求后，高速的 CPU 便处于等待低速的 I/O 完成的状态，致使 CPU 空闲。

为改善 CPU 的利用率，又引入了多道批处理系统。

2.2.3　多道批处理系统

20 世纪 60 年代中期，在批处理系统中，引入多道程序设计技术后形成多道批处理系统，简称批处理系统。在批处理操作中，用户将作业交给系统操作员，系统操作员将许多用户的作业组成一批作业输入计算机，在系统中形成一个自动转接的、连续的作业流，然后启动计算机系统自动执行每个作业，最后由操作员将作业结果交给用户。例如，VAX/VMS 是一种多用户、实时、分时和批处理的多道批处理系统。

批处理系统有两个特点。

（1）多道性。系统内可同时容纳多个作业。这些作业放在外存中，组成一个后备队列，系统按一定的调度原则每次从后备作业队列中选取一个或多个作业进入内存运行，运行作业结束、退出运行及后备作业进入运行均由系统自动实现，从而在系统中形成一个自动转接的、连续的作业流。

（2）成批性。在系统运行过程中，不允许用户与其作业发生交互作用，作业一旦进入系统，用户就不能直接干预其作业运行。

批处理系统的主要目标是提高系统资源利用率和系统吞吐量，以及作业流程的自动化水平。但系统不提供人机交互能力，用户不能及时了解自己程序的运行情况并加以控制，延长了程序设计的开发时间，所以它只适用于成熟的程序。

批处理系统的优点是作业流程自动化、效率高、吞吐率高，缺点是无交互手段、调试程序困难。

2.2.4 分时系统

尽管多道批处理系统很适合大型科学计算和商务数据处理，但在实际应用中，一个作业从提交到取回运算结果很浪费时间。因此，许多程序员希望及时地调试自己的程序，这种需求导致了分时系统的出现。

在分时系统中，一台主机连接了若干个终端，每个终端有一个用户使用。用户向系统提出命令请求，系统接受每个用户的命令，采用时间片（操作系统将 CPU 的运行时间划分成若干个片段，称为时间片）轮转方式处理服务请求，并通过交互方式在终端上向用户显示结果。用户根据上一步的处理结果发出下一道命令。由于时间片非常短，计算机速度很快，作业运行轮转得很快，给每个用户的印象是：好像独占了一台计算机。

具有上述特征的计算机系统称为分时系统。例如，Unix 是一个典型的分时系统。分时系统的主要特点如下。

（1）多路性。若干个用户同时使用一台计算机。微观上看是各用户轮流使用计算机，但宏观上看是各用户并行工作。

（2）交互性。用户可根据系统对请求的响应结果，进一步向系统提出新的请求。这种能使用户与系统进行人机对话的工作方式，明显地有别于批处理系统，因而，分时系统又被称为交互式系统。

（3）独立性。用户之间可以相互独立操作，互不干扰。系统保证各用户程序运行的完整性，不会发生相互混淆或破坏现象。

（4）及时性。系统可对用户的输入及时做出响应。分时系统性能的主要指标之一是响应时间，所谓响应时间是指从终端发出命令到系统予以应答所需的时间。

分时系统的主要目标是对用户请求及时响应。

多道批处理系统和分时系统的出现标志着操作系统的形成。

2.2.5　实时系统

虽然多道批处理系统和分时系统能获得较令人满意的资源利用率和系统响应时间，但不能满足实时控制与实时信息处理两个应用领域的需求，于是就产生了实时系统。在实时系统中，系统能够及时响应随机发生的外部事件，并在严格的时间范围内完成对该事件的处理。

实时系统特点如下：

（1）及时响应。系统对外部实时信号必须能及时响应，响应时间要满足控制环境的要求。

（2）高可靠性和安全性。实时系统要求有高可靠性和安全性，系统的效率则放在第二位。

（3）系统的整体性强。实时系统要求所管理的设备和资源，必须按一定的时间关系和逻辑关系协调工作。

（4）交互会话功能较弱。实时系统没有分时系统那样强的交互会话功能，通常不允许用户通过实时终端设备编写或修改程序。实时终端设备是执行装置或询问装置，是为特殊的实时任务设计的专用设备。

实时操作系统的主要特点如下：

（1）及时响应。每个信息接收、分析处理和发送的过程必须在严格时间限制内完成。

（2）高可靠性。需要采取冗余措施，双机系统前后台工作，也包括必要的保密措施等。

2.2.6　现代操作系统

1．个人计算机操作系统

个人计算机上的操作系统是联机交互的单用户操作系统，它提供的联机交互功能与通用分时系统提供的功能非常相似。典型的个人计算机操作系统是 DOS、Windows。

由于是个人专用，因此一些功能会简单得多。然而，由于个人计算机的应用普及，对于提供更方便、更友好的用户接口和丰富功能的文件系统的要求会越来越迫切。

2．网络操作系统

通过通信设施，将地理上分散的、具有自治功能的多个计算机系统互连起来，实现信息交换、资源共享、互操作和协作处理的系统就是计算机网络。对计算机网络进行管理的软件系统，称为网络操作系统。例如，Novell 公司的 NetWare 和 Microsoft 公司的 Windows NT 就是典型的网络操作系统。

网络操作系统在原来各自计算机操作系统上，按照网络体系结构的各个协议标准增加了网络管理模块，包括通信、资源共享、系统安全和各种网络应用服务。

3．分布式操作系统

分布式系统与计算机网络系统相似，也是通过通信网络，将地理上分散的、具有自治功能的数据处理系统或计算机系统互连起来，实现信息交换和资源共享，协作完成任务。但它们还有以下明显区别：

（1）分布式系统要求一个统一的操作系统，以实现系统操作的统一性。

（2）分布式操作系统管理分布式系统中的所有资源，它负责全系统的资源分配和调度、任务划分、信息传输和控制协调工作，并为用户提供一个统一界面。

（3）用户通过统一界面，实现所需要的操作，而操作的具体细节由操作系统完成，对用户是透明的。

（4）分布式操作系统更强调分布式计算和处理，对多机合作和系统重构、强健性和容错能力有更高的要求，希望系统响应时间短、吞吐量高、可靠性高。

4．嵌入式操作系统

嵌入式操作系统是运行在嵌入式系统环境中，对整个嵌入式系统及其所操作、控制的各种部件装置等资源进行统一协调、调度、指挥和控制的系统软件。

2.3　操作系统分类

操作系统种类很多，有各种不同的分类方法。下面介绍操作系统按照功能特征、用户界面、应用环境等的简单分类。

（1）按照功能特征分类。按照操作系统的功能特征，可将操作系统分为批处理操作系统、分时操作系统和实时操作系统。

（2）按照用户界面分类。按照操作系统的用户界面，可将操作系统分为行命令式操作系统和图形窗口式操作系统。

（3）按照应用环境分类。按照操作系统的应用环境，可将操作系统分为个人计算机操作系统、网络操作系统、分布式操作系统和嵌入式操作系统。

（4）按照用户数分类。按照操作系统的用户数，可将操作系统分为单用户操作系统和多用户操作系统。

（5）按照同时处理任务数分类。按照操作系统同时处理任务的个数，可将操作系统分为单任务操作系统和多任务操作系统。

2.4　操作系统的功能和主要特征

2.4.1　操作系统的功能

从资源管理的角度来说，操作系统的主要任务是对系统中的硬件、软件实施有效的管理，以提高系统资源的利用率。在计算机中，系统资源包括硬件资源和软件资源，其中计算机硬件资源主要是指处理器、主存储器和外部设备，软件资源主要是指信息（文件系统）。因此，操作系统的主要功能相应地就有处理机管理、存储管理、设备管理和文件管理。从用户使用的角度来说，操作系统为用户提供了用户接口。因此，操作系统五大功能如下。

1．处理器管理

处理器管理主要任务是对处理器的时间进行合理分配，对处理器的运行实施有效管理。在多道程序系统中，进程是处理器分配和运行的基本实体，因而处理器管理的实质就是进程管理。进程管理包括进程控制、进程同步、进程通信和进程调度。

2. 存储器管理

存储器管理的主要任务是为多道程序的运行提供良好的环境，方便用户使用存储器，并提高内存的利用率。存储器管理包括内存分配、内存保护、地址映射、内存扩充。

3. 设备管理

在计算机硬件系统中，外部设备种类繁多、物理特性相差很大。因此，操作系统的设备管理必须根据确定的设备分配原则分配设备，使设备与主机能够并行工作，为用户提供良好的设备使用界面。设备管理主要包括缓冲管理、设备分配、设备处理。

4. 文件管理

文件管理的目的是，有效地管理文件的存储空间，合理地组织和管理文件系统，为文件访问和文件保护提供更有效的方法及手段。文件管理包括文件存储空间管理、目录管理、文件读写管理、文件存取控制。为了防止系统中文件被非法窃取或破坏，在文件系统中应建立有效的保护机制。

5. 用户接口

用户操作计算机的界面称为用户接口。通过用户接口，用户只需要进行简单操作，就能实现复杂的应用处理。因此，操作系统提供的接口有两种。

1）程序接口

程序接口是用户获取操作系统服务的唯一途径。程序接口由一组系统调用组成。每个系统调用都是一个完成特定功能的子程序。程序接口也称为应用程序编程接口（Application Programming Interface，API），用户通过 API 可以调用系统提供的例行程序，实现既定的操作。

2）命令接口

用户通过交互命令方式直接或间接地对计算机进行操作，命令接口分为联机命令接口和脱机命令接口。联机命令接口是为联机用户提供的一组键盘命令及其解释程序。当用户输入一条命令后，由命令解释程序解释并执行。在完成指定操作后，等待接收下一条命令。脱机命令接口是为批处理系统的用户提供的。在批处理系统中，用户使用作业控制语言（JCL），将用户对其作业控制的意图写成作业说明书，然后将作业说明书连同作业一起提交给系统。当系统调用到该作业时，通过解释程序对作业说明书进行逐条解释并执行。

2.4.2　操作系统的主要特征

操作系统的目的是提高计算机系统的效率和方便用户使用。为此，现代操作系统广泛采用并行操作技术，使多种硬件设备能并行工作。例如，I/O 操作和 CPU 计算同时进行，在内存中同时存放并执行多道程序等。因此，操作系统具有以下主要特征。

1. 并发性

并发性是指两个或两个以上的运行程序在同一时间间隔内同时执行，而并行性是指两个或多个程序在同一时刻同时执行。在单处理器系统中，每时刻仅有一道程序执行，故微观上这些程序是分时地交替执行的；而在多个处理器系统中，这些可以并发执行的程序便可被分配到多个处理器上，实现多个程序并行执行。操作系统是一个并发系统，并发性是它的重要特征，发挥并发性优势能够消除计算机系统中部件和部件之间的相互等待，有效地提高了系统资源的利用率，改进了系统的吞吐率，提高了系统效率。采用了并发技术的系统又称为多任务系统（Multitasking）。

在操作系统中存在许多并发或并行的活动。为使并发活动有条不紊地进行，操作系统就要对其进行有效的管理与控制。

2. 共享性

共享性是指操作系统中的资源可被多个并发执行的进程共同使用。由于资源属性的不同，对资源共享的方式也不同，目前主要有以下两种资源共享方式。

（1）互斥共享方式。系统中的某些资源在一段时间内只允许一个用户程序访问。

（2）同时访问方式。系统中还有另一类资源允许在一段时间内由多个用户程序"同时"访问。这里的"同时"往往是宏观上的，而在微观上，这些用户程序可能是交替地对该资源进行访问。

并发性和共享性是操作系统的两个最基本的特征，它们又互为对方存在的条件。一方面，资源共享是以程序的并发执行为条件的，若系统不允许程序并发执行，自然不存在资源共享问题；另一方面，若系统不能对资源共享实施有效管理，协调好多个程序对共享资源的访问，也必然影响程序并发执行的程度，甚至根本无法并发执行。

3. 异步性

异步性，又称随机性或不确定性。在多道程序系统环境下，允许多个程序并发执行，但只有程序在获得所需的资源后方能执行。在单处理器环境下，由于系统中只有一个处理器，因而每次只允许一个程序执行，其余程序只能等待。当正在执行的程序提出某种资源要求时，由于资源等因素的限制，程序的执行通常以"停停走走"的方式运行。内存中的每个程序在何时能获得处理器运行，何时又因提出某种资源请求而暂停，以及程序以怎样的速度向前推进，每道程序总共需多少时间才能完成等，都是不可预知的。因此，在操作系统中，存在着不确定性。

4. 虚拟性

虚拟是指通过某种技术将一个物理实体映射为若干个逻辑实体。物理实体是客观存在的，逻辑实体是虚构的，是一种感觉性的存在。例如，在多道程序系统中，虽然只有一个 CPU，每次只能执行一道程序，但采用多道程序技术后，在一段时间间隔内，宏观上有多个程序在运行。在用户看来，就好像有多个 CPU 在各自运行自己的程序。这种情况就是将一个物理的 CPU 虚拟为多个逻辑上的 CPU，逻辑上的 CPU 称为虚拟处理器。类似的还有虚拟存储器、虚拟设备等。

📖2.5 常用操作系统介绍

目前最常用的操作系统有 Windows、Unix 和 Linux，其他比较常用的操作系统还有 Mac OS、NetWare 等。在 20 世纪 80 年代，MS-DOS 曾经是最常用的操作系统之一。下面介绍几种常用的操作系统。

1. MS-DOS 操作系统

DOS 是微软公司与 IBM 公司开发的操作系统，它广泛运行于 IBM PC 机及其兼容机上，称为 MS-DOS。MS-DOS 1.0 是 1981 年推出的最早版本，最后一个版本是 DOS 6.22。MS-DOS 是一个单用户操作系统，自 4.0 版开始具有多任务处理功能。

2. Windows 操作系统

从 20 世纪 90 年代起，在个人操作系统领域，微软公司的 Windows 个人操作系统系列占有绝对的垄断地位。

Windows 操作系统是由 DOS 平台演变而来的。其中，影响较大和较突出的版本是 Windows 3.0 和 Windows 95。Windows 3.0 的大量全新特性以压倒性的优势确定了 Windows 操作系统在 PC 领域的垄断地位；而 Windows 95 摆脱 DOS 的限制，提供了网络和多媒体等方面的强大功能，简化了用户操作。后续的 Windows XP 把 Windows Me 和 Windows 2000 这两种产品线合并，以后的 Windows 操作系统都基于 NT 平台。目前，常用的 Windows 7 是基于 X86 和 X64 架构、面向 PC 和平板电脑的窗口式操作系统，其核心版本为 Windows NT 6.1。

Windows 操作系统的显著特征是采用了图形用户接口（GUI），主要由窗口、菜单和对话框等组成。用户通过对屏幕上对象直接操作，以控制和操纵程序运行。这种图形用户接口减轻或免除了用户记忆的工作量，使原来的"记忆并键入"改变为"选择并确定"，极大地方便了用户使用。图形用户接口主要由窗口、菜单和对话框组成。为了促进图形用户接口的发展，1988 年制定了 GUI 国际标准。至 20 世纪 90 年代，各种操作系统的图形用户接口普遍出现，如 Microsoft 公司的 Windows 操作系统就是一个典型的窗口式操作系统。

3. Unix 操作系统

Unix 是一种多用户操作系统，是除 Linux 和 Windows 之外的主流操作系统之一。Unix 于 1969 年诞生于贝尔（电话）实验室，由于其简洁、易于移植等特点而很快得到注意、发展和普及，成为跨越从微型机到巨型机范围的唯一操作系统。

Unix 最初的许多概念、命令、实用程序和语言，至今仍在沿用，显示了 Unix 原始设计的简洁、高效和恒久魅力。

4. Linux 操作系统

Linux 是一个多用户操作系统，是 Linus Torvalds 主持开发的遵循 POSIX 标准的操作系统。它提供 Unix 的界面，但内部实现是完全不同的自由软件，与 Unix 及其变种不同之处为 Linux 是免费和源代码开放的。Linux 的主要特点如下。

（1）开放源代码。Linux 是免费的，获得 Linux 非常方便，而且源代码的开放使得使用者能控制源代码，按照需要对部件进行混合搭配，易于建立自定义扩展。因为内核有专人管理，内核版本无变种，所以对用户应用的兼容性有保证。

（2）性能出色。Linux 可以连续运行数月、数年无须重启。一台 Linux 服务器可以支持 100～300 个用户。另外，它对 CPU 的速度不太在意，可以把每种处理器的性能发挥到极限。

（3）功能完善。Linux 包含了所有人们期望操作系统拥有的特性，包括多任务、多用户、页式虚存、库的动态链接（共享库）、文件系统缓冲区大小的动态调整等。

（4）网络优势强。因为 Linux 的开发者们是通过 Internet 进行开发的，所以对网络的支持功能在开发早期就已具备；而且 Linux 对网络的支持比大部分操作系统都更出色。在相同硬件条件下，Linux 通常比 Windows NT、Novell 和大多数 Unix 系统的性能要卓越。

（5）硬件需求低。Linux 刚开始的时候主要是为低端 Unix 用户而设计的，在只有 4MB 内存的 Intel 386 处理器上就能很好地运行。同时，Linux 不仅只运行在 Intel x86 处理器上，它也能运行在 Alpha、SPARC、PowerPC、MIPS 等 RISC 处理器上，并且硬件支持广泛。

（6）应用程序多。应用程序众多，而且大部分是免费软件，程序兼容性好。

5．Android 操作系统

Android 是一种基于 Linux 的、自由的、开放源代码的操作系统，主要使用于移动设备，如智能手机和平板电脑。Android 操作系统最初由 Andy Rubin 开发，主要支持智能手机。Andy Rubin 于 2005 年 8 月被 Google 收购注资。2007 年 11 月，Google 与 84 家硬件制造商、软件开发商及电信营运商组建开放手机联盟以共同研发改良 Android 系统。

📖2.6　Windows 7 操作系统

2.6.1　Windows 7 简介

微软公司于 2009 年 10 月 23 日于中国正式发布 Windows 7 操作系统。Windows 7 操作系统适合家庭和商业工作环境，可用于笔记本电脑、平板电脑、多媒体中心等，是一个具有革命性变革的操作系统。其操作更加简单和快捷，为人们提供高效易行的工作环境。同以前的 Windows 版本相比，Windows 7 有以下主要特点。

（1）易用。Windows 7 做了许多方便用户的设计，如快速最大化、窗口半屏显示、跳转列表（Jump List）、系统故障快速修复等，这些新功能令 Windows 7 成为最易用的 Windows。

（2）快速。Windows 7 大幅缩减了 Windows 的启动时间，据实测，在 2008 年的中低端配置下运行，系统加载时间一般不超过 20s，这比 Windows Vista 的约 40s 相比，是一个很大的进步。

（3）简单。Windows 7 让搜索和使用信息更加简单，包括本地、网络和互联网搜索功能，直观的用户体验更加高级，还整合自动化应用程序提交和交叉程序数据透明性。

（4）安全。Windows 7 包括改进了的安全和功能合法性，还会把数据保护和管理扩展到外围设备。Windows 7 改进了基于角色的计算方案和用户账户管理，在数据保护和坚固协作的固有冲突之间搭建沟通桥梁，同时也会开启企业级的数据保护和权限许可。

（5）Aero 特效。Windows 7 的 Aero 效果更华丽，有碰撞效果、水滴效果，还有丰富的桌面小工具。这些都比 Vista 增色不少。

下面对 Windows 7 的启动、关闭、桌面等简单操作做简要介绍。

1．Windows 7 的启动与关闭

当 Windows 7 启动后，在计算机屏幕上就显示用户登录界面。在用户选择用户名和输入密码后就进入 Windows 7 的系统桌面，这时用户就可在系统桌面上操作计算机。如果系统中只有

一个用户，并且没有密码，则计算机启动后直接进入系统桌面。

Windows 操作系统要求，在计算机不再使用时，必须通过正确方法关闭系统。正确关闭系统的一种方法为在"开始"图标中选择"关机"。

2．Windows 7 桌面

桌面是 Windows 中的常用术语。所谓桌面就是 Windows 启动之后看到的屏幕区域，就像实际桌面一样，它是用户工作平台。在 Windows 7 中默认桌面只有"回收站"，用户也可通过鼠标右键单击桌面空白处，在快捷菜单中选择"个性化"，再选择"更改桌面图标"，就可选择桌面上需要的快捷图标。常见的 Windows 7 桌面由以下几部分组成。

（1）计算机。桌面上的"计算机"图标包含了计算机系统的资源。双击或单击右键选择"打开"，可打开一个包含当前计算机中可用驱动器的图标。

（2）回收站。回收站是计算机硬盘上的一个区域，是一个文件夹，用于暂时存放被用户删除的文件或文件夹。回收站中的项目可以通过"还原"将项目恢复到被删除位置，也可通过"清空回收站"或"删除"，彻底删除该选项。

（3）网络。显示或设置和当前计算机相关的网络资源。

（4）控制面板。用于计算机硬件、软件的管理，以及用户账号、网络的设置。

（5）任务栏。任务栏通常位于桌面的底部，横向覆盖整个显示器。任务栏主要由"开始"按钮、应用程序图标、输入法及通知区域组成。用户可以在任务栏未锁定的状态下，根据需要调整各个区域的尺寸。

3．Windows 7 中几种常见操作简介

Windows 7 是一个图形界面的操作系统，在 Windows 7 中有键盘和鼠标两种操作方法，但是最简单的还是鼠标操作方法。下面主要介绍 Windows 7 中几种简单操作。

（1）指向。指向是将鼠标指针移到操作对象上。

（2）选定。选定就是对操作对象的选择。简单的选定是将鼠标的指针移动到需要选择的对象上，然后快速按一下鼠标的左键，就完成了对象的简单选定。更复杂的选定方法在本章后面"对象选定"一节还要详细介绍。

（3）单击。单击就是快速按一下鼠标左键并释放。在 Windows 7 中，经常用单击选定操作对象。

（4）双击。双击就是快速按动鼠标左键两次并释放，而且两次之间时间间隔非常短。双击是 Windows 7 中常用的一种操作方法，经常用双击打开窗口或启动应用程序。

（5）右击。右击就是快速按一下鼠标右键并释放。右击一般用于打开一个与操作对象相关的快捷菜单。

（6）拖曳。拖曳指按下鼠标左键不释放，然后移动鼠标到新的位置，再释放按键的操作过程。拖动一般用于选择多个操作对象及复制或移动对象等。

2.6.2　Windows 7 基本操作

1．窗口操作

窗口是 Windows 7 中基本对象。当程序运行后，就会在桌面上打开一个窗口。Windows 7

中"计算机"的窗口如图 2.1 所示。

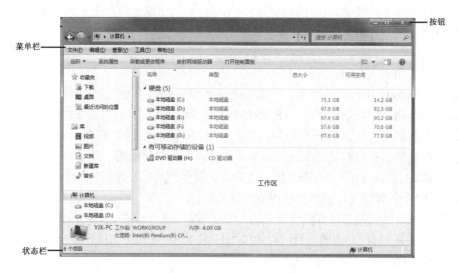

图 2.1 Windows 7 中"计算机"的窗口

图 2.1 是 Windows 7 中"计算机"的窗口，主要由菜单栏、按钮、工作区和状态栏组成。在 Windows 7 中，一个典型窗口应包含标题栏、菜单栏、工具栏、地址栏、任务栏、工作区等。

（1）标题栏。标题栏位于窗口顶部，显示窗口名称及图标，显示应用程序或打开文档的名称。通过最右侧的三个按钮可以进行最小化、最大化、关闭窗口操作。在标题栏空白处双击鼠标左键会自动切换窗口大小。Windows 中可以同时打开多个窗口，而当前工作的窗口只有一个，并且当前工作窗口标题栏的色彩比较鲜艳。

（2）菜单栏。菜单栏位于标题栏下方，其中存放了当前窗口中的许多操作选项。一般菜单栏里包含多个子菜单项。单击菜单项也可在弹出的下拉菜单中选择子菜单项操作命令。

（3）工具栏。工具栏位于菜单栏下方，其中列出了一些当前窗口的常用操作按钮。

（4）工作区。工作区是窗口最主要也是最大的区域，用于显示对象和操作结果。

（5）状态栏。位于窗口下方，显示操作对象的一些相关信息。

在 Windows 7 中对于窗口有以下几种主要操作：

（1）窗口打开。可通过双击快捷方式，或单击"开始"→"程序"下的子菜单，或双击某程序或文档的图标。

（2）窗口关闭。单击窗口右上角的关闭按钮，或按"Alt+F4"键，或选择"文件"菜单中的"关闭"等。

（3）窗口移动。在窗口没有最大化时，可用鼠标拖动窗口标题栏；或右击窗口标题栏并在快捷菜单中选择"移动"，出现移动状态指针，用鼠标左键拖动到需要位置。

（4）窗口缩放。将鼠标移到窗口的边缘或窗口的角上，当鼠标的指针变成移动状态指针时，用鼠标左键拖动即可实现窗口垂直、水平、垂直和水平的缩放。

（5）窗口最大化、最小化和还原。利用窗口标题栏的最大化按钮和最小化按钮，可分别进行窗口的最大化和最小化。单击最小化按钮，可将窗口缩小为任务栏中的一个按钮；单击最大化按钮，将该窗口变为最大并充满整个屏幕。在窗口最大化后，标题栏的最大化按钮变成还原按钮，单击还原按钮可将窗口还原到打开状态。

（6）窗口切换。在任务栏单击需要的任务按钮；用"Alt+Tab"键，按下"Alt"键，每按一次"Tab"键，就完成一次切换；对非最小化任务窗口，可用"Alt+Esc"键实现窗口切换。

2. 对话框操作

对话框是 Windows 操作系统里的次要窗口，用户通过对话框，实现人和计算机的交互。对话框和窗口的最大区别就是没有最大化和最小化按钮，用户一般不能调整其形状大小。对话框中的可操作元素主要包括命令按钮、选项卡、单选按钮、复选框、文本框、下拉列表框和数值框等，但并不是所有的对话框都包含以上所有元素。Windows 7 对话框如图 2.2 所示，对话框各元素的功能如下。

图 2.2　Windows 7 对话框

（1）选项卡。对话框内一般有多个选项卡，通过选择不同的选项卡可以切换到相应的设置页面。

（2）列表框。列表框以矩形框形状显示，列出多个选项供用户选择。

（3）单选按钮。单选按钮是一些互相排斥的选项，每次只能选择其中一个选项，被选中的圆圈中将会有个黑点。

（4）复选框。复选框中各选项不是互斥的，用户可根据需要选择其中的一个或几个选项。当选中某个复选框时，框内出现对号标记。

（5）文本框。文本框主要用来接收用户输入的信息，以便正确完成对话框的操作。

（6）数值框。用于输入或选中一个数值，它由文本框和微调按钮组成，微调按钮的两个箭头分别表示数值的增加和减少。

3. 菜单

菜单是计算机中一种操作命令的组织形式，可将对特定对象的操作命令组织在一起。在 Windows 7 中，菜单可分为开始菜单、窗口菜单、快捷菜单、控制菜单四种。图 2.3 就是某应用程序中文件菜单项对应的一个典型的窗口菜单。

图 2.3　Windows 7 的一个典型的窗口菜单

菜单中的菜单项可分为以下几种形式。

（1）灰色命令项。灰色的菜单项表示此项功能不可用。

（2）对话框命令项。以"…"结尾的菜单项为对话框命令项，单击该选项可打开一个对话框。

（3）级联菜单命令项。以"▶"结尾的菜单项为级联菜单命令项，鼠标移到该选项后可打开该命令的下一级菜单。

（4）选择标记命令项。以"√"开始的菜单项表示该菜单项命令已经有效。

（5）单选命令项。在菜单的一组命令中，只能选择一个命令选项。当某菜单项以"●"开始标记时，表示在这一组菜单项中该菜单项命令已经选用。

4．滚动条

当文档、图片或页面的大小超出窗口时，会在窗口的边框上出现滚动条，用户用鼠标拖动滚动条上滑块，就可在水平或垂直方向浏览窗口中内容。

5．剪贴板

剪贴板是 Windows 操作系统提供的一个内存临时数据存储区，暂存一块数据。剪贴板只能保存当前的一份内容，新内容送来后将覆盖旧内容。剪贴板可以看作数据中转站，通过它可以复制、删除、移动数据块。对剪贴板有以下几种操作。

（1）送到剪贴板。对于一般的数据、文本和图片，先选择需要送到剪贴板的对象，再用"Ctrl+C"将所选对象送到剪贴板。也可选择对象后单击右键，在快捷菜单中选择"复制"或"剪切"都可将选择对象送到剪贴板。但是，"复制"和"剪切"的意义不同，"复制"是将对象送剪贴板后，在执行"粘贴"后原对象还保留，而"剪切"是在执行"粘贴"后原对象就没有了。送剪贴板的操作也可通过快捷键"Ctrl+X"完成。

对于系统中的图片或程序运行界面，可通过"Alt+PrintScreen"或"PrintScreen"送到剪贴板，其中"Alt+PrintScreen"将当前活动窗口送到剪贴板，而"PrintScreen"将整个屏幕送到剪贴板。

（2）粘贴。在需要剪贴板中内容的地方单击右键，在快捷菜单中选择"粘贴"或选用快捷键"Ctrl+V"。

6．对象选定

在 Windows 中，文件、文件夹、文本、图片等都是最基本的对象。对象不同，对对象可操作的方法也不同。Windows 对一个对象操作时，必须先选择对象，再对对象操作。常见的对象选定方法包括以下几种。

（1）选定单个对象。用鼠标单击需要的对象。

（2）选定多个连续对象。按下"Shift"键不放，然后鼠标单击开始对象，再单击结束的对象。

（3）选定多个不连续对象。当选定多个不连续对象时，首先单击要选定的第一个对象，然后按住"Ctrl"键不放，逐个单击其余对象。

（4）全选。单击"编辑"菜单项，再选择"全选"，或利用"Crtl+A"快捷键。

（5）反向选择。单击"编辑"菜单项，再选择"反向选择"。

完成对象选择后，就可以对对象操作了。

2.6.3 Windows 7 文件管理

1．文件的概念

在计算机中，文件是以计算机存储器（硬盘、U 盘等）为载体存储在计算机上的信息集合，是操作系统存储和管理信息的基本单位。文件可以是文本文档、图片、程序等。在操作系统中文件用文件名标识。

2. 文件名

文件名是为了区分不同的文件而指定的名称。通过文件名，计算机可对文件"按名存取"。操作系统规定文件名由主文件名和扩展文件名组成，主文件名表示文件的真正名称，扩展文件名表示文件属性和类型。常见扩展文件名如表 2.1 所示。

表 2.1　常见扩展文件名

扩 展 名	文件类型	扩 展 名	文件类型
MDF	虚拟光驱镜像文件	AVI	视频文件
ISO	镜像文件	RM	视频文件
RAR	压缩包	MID	声卡声乐文件
ZIP	压缩包	HTM、HTML	网页
EXE	可执行文件	TXT	记事本
COM	系统程序文件	DOC、DOCX	Word 文档
SYS	系统文件	XLS、XLSX	Excel 文件
BAK	备份文件	PPT、PPTX	幻灯片文件
PDF	PDF 文档	TMP	临时文件

在最初的 DOS 操作系统中规定文件的主文件名由 1～8 个字符组成，扩展文件名由 1～3 个字符组成，主文件名和扩展文件名之间由一个小圆点隔开，一般称为 8.3 规则。在 Windows 操作系统中除可以沿用 DOS 的 8.3 命名规则之外，还可使用长文件名。长文件名的命名规则如下。

（1）文件名最长可以使用 255 个字符。

（2）可以使用扩展文件名，扩展文件名用来表示文件类型，也可以使用多间隔符的扩展文件名。如 win.ini.txt 是一个合法的文件名，但其文件类型由最后一个扩展文件名决定。

（3）文件名中允许使用空格，但不允许使用下列字符（英文输入法状态）：<>/\| ：" * ?。

（4）在 Windows 系统中，文件名中字母的大小写在显示时不同，但在使用时不区分大小写。

（5）同一文件夹中文件名不能重名。

3. 文件夹

文件夹是用来组织和管理磁盘文件的一种数据结构，每个文件夹对应一块磁盘空间，它提供了指向对应空间的地址。文件夹中的扩展文件名不具有文件类型的标识功能。

为了便于管理，操作系统把文件组织在若干文件夹中，每个磁盘有一个根文件夹，文件夹中可以有文件夹和文件。在 Windows 7 中，文件夹组织形式一般采用多层次的树状结构，磁盘、桌面、桌面中的计算机、回收站等都是文件夹。

4. 路径

路径表示文件或文件夹在文件系统中存放的位置，是由"\"隔开的一串磁盘符号、文件、文件夹组成的字符串，"磁盘符号：\"表示以磁盘为名称的根文件夹，如"C：\"表示 C 盘的根文件夹。路径分为绝对路径和相对路径。绝对路径是以根文件夹开始的路径，而相对路径是指当前路径开始的路径。例如，"C：\出版教材\大学计算机基础\第二章\Text.docx"，是从 C 盘根文件夹开始到 Text.docx 文件的路径，是绝对路径；如果现在在"C：\出版教材"路径中操作，再要找 Text.docx 文件，则最简单的路径形式为"\大学计算机基础\第二章\Text.docx"，这就是一个相对路径。相对路径为用户的操作带来极大便利。

5．文件和文件夹的基本操作

文件和文件夹的操作有多种方法，可用菜单法、键盘法、快捷菜单法和鼠标操作法，为了叙述简单，这里每种操作仅介绍一种简便方法。

1）删除

鼠标选择文件或文件夹，单击右键，打开快捷菜单（见图 2.4）。在快捷菜单中选择"删除"，就将删除对象送入回收站。如果按下"Shift"键，再用快捷菜单删除，则删除的文件或文件夹不送回收站。文件或文件夹的删除也可通过文件资源管理器中"文件|删除"完成。

2）重命名

在图 2.4 所示的快捷菜单中，选择"重命名"，就可在文件或文件夹的名称处输入新名。

3）移动和复制

在文件或文件夹需要移动时，打开文件或文件夹的快捷菜单，选择"剪切"，再到需要将文件或文件夹移动到的新位置，从快捷菜单中选择"粘贴"。如果需要复制文件或文件夹，只需要将移动的操作过程的"剪切"改为"复制"即可。另外，也可在文件或文件夹选定后，按下"Ctrl"键后用鼠标拖动完成复制。

4）创建文件或文件夹

在桌面或窗口的空白处，打开快捷菜单（见图 2.5），选择"新建"，在新建的级联菜单中选择"文件夹"，输入文件夹名称就建立一个新文件夹；如果在级联菜单中选择文件类型，就可建立相应的文件。

图 2.4　快捷菜单　　　　　　图 2.5　创建文件或文件夹的快捷菜单

5）查看属性

对 Windows 7 操作系统中的文件和文件夹都可以查看其属性。由于文件和文件夹在操作系统中的任务不同，所以它们有不同的属性项。对文件夹属性有四组类型，分别是只读属性、隐藏属性、存档和索引属性、压缩和加密属性，其中，只读属性和隐藏属性是普通属性，其他两组为高级属性。对于文件有只读属性、隐藏属性、文件属性、压缩和加密属性。对于文件或文件夹，打开相应的快捷菜单后，单击"属性"后通过复选框可设置属性。

图 2.6 和图 2.7 分别表示文件夹的属性和文件属性。

图 2.6　文件夹属性　　　　　　　　　　　图 2.7　文件属性

6）查找

当文件和文件夹很多时，可通过操作系统中的查找功能，找到满足一定条件的文件或文件夹。查找时，先打开桌面上的"计算机"窗口（见图 2.8），在窗口左侧的导航中选择文件或文件夹的位置，在右上角的"搜索文档…"栏中输入要查找的信息，按"Enter"键后就在右下方的工作区中显示出查找的内容。

也可通过计算机屏幕左下方"开始"中"搜索程序和文件"查找程序和文件。

当查找的信息为文件或文件夹时，可用通配符"？"和"＊"，其中，"？"代表一位任意符号，"＊"代表任意一串符号。如＊.＊说明主文件名和扩展文件名都是任意的，表示所有文件，而 ABC.？表示主文件名为 ABC，扩展文件名为一位任意符号的所有文件。利用通配符可以查找满足条件的一批文件或文件夹。

6. 资源管理器

上面介绍了 Windows 7 中文件和文件夹的基本操作方法。在 Windows 7 中，还可以用资源管理器完成文件和文件夹的操作。资源管理器，又叫文件资源管理器，是 Windows 操作系统提供的资源管理工具。通过资源管理器可以查看计算机的所有资源，特别是它提供的树形文件系统结构。在树形结构中，显示项目前的符号"▶"表示该项目处于折叠状态，"◢"表示该项目处于展开状态，可通过鼠标单击符号图标进行转换。

在 Windows 7 的桌面上，通过单击"开始"→"所有程序"→"附件"→"Windows 资源管理器"，就可打开资源管理器，完成文件或文件夹的操作。打开的 Windows 7 资源管理器如图 2.9 所示。在图中，左边为导航窗口，列出了本机上的资源；右边为导航中相应项对应的内容。选定某项后，可通过窗口菜单操作，也可通过打开对应的快捷菜单完成操作。

图 2.8　"计算机"窗口　　　　　　　　　　图 2.9　Windows 资源管理器

图 2.10　任务管理器

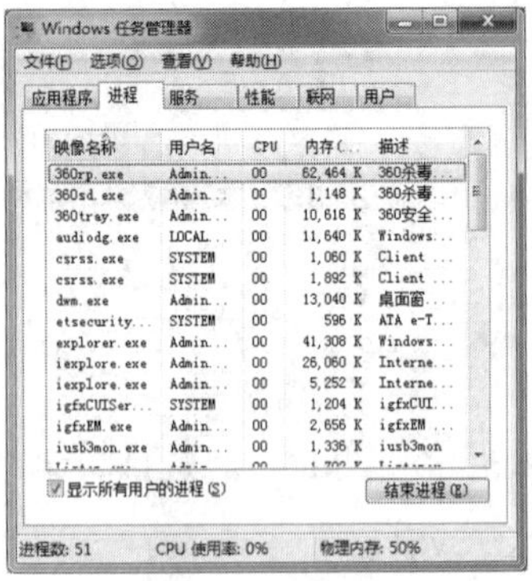

2.6.4　Windows 7 任务管理器

在 Windows 7 中，任务管理器提供了有关该计算机性能的信息，可以查看当前系统的进程数、CPU 使用率、内存容量等数据。通常按"Ctrl+Alt+Del"快捷键后，选择"启动任务管理器"或用"Ctrl+Alt+Esc" 快捷键直接打开任务管理器，就可打开任务管理器，Windows 7 任务管理器如图 2.10 所示。在图中，任务管理器由应用程序、进程、服务、性能、联网和用户六个标签组成。下面对六个标签的功能进行简单介绍。

1．应用程序

单击应用程序标签会显示所有当前正在运行的应用程序，不过它只会显示当前已打开窗口的应用程序，而像 QQ、MSN、Messenger 等最小化至系统托盘区的应用程序则不显示。选择某个应用程序后，单击"结束任务"按钮可直接关闭该应用程序。如果需要同时结束多个任务，可以按住"Ctrl"键复选，再单击"结束任务"按钮即可。

2．进程

进程是操作系统的基础，是一个可以分配处理器并由处理器执行的程序和数据实体。在 Windows 中，可将一个进程细分成好多线程运行，每个线程是可运行的一段程序，是比进程更小且不拥有系统资源的运行实体。在图 2.10 中选择"进程"标签后，就显示了进程影像的名称、属于哪个用户、占用 CPU 的时间、内存使用量，以及该进程运行时划分成的线程数等。在系统运行中，可以通过选择进程并单击结束进程按钮结束进程的运行。一般不允许结束用户名为 SYSTEM 的进程。

Windows 的任务管理器只能显示系统当前执行的进程，而 Process Explorer 可以树状方式显示各个进程之间的关系，即某个进程启动了哪些其他进程，还可以显示某个进程所调用的文件或文件夹，如果某个进程是 Windows 服务，则可查看该进程所注册的所有服务。

3．服务

"服务"标签显示本机中 Windows 操作系统为计算机硬件提供的服务。每个服务由名称、PID、描述、状态和工作组组成，其中状态表示该服务的运行状态，可通过选定一个服务，再单击右键，在快捷菜单中改变服务状态，也可单击"服务"标签下面的"服务…"按钮在服务窗口中操作。

4．性能

从任务管理器中可以看到计算机性能的动态概念，如 CPU 和各种内存的使用情况、PF（页面文件）使用情况，以及计算机上正在运行的句柄、线程、进程的总数等。

5．联网

在安装网卡后，该选项显示本地计算机所连接的网络通信量的指示，使用多个网络连接时，还可以比较每个连接的通信量。

6. 用户

"用户"标签显示当前已登录和连接到本机的用户数、标识(标识该计算机上的会话的 ID)、活动状态(正在运行、已断开)、客户端名,可以单击"注销"按钮重新登录,或者通过"断开"按钮断开与本机的连接,如果是局域网用户,还可以向其他用户发送消息。

2.6.5 Windows 7 控制面板

控制面板(Control Panel)是 Windows 图形用户界面的一部分,是 Windows 操作系统中的一个综合管理工具。通过控制面板可以添加软件和硬件、控制用户账户、更改系统设置和网络设置、改变系统外观等。

控制面板打开方式有三种:双击桌面上的"控制面板图标";单击任务栏中"开始",并选择"控制面板"选项;单击"开始"→"所有程序"→"附件"→"系统工具"→"控制面板"。打开的控制面板如图 2.11 所示。

图 2.11 控制面板

控制面板右上角的查看方式中包含了控制面板中各项内容的显示方式,它可以按照类别、大图标和小图标三种方式显示。图 2.11 就是按照类别显示的控制面板,图中各项内容可分为八个类别,对应于以下八大功能。

(1)系统和安全。包括管理工具、系统、操作中心、Windows 防火墙设置,以及备份和还原等。

(2)用户账户和家庭安全:管理系统用户,同时还可进行家长控制的设置。

(3)网络和 Internet:网络管理和 Internet 选项。

(4)外观和个性化:设置系统外观及进行一些个性化设置。

(5)硬件和声音:对硬件和声音进行管理。

(6)时钟、语言和区域:设置时区、时间、语言等。

(7)程序:程序的添加和卸载。

(8)轻松访问:使用 Windows 建议的设置,优化视频显示。

下面简单介绍几种常用的功能。

图 2.12　Internet 属性窗口

1．添加硬件

启动用户添加新硬件设备的向导，可通过从一个硬件列表选择，或者指定设备驱动程序的安装文件位置来完成。

2．添加或删除程序

该功能允许用户给系统添加程序，或从系统中删除程序。添加/删除程序对话框也会显示程序被使用的频率，以及程序占用的磁盘空间。

3．Internet 选项

在控制面板中单击"Internet 选项"，就打开如图 2.12 所示的 Internet 属性窗口。

在图中，允许用户更改 Internet 安全设置、Internet 隐私设置、HTML 显示选项和多种诸如主页、插件等网络浏览器选项。

4．网络连接

在如图 2.11 所示的控制面板中单击"网络和 Internet"→"网络和共享中心"，就打开如图 2.13 所示的网络和共享中心窗口。

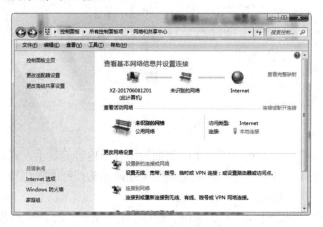

图 2.13　网络和共享中心窗口

在窗口中，用户可以查看网络的连接状态、更改网络设置、更改适配器设置，以及显示并允许用户修改或添加网络连接，诸如本地网络（LAN）和因特网（Internet）连接。在一些计算机需要重新连接网络时，它也提供了疑难解答功能。

5．安装设备

显示所有安装到计算机上的打印机和传真设备，允许配置、移除或添加。

6．用户账户

允许用户控制使用系统中的用户账户。如果用户拥有必要的权限，还可提供给另一个用户

（管理员）权限或撤回权限，以及添加、移除或配置用户账户等。

7. 设备管理

图 2.14 设备管理器窗口

在控制面板为"小图标"或"大图标"状态下，选择"设备管理器"，就打开设备管理器窗口（见图 2.14）。在设备管理器中，可对系统中所有设备进行查看属性、卸载、更改驱动程序等操作，对于特殊设备还有特殊的操作。另外，还可以从设备管理器中掌握本机各个设备的运行情况，凡是设备前有问号、惊叹号和叉号的设备都是工作状态不正常的设备。对于工作状态不正常的设备，可通过更改驱动程序的方法，安装正确的驱动程序，使其正常工作。

2.6.6 Windows 7 计算机管理

计算机管理是 Windows 7 操作系统中一组非常重要的 Windows 管理工具集，集成了远程及本地管理功能，包括一系列的查看管理属性和访问执行计算机管理任务所需的全部工具，大致可分为系统工具、存储、服务和应用程序三类，它涵盖了 Windows 操作系统中几乎所有的重要工具，涉及诸如事件查看、用户和用户组管理、性能管理、设备管理、磁盘管理、服务管理、WMI 控件等内容。

计算机管理的打开方式有很多，可通过在控制面板的"管理工具"中选择"计算机管理"，或在桌面上右击"计算机"，选择"管理"，都可打开计算机管理窗口。打开的计算机管理窗口如图 2.15 所示。计算机管理的其他重要内容已经在本章的相关部分进行了介绍。下面主要介绍计算机管理中的磁盘管理功能。

磁盘管理是 Windows 7 中管理磁盘的一种重要工具，它包含磁盘初始化、磁盘清理、磁盘碎片整理、磁盘备份等重要内容。在计算机管理中，选择"磁盘管理"就打开磁盘管理窗口（见图 2.16）。下面对磁盘管理中几个重要内容简要介绍。

图 2.15 计算机管理窗口

图 2.16 磁盘管理窗口

1. 磁盘格式化

磁盘分区后，必须经过格式化才能存储数据。Windows 7 操作系统中支持 NTFS、FAT32 等文件系统的格式化，但是 C 盘必须用 NTFS 格式。磁盘格式化时，在图 2.16 所示的磁盘管理界面中选择"卷"名称并打开快捷菜单，在快捷菜单中选择"格式化"，就打开如图 2.17 所

图 2.17　磁盘格式化对话框

示的格式化对话框。

在图中，卷名为"文档（E:）"，文件系统为"NTFS"，也可通过单击"▼"打开下拉列表框选择文件系统。选择文件系统和格式化的方式，就可完成格式化。

在磁盘格式化时，有以下几点应该注意：

（1）无法对当前分区格式化。

（2）快速格式化将创建新的文件表，但不完全覆盖或擦除磁盘上的数据。

（3）格式化将破坏分区中所有数据，使用时需要谨慎。

2．磁盘清理

为了减少磁盘上不需要的文件，释放出更多的硬盘存储空间，使磁盘运行速度更快，必须经常进行磁盘清理。磁盘清理会查找并删除计算机上确定不再需要的临时文件、清空回收站，并删除各种系统文件不需要的项。如果计算机上有多个驱动器或分区，则会提示您选择希望进行"磁盘清理"的驱动器。

在磁盘管理窗口图 2.16 中，选择磁盘的卷，单击右键，选择"属性"，打开磁盘属性窗口，如图 2.18 所示。在图 2.18 中，单击"磁盘清理"，则打开如图 2.19 所示的磁盘清理窗口。在图 2.19 中，选择确定不再需要的临时文件、清空回收站，并单击"确定"就可完成磁盘清理工作。

图 2.18　磁盘属性窗口

图 2.19　磁盘清理窗口

3．磁盘工具

在如图 2.18 所示的磁盘属性窗口中，选择"工具"标签，打开磁盘中可用的工具程序，如图 2.20 所示。在"工具"标签中，可进行磁盘检查、磁盘碎片整理、磁盘数据备份和还原等操作。

1）磁盘检查

在图 2.20 中，单击"开始检查"，就打开如图 2.21 所示的磁盘检查的对话框。对话框包含两个磁盘检查选项，第一项为自动修复文件系统的错误，第二项为扫描扇区，并尽量修复损坏的扇区。选择需要进行的磁盘检查项后，单击"开始"就可进行磁盘检查。

图 2.20　磁盘属性的工具标签

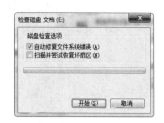

图 2.21　磁盘检查对话框

2）磁盘碎片整理

在图 2.20 的"工具"标签中，还包含有磁盘碎片整理功能。当用户使用计算机时间长了以后，由于经常下载、拷贝和删除，使磁盘上产生一些小块，无法分配给其他文件使用，这就形成了一些碎片，这就形成磁盘空间的浪费。更重要的是，对于 Windows 系统，由于采用了虚拟存储器，系统将对磁盘上作为虚拟存储器的部分频繁读写，这是磁盘产生碎片的主要原因。另外，当磁盘空间碎片较多，需要保存一个较大的文件时，操作系统只能给这些文件分配大量的不连续空间。显然，碎片多了，会影响系统中程序运行的速度和效率。鉴于以上两个方面，在磁盘使用一段时间后，必须及时进行磁盘碎片整理。

磁盘碎片整理就是通过对磁盘的垃圾文件进行清理，对磁盘碎片文件进行搬运，减少磁盘空间浪费，并使一个程序尽量分配连续的存储空间，以释放更多磁盘空间和提高磁盘响应速度。当用户需要进行磁盘碎片整理时，在图 2.20 所示的"工具"标签中单击"立即进行磁盘碎片整理"，就打开如图 2.22 所示的磁盘碎片整理程序对话框。在图 2.22 中，先选择需要整理的磁盘，并单击"分析磁盘"。在"分析磁盘"后，当磁盘中碎片的比例大于 10%时，就可单击"磁盘碎片整理"按钮，进行磁盘整理。

图 2.22　磁盘碎片整理对话框

在磁盘整理时，如果磁盘由其他程序独占，或非 Windows 文件系统（非 NTFS、FAT 或 FAT32 的文件系统）的磁盘将无法进行磁盘碎片整理。另外，在进行磁盘碎片整理时，不要人为中断整理过程。

3）磁盘数据的备份和还原

在如图 2.20 所示的"工具"标签中，另外一个重要功能是磁盘数据的备份和还原。磁盘备份就是将磁盘中的数据或程序保存一个副本，而还原是将保存的文件副本恢复到磁盘中。当用户需要对磁盘数据备份和还原时，在图 2.20 中单击"开始备份"就打开如图 2.23 所示的磁盘备份或还原窗口。

如果以前没有进行过 Windows 备份，则必须单击"设置备份"，再按照向导操作设置备份；如果以前创建了备份，可等待定期计划备份，或单击"立即备份"创建新备份。当磁盘中的文件丢失、损坏或改变后，就可选择图 2.23 中的"选择要从中还原文件的其他备份"按钮，按照向导还原数据文件。

图 2.23　磁盘备份或还原窗口

2.6.7　Windows 7 帮助和支持

帮助和支持是 Windows 7 中的一个重要功能，它为 Windows 使用人员提供了一个全面的、详细的、人性化的帮助功能，每当使用中遇到 Windows 的疑难问题时，都可通过 Windows 7 中的帮助和支持功能顺利解决。

进入 Windows 7 的帮助和支持功能的操作很简单，在 Windows 启动后，通过单击"开始"按钮中的"帮助与支持"，打开 Windows 帮助和支持窗口，如图 2.24 所示。

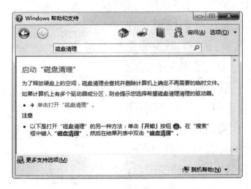

图 2.24　Windows 帮助和支持窗口

在图 2.24 的查找栏输入存在疑惑的内容并按"Enter"键，就可在工作区中显示相关内容的合理答案。例如，在图 2.24 中，当在查找栏中输入"磁盘清理"时，就在工作区中显示关于磁盘清理的功能、操作方法和注意事项。

📖 习题

一、单选题

1. 操作系统最早应用于（　　）计算机。
　　A. 第 1 代　　　　B. 第 2 代　　　　　C. 第 3 代　　　　　D. 第 4 代

2. 计算机操作系统是计算机上的（　　）。
　　A. 应用软件　　　　B. 诊断工具　　　　　C. 程序设计语言　　　D. 系统软件
3. 在计算机操作系统发展中，不属于手工操作阶段特点的是（　　）。
　　A. 计算机速度快　B. 用户独占全机　　C. 资源利用率低　　D. CPU 等待操作
4. 在操作系统分类中，不属于应用环境的是（　　）。
　　A. 网络操作系统　B. 嵌入式操作系统　C. 窗口式操作系统　D. 分布式操作系统
5. 在下列选项中，属于实时操作系统主要特点的是（　　）。
　　A. 独立性　　　　B. 交互性　　　　　C. 高安全性　　　　D. 响应及时
6. Windows 操作系统是一个典型的（　　）操作系统。
　　A. 窗口式　　　　B. 行命令式　　　　C. 嵌入式　　　　　D. 基于 Linux
7. 在下列选项中，不属于 Windows 7 主要特点的是（　　）。
　　A. 网络优势强　　B. 易用　　　　　　C. 安全　　　　　　D. 快速
8. 在下列选项中，不属于 Windows 7 中常见操作的是（　　）。
　　A. 指向　　　　　B. 恢复　　　　　　C. 右击　　　　　　D. 拖曳
9. 在 Windows 菜单命令中，可引出下一级菜单的命令项是（　　）的菜单项。
　　A. 以"√"开始　B. 灰色　　　　　　C. 以"▶"结尾　　　D. 以"…"结尾
10. Windows 的剪贴板是（　　）中的数据存储区。
　　A. 磁盘　　　　　B. 内存　　　　　　C. U 盘　　　　　　D. 文件

二、填空题

1. 对于系统中的图片或程序运行界面，可通过_____或_____送到剪贴板。
2. 操作系统中文件名由主文件名和_____组成，它表示文件属性和类型。
3. 在 Windows 操作系统中文件名最长_____个字符。
4. 路径表示文件或文件夹在文件系统中存放的位置，分为绝对路径和_____。
5. 当查找的信息为文件或文件夹时，可用_____代表一位任意符号或任意一串符号。
6. 在资源管理器的树形结构中，显示项目前的符号_____和_____分别表示该项目处于折叠状态，或该项目处于展开状态。
7. 在 Windows 7 中，任务管理器可用组合键_____打开。
8. 在操作系统中，_____是一个可以分配处理器并由处理器执行的程序和数据实体。
9. 在 Windows 中，_____是一个综合管理工具，通过它可以添加软件和硬件、控制用户账户、更改系统设置和网络设置、改变系统外观等。
10. 在磁盘管理中，_____通过对磁盘的垃圾文件进行清理，对磁盘碎片文件进行搬运，减少磁盘空间浪费，并使一个程序尽量分配连续存储空间，以释放更多磁盘空间和提高磁盘响应速度。

三、简答题

1. 简述实时操作系统的特点。
2. 简述操作系统的主要功能和特征。
3. 简述 Windows 7 的主要特点。
4. 简述 Windows 中剪贴板和剪贴板的操作。
5. 简述 Windows 中控制面板的操作方法。

第 3 章

文字处理软件 Word 2010

文字处理软件是指利用计算机完成各种书面文字材料的编写、修改、排版、管理等一系列处理的计算机软件。目前，世界上有多种不同版本的文字处理软件，Word 2010 就是一种使用非常广泛的文字处理软件。

Word 2010 是 Microsoft 公司推出的系列套装软件 Office 2010 中的一个重要组件，它是 Windows 平台上一个功能强大的文字处理软件。Word 2010 的中文版不仅具有 Windows 友好的图形用户界面，而且有丰富的中文字处理功能，集文字编辑、排版、图形、表格等多种功能为一体，受到广大计算机用户的青睐。

本章将为读者介绍中文版 Word 2010 的主要操作。首先简要介绍 Word 2010，然后分别讨论文档的基本操作、文档的编辑、排版、图形处理、表格处理、页面设置及打印。

3.1 Word 2010 概述

3.1.1 Word 2010 的功能

（1）文档管理功能。文档管理功能包括建立文档、搜索文档、以多种形式保存文档、自动保存文档、文档加密和意外情况恢复等功能。

（2）文档编辑功能。文档编辑功能包括文档的录入、删除、移动、复制、自动更正错误、拼写检查、简体繁体转换、大小写转换、查找与替换等。

（3）文档排版功能。Word 2010 对字体格式、段落格式、页面格式提供了丰富的排版格式。

（4）图形处理功能。在 Word 2010 文档中可以绘制图形、插入图片及艺术字，能够对图形进行编辑、格式化设置及图文混排，使用户生成图文并茂的文档。

（5）表格处理功能。在文档中可以进行表格的创建、编辑、格式化设置，能够对表格中的数据进行统计、排序及生成统计图等。

（6）高级功能。高级功能包括建立目录、邮件合并、宏的建立和使用等自动处理功能。

（7）Word 2010 新增功能包括：

① "文件"选项卡代替了 Word 2007 中的 "Office"按钮。Word 2010 界面与 Word 2007 相比最大的变化就是用"文件"选项卡代替了 Word 2007 中的"Office"按钮，这样能让 Word 2007 的用户更快地适应 Word 2010 的环境。"文件"选项卡在 Word 窗口的左上角。单击"文件"选项卡会打开 Microsoft Office Backstage 视图，这是一种全新的视图模式，用户只须单击鼠标，即可进行与文件相关的操作，如"保存""另存为""打开""关闭""信息""新建""打印""共

享""帮助"等操作。

②新增的"文本效果"功能。Word 2010 新增"字体"组中的"文本效果",把只能应用于影像的效果,如阴影、浮凸、光晕、反射等,套用于文字和图形上。

③增强的文档导航功能。在 Word 2010 中改进了"文档导航"窗格和搜索功能,用户可以轻松应对长文档。用户可在导航窗格中快速切换至任何章节的开头(根据标题样式判断);在导航窗格中拖曳要调整位置的标题,即可调整文档的结构;此外,用户还可以在导航窗格中利用关键词进行即时搜索,包含关键词的内容会突出显示。

④全新的图片编辑工具。Word 2010 全新的图片编辑工具能营造出特别的图片效果,不仅可以调整图片色彩饱和度、亮度、对比度,还能够轻松、精准地进行裁剪及影像修正。特别是背景移除工具操作简单,无须动用 Photoshop 就可完成抠图、添加或去除水印等功能;此外还可将图片设置为默认的书法标记、铅笔灰度、线条图、影印等效果,使简单的图片呈现不同的艺术风格。

⑤可视化效果增强的 SmartArt 图形。SmartArt 图形以图文结合的方式快速、直观地展示要表达的信息。Word 2010 中 SmartArt 图形增加了大量新模板,还增添了数个新的类别,可以帮助用户轻松制作出精美的业务流程图。

⑥快速捕获屏幕截图。Word 2010 新增的截屏工具可支持多种截图模式,特别是能够自动缓存当前打开窗口的截图,单击鼠标就能插入文档中,可以快速、容易地在文档中加入捕获的图片。

⑦多人同步协作完成同一文档。在 Word 2010 中,用户可以借助 Office 2010 中新增的共同创作功能,与他人在不同位置同时编辑文件,同时使用"保护模式""作者许可""文件"选项卡中的选项等增加文档的操作和管理功能,完全实现文档的同步协作。

3.1.2 Word 2010 的工作界面

Word 2010 的工作界面与 Word 2003 有较大不同,它延续了 Word 2007 的主要风格,在此基础上,Word 2010 做了一些改动,并增加了新的功能,使用起来更加方便和快捷。

启动 Word 2010 后,屏幕出现图 3.1 所示的 Word 2010 主窗口。其中包括"控制菜单"按钮、快速访问工具栏、标题栏、功能选项卡、功能区、标尺、文档编辑区、滚动条、状态栏等。

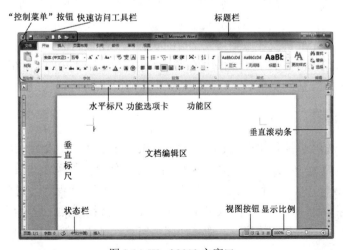

图 3.1　Word 2010 主窗口

1."控制菜单"按钮

"控制菜单"按钮  也称 Office 程序按钮，位于 Word 窗口的左上角，单击该按钮，弹出程序控制菜单，可以对当前打开的 Word 2010 主窗口进行最大化、最小化、还原、关闭等操作。双击该按钮时可以退出当前应用程序。

2. 快速访问工具栏

在默认情况下，快速访问工具栏位于窗口的顶部，通过该工具栏可以快速访问频繁使用的命令，如"保存""撤销""恢复"等。单击快速访问工具栏右侧的下拉按钮，在弹出的下拉菜单中选择已经定义好的常用命令，即可将选择的命令以按钮的形式添加到快速访问工具栏中，如图 3.2 所示。若选择"其他命令"，则会打开图 3.3 所示的"Word 选项"对话框，用户可在其中自定义快速访问工具栏。

图 3.2　自定义快速访问工具栏　　　　图 3.3　"Word 选项"对话框——自定义快速访问工具栏

3. 标题栏

标题栏位于窗口最上方，显示应用程序的名称和正在编辑的文档名称。在标题栏的左侧是快速访问工具栏，最右端分别是"最小化""还原／最大化""关闭"按钮。单击"最小化"按钮可使窗口缩小为按钮，在任务栏显示，此时 Word 2010 并没有关闭；单击"最大化／还原"按钮可使窗口占满整个屏幕或还原到最大化前的状态；单击最右侧的"关闭"按钮，则会退出Word 2010。当启动 Word 2010 时，当前的工作窗口为空，Word 2010 自动命名为文档 1，在存盘时可以由用户输入合适的文件名。

4."文件"选项卡

单击"文件"选项卡后会打开 Microsoft Office Backstage 视图，如图 3.4 所示。该视图分为三个区域，左侧区域为命令选项区，该区域列出了与文件有关的操作选项，如"打开""另存为"等类似以前版本中的"文件"菜单，包含"新建""打开""保存""打印"等基本命令。在这个区域选择某个选项后，右侧区域将显示其下级命令按钮或操作选项。同时，窗口最右侧的区域也可以显示与文档有关的信息，如文档属性信息、打印预览或预览模板文档的内容等。

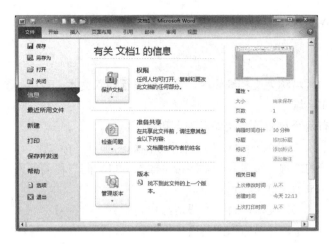

图 3.4 "文件"选项卡——Microsoft Office Backstage 视图

5. 功能选项卡和功能区

功能选项卡位于标题栏下方，功能区位于功能选项卡下方，功能选项卡和功能区相互对应，分别代替了 Word 2003 之前版本的菜单和工具栏。用户单击鼠标选择某个选项卡即可在其下方打开相应的功能区，功能区包含若干功能组，功能组中提供了常用的命令按钮或列表。Word 2010 功能选项卡包含"开始""插入""页面布局""引用""邮件""审阅""视图"等选项卡。在每个选项卡中，按照具体功能将其中的命令进行更详细的分类，并划分在不同的功能组中，因此，目前版本中每个功能组包含比以前丰富许多常用操作的命令按钮，某些功能组右下角会有一个称为"对话框启动器"的功能扩展按钮 ，单击该按钮可以打开相应的对话框或任务窗格，可以进行更详细的设置。功能选项卡最右侧是帮助按钮 ，单击该按钮或 "F1"键，会打开当前 Office 应用程序的帮助窗格，在其中可以查到需要的帮助信息。

功能区可以隐藏或显示，方法是：单击功能选项卡右侧的"功能区最小化"按钮 隐藏或显示功能区，功能区被隐藏时仅显示功能选项卡的名称。

此外，当在文档中插入不同对象（如图片、表格等）时，在标题栏中将自动添加相应的工具栏名称、在选项卡区自动添加一个或两个选项卡，如在文档中插入图片后，该文档标题栏中会出现"图片工具"，如图 3.5 所示，选项卡区则会自动添加"格式"选项卡。

图 3.5 "图片工具"及格式选项卡

6. 标尺

标尺带有度量刻度和标记，用户通过调整标尺上的缩进标记和制表符可以快速进行文本和段落缩进、制表符、页边距等设置。标尺分为垂直标尺和水平标尺。水平标尺位于功能区的下方，垂直标尺则位于窗口左侧。标尺是可选栏目，可以显示也可以隐藏起来。

显示或隐藏标尺有两种方法：

（1）单击 Word 2010 主窗口右侧滚动条上方的"标尺" 按钮。

（2）单击"视图"选项卡→"显示"功能组→"标尺"命令。

7．文档编辑区

窗口中间的空白区域称为文档编辑区，是用户进行输入文本、表格、图形并进行编辑、排版及查看文档的工作区域。

文档编辑区中有两个重要符号，即插入点和段落标记。

（1）插入点（｜）。文档编辑区中有一个不断闪烁的垂直光标"｜"，称为插入点。插入点指明了当前输入字符的位置。每输入一个字符，插入点自动向右移动一列。编辑文档时，可以通过移动鼠标指针并单击左键来快速定位。

（2）段落标记（ ↵ ）。文本的每一个段落结束处均有一个符号" ↵ "，称为段落标记，它不仅标识一个段落的结束，还带有该段落所应用的格式设置。因此，通常应将其显示出来，以免误删。

文档编辑区左侧是文本选定区，是用户选定文本的操作区域，当鼠标指针移至该区域时，其形状将变成指向右上方的空心箭头，此时用户可单击文本相应的行或段落进行选定。

8．滚动条

Word 2010 中滚动条分为水平滚动条和垂直滚动条，使用滚动条中的滑块或按钮可以快速移动文档、显示工作区以外的内容。水平滚动条在文档窗口的下方，垂直滚动条在文档窗口的右边。在垂直滚动条下方设置了"选择浏览对象"按钮，单击该按钮将弹出"选择浏览对象"菜单，用户可以进行插入点的快速定位。

滚动条可以显示或隐藏，操作方法是：单击"文件"选项卡→"选项"命令，弹出图 3.6 所示的"Word 选项"对话框，在对话框左侧选择"高级"选项，在右侧的"显示"选项区勾选/取消勾选"显示水平滚动条""显示垂直滚动条"复选框。

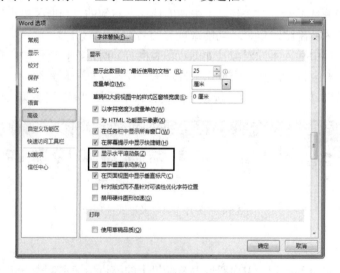

图 3.6　"Word 选项"对话框——高级选项设置

9．状态栏

状态栏位于 Word 2010 窗口最下端，用来显示文档当前的状态，如当前页面数／页面总数、字数统计、校对错误按钮、语言、"插入/改写"按钮，状态栏右侧有五个"显示方式切换"按钮 ，分别是"页面视图""阅读版式视图""Web 版式视图""大纲视图""草稿"视图，单击这些按钮可以改变文档的视图显示方式。最右侧是"显示比例"按钮 100% ，可通过拖动"显示比例"滑块改变文档的显示比例。

3.2 Word 2010 的基本操作

3.2.1 Word 2010 的启动

Word 2010 的启动与 Windows 环境下的所有应用软件相同，一般有如下方法：

（1）单击"开始"→"所有程序"→ "Microsoft Office"→ "Microsoft Office 2010"命令项，即可启动 Word 2010。

（2）双击桌面上的"Word"快捷方式图标，可以快速启动 Word 2010。

（3）单击"开始"→"运行"，在弹出的对话框中输入"Winword.exe"文件，单击"确定"按钮，即可启动 Word 2010。若不能运行，可在文件名前输入 Winword.exe 文件所在的盘符和路径，如"C:\Program Files\ Office 2010\Office14\WINWORD.EXE"（具体路径与安装时存放的位置有关，每台计算机都不尽相同），单击"确定"按钮，即可启动 Word 2010。

（4）双击桌面上的"计算机"图标，依次打开 Office 2010 所在的磁盘和文件夹，直至打开"Winword.exe"所在的文件夹，双击"Winword.exe"，即可启动 Word 2010。

（5）双击已有的任一 Word 文档，在启动 Word 2010 的同时打开该文档。

3.2.2 Word 2010 的退出

退出 Word 2010 的方法有如下几种：

（1）单击 Word 2010 窗口右上角的"关闭"按钮。

（2）双击 Word 2010 窗口左上角的"控制菜单"图标 。

（3）单击"文件"选项卡中的"退出"命令项。

（4）使用"Alt+F4"组合键。

3.2.3 创建文档

要对文档进行操作，必须先建立一个新文档或打开一个已存在的文档，然后才能进行文本的输入、编辑、排版、打印等操作。如何创建新文档呢？

在 Word 2010 中，可以创建空白文档，或根据 Word 2010 提供的模板文件创建新文档。创建新文档有如下方法：

（1）自动创建新文档。启动 Word 2010 时，系统会自动创建一个新的空白文档，暂时命名为"文档 1"（以后建立的新文档将依次命名为文档 2、文档 3……），此时用户就可以在文档编辑区中输入文本。

（2）根据模板创建新文档。在 Word 窗口中单击"文件"选项卡→"新建"命令，弹出"可用模板"界面，可用模板包括常用模板和 Office.com 模板，如图 3.7 所示。其中，常用模板是存放在本机的模板，用户可以选择"空白文档""博客文章"等模板，适合初学者进行文档设计。Office.com 是通过在线方式才能获得的模板，有日历、证书、信函、会议、新闻稿等日常生活和工作中经常使用的模板，利用这些模板，用户可以快速创建新文档，并能使文档更加美观。

（3）利用"新建"按钮创建新文档。单击"快速访问工具栏"中的"新建"按钮，Word会建立一个新的空白文档。

图 3.7　创建新文档

3.2.4　打开文档

对于已经编辑并存盘的文档，如果仍需要进行编辑或其他操作，则必须打开该文档。打开文档的方法有多种，常用的方法如下。

1. 打开已有的文档

（1）在 Word 2010 窗口中，单击"文件"选项卡→"打开"命令→弹出"打开"对话框，如图 3.8 所示。首先在对话框顶部"查找范围"下拉列表框中选择文档所在的磁盘或文件夹，并且在对话框右下区"文件类型"下拉列表框中选择文件类型（默认是所有 Word 文档），然后在文档列表框中选择要打开的文档，单击对话框底部的"打开"按钮，即可将该文档打开。此外，在文档列表框中双击文件名也可以直接打开该文档。

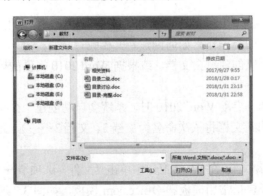

图 3.8　"打开"对话框

（2）在 Word 2010 窗口中，单击"快速访问工具栏"上的"打开"按钮，也可以弹出"打开"对话框，其操作方法同（1）。若没有"打开"按钮，可以单击"快速访问工具栏"右侧的"自定义快速访问工具栏"按钮，添加"打开"按钮。

2. 打开最近编辑过的文档

单击"文件"选项卡→"最近所用文件"，Word 2010 窗口右侧将列出最近使用的文档及最近的位置，单击需要打开的文件名，即可打开该文档。最近使用文档的显示数量，可通过"文件"选项卡→"选项"→"高级"，在弹出的对话框中设置。

注意：Word 2010 允许同时打开多个文档，具体数目没有限定，用户可根据实际需要按照上述方法逐一打开文档，在这些同时打开的文档中只有一个文档是活动文档，通过"视图"选项卡"窗口"组中的"切换窗口"命令选择某个文档为活动文档，从而实现对多个文档的同时编辑。当然若同时打开的文档过多，可能会影响计算机的运行速度。

3. 以只读方式和副本方式打开文档

1）以只读方式打开文档

以只读方式打开文档，可以避免文档被修改，即使修改了文档内容，Word 2010 也不允许以原文件名保存。以只读方式打开文档的方法是：单击"文件"选项卡→"打开"命令，在对话框中选择要打开的文档，单击"打开"按钮右侧的下拉按钮，在弹出的菜单中选择"以只读方式打开文档"命令，如图 3.9 所示。

图 3.9　以只读方式或副本方式打开文档

2）以副本方式打开文档

以副本方式打开文档，对副本所做的任何修改都不会影响它的源文档。

以副本方式打开文档的方法是：单击"文件"选项卡→"打开"命令，在"打开"对话框中选择要打开的文档，单击"打开"按钮右侧的下拉按钮，在弹出的菜单中选择"以副本方式打开文档"命令，如图 3.9 所示。

保存文档副本时，Word 2010 将自动在文档原名称后加上序号。

3.2.5 保存文档

保存文档就是将文档存放在指定磁盘中，以便随时调用或长期保存。在计算机中，所有正在执行的应用程序都要进驻内存，Word 2010 及 Word 2010 中正在编辑的文档也进驻在内存中。对于没有保存过的新文档，虽然系统赋予了"文档 1""文档 2"等名称，但并没有给它们分配磁盘空间（没有保存在硬盘或其他外存中），如果在此期间发生误操作或计算机断电、死机、自动重启等意外情况，就会导致用户编辑的文档或数据丢失，给用户造成很大损失，因此保存文档是很重要的操作，不仅要掌握好，而且还要养成每隔一段时间就保存一次的习惯。

保存文档的方法有多种，对于不同的文档有不同的保存方法。但是，通常需要用户指定将文档保存到什么位置，并指定文档类型和文件名。

1. 保存未命名的文档

操作方法是：单击"文件"选项卡→单击"保存"命令或"另存为"命令→弹出"另存为"对话框，在该对话框中指定文件的保存位置、文档的保存类型、文件名。

详细的操作步骤如下：

（1）单击"文件"选项卡→"保存"命令或"另存为"命令，或者单击"快速访问工具栏"中的"保存"按钮，都可以弹出"另存为"对话框，如图 3.10 所示。

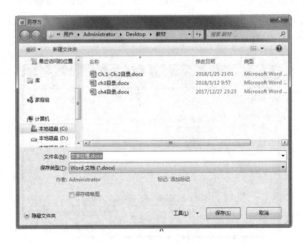

图 3.10 "另存为"对话框

（2）在"另存为"对话框中，用户可通过左侧的导航栏依次单击文件要保存的驱动器及文件夹，则该路径自动显示在对话框上方的"保存位置"列表框中，对于不存在的文件夹，可单击对话框上方的"新建文件夹"按钮，建立新的文件夹。若用户不指定保存位置，则 Word 2010 默认将文件保存在 Documents 文件夹（路径为 C:\Users\Administrator\Documents\）。

（3）在"文件名"框中输入用户希望的文件名，若用户不指定文件名，则以该文档第一自然段的内容作为默认的文件名。

（4）在"保存类型"下拉列表框中选择保存类型。Word 2010 默认的保存类型是 Word 文档，文件的默认扩展名为".docx"。若要保存为其他类型，则单击"保存类型"下拉列表框右侧的下拉按钮，选择需要的文件类型。

（5）单击"保存"按钮。

2．保存已命名的文档

对已经保存过的文档，在编辑的过程中，有下列保存方法：

（1）单击"文件"选项卡→"保存"命令。

（2）单击"快速访问工具栏"工具栏上的"保存"按钮。

（3）按 "Ctrl+S"组合键。

（4）按"Shift+F12"组合键。

执行上述"保存"命令后，系统不弹出"另存为"对话框，但是会保存文档的最新内容，而原来的内容会被新内容覆盖。

3．将当前文档换名保存（另存为）

有时用户出于保护原文档的目的，在编辑文档的过程中，需要将当前编辑的文档用另一个文件名保存，具体步骤如下：

（1）单击"文件"选项卡→"另存为"命令或按"F12"键，打开"另存为"对话框。

（2）分别指定文档的保存位置、文件类型，并输入新的文件名。

（3）单击"保存"按钮。

4．设置自动保存

Word 2010 提供了自动保存功能，每隔一段时间系统会自动保存文档，为用户文档做临时备份，以便在计算机断电、死机等意外情况下恢复用户文档。设置自动保存功能及时间间隔的方法如下：

单击"文件"选项卡→"选项"命令→弹出"Word 选项"对话框→单击"保存"选项，如图 3.11 所示。选中"保存自动恢复信息时间间隔"选项前的复选框，并在其右侧的数值框中设置两次自动保存的间隔时间，系统默认时间为 10 分钟，单击"确定"按钮。

图 3.11　自动保存时间间隔

5．为文件加密

为文件加密，可以防止其他人随意打开文档。用户在保存文件的同时为文件加入密码。具体方法是：单击"文件"选项卡→"保存"或"另存为"命令→弹出"另存为"对话框→单击"工具"按钮→选择"常规选项"→弹出"常规选项"对话框，如图 3.12 和图 3.13 所示，在"打开文件时的密码"处输入密码即可。

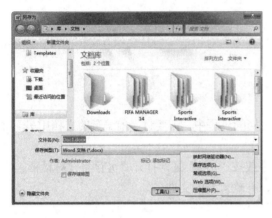 

图 3.12 "另存为"对话框——工具下拉菜单   图 3.13 "常规选项"对话框

3.2.6 关闭文档

完成了文档的处理之后，就可以关闭文档。关闭文档的方法有多种，所有退出 Word 2010 的方法都可以关闭文档，此外单击"文件"选项卡，选择"关闭"命令，可以关闭当前文档。

3.3 文档视图——查看文档的方式

视图即文档的显示方式。Word 2010 提供了页面视图、阅读版式视图、Web 版式视图、大纲视图、草稿视图。不同的视图方式分别从不同的角度、按不同的方式显示文档，并适应不同的工作要求。因此，采用合理的视图方式将极大地提高工作效率。

切换文档视图的方法是：单击"视图"选项卡"文档视图"组的相应按钮，或单击状态栏右侧视图按钮选择需要的视图方式，如图 3.14 所示。

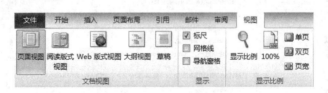

图 3.14 "视图"选项卡——文档视图按钮

1．页面视图

页面视图是 Word 2010 中最常用的视图，也是进入 Word 2010 默认的视图方式。它显示了文档的实际打印效果，即"所见即所得"。在页面视图方式下，可直接看到文档的外观及图形、文字、页眉、页脚、脚注和尾注等在页面上的精确位置及多栏排列，可以用鼠标移动图形和表格等在页面上的位置，并对页眉和页脚进行编辑。由于页面视图可以更好地显示排版格式，因此常用来对文本、格式、版面或者文档的外观进行修改。

2. 阅读版式视图

为了便于用户阅读，阅读版式视图模拟书本阅读的方式，能将相连的两页显示在一个版面上，让用户感觉像在翻阅书籍，如图 3.15 所示。阅读版式视图只保留"阅读版式""审阅"工具栏，该视图下文本采用 Microsoft Clear Type 技术自动显示，可以方便地增大或减小文本字号，而不会影响文档中字体的大小。

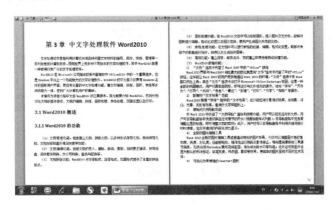

图 3.15　阅读版式视图

在阅读版式视图下看到的页面不是打印文档时的实际效果。若需查看文档的打印效果并且不想切换到页面视图，可单击窗口右上角"视图选项"按钮，在下拉菜单中选择"显示打印页"。

退出阅读版式视图，可单击"关闭"按钮或按"Esc"键。

3. Web 版式视图

Web 版式视图与浏览器布局模式一致，文档将以网页的形式在屏幕上显示。如图 3.16 所示，在该视图下，不显示垂直标尺，文本为适应窗口而换行显示，文档显示为不带分页符的长页；文档背景和图形均可见，图形位置与在 Web 浏览器中的位置一致；可以做大部分编辑操作，但不能进行插入页码和首字下沉等操作。Web 版式视图主要用于编辑 Web 网页，在该视图中编辑的文档，可以直接在因特网上发布。

图 3.16　Web 版式视图

4．大纲视图

大纲视图用于显示文档的整个结构，可以方便地编辑和调整文档的结构。切换为大纲视图后，系统会自动在文档编辑区上方打开"大纲"工具栏。通过该工具栏中的相关按钮，可以设置显示级别，单击"展开"或"折叠"按钮可显示不同级别标题，或显示全部内容。此外，可以上下移动标题，或将标题升级、降级；也可通过鼠标拖动标题来移动、复制或重新组织正文。大纲视图如图 3.17 所示。退出大纲视图，可单击"关闭"按钮。

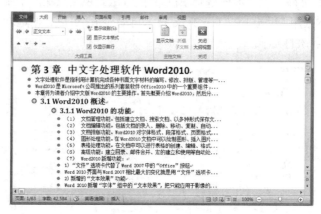

图 3.17　大纲视图

5．草稿视图

草稿视图适于快速输入文本、图形及表格，并且可以进行简单排版（注意：一旦插入图形，视图方式即自动切换为页面视图）。该视图方式显示文档的大部分内容，但不显示垂直标尺、背景、非"嵌入型"图形对象、页眉、页脚、页码等内容，不能显示图文混排及分栏的效果等。

📖3.4　文档的编辑

3.4.1　输入文本

文本是文字、数字、符号、特殊符号、公式、图形等内容的总称。在创建一个新文档或打开一个旧文档后，就可以在插入点所在位置输入相关文本了。

1．输入中英文字符

在 Word 2010 中，可以输入汉字和英文字符。Word 2010 的输入法采用 Windows 的设置，通常有微软拼音、智能 ABC、全拼、搜狗拼音、拼音加加等输入法。在中文输入法状态下可以输入汉字，在英文输入法状态下可以输入英文字符。Word 2010 启动后，在默认情况下处于英文（半角）输入法状态。用户在输入文本时，经常要切换输入法。如何进行切换呢？

中文/英文输入法切换的方法是：

（1）单击任务栏的"输入法"按钮，弹出输入法菜单，单击需要的输入法。

（2）按"Ctrl+Shift"组合键在所有输入法之间切换。

（3）按"Ctrl+Space（空格）"组合键在中文/英文之间切换。

切换为某种中文输入法后，会弹出输入法状态窗，单击其中不同按钮可以切换不同的状态。这里以智能 ABC 为例，从左至右的按钮分别可切换中/英文输入方式、标准/双打方式（双打方式为专业录入人员使用）、全/半角字符、中/英文标点、软键盘，如图 3.18 所示。

(a) 默认状态 　　　　　(b) 切换后的各种状态

图 3.18　输入法状态窗

2．输入符号和特殊符号

Word 2010 中有多种途径输入各种符号，具体方法如下：

（1）利用键盘。常用的标点符号，在切换输入法后，可直接单击键盘上的标点符号输入。

（2）利用软键盘。键盘上没有的标点符号及特殊符号，可以利用软键盘输入。以"智能 ABC"输入法状态窗为例：右键单击"软键盘"按钮，弹出如图 3.19 所示的软键盘快捷菜单，从中选取需要的内容。

（3）利用"符号"按钮。将光标定位到插入点，切换到功能区的"插入"选项卡，单击"符号"组中的"符号"按钮，在弹出的菜单中选择"其他符号"命令，弹出如图 3.20 所示的"符号"对话框，在"字体"下拉列表框中选择不同的字符集，在其中选择需要的符号，单击"插入"按钮即可。

图 3.19　"软键盘"菜单

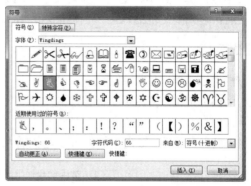

图 3.20　"符号"对话框

3．输入日期和时间

文档中需要输入当前日期和时间，将光标定位到插入点，切换到功能区的"插入"选项卡，单击"文本"组中的"日期和时间"按钮，在弹出的"日期和时间"对话框中选择需要的格式，单击"确定"即可。

4．设定键入模式（即插入/改写模式）

在 Word 2010 中，文档的键入有"插入模式""改写模式"两种。当文档处于插入模式时，用户输入的字符会插入到文档中，插入点及其后的文字随之向后移动。当文档处于改写模式时，用户每输入的新字符将覆盖此位置上的原字符。状态栏上显示插入/改写按钮，则表明此时处于插入/改写模式。

设定文档键入模式的方法如下：

（1）单击状态栏上的"插入"按钮，"插入"按钮变为"改写"按钮，键入模式切换为改写模式，单击"改写"按钮，"改写"按钮变为"插入"按钮，则键入模式又切换为插入模式。

（2）按键盘上的"Insert"键，也可以在两种模式之间切换。

5．注意事项

（1）对于输入过程中发现的错误，可随时纠正。对于要删除的内容，按"Backspace"键删除插入点左边的字符，按"Delete"键删除插入点右边的字符。对于漏掉的内容，切换到插入模式下，将插入点定位好，即可补充输入。

（2）为了方便今后的排版操作（如改变字体大小或行距时），每行结束不要按"Enter"键，当一个自然段结束时再按"Enter"键。当输入满一页时，不需要强制换页，Word 2010 会自动换到下一页。

（3）不要利用空格键进行文本的缩进和对齐，先按照默认的格式输入，在排版时用专门的对齐和缩进命令进行操作。

3.4.2 编辑文本

完成文档的键入后就要进行文档的编辑了。编辑文本就是对输入的文本内容进行校对及修改。

编辑文本包括选定文本、复制与移动文本、删除文本、撤销与恢复、查找与替换操作。在编辑文本之前，首先要定位插入点（也称插入光标）。

1．定位插入点

如下方法可以重新定位插入点：

（1）利用鼠标定位。将鼠标指针移动到文档中需要编辑的位置上，单击鼠标左键即可将插入点定位于该处。

（2）利用键盘上的键。键盘上的键可以定位插入点。表 3.1 为常用键盘快捷键的定位方式。

表 3.1 常用键盘快捷键的定位方式

快捷键	插入点定位方式
↑、↓	插入点向上、下移动一行
←、→	插入点向左、右移动一列
Home	插入点移到行首
End	插入点移到行尾
PageUp	插入点向上移一页
PageDown	插入点向下移一页
Ctrl＋PageUp	插入点移到上页开头
Ctrl＋PageDown	插入点移到下页开头
Ctrl＋Home	插入点定位于文件头
Ctrl＋End	插入点定位于文件尾

（3）利用"定位"命令。选择功能区"开始"选项卡，单击"编辑"组中的"查找"或"替换"按钮（或直接单击状态栏左侧"页码"处），在弹出的"查找和替换"对话框"定位"标签中输入需要定位的位置。如图 3.21 所示，用户在"定位目标"框中可以指定要定位的页、节、行等，在右侧的框上方出现相应的"输入页号"字样，在框中输入相应的页号或行号等内容，下方的"下一处"按钮变为"定位"按钮，单击该按钮，即可将插入点定位到指定位置。该方

法最适于大文档的快速定位。

图 3.21 "查找和替换"对话框——定位标签

2．选定文本

Windows 环境下的应用软件，其操作都有一个共同规律，即"先选定，后操作"。因此，在 Word 2010 中，进行具体操作之前应该先选定文本。

选定文本的方法很多，可以利用鼠标拖曳、文本选定区及键盘上的按键，用户可以根据个人习惯灵活使用。凡是被选中的部分都变为黑底白字的显示。

文本的选定方法如表 3.2 所示。

表 3.2 文本的选定方法

欲选定文本	操作方法
任意块	将鼠标移到欲选定文本的首部（或尾部），按住鼠标左键一直拖曳到欲选定文本的尾部（或首部），松开鼠标按键
矩形块	按住"Alt"键，同时鼠标从要选定文本的左上角拖曳到右下角
一个词	插入点置于要选定的词中，鼠标双击
一个句子	插入点置于要选定的句子任意位置处，按"Ctrl"键并单击鼠标
一行	鼠标移到该行左侧的选定区并单击
连续多行	在文本选定区，拖曳鼠标从要选定的第一行到要选定的最后一行
一个自然段	①插入点置于要选定的段落任意位置处，连续三次单击鼠标 ②在该段落的选定区双击
行首到插入点之间的文本	定位插入点，按"Shift+Home"组合键
插入点到行尾之间的文本	定位插入点，按"Shift+End"组合键
全文	按"Ctrl＋A"组合键 三次单击文本选定区 按"Ctrl"键，单击文本选定区

取消文本的选定：在文本区任意处单击鼠标或光标键，均可取消选定。

3．复制文本

1）使用命令按钮

该操作是通过"复制""粘贴"命令来实现的。

具体操作步骤是：选定欲复制的文本，单击"开始"选项卡→"剪贴板"组→"复制"按钮（或右击鼠标弹出快捷菜单，单击"复制"命令），然后将插入点定位到欲插入的目标处（可以是其他打开的文档），单击"开始"选项卡→"剪贴板"组→"粘贴"按钮（或右击鼠标，单击快捷菜单中的"粘贴"命令），即可将选定文本复制到目标处。

2）使用鼠标拖曳

选定要复制的文本，按住"Ctrl"键同时拖曳鼠标，鼠标箭头处出现一个小虚线框和一个带方框的"+"字符号及一条指示插入点的虚线，当虚线移到目标位置，释放鼠标即可在此处复制文本。

3）使用组合键

选定要复制的文本，按"Ctrl+C"组合键，将插入点定位到目标处；按"Ctrl+V"组合键，即可复制文本。

4）使用功能键

复制文本：选定要复制的文本，按"Shift+F2"组合键，在状态栏的左侧出现"复制到何处？"的提示信息，将插入点定位到目标处，按"Enter"键，即可复制文本。

4. 移动文本

1）使用命令按钮

该操作是通过"剪切""粘贴"命令来实现的。

具体操作步骤是：选定欲移动的文本，单击"开始"选项卡→"剪贴板"组→"剪切"按钮（或右击鼠标，单击快捷菜单中的"剪切"命令），然后将插入点定位到目标处（可以是其他打开的文档），单击"开始"选项卡→"剪贴板"组→"粘贴"按钮（或右击鼠标，单击快捷菜单中的"粘贴"命令），即可将选定文本移动到目标处。

可以看出，移动与复制操作非常相似，区别只是将"复制"命令改为"剪切"命令，其余完全相同。

2）使用鼠标拖曳

选定要移动的文本，拖曳鼠标（或按"Shift"键拖曳），鼠标箭头处出现一个小虚线框和一条指示插入点的虚线，拖动鼠标指针，当虚线移到目标位置，释放鼠标即可移动文本。

3）使用组合键

选定要移动的文本，按"Ctrl+X"组合键，将插入点定位到目标处，按"Ctrl+V"组合键，即可移动文本。

4）使用功能键

选定要移动的文本，按"F2"键，在状态栏的左侧出现"移动到何处？"的提示信息，将插入点定位到目标处，按"Enter"键，即可移动文本。

注意：复制命令（或"Ctrl+C"组合键）与剪切命令（或"Ctrl+X"组合键）都会将选定内容放入"Office 剪贴板"中，二者的区别在于复制操作通过复制的方式将选定文本放入"Office 剪贴板"，并不删除选定的文本。剪切操作则是通过剪切的方式将选定文本放入"Office 剪贴板"，同时删除选定的文本。

5. Office 剪贴板

Office 剪贴板是一个非常实用的工具，主要存放从 Office 文档或其他应用程序中复制或剪切的内容，再根据需要将其粘贴到任意 Office 文档中。Office 剪贴板上的内容不仅可以在 Word 中反复粘贴，还可以粘贴到其他应用软件和文件中。

Office 剪贴板最多可以存放 24 个复制或剪切内容，它可以在需要时粘贴其中的任何一项，同一内容可以多次粘贴，也可以一次将所有保存的内容都粘贴出来。在退出 Office 之前，存放的内容都将保留在 Office 剪贴板中。Office 剪贴板的操作方法是：

单击"开始"选项卡→"剪贴板"组的右下角"对话框启动器"按钮，弹出如图 3.22 所示的"剪贴板"任务窗格，将鼠标指针移到某一内容时，该内容的右边会出现一个三角形下拉按钮，单击可弹出一个下拉菜单，在菜单里选择粘贴或删除该文件内容，如图3.23所示。更快捷的方法是单击该对象，可以直接将其插入文档中。

图 3.22   "剪贴板"任务窗格   图 3.23   "剪贴板"中显示下拉菜单

6. 删除文本

删除文本有多种方法：
（1）选定欲删除的文本，按"Delete"键或"Del"键。
（2）选定欲删除的文本，按"Ctrl+X"组合键。
（3）选定欲删除的文本，单击"文件"选项卡下"剪贴板"组中的"剪切"命令。
（4）右击选定的文本，单击快捷菜单中的"剪切"命令，也可删除选定文本。

7. 撤销、重复与恢复

文档编辑过程中，时常会出现错误操作，如误删除或其他误操作。Word 2010为用户提供了纠错的机会，并允许用户多次反复纠正。

（1）撤销。撤销刚才所做的操作，包括取消上一步所做的命令或者删除刚刚键入的文本，使文本恢复原样。可以撤销的操作有：键入、复制、剪切、粘贴、插入、清除、设置格式等操作。单击"快速访问工具栏"中的"撤销"按钮 或使用 "Ctrl+Z"组合键，均可撤销刚才所做的操作。

Word 2010支持"多步"撤销功能，用户可以依次撤销打开该文档后执行的所有操作，直到不能撤销为止。此外，Word 2010还允许用户选择要撤销的操作，方法是单击"撤销"按钮右侧的下拉按钮，在列表中选择欲撤销的操作。

（2）重复。重复执行上一步的操作（用户最近一次操作）。单击"快速访问工具栏"中的"重复"按钮 或使用"Ctrl+Y"组合键或按"F4"键，均可重复刚才所做的操作。若不能重复上一步所做的操作，"重复"按钮就会变成"无法重复"。

（3）恢复。恢复是进行与"撤销"操作相反的操作，即对撤销操作的撤销。只要用户执行了撤销操作，"重复"按钮就会变成"恢复"按钮 。

类似撤销操作，恢复操作也可以恢复用户此前所做的一步或多步撤销，前提是之前做过撤销操作。单击"快速访问工具栏"中的"恢复"按钮可以依次恢复所有撤销操作。

8. 查找与替换

在文档中查找一个词语或将其替换为另外一个词语，可借助于 Word 2010 提供的查找功能及替换功能。Word 2010 的查找与替换功能非常强大，不仅可以查找字符、特殊字符甚至可以查找指定的字符格式、段落格式或样式等。利用查找和替换功能，可以帮助用户快速高效地进行整个文档的编辑。

1）查找

方法一：使用导航窗格搜索文本。

（1）将光标定位到文档的起始处，单击"开始"选项卡→"编辑"组→"查找"按钮，（或单击"视图"选项卡→"显示"组中的"导航窗格"复选框），弹出"导航"任务窗格，如图 3.24 所示。

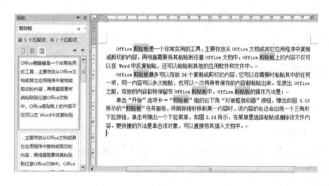

图 3.24 导航窗格——搜索

（2）在"搜索"文本框中输入要查找的内容，单击"搜索"按钮，"导航"窗格中列出文档中包含查找文本的段落，同时右侧文本区自动将搜索到的内容突出显示，用户在"导航"窗格中单击某一段文本，文档窗口中突出显示查找到的内容，用户可以在此处进行编辑。

（3）单击"搜索"文本框右侧的下拉按钮，可打开查找选项或其他搜索命令列表，用户可选择查找图形、表格、公式、脚注/尾注、批注等。单击"关闭"按钮将结束搜索。单击"导航"窗格中的"上一处搜索结果按钮" ▲ 时，插入点将定位到上一个查找到的内容所在位置；单击"下一处搜索结果按钮" ▼ 时，插入点将定位到下一个查找到的内容所在位置。

方法二：在"查找和替换"对话框中查找文本。

（1）单击"开始"选项卡→"编辑"组→"查找"下拉按钮→选"高级查找"命令或按"Ctrl+H"组合键，均可弹出图 3.25 所示的"查找和替换"对话框，在"查找内容"文本框中输入要查找的内容。

图 3.25 "查找和替换"对话框——查找

（2）单击"查找下一处"按钮，Word 2010 从插入点开始查找，搜索到就在文档窗口中反相显示查找到的内容，用户可以在此处进行编辑。若希望继续查找，单击"查找下一处"按钮，直到查找完毕。

（3）查找的过程可以随时中止，单击"取消"按钮或 "关闭"按钮，或按"Esc"键，即可关闭"查找和替换"对话框。无论查找成功与否，系统都会显示相关的提示信息。

2）替换

替换是先找到指定文本，再用新文本内容替换找到的内容。具体操作步骤如下：

（1）单击"开始"选项卡→"编辑"组→"替换"按钮。

（2）弹出"查找和替换"对话框，在"替换"标签下的"查找内容"与"替换为"文本框中分别输入内容，如图 3.26 所示。

图 3.26 "查找和替换"对话框——替换

（3）单击"替换"命令按钮，则完成文档中距离输入点最近的文本的替换，如果单击"全部替换"按钮，则可以一次性替换全部满足条件的内容。如果单击"查找下一处"按钮，文档中第一处查到的内容会处于选中状态，再单击"替换"按钮。

（4）单击"关闭"按钮，退出"查找和替换"对话框。

3）带格式的查找和替换（查找和替换的高级功能）

前述的查找和替换仅仅是查找或替换普通字符，如果要查找或替换带格式的文本或特殊字符必须使用查找和替换的高级选项设置。

单击"查找和替换—查找"对话框（见图 3.25）或"查找和替换—替换"对话框中（见图 3.26）的"更多"命令按钮，对话框向下展开，可以进行搜索选项设置，如图 3.27 和图 3.28 所示。

要查找带格式的文本，单击图 3.27 所示对话框下方的"格式"命令按钮，弹出"格式"选项列表，列表中有字体、段落、语言、图文框、样式、突出显示等命令，选择某一项会弹出相应对话框，如果选择"字体"命令则会弹出"查找字体"对话框，用户在其中设置要查找的字体格式。

要查找特殊字符，则单击图 3.27 所示对话框下方"特殊格式"命令按钮，弹出下拉列表，其中有"段落标记""任意字母""任意数字""任意字符""人工换行符"等选项，可以将这些特殊字符输入到查找内容框中，以便查找。

在图 3.27 的搜索选项区有"搜索框"和十个复选框。单击"搜索列表框"的下拉按钮可以设定查找范围，"全部"是指在整个文档中查找，"向下"是从当前插入点位置向下查找，"向上"是指从当前插入点位置向上查找；也可以使用通配符进行查找文本，通配符代表一个或多个真正字符，相当于模糊查找。常用的通配符包括*和？，其中*表示多个任意字符，而？表示一个任意字符；勾选"查找单词的所有形式"查找单词的过去式、现在时、复数形式等。此外，可以指定是否区分英文大小写、区分前缀、区分后缀、区分全/半角等，使查找更精确。单击"更少"按钮，可返回原对话框状态。

与查找相同，"替换为"框中的内容也可以设置为特定格式或特殊字符，方法是单击图 3.26 所示对话框中的"更多"命令按钮，对话框向下展开如图 3.28 所示，用户根据需要，分别单击"格式"或"特殊格式"命令按钮，方法与前述查找带格式的文本和特殊字符类似，这里不再一一赘述。

图 3.27   "查找和替换"对话框——"查找"
标签搜索选项

图 3.28   "查找和替换"对话框——"替换"
标签搜索选项

4）快速定位

在长文档中，若要快速将光标定位到某一指定位置，移动鼠标或光标键翻页很不方便，可通过"定位"操作来实现。

图 3.29   "自动更正"对话框

操作方法：单击 "开始"选项卡→"编辑"组→"查找"按钮右侧的下拉按钮，打开下拉菜单，单击其中的"转到"命令，弹出"查找和替换"对话框，单击"定位"标签，如图 3.21 所示，可以通过页、节或行来定位。

9. 自动更正

1）建立自动更正词条

（1）单击"文件"选项卡→"选项"命令→在弹出"Word 选项"对话框中单击"校对"命令，在对话框右侧"自动更正"选项区下单击"自动更正选项"按钮，弹出如图 3.29 所示的"自动更正"对话框。

（2）单击"自动更正"标签，在"替换"框中输入词条名（本例为"jsj"）。在"替换为"框中输入"大学计算机基础"。

（3）单击"添加"按钮，该词条就添加到自动更正的列表框中了。

（4）单击"确定"按钮。

其他方法：先选定文档中要建立为自动更正词条的文本（如"大学计算机基础"），再执行"自动更正"命令，则选定的文本自动出现在"替换"框中，其余步骤同上。

2）使用自动更正词条

将插入点定位到要插入的位置，然后输入词条名，按空格键或逗号等标点符号，Word 2010 就会用相应的词条代替用户输入的词条名。如前例中已经建立的词条"jsj"，当用户输入"jsj"及空格键或逗号键时，系统立刻将其替换为"大学计算机基础"。

注意： 必须在"自动更正"对话框中选中"键入时自动替换"复选框，才能实现上述自动替换操作。

3）修改/删除自动更正词条

在"自动更正"对话框的自动更正词条列表中，单击要修改的词条，输入替换的内容后单击"替换"按钮。若要删除词条，则选定词条后单击"删除"按钮。

📖3.5　文档的格式设置

在 Word 2010 中，完成文本的输入和编辑只是结束了文档处理的第一个环节，为了使文档更美观、条理更清晰、层次更分明，必须对文档进行格式的编排和设置。

Word 2010 文档的格式编排包括字符格式设置、段落格式设置、项目符号和编号、边框和底纹、首字下沉等。本节将一一介绍。

3.5.1　设置字符格式

字符是指英文字母、汉字、数字和符号等。Word 2010 默认的正文字符格式是宋体、5号、黑色，但实际应用中用户的需求是千变万化的，用户可以根据自己的需要，设置合适的字符格式。

字体、字号设置是字符格式最基本、最常用的操作，字符修饰则包括字形设置（常规、加粗、倾斜、加粗倾斜）、改变字体颜色、下划线和着重号、文字边框和底纹、字符间距等。

用户可以通过以下三种方式设置字符格式。

1. 使用"开始"选项卡的"字体"组按钮设置字符格式

利用"开始"选项卡的"字体"组的相关按钮进行字符格式设置非常便捷。当鼠标指针在工具栏的某个按钮上停留时，系统会显示其功能。"开始"选项卡中"字体"组的各按钮功能如图 3.30 所示。

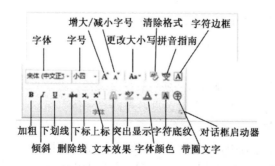

图 3.30　"开始"选项卡下"字体"组按钮功能

利用"开始"选项卡中"字体"组按钮设置字符格式的方法如下：

（1）设置"字体""字号"。中文 Word 2010 提供了宋体、黑体、楷体、隶书等多种汉字字体和数十种的英文字体。选定文本，单击"字体"组"字体"列表框右侧的下拉按钮，在弹出的"字体"下拉列表中选择需要的字体；单击"字号"下拉按钮，在弹出的"字号"下拉列表中选择字号。

说明：字号是指字符的大小。Word 2010 使用"号"或"磅"作为字号的单位。从"初号"到"八号"，字符逐渐减小；从"5 磅"到"72 磅"，字符逐渐增大。在通常情况下，系统默认为五号字。由于 Word 2010 默认的最大字号为 72 磅，但实际应用中可能需要更大的字，为此 Word 2010 也提供了设置更大字号的功能，操作方法如下：

选定要改变字号的文字，单击"字体"组中的"字号"框，直接在框内键入希望的数值，按"Enter"键。

（2）设置"加粗""倾斜"。选定文本，单击"字体"组中的"加粗""倾斜"按钮，即可将选定文本设置为加粗或倾斜。

（3）设置"下划线"。选定文本，单击"字体"组中的"下划线"按钮，为选定文本加系统默认的单下划线，单击"下划线"按钮右侧的下拉按钮，可打开下拉列表框，在其中选择下划线类型、设置下划线颜色。

（4）设置"字符边框""字符底纹"。选定文本，单击"字体"组中的"字符边框/字符底纹"按钮，即可为选定文本加上默认格式的边框/底纹。若要加形式多样的边框或底纹，在后文中专门介绍。若要去掉该边框/底纹，先选定该文本，然后再次单击"字符边框/字符底纹"按钮，即可去掉边框/底纹。

（5）其他操作，如设置"删除线""下标""上标""文本效果""突出显示""字体颜色""带圈字符""带拼音的字符""更改大小写"等。选定文本，选择相应的按钮进行设置。

注意："带圈字符"按钮只能设置单个字符，如果选择多个字符，只设置第一个字符。

（6）清除格式。单击"清除格式"按钮，将清除所选内容的格式，只保留纯文本。

特别提示：字符格式的设置，在键入字符前或键入字符后都可以进行。如果先选定文本，再进行格式设置，则该格式对选定的文本生效；否则，只对格式设置后，在插入点处输入的文本有效。用哪种方法用户可以视具体情况选择。

2. 使用"字体"对话框设置字符格式

更多"字符"格式设置可以通过"字体"对话框进行。打开"字体"对话框的方法有两种：

（1）单击"开始"选项卡→"字体"组右下角的"对话框启动器"按钮 ，打开"字体"对话框，如图 3.31 所示。

（2）右击鼠标，在弹出的快捷菜单中单击"字体"命令，也可打开"字体"对话框。

"字体"对话框有"字体""高级"两个标签，分别如图 3.31 和图 3.32 所示。在这两个标签下可以设置相应的字符格式。

①字体、字形、字号、字体颜色、下划线类型及颜色、着重号及效果等字符格式的设置。选定欲改变格式的文本，打开"字体"对话框，单击"字体"标签（打开对话框时默认为"字体"标签），可以在"中文字体""西文字体""字形""字号"等框中进行相应设置。此外 Word 2010 为用户提供了许多字符效果，如删除线、上标、下标等，用户可以根据需要来选择。在"效果"选项区中，单击需要的效果复选框即可选定。复选框内有"√"表示已选定。

图 3.31　"字体"对话框——"字体"标签

图 3.32　"字体"对话框——"高级"标签

②字符缩放、字符间距、字符位置、连字格式等设置。选定欲改变格式的文本，打开"字体"对话框，单击"高级"标签，其中包含"字符间距"和 OpenType 功能。可分别设置"字符缩放""字符间距""字符位置""连字设置""数字间距""数字形式""样式集"。

"字符间距"选项区包含"缩放""间距""位置"三个下拉列表框。其中，"缩放"下拉列表框通过改变百分比值来设置字符缩放比例；"间距"下拉列表框用于设置所选文字之间的距离，包括标准、加宽、紧缩三个选项；加宽或紧缩的距离在其右边的"磅值"框中设置。"位置"下拉列表框可设置字符在水平方向上的位置，包括标准、提升、下降三个选项；提升、下降的距离在其右边的"磅值"框中设置。

OpenType 功能是 Word 2010 新增功能，利用此功能可以微调文本，使文本打印效果更专业。它包括"连字设置""数字间距""数字形式""样式集"等。例如，连字格式的设置，可以改变字母略微分开的现象。

3. 使用"浮动工具栏"设置字符格式

1) 打开"浮动工具栏"

当用户选择文本时，文本右上方会显示一个半透明的工具栏，称为"浮动工具栏"，如图 3.33 所示。也可右击鼠标，在弹出快捷菜单的同时，上方出现浮动工具栏。利用"浮动工具栏"的相关按钮可以设置字体、字形、字号、对齐方式、文本颜色、缩进级别和格式刷等功能。选择相应的按钮就可进行简单的设置。

图 3.33　"浮动工具栏"

2) 关闭"浮动工具栏"

如果不希望在 Word 中出现"浮动工具栏"，可以将其关闭，操作步骤如下：

（1）单击"文件"选项卡，选择"选项"，打开"Word 选项"对话框，如图 3.34 所示。

（2）选择左侧的"常规"选项，在右侧"用户界面选项"区域，取消已勾选的"选择时显示浮动工具栏"复选框选项，单击"确定"按钮。

图 3.34　"Word 选项"对话框——"常规"选项

3.5.2　设置段落格式

一个 Word 文档是由若干段落构成的，因此文档的外观更主要地取决于段落的格式。

在 Word 2010 中，段落是指以一个段落标记"↵"作为结束的一段文本内容，段落包含正文、图形或表格，以及一个段落标记。段落标记是用户按"Enter"键后产生的，也称为回车换行符。对于段落来说，段落标记是非常重要的，它有两个作用：一是作为段落结束的标志，二是它记录了该段落的全部格式信息，如对齐方式、行间距、段间距、样式、编号等格式设置，可以通过复制段落标记符来复制段的格式。

段落标记可以显示或隐藏。用户可以单击"文件"菜单的"选项"命令，弹出"Word 选项"对话框，在左侧单击"显示"项，在"始终在屏幕上显示这些格式标记"选项区中勾选或取消"段落标记"复选框，如图 3.35 所示。若勾选此项，则段落标记一直在屏幕上显示；若取消该选定，屏幕上不显示段落标记，单击"开始"选项卡"段落"组中的"显示或隐藏编辑标记"按钮可以显示或隐藏段落标记。

段落格式包括段落的对齐方式、行间距、段间距、缩进等。

图 3.35　"Word 选项"对话框——"显示"选项

1．设置段落的对齐

Word 2010 提供了五种水平对齐的方式：两端对齐、左对齐、居中对齐、右对齐和分散对齐。

两端对齐是 Word 2010 默认的对齐方式。通过调整文字的水平间距，使所选段落的左、右两边同时对齐，当段落最后一行不满时，保持左对齐。

左对齐是指段落中的文本左边对齐，文本右边参差不齐。

右对齐是指段落中的文本右边对齐，文本左边参差不齐。

居中对齐是指段落中的文本居中对齐，文本左右参差不齐。

分散对齐是指文本左右两边都对齐，当段落最后一行不满时，通过调整字符之间的水平间距，使文本分布到整个行。

设置段落对齐方式的方法如下：

1）利用"开始"选项卡"段落"组的对齐按钮

（1）选定需要对齐的段落，或者将插入点置于该段落的任意位置。

（2）单击"开始"选项卡"段落"组的对齐按钮 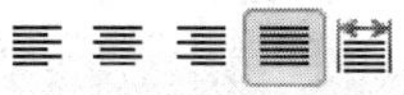  ，可以设置段落的对齐方式。

2）利用"段落对话框"进行设置

（1）选定需要对齐的段落，或者将插入点置于该段落的任意位置。

（2）单击"开始"选项卡"段落"组右下角的"对话框启动器"按钮 ，弹出图3.36所示的"段落"对话框，单击"缩进和间距"标签（系统打开对话框时默认该标签），在"常规"选项区的"对齐方式"下拉列表框中选择合适的对齐方式。

图3.36　"段落"对话框

（3）单击"确定"按钮。

2．设置段落的缩进

为文本设置缩进可以使文档条理清晰、层次分明。在Word 2010中，缩进包括左缩进、右缩进、首行缩进和悬挂缩进。在Word 2010中，缩进的度量单位有厘米和字符两种（字符：以段首第1个字的大小为"字符"单位）。

有多种方法设置缩进。可以利用标尺、"段落"对话框及"段落"组按钮来进行缩进设置。

1）利用标尺设置缩进

水平标尺上的滑块就是段落缩进标记。通过拖动这些缩进标记可以改变文本的左缩进、右缩进、首行缩进、悬挂缩进等设置，非常方便快捷。标尺上各个段落缩进标记如图3.37所示，它们的作用分别是：

（1）首行缩进标记可以设置段落第一行第一个字符的起始位置。

（2）悬挂缩进标记可以设置段落除第一行以外的其他各行的起始位置。

（3）左缩进标记可以设置段落的左边界。

（4）右缩进标记可以设置段落的右边界。

选定欲设置缩进的段落，或者将插入点置于段落的任意位置，用鼠标拖动标尺上的相应缩进标记，即可设置该段落的缩进。

图3.37　标尺上的缩进标志

2）使用"段落"对话框设置缩进

利用标尺缩进文本虽然方便快捷，但它是不精确的。如果要精确地缩进，可使用"段落"对话框设置。

选定欲缩进的段落，或者将插入点置于该段落的任意位置，单击"开始"选项卡"段落"组右下角"对话框启动器"，弹出如图3.36所示的"段落"对话框，显示"缩进和间距"标签，在"缩进"选项区的"左""右"文本框中输入合适的数值，在"特殊格式"下拉列表中选择首行缩进或悬挂缩进，并在"度量值"框中输入具体带单位（厘米或字符，若不是用户需要的单位，可在数字后输入"厘米"或"字符"）的数值，最后单击"确定"按钮。

（1）利用"页面布局"选项卡的"段落"组按钮设置缩进。选定欲设置缩进的段落，单击"页面布局"选项卡"段落"组"缩进"选项区"左"或"右"旁边的箭头，选择或直接输入所需的缩进距离。左缩进框、右缩进框在图3.38所示的左侧缩进区域。

图3.38　"缩进"和"间距"框

（2）利用"开始"选项卡的"段落"组按钮设置缩进。选定欲设置缩进的段落，单击"开始"选项卡"段落"组中的"增加缩进量"按钮 ，每单击一次，所选段落的左侧向右推移一个制表位的缩进量，而单击"减少缩进量"按钮 ，则所选段落的左侧向左推移一个制表位的缩进量。

3. 设置行间距与段间距

行间距是指从一行文字的底部到相邻的另一行文字底部的间距。段间距则是指两个相邻段落之间的距离。Word 2010默认的行间距是单倍行距（15.6磅），默认段间距是0。用户可以利用"段落"对话框、"段落"组按钮设置行间距和段间距。

1）设置行间距

（1）利用"段落"对话框设置行间距。选定欲设置行间距的段落，或者将插入点置于该段落的任意位置，单击"开始"选项卡→"段落"组右下角的"对话框启动器按钮" ，弹出"段落"对话框，显示"缩进和间距"标签，在"间距"选项区的"行距"下拉列表中选择需要的行距，如"单倍行距""1.5倍行距"等。如果选择的行距为"固定值"或"最小值"，以及"多倍行距"，还必须在"设置值"文本框中输入合适的数值（可以是小数，对多倍行距来说是设置具体的倍数）。最后单击"确定"按钮。

（2）利用"行和段落间距"按钮 设置行间距。选定欲设置行、段间距的段落，或者将插入点置于该段落的任意位置，单击"开始"选项卡→"段落"组→"行和段落间距"按钮 右侧的下拉按钮，在下拉列表中选择合适的行距，则选定段落的所有文本的行间距均为该行距。

2）设置段间距

（1）利用"段落"对话框设置段间距。选定欲设置段间距的段落，或者将插入点置于该段落的任意位置，单击"开始"选项卡→"段落"组右下角的"对话框启动器"按钮 ，弹出"段落"对话框（注：单击"页面布局"选项卡的"段落"组"对话框启动器"按钮亦可弹出"段落"对话框），单击"缩进和间距"标签，在"间距"选项区的"段前"或"段后"数值框中选择或输入需要的数值，单击"确定"按钮。

（2）利用"页面布局"选项卡的"段落"组"间距"按钮设置段间距。单击"页面布局"

选项卡→"段落"组→"间距"区域的"段前"或"段后"框旁边的下拉按钮，选择或直接输入所需的间距，即设置了段间距。段前、段后框的位置如图3.39右侧所示。

3.5.3 格式复制——格式刷的使用

为了进一步提高格式排版的速度和效率，在Word 2010中，格式是可以复制的。利用"开始"选项卡下"剪贴板"组中的格式刷按钮 ，可以将一个文本的格式复制到另一个文本上。

1. 字符格式的复制

（1）将插入点置于被复制格式的文本任意位置，或选定该文本。

（2）单击"开始"选项卡"剪贴板"组中的格式刷按钮 ，该按钮变为橘红色，指针变为格式刷。

（3）在文本区中对准要复制格式的文本开始位置，按下鼠标拖曳到其末尾，松开鼠标，即可完成格式复制，鼠标指针恢复正常。

如果要将格式复制到多个文本上，则应该双击格式刷按钮 ，完成多次复制后，再次单击格式刷按钮，或按"Esc"键，结束字符格式的复制状态。

2. 段落格式的复制

段落格式的复制可以通过复制段落标记符来完成。将插入点置于被复制格式段落的任意位置，或者选定被复制格式的段落标记符，单击或双击格式刷按钮 ，指针变为格式刷，再用鼠标拖曳要复制格式段落的段落标记符，即完成段落格式的复制。

大多数的格式设置都可以利用格式复制，如边框和底纹、首字下沉等，但有个别格式不能复制，如"分栏"。

3.5.4 边框和底纹

在进行文档处理时，可以为某些内容添加边框和底纹，使其更加突出和醒目。在Word 2010中，可以为文字、段落、图形或整个页面设置边框和底纹。

1. 为文字或段落添加边框

选定要添加边框的文字或段落，单击"开始"选项卡→"段落"组→"边框"按钮 右边的下拉按钮，打开下拉菜单，选择"边框和底纹"命令，弹出如图3.39所示的"边框和底纹"对话框，系统默认的是"边框"标签。在"设置"选项区中选择边框类型，可设置的边框类型分别是"无""方框""阴影""三维""自定义"，若内、外边框的线型、颜色或宽度不同，则应选"自定义"。在"样式"下拉列表框中可选择边框线型；在"颜色"下拉列表框中可选择边框颜色；在"宽度"下拉列表中可选择线型宽度；"预览"框显示设置后的效果，可以单击上、下、左、右四个按钮设置相应位置的边框线；在"应用于"下拉列表中选择应用范围，"文字"选项和"段落"选项分别对文字和段落加边框，二者效果不同，注意区分。最后单击"确定"按钮。

此外，单击"开始"选项卡"字体"组的"字符边框"按钮 A 也可以为选定的文字或段落加边框，但只能添加单线、黑色方框，如果添加其他类型的边框，还是要利用"边框和底纹"对话框中的"边框"标签来完成。

2．为页面添加边框

单击"开始"选项卡→"段落"组→"边框"按钮 □ ▾ 右边的下拉按钮，打开下拉菜单，选择"边框和底纹"命令，打开"边框和底纹"对话框，单击"页面边框"标签，在如图3.40所示的对话框中可以分别选定边框类型、边框线型、边框颜色、线型宽度及应用范围，方法与文字和段落边框类似，但是"页面边框"增加了"艺术型"页面边框，用户可以单击"艺术型"选项框右边的下拉按钮，选择需要的图案作为页面边框，完成选择后，单击"确定"按钮。

图3.39 "边框和底纹"对话框——"边框"标签　　图3.40 "边框和底纹"对话框——"页面边框"标签

3．为文字或段落添加底纹

图3.41 "边框和底纹"对话框——"底纹"标签

选定要添加底纹的文字或段落，单击"开始"选项卡→"段落"组→"边框"按钮 □ ▾ 右边的下拉按钮，打开下拉菜单，选择"边框和底纹"命令，打开"边框和底纹"对话框，单击"底纹"标签，弹出如图3.41所示的对话框。单击"填充"选项区域中的底纹颜色，如果底纹上需要添加某种图案，在"图案"选项区域中的"样式"框下拉列表中选择底纹样式，在"颜色"下拉列表中选择图案的某种颜色，最后选择"应用于"下拉列表中的底纹应用范围（文字或段落），单击"确定"按钮，选定的文本或段落即添加了底纹。

此外，单击"开始"选项卡→"字体"组→"字符底纹"按钮 **A** 也可以为选定的文字或段落加底纹，但只能添加一种灰色底纹，如果添加其他颜色的底纹，还是要利用 "边框和底纹"对话框中的"底纹"标签来完成。

3.5.5　项目符号和编号

在文档中为段落添加项目符号和编号是为了使文档的条理更清晰、层次更分明，更加易于阅读和理解。项目符号是放在段落之前起强调作用的符号（如圆点或菱形符号等），编号则是用于标示段落的顺序（数字顺序或字母顺序等）。

1．输入文本时自动添加项目符号和编号

在段落的起始处，输入如"1""1)""一"等起始编号，然后按空格键或"Tab"键，接着输入文本，按"Enter"键后，Word会自动在下一行插入第2个编号，依次类推，可以形成编号列表。同样，如果在段落的起始处输入"*"，按空格键或"Tab"键，接着输入文本，按"Enter"键后，Word会自动将"*"转为●，并在下一段起始处出现●，这就是项目符号列表。

若根据上述步骤没有自动创建出项目符号和编号，可以在"Word选项"对话框左侧单击"校对"选项，在对话框右侧"自动更正选项"下，单击"自动更正选项"按钮，弹出如图3.42所示的"自动更正"对话框，单击"键入时自动套用格式"标签，勾选"自动项目符号列表""自动编号列表"选项。

图3.42 "自动更正"对话框——键入时自动应用

2．为已有文本添加项目符号和编号

（1）添加项目符号。选定要添加项目符号的段落，单击"开始"选项卡→"段落"组→"项目符号"按钮，即可添加某种项目符号。

（2）添加编号。选定要添加编号的段落，单击"开始"选项卡→"段落"组→"编号"按钮，即可添加某种编号。

3．更改或自定义项目符号和编号的格式

（1）更改或自定义项目符号的格式。若添加的项目符号不符合用户的要求，可以对其进行修改，具体操作如下：

①选定要更改项目符号的段落。

②单击"开始"选项卡→"段落"组→"项目符号"按钮旁的下拉按钮。

③打开"项目符号库"，选择需要的项目符号，如图3.43所示。

④若用户对"项目符号库"中提供的所有项目符号均不满意，可自定义项目符号。选择图3.43中的"定义新项目符号"选项，打开"定义新项目符号"对话框（见图3.44），单击"符号"或"图片"按钮，选择需要的某种符号或图片作为新的项目符号，若要设置新项目符号的颜色、字体等格式，可单击"字体"按钮进行相应设置，最后单击"确定"按钮，即为选定段落设置了新项目符号。

（2）更改编号的格式。若添加的项目编号不符合用户要求，可以进行修改，具体操作如下：

①选定要更改编号格式的段落。

②单击"开始"选项卡→"段落"组→"编号"按钮旁的下拉按钮。

③弹出编号下拉列表，在"编号库"选项区域，选择需要的样式，如图3.45所示。

④若要自定义编号，可以单击下拉列表中的"定义新编号格式"选项，打开"定义新编号格式"对话框，根据需要进行设置，如图3.46所示。

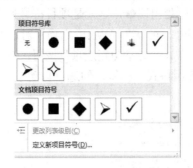

图3.43 项目符号库

图3.44 "定义新项目符号"对话框

图3.45 编号库

图3.46 "定义新编号格式"对话框

图3.47 "起始编号"对话框

（3）设置起始编号值。若用户要调整编号的起始值，可单击下拉列表中的"设置编号值"选项，打开"起始编号"对话框，如图3.47所示，在该对话框中选择"开始新列表"或"继续上一列表"，在下方的数值框内设置起始编号的值。

4. 删除项目符号或编号

用户可以删除不再需要的项目符号和编号，方法如下：

（1）利用功能区按钮删除。选定要删除项目符号或编号的文本，单击"开始"选项卡→"段落"组→"项目符号"或"编号"按钮，项目符号或编号即消失。

（2）利用键盘按键删除。如果要删除单个项目符号或编号，单击该项目符号或编号，或者插入点定位在第一个字之前，按"Backspace"键。

5. 多级列表

在编辑著作或学术论文时，往往需要利用各级标题来表明文章的层次，多级列表可以清晰地表明文档各层次之间的关系。图3.48为多级列表示例。创建多级列表的操作步骤如下：

（1）输入文本，选定所有文本。

（2）选择"开始"选项卡→"段落"组→"多级列表"按钮，或单击其旁边的下拉按钮。

（3）打开"列表库"（见图3.49），选择需要的多级格式。

（4）在下一级标题处，如样文1.1或1.1.1处，通过单击"段落"组中"减少缩进量"或"增加缩进量"按钮来确定各级标题最终的层次关系。

图 3.48　多级列表示例　　　　　　　图 3.49　"多级列表"下拉列表

3.5.6　首字下沉

首字下沉是指某一段的第一个字向下放大显示，以引起读者注意。

1. 设置首字下沉格式

将插入点定位至要设置首字下沉的段落中，单击"插入"选项卡→"文本"组→"首字下沉"命令，弹出如图3.50所示的下拉菜单，选择下沉方式，即可设置首字下沉。单击该菜单中的"首字下沉选项"可弹出如图3.51所示的"首字下沉"对话框，可分别设置下沉字母或汉字的字体、下沉行数及距正文的间距。

图 3.50　"首字下沉"下拉菜单　　　　　图 3.51　"首字下沉"对话框

2. 删除首字下沉格式

将插入点定位至要删除首字下沉格式的段落中，单击"插入"选项卡→"文本"组→"首字下沉"命令，在如图 3.51 所示的下拉菜单中选"无"命令，即可删除首字下沉格式。或者在"首字下沉"对话框的"位置"选项区域中选择"无"，单击"确定"按钮。

📖3.6 文档中的表格处理

由于表格能够更直观、更清楚地表达信息，所以文档中经常用到表格。Word 2010 提供了强大的表格处理功能。在 Word 2010 中，用户既可以快速创建各种表格，也可以方便地修改表格；既可以输入文字、数字、图形，也可以实现文本和表格的互相转换；既可以给表格进行加边框底纹等格式设置，也可以排序、计算并生成图表。

3.6.1 插入表格

表格是由水平的行和垂直的列交叉形成，表格中的每一方框称为"单元格"。单元格是存放数据的最基本单位。

Word 2010 提供了多种创建表格的方法，主要有以下几种：

1. 使用"表格"按钮

使用"表格"按钮可以快速地创建规则的表格。所谓规则的表格是指行高、列宽都是相同的表格。使用"表格"按钮创建表格的方法如下：

（1）将插入点定位于要插入表格的位置。

（2）单击"插入"选项卡→"表格"组→"表格"按钮，弹出下拉列表框，如图 3.52 所示。

图 3.52 "表格"下拉列表框

（3）在列表框的顶部有一个网格区域，向右下方拖曳鼠标，当列表框顶部提示的列、行数满足用户需求时，松开左键即可插入一个空白的规则表格。

2. 使用"插入表格"命令

（1）将插入点定位于要插入表格的位置。

（2）单击"插入"选项卡→"表格"组→"表格"按钮，弹出下拉列表框，单击其中的"插入表格"命令，弹出"插入表格"对话框，如图 3.53 所示。

（3）在"列数""行数"文本框中输入需要的数值，其余选项默认。

（4）单击"确定"按钮，即可插入一个空白的规则表格。

图 3.53　"插入表格"对话框

3．绘制表格

上述两种方法插入的表格简单而有规则，如何创建复杂的、不规则的表格呢？所谓不规则的表格是指表格中的各单元格大小差异较大，可以利用"绘制表格"命令手工绘制复杂表格。绘制表格的方法和步骤如下：

单击"表格"下拉列表框中的"绘制表格"命令，鼠标指针变为笔形，将鼠标移至文档中需要插入表格的位置，向右下方拖曳鼠标，到适当位置松开鼠标左键，文档中绘制出表格的外边框（一个 1 行 1 列的空表），同时在窗口的标题栏出现"表格工具"，相应地在选项卡区域出现"设计"选项卡和"布局"选项卡（见图 3.54）。再用笔形鼠标在表格内部绘制横线、竖线、斜线。绘制的方法是：从线的起点处按下鼠标左键，拖曳到线的终点，松开鼠标。如果要结束绘制，则再次单击"绘制表格"按钮或"Esc"键，鼠标指针恢复原状。

图 3.54　"表格工具"——"设计"选项卡

绘制过程中，可利用"表格工具"中的"擦除"按钮，擦除多余表格线。方法类似于画线，这里不再赘述。

4．将文本转换为表格

将文本转换为表格实际上是另外一种创建表格的方法。它的操作步骤如下：

（1）选定要转换为表格的文本。

（2）单击"插入"选项卡的"表格"按钮，弹出下拉列表框，选择"文本转换成表格"命令，弹出"将文字转换成表格"对话框，如图 3.55 所示。在"表格尺寸"选项区域中设置表格的行数和列数，在"文字分隔符位置"选项区域中选择文本的分隔符。如果没有满足要求的字

图 3.55　"文本转换成表格"对话框

符，可在"其他字符"后的文本框中输入需要的字符。

（3）单击"确定"按钮。

注意： 要成功地将文本转换为表格，应该对原文本中的数据项使用同样的分隔符，不论是段落标记、空格、制表符、逗号还是其他特殊字符。

3.6.2 表格的编辑

创建空白表格之后，可以在其中输入内容，或根据需要对表格内容及表格本身进行编辑。Word 2010 可以对表格进行编辑的操作有：改变表格的行高和列宽、插入和删除单元格、插入和删除行列、合并与拆分单元格、拆分与合并表格、绘制斜线表头、移动和缩放表格、删除表格等。

1．输入数据

表格是由若干单元格组成的，向表格中输入数据，就是向单元格输入数据。用户可以向单元格中输入文字、数字、图形、符号等内容，输入的方法同文档一样。应该注意，输入具体内容之前首先将插入点定位至某单元格。

定位插入点的方法有多种。单击某一单元格，将插入点定位在该单元格内；按"Tab"键使插入点移到下一单元格；按"Shift+Tab"组合键使插入点移到前一单元格；键盘上的上、下、左、右键也可以移动插入点。

在单元格内按"Enter"键，可以在同一单元格中另起一段。

2．选定表格编辑对象

对表格的编辑操作也必须"先选定，后操作"。选定表格中的编辑对象，可以利用"鼠标操作""菜单命令"来完成。

类似于文本的选定区，表格的每一行、每一列及每个单元格都有一个看不见的选定区。列的选定区在该列的上边界，当鼠标移到列选定区时，指针改变为垂直向下的箭头 ↓。行的选定区在该行的左边界外侧，当鼠标移到选定区时指针变为右上箭头。单元格的选定区在单元格的左边界内侧，当鼠标移到此处时，指针变为右上箭头。具体操作见表 3.3。

表 3.3 选定表格编辑对象的方法

欲选定区域	菜单命令	鼠标操作
一个单元格	"表格工具"→"布局"选项卡→"选择"按钮→"选择单元格"	鼠标移至该单元格的选定区并单击
多个连续单元格	—	（1）按住鼠标左键从欲选定区域左上角的单元格拖曳到右下角单元格 （2）单击欲选定区域左上角单元格，按住"Shift"键单击欲选定区域右下角单元格
多个不连续单元格	—	按住"Ctrl"键，鼠标依次单击所有欲选定单元格的选定区
一行	"表格工具"→"布局"选项卡→"选择"按钮→"选择行"	鼠标移至该行的选定区并单击
多个连续行	—	鼠标置于欲选定区域第一行的选定区，单击，按住左键拖曳到最后一个要选定的行

续表

欲选定区域	菜单命令	鼠标操作
多个不连续行	—	按住"Ctrl"键，鼠标依次单击欲选定行的选定区
一列	"表格工具"→"布局"选项卡→"选择"按钮→"选择列"	鼠标移至该列的选定区并单击
多个连续列	—	鼠标移至欲选定区域第一列的选定区，单击，按住左键拖曳到最后一个要选定的列
多个不连续列	—	按住"Ctrl"键，鼠标依次单击欲选定列的选定区
整个表格	"表格工具"→"布局"选项卡→"选择"按钮→"选择表格"	（1）单击表格左上角的"表格控制柄" （2）选定所有行或选定所有列

3．编辑表格中的数据

表格中的数据可以修改、复制、移动、删除。可以将单元格数据作为编辑对象，也可以将整行、整列甚至整个表格的数据作为编辑对象。

1）复制、移动数据

类似于文本的操作：选定对象，单击"开始"选项卡→"剪贴板"组→"复制"或"剪切"按钮，插入点定位到目标单元格，单击"开始"选项卡→"剪贴板"组→"粘贴"按钮。

此外，还可以利用快捷菜单中的"复制""剪切""粘贴"命令，以及"Ctrl+C"组合键、"Ctrl+X"组合键、"Ctrl+V"组合键来复制或移动数据。

2）删除数据

选定对象，单击"Delete"键或"Del"键，删除单元格内的数据，而不影响单元格本身。

注意：不能用"布局"选项卡中的"删除"按钮，该命令将删除单元格本身。

4．调整表格的行高和列宽

创建表格后，用户可以随时调整表格的行高和列宽。一般有下列三种方法：

1）鼠标调整法：使用鼠标调整行高和列宽

（1）鼠标拖动表格行或列的分隔线。将鼠标指针指向表格行或列的分隔线上，当鼠标指针变为左右或上下双向箭头形状时，按住鼠标左键上下拖动或左右拖动，此时将会出现一条虚线表示新边界的位置，拖动到合适的位置松开左键即可调整行高或列宽。

（2）鼠标拖动标尺标记。当鼠标停留在表格的任意单元格时，水平标尺和垂直标尺分别显现每列标尺标记（网格方块标记）及每行的标尺标记（矩形块标记），如图 3.56 所示。用鼠标拖动这些标记到合适的位置，即调整表格的行高和列宽。

注意：若拖动标尺标记的同时按住"Alt"键，会显示列宽或行高的数值。

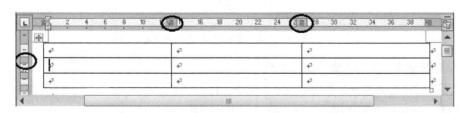

图 3.56　水平标尺和垂直标尺上的行、列标记

2）命令调整法：使用"表格属性"对话框，可精确调整行高和列宽

（1）选定要调整的行或列。

（2）选择"表格工具"的"布局"选项卡，如图3.57所示，单击"表"组的"属性"按钮，弹出"表格属性"对话框。

图3.57　"表格工具"——布局选项卡

（3）单击对话框的"行"或"列"标签，分别如图3.58、图3.59所示。以"行"标签为例，选中"指定高度"复选框，并在文本框中输入行高值；若行高设为"最小值"，则表示当单元格内容超过设定值时，自动调整；若选"固定值"，表示示行高总是按设置的高度保持不变，当内容超出它时，超出部分不显示。单击"上一行"或"下一行"按钮，可以移到"上一行"或"下一行"设置其行高。

图3.58　"表格属性"对话框——"行"标签　　图3.59　"表格属性"对话框——"列"标签

（4）单击"确定"按钮。

此外，利用"布局"选项卡"单元格大小"组中的"表格行高""表格列宽"数值框也可设置精确的行高和列宽，如图3.60所示。

图3.60　"表格行高"和"表格列宽"按钮

3）自动调整法：使用"自动调整命令"

单击"布局"选项卡→"单元格大小"组→"自动调整"命令，弹出"自动调整"子菜单，如图3.61所示。在其中选择项目，各选项的作用分别是：

（1）选择"根据内容自动调整表格"，则表格将根据输入文本内容来设定行与列的大小。在表格中编辑文本时，表格会随其变化。

（2）选择"根据窗口自动调整表格"，将根据当前文档的页面设置来自动调整表格的宽度，页面边距调整时，表格会自动随着页面的变化而变化。

（3）选中"固定列宽"，用来设定表格中列的固定宽度。当输入的文本内容超过列宽时，文本会自动隐藏，列宽保持不变。

图 3.61 "自动调整"子菜单

此外，"表格工具"下"布局"选项卡"单元格大小"组中的"分布行""分布列"（见图 3.57）可以平均分布各行（列），将选定的行（列）设置成相同的高度（宽度）。

5. 插入行、列和单元格

若要在表的末尾增加行，将插入点移至表格的最后一个单元格，然后按"Tab"键，即可在表格的末尾增加一行。

若要插入行，首先选定表格的若干行，要插入几行，就选择几行，然后选择"表格工具"下的"布局"选项卡，单击"行和列"组中"在上方插入"或"在下方插入"按钮，则在选定行的上方或下方插入选定的行数。

若要插入列，首先选定表格的若干列，要插入几列，就选择几列，然后选择"表格工具"下的"布局"选项卡，单击"行和列"组中"在左侧插入"或"在右侧插入"按钮，则在选定列的左侧或右侧插入选定的列数。

若要增加单元格，首先定位插入点，然后选择"表格工具"下的"布局"选项卡，单击"行和列"组右侧的对话框启动器，打开"插入单元格"对话框，如图 3.62 所示。

选择该对话框内的"活动单元格右移"或"活动单元格下移"单选按钮，然后单击"确定"按钮即可。

图 3.62 "插入单元格"对话框

6. 删除单元格、行、列和表格

选定要删除的单元格、行、列或表格，选择"表格工具"下的"布局"选项卡，单击"行和列"组的"删除"按钮，弹出如图 3.63 所示的子菜单，选择需要删除的项目。

图 3.63　"删除"下拉菜单

7. 合并与拆分单元格

合并单元格可以把多个单元格合并为一个大的单元格，拆分单元格可以把一个单元格拆分为多个单元格。

1）合并单元格

选定要合并的单元格，单击"表格工具"→"布局"选项卡→"合并"组→"合并单元格"按钮，或者单击"快捷菜单"中的"合并单元格"命令，即可将选定的单元格合并为一个单元格。

2）拆分单元格

图 3.64　"拆分单元格"对话框

选定要拆分的单元格，单击"表格工具"→"布局"选项卡→"合并"组→"拆分单元格"按钮，或者单击"快捷菜单"中的"拆分单元格"命令，弹出"拆分单元格"对话框，如图 3.64 所示。输入或选择合适的行数及列数，单击"确定"按钮。

此外，合并与拆分单元格还可以利用"表格工具"下"设计"选项卡中"绘制边框"组的"绘制表格"按钮和"擦除"按钮来进行，该操作如同用一支笔和一块橡皮可直接在表格中修改。

8. 表格的拆分与合并

在 Word 2010 中还可以拆分、合并表格。拆分表格是指将一个表格拆分成两个独立的表格；合并表格指两个或多个表格合并为一个表格。

1）拆分表格

将插入点置于要成为第二个表格首行的行中，单击"表格工具"→"布局"选项卡→"合并"组→"拆分表格"按钮，则表格被拆分为两个表格。

2）合并表格

如果要将两个表格合并成一个表格，可选定其中的一个表格，并将鼠标指针放到选定区内，按住鼠标左键拖动表格到要合并的表格处。或者将插入点置于两个表格之间的段落标记前，按"Del"键，将两表格合并。

9. 在文档中移动或调整表格的大小

在 Word 2010 中，可以利用鼠标拖放技术在文档中直接移动或调整表格的大小。在表格中单击鼠标或选取单元格，则在表格的左上角、右下角就会出现调整控制点，图 3.65 中圆圈中的矩形框即为控制点。

拖动左上角的控制点可在文档中随意移动表格，若将表格拖放到文字中，文字就会环绕表格。

拖动右下角的控制点，可调整表格的大小。

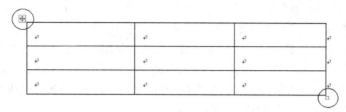

图 3.65　调整表格窗口

3.6.3　表格的格式设置

1．表格中文本的对齐方式

表格中的文本，有水平对齐方式和垂直对齐方式。水平对齐方式分三种：左对齐、居中对齐、右对齐。垂直对齐方式也分为三种：顶端对齐、居中、底端对齐。因此，表格中文本的对齐方式共有九种。

设置表格中文本的对齐方式，有如下三种方法：

（1）选定要对齐文本的单元格。单击"表格工具"→"布局"选项卡→"对齐方式"组→选择某一对齐方式按钮，如图 3.66 所示。

（2）选定要对齐文本的单元格，单击右键，在快捷菜单中选择"单元格对齐方式"命令，弹出如图 3.67 所示的"单元格对齐方式"子菜单，单击需要的对齐方式，即可按照选定方式对齐文本。

（3）选定要对齐文本的单元格，单击"开始"选项卡→"段落"组→水平对齐按钮，设置水平对齐方式。再选择"布局"选项卡→"表"组→"属性"命令，弹出"表格属性"对话框，单击"单元格"标签，如图 3.68 所示，在该对话框中选择单元格文本的垂直对齐方式，单击"确定"按钮。

图 3.66　对齐方式按钮

图 3.67　快捷菜单中"单元格对齐方式"子菜单

图 3.68　表格属性——单元格

2．表格的边框和底纹

如同文字和图片一样，表格也可以添加边框和底纹。

1）添加边框

（1）选定需要设置边框的单元格、行、列或整个表格。

（2）单击"表格工具"→"设计"选项卡→"表格样式"组→"边框"按钮→弹出如图3.69所示的下拉列表框→单击其中的"边框和底纹"命令→弹出如图3.70所示的"边框和底纹"对话框。首先在"边框"标签下"设置"区选择边框格式选项，如"方框""虚框""全部"，之后分别在"样式"框、"颜色"框、"宽度"框选择合适的线型、线条颜色和线宽，在对话框右侧的"预览"区可以看到添加边框后的效果。

注意：如果内外边框不同或四个边框均不相同，则应该在"设置"区选择"自定义"，在选定了线型、颜色、宽度之后单击右侧"预览"区的相应按钮来分别设置四个边框线及内框线。

在"应用于"框中选择边框的应用范围，最后单击"确定"按钮。

图 3.69　"边框"下拉列表

图 3.70　"边框和底纹"对话框——边框标签

图 3.71　工具栏中边框线型、线宽等选项

此外，可以利用"表格工具"→"设计"选项卡→"绘图边框"组相关按钮进行边框设置。如图3.71所示，可以选择合适的线型、线宽、线条颜色，利用"笔"按钮描摹相应边框。

2）添加底纹

选定需要添加底纹的单元格、行或列，用前述方法打开"边框和底纹"对话框，选择"底纹"标签，如图3.72所示，可分别单击"填充"选项和"图案"选项进行设置。或者单击"表格工具"→"设计"选项卡→"表格样式"组→"底纹"按钮，弹出如图3.73所示的下拉列表框，在调色板中选择合适的颜色即可。

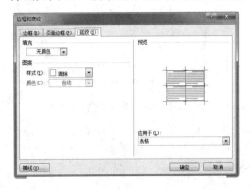

图 3.72　"边框和底纹"对话框底纹标签

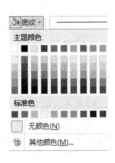

图 3.73　"底纹"按钮下拉列表

3. 表格的自动套用格式

自动套用格式是指在制作表格时直接套用 Word 2010 提供的一些预先设置好的表格样式。

使用"表格自动套用格式"的操作步骤如下：

（1）将插入点置于表格中任一单元格，或选定整张表格。

（2）在"表格工具"下"设计"选项卡的"表格样式"组，选择所需的表格样式，如果对现有样式不满意，可单击其右侧的下拉按钮，弹出如图 3.74 所示的"表格样式"下拉列表，有更多表格样式可供用户选择。

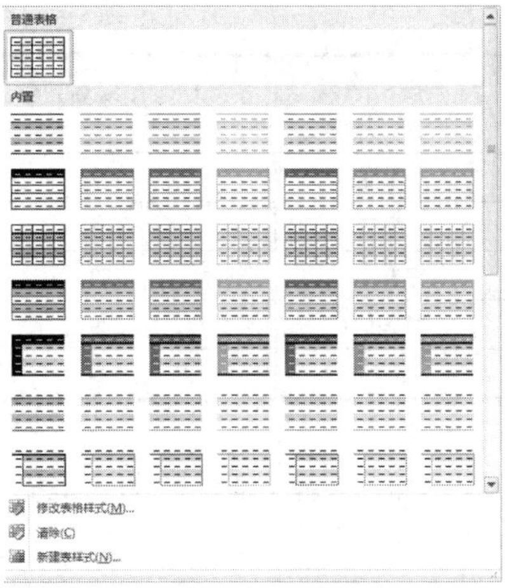

3.6.4 表格的数据处理

图 3.74 "表格样式"下拉列表

1. 表格中数据的排序

在实际应用中，经常需要将表格中的内容按一定的规则排列。Word 2010 中，可以按笔画、拼音、数字或日期对表格中的数据进行升序或降序排列，操作步骤如下：

将插入点置于表格内，单击"表格工具"→"布局"选项卡→"数据"功能组→"排序"命令，弹出"排序"对话框，如图 3.75 所示。按排序要求分别在"主要关键字""次要关键字""第三关键字"的下拉列表框中选择排序的"列"，在"类型"下拉列表框中选择排序类型，有四种类型可供选择："笔画""数字""日期""拼音"。右侧的"升序"或"降序"是必须选择的选项，最后单击"确定"按钮。

图 3.75 "排序"对话框

2. 表格中数据的计算

在 Word 2010 中，表格中的数值可以进行四则运算、求平均值、计数、求最大值等运算。用户可以充分利用 Word 2010 提供"公式"计算功能来完成自己需要的计算。

在计算公式中要指定单元格或单元格区域，如何表示单元格或区域呢？在 Word 2010 表格中，所有的单元格都有一个编号或者地址，用列号及行号来表示。列号依次用英文字母 A、B、C…表示，行号则用数字 1、2、3…表示，如 C5 表示表格中第 3 列第 5 行的单元格。而 A1:D7 则表示由 A1 单元格至 D7 单元格所组成的一个矩形区域。

下面的计算以表 3.4 所示的"图书销售统计表"为例。

表 3.4　图书销售统计表

分类 季度	科技类图书	文艺类图书	体育类	合计
一季度	178	260	109	547
二季度	167	309	153	629
三季度	183	279	162	624
四季度	229	377	203	809
小　计	757	1225	627	

　　将插入点置于准备存放计算结果的单元格内，单击"表格工具"→"布局"选项卡→"数据"功能组→"公式"命令，打开"公式"对话框，如图 3.76 所示。在"公式"文本框中输入正确的公式，也可以直接选择"粘贴函数"下拉列表中的函数，并在"数字格式"下拉列表中选择合适的数字格式（如小数点保留两位数字，选择下拉列表中的"0.00"），单击"确定"按钮。

　　例如，在计算科技类图书的小计时，应该将插入点定位于 B6 单元格内，在"公式"对话框中，向"公式"框中的"="后边输入 B2+B3+B4+B5 或者 SUM（ABOVE）或者 SUM（B2:B5）。计算一季度合计时，应将插入点定位于 E2 单元格内，在"公式"对话框中，向"公式"框中的"="后边输入 B2+C2+D2 或者 SUM（LEFT）或者 SUM（B2:D2），单击"确定"按钮后在该单元格中出现计算结果。

　　在 Word 中单元格可以使用位置参数（LEFT、RIGHT、ABOVE、BELOW）的函数有 AVERAGE（）、COUNT（）、MAX（）、MIN（）、PRODUCT（）和 SUM（）。

　　注意：在函数中单元格可以使用英文逗号和冒号，一般单元格不连续用逗号，如 SUM（B2,C3,D5）。连续的单元格用冒号将第一个和最后一个单元格连接起来，如 SUM（B2:B5）。

图 3.76　"公式"对话框

📖3.7　文档中的图形处理

　　Word 2010 具有强大的图形处理功能，用户在文档中不但可以插入图形，还可以对其进行编辑和图文混排，生成图文并茂、形象生动的文档。

　　在 Word 2010 中可以插入的插图类型有：图片、剪贴画、形状、SmartArt、图表、屏幕截图、艺术字、公式、文本框等。图 3.77 为"插图"功能组的相关按钮。

图 3.77　"插图"功能组按钮

3.7.1　插入图片

1. 插入剪贴画

Word 2010 附带了内容丰富的剪贴画库，库中提供了几百幅图片供用户选择使用。这些图片保存在 Word 2003 安装目录下的 media\cagcat10 子目录中，以.wmf 作为扩展名。插入剪贴画的方法是：

（1）将插入点定位到欲插入图片的位置。

（2）单击"插入"选项卡→"插图"组→"剪贴画"按钮，在文档窗口的右侧打开"剪贴画"任务窗格，如图 3.78 所示。

（3）在"搜索文字"框中输入剪贴画的相关主题的关键字（如人物、季节、标志、工业类、建筑物等），单击"搜索"按钮，在窗格中显示此类剪贴画的所有图片，单击选中的图片，即可将该图片插入文档；或者单击选中图片右侧的下拉按钮，在弹出的列表中选择"插入"命令，也可在当前位置插入图片。

注意：如果在"搜索文字"框中不输入任何内容，直接单击"搜索"按钮，则 Word 2010 会搜索所有剪贴画。

图 3.78 "剪贴画"任务窗格

2. 插入来自文件的图片

除了剪贴画，用户还可以从一个图形文件中获取图形并插入文档。图形文件可以来自本地磁盘、网络驱动器，甚至因特网。在 Word 2010 中，可以直接插入的通用图形文件有.bmp、.jpg、.tif、.pic、.wmf 等。

将图形文件插入文档的方法是：将插入点定位到欲插入图片的位置，单击"插入"选项卡→"插图"组→"图片"按钮，弹出"插入图片"对话框，如图 3.79 所示，在"查找范围"下拉列表中选择图片所在的文件夹，然后在窗口中选择需要的图片文件，最后单击"插入"按钮即可在插入点所在位置插入图片文件。

图 3.79 "插入图片"对话框

值得一提的是，在该对话框中，单击"插入"按钮右侧的下拉按钮，弹出下拉菜单，有三个选项"插入""链接到文件""插入和链接"，分别代表图形插入到文档中的三种方式：

（1）单击"插入"按钮或选择下拉菜单的"插入"命令，Word 2010 将把所选图形以嵌入的方式插入到文档中，图形成为文档的一部分。即使这个图形文件将来发生变化，文档中的图形也不会自动更新。

（2）在"插入"下拉菜单中选择"链接到文件"命令，Word 2010 将把所选图形以链接的方式插入到文档中。当这个图形文件以后发生变化时，文档中的图形会自动更新。当用户保存文档时，图形文件没有随文档一起保存，这样不会使文档的长度增加很多，而且不影响用户在文档中查看该图形并打印。

（3）单击"插入"按钮右边的下拉按钮，在下拉菜单中选择"插入和链接"命令，Word 2010将把所选图形以链接的方式插入到文档中。以后当该图形文件发生变化时，插入到文档中的图形会自动更新。保存文档时，图形会随文档一起保存，但可能使文档的长度显著增加。

3.7.2 插入形状（绘制图形）

除了插入图片，Word 2010 还提供了强大的绘制图形功能，利用"插入"选项卡内"插图"组中的"形状"按钮可以轻松地绘制出所需的图形。

1. 绘制自选图形

Word 2010 提供了大量现成的基本图形，在文档中可以方便地组合、编辑这些图形。

注意：阅读版式视图无法使用"形状"按钮，其他视图方式均可以使用"形状"按钮。大纲视图和草稿视图下使用"形状"按钮绘制图形会自动切换到页面视图。

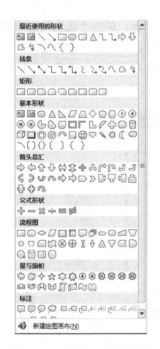

图3.80　"形状"下拉列表框

绘制自选图形的方法如下：

（1）单击"插入"选项卡→"插图"组→"形状"按钮，弹出如图 3.80 所示的"形状"下拉列表框，在下拉列表中包含了"线条""矩形""基本形状""箭头汇总""公式形状""流程图""星与旗帜""标注"等类型。

（2）选择某种类型下的某一形状，单击该选项，鼠标的指针变为"十"字光标。

（3）在文档中要插入图形的位置拖曳鼠标至所需的大小。

注意：如果要使图形的高度、宽度成比例，在拖曳时按住"Shift"键。例如，单击"矩形"按钮的同时按住"Shift"键拖动鼠标可绘制出正方形；单击"椭圆"按钮的同时按住"Shift"键拖动鼠标可绘制出圆形。

2. 在自选图形中添加文字

如果需要在自选图形中添加文字，则右键单击要添加文字的图形对象，在快捷菜单中选择"添加文字"命令，Word 2010自动在图形对象上显示闪烁的光标，即插入点，用户可以输入文字，并对插入的文字设置格式，这些文字可以随着图形对象的移动一起移动。

3.7.3 编辑图片及图形对象

插入图片或图形对象后，用户可以对图片的大小、位置、图文环绕方式等进行设置，也可对图片进行复制、移动、裁剪等操作。在进行编辑之前，应该选定图片。

1. 选定图片（激活图片）

鼠标单击要编辑的图片，图片四周出现八个小方块或小圆圈（称为控点或句柄），图片上方正中出现一个绿色的圆形句柄，表示图片被选定（或者激活）。此外部分自选图形除了八个句柄和绿色圆形句柄之外，还有一个黄色的菱形句柄。拖动圆形或方形句柄可以调整图形的大小，拖动黄色菱形句柄可以调整自选图形的形状，而绿色圆形句柄可以旋转自选图形。

选定图片后，将自动弹出"图片工具"的"格式"选项卡，如图 3.81 所示。使用图片工具栏中各个按钮可进行图片格式、颜色、对比度、亮度等设置。

图 3.81　"图片工具"——"格式"选项卡

2. 调整图片大小

可以使用鼠标拖动或"设置图片格式"对话框来调整图片大小。

1）使用鼠标调整图片大小

选定该图片，鼠标指向句柄，指针变为双向箭头时按住左键拖动，拖到合适的位置松开鼠标即可。

2）使用"高度""宽度"框设置图片大小

选定图片或图形对象，选择"图片工具"→"格式"选项卡→"大小"组→"高度""宽度"框，如图 3.82 所示，设置相应的数值来精确调整图片大小。

3）使用"布局"对话框"大小"标签设置图片大小

选定图片或图形对象，单击"图片工具"→"格式"选项卡→"大小"组右下角的对话框启动器，弹出"布局"对话框（注意：此时默认的是"位置"标签），选择"大小"标签，如图 3.83 所示，分别设置图片的高度和宽度。

图 3.82　"高度"和"宽度"框　　　　　　　　图 3.83　"布局"对话框——"大小"标签

此外，可在该对话框的"缩放比例"栏输入高度和宽度的百分比值进行图片的缩放。在"缩放"选项区中，选择或输入合适的旋转"角度"值。

注意： 若勾选"锁定纵横比"选项，则图片的高度和宽度始终按图片纵横比例进行合理设置，用户不可任意更改图片的高度和宽度。

3. 调整图片位置和环绕方式

1）改变图片的位置

（1）使用鼠标拖动。选定该图片，按住鼠标左键拖动到预定的位置，松开鼠标。

（2）利用键盘上的光标键来微移图片。选定图片，按"↑""↓""←""→"中任意键均可微移图片位置。

图 3.84　"布局"对话框——"位置"标签

（3）使用"布局"对话框"位置"标签来精确定位。选定图片，单击"图片工具"→"格式"选项卡→"大小"组右下角的对话框启动器，弹出"布局"对话框，打开对话框时默认在"位置"标签，如图 3.84 所示，分别在"水平"选项区、"垂直"选项区中指定图片在页面、节或段落中的水平位置和垂直位置，单击"确定"按钮，图片就会出现在指定位置。

2）改变图片的环绕方式

Word 2010 中，插入文档中的图片默认为"嵌入型"，图片没有文字环绕。改变文字对图片环绕方式的方法是：

选定图片，单击"图片工具"→"格式"选项卡→"排列"组→"自动换行"按钮，打开如图 3.85 所示的"自动换行"下拉列表进行设置。若在下拉列表中选择"其他布局选项"命令，则打开"布局"对话框的"文字环绕"标签，如图 3.86 所示。在"环绕方式"选项区中，选择所需要的环绕方式。

图 3.85　"自动换行"下拉列表

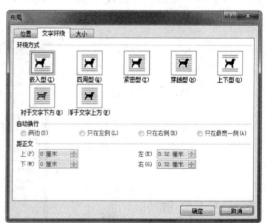

图 3.86　"布局"对话框——"文字环绕"标签

4．裁剪图片

插入图片后，可以裁剪掉不需要的图片区域。裁剪图片的操作方法如下：

选定图片，单击"图片工具"→"格式"选项卡→"大小"组→"裁剪"按钮，图片四周的句柄变为图 3.87 所示的形状，将鼠标指针对准某一句柄，按住左键拖动，则出现虚线框随鼠标拖动的方向扩大或缩小。拖动到合适的位置松开鼠标后，图片剩下虚线框内的部分。

若选定图片后单击"裁剪"按钮旁边的下拉按钮，则弹出如图 3.88 所示的下拉菜单。其中，"裁剪为形状"命令可将图片裁剪为所需的形状；"纵横比"命令可以将图片按纵横比裁剪，如纵向 2:3；"填充"命令可调整图片大小，以便填充整个图片区域，同时保持原有纵横比；"调整"命令可调整图片大小，以便整个图片在图片区域显示，同时保持原有纵横比。

图 3.87　裁剪形状

图 3.88　"裁剪"下拉菜单

5．图形的组合与取消组合

Word 2010 中，可以将多个图形组合在一起，形成一个整体，也可以将组合后的图形分解成单个图形。

1）图形的组合

按住"Shift"键，依次单击要组合的所有图形；单击"图片工具"→"格式"选项卡→"排列"组→"组合"按钮，如图 3.89 所示，单击旁边的下拉按钮，选择"组合"命令；或者右键单击选中的图形，选择快捷菜单中的"组合"命令，在其子菜单中单击"组合"命令，均可将选定的多个图形组合成一个整体，如图 3.90 所示。

2）取消图形组合

选定要取消组合的图形，单击"图片工具"→"格式"选项卡→"排列"组→"组合"按钮，在弹出的子菜单中选择"取消组合"命令，如图 3.89 所示；或者右键单击选中的图形，选择快捷菜单中的"组合"命令，在其子菜单中单击"取消组合"命令，即可取消选定图形的组合。"取消组合"的命令同"组合"命令在同一菜单中，如图 3.90 所示。

图形的其他操作，如图片颜色、对比度、亮度、边框、效果等调整可以使用"图片工具"→"格式"选项卡→"调整"组和"图片样式"组中的相关按钮进行操作。

图形的旋转、对齐方式、叠放次序等操作可以使用"格式"选项卡→"排列"组中的相关按钮来完成。

图形的移动、复制和删除操作与文本的移动、复制和删除类似，这里不再一一详述。

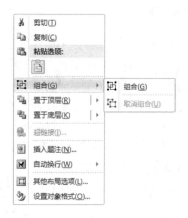

图 3.89　"排列"组——"组合"按钮　　　图 3.90　图形对象快捷菜单——"组合"命令

3.7.4　插入文本框

文本框是一种图形框，用户能在其中独立地进行文字输入和编辑。在文档中使用文本框，可以满足用户的特殊编辑需要。

1．插入文本框

1）插入空白文本框

将插入点定位，单击"插入"选项卡→"文本"组→"文本框"按钮，在弹出的下拉列表中选择一种文本框样式，或者单击"绘制文本框/绘制竖排文本框"，此时鼠标指针变为"十"字形，移动指针至插入点拖曳鼠标至需要大小后松开鼠标，将在文档中插入一个相应大小和形状的文本框。当鼠标指针变为"十"字形时如果直接单击鼠标则在插入点出生成一个默认大小和形状的文本框。通过拖动文本框的控点适当放大或缩小所创建的文本框，即可输入文字。

2）为已有内容添加文本框

选定要添加文本框的内容，包括文字、图形或表格等。单击"插入"选项卡→"文本"组→"文本框"按钮，在"文本框"下拉列表中"绘制文本框/绘制竖排文本框"，选定的内容就添加了文本框。

2．在文本框中添加内容

空白文本框中有一个"I"形的插入点，用户可以用如同向文档插入对象的方法一样向文本框中插入各种对象，这些对象包括文字、表格、图形及其组合。

注意：

（1）竖排文本框中不能插入表格。

（2）文本框的大小不会随着内容的增多而自动扩大，需要用户拖动文本框四周的八个句柄来调整文本框的尺寸。

（3）要结束文本框内容的输入，在文本框外单击即可。

3．设置文本框的格式

选定文本框的方法：单击文本框的边框，四周出现八个句柄（控制点），即选定了文本框。

设置文本框内的文字字体、字号、颜色等可通过"开始"选项卡的"字体"组按钮即可。

设置边框颜色和线型、粗细：选定文本框，弹出"绘图工具"，单击"格式"选项卡的"形状样式"组"形状轮廓"按钮，在下拉列表中选择相应的颜色、线型、粗细。

设置文本框的文字版式、文字方向及文字的内部边距等，均可通过"设置文本效果格式"对话框进行，打开该对话框的方法是：选定文本框，窗口的标题栏自动出现"绘图工具"，单击其下"格式"选项卡→"艺术字样式"组的对话框启动器，弹出如图3.91所示的"设置文本效果格式"对话框，在"文本框""自动调整""内部边距"等选项区分别设置垂直对齐方式、文字方向、内部边距等。

图3.91 "设置文本效果格式"对话框

3.7.5 插入艺术字

Word 2010提供的艺术字功能，使用户能够制作出各种美观的、具有艺术效果的文字，给文档增添强烈的视觉效果。

1．插入艺术字

将插入点定位于要加入艺术字的位置，单击"插入"选项卡→"文本"组→"艺术字"按钮，打开艺术字样式库，如图3.92所示，选择所需的艺术字样式，弹出"编辑艺术字"文本框，如图3.93所示，在该框内输入艺术字，按"Enter"键确认，即建立了艺术字。

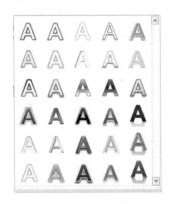

图3.92 艺术字样式库　　　　　图3.93 "编辑艺术字"文本框

2. 编辑艺术字

艺术字属于图形，若要对艺术字进行编辑，单击该艺术字图形，其四周出现八个方向的句柄，即可进行图形移动、缩放等操作。同时 Word 2010 自动显示"绘图工具"，可利用其下"格式"选项卡中的按钮（见图 3.94）对产生的艺术字进行编辑。

图 3.94 "绘图工具"格式选项卡

3.7.6 插入 SmartArt 图形

SmartArt 图形是信息和观点的视觉表达形式，用户可以在多种不同布局中进行 SmartArt 图形的创建，以图文结合的方式快速、直观地展示要表达的信息。SmartArt 图形主要用于演示流程、层次结构、循环或关系。

1. SmartArt 可创建的图形

Word 2010 中，SmartArt 图形包括列表、流程、循环、层次结构、关系、矩阵、棱锥图和图片八种类型，每种类型的图形作用各不相同。

（1）列表。列表用于显示无序信息块或分组的多个信息块的内容，此类型的 SmartArt 图形包括 40 种布局形式。

（2）流程。流程用于显示行进、任务、流程或工作流中的顺序步骤，此类型的 SmartArt 图形包括 47 种布局形式。

（3）循环。循环用于显示阶段、任务或事件的连续序列，此类型的 SmartArt 图形包括 17 种布局形式。

（4）层次结构。层次结构用于显示组织结构中的分层信息或上下级关系，此类型的 SmartArt 图形包括 15 种布局形式。

（5）关系。关系用于比较或显示两个观点之间的关系，此类型的 SmartArt 图形包括 40 种布局形式。

（6）矩阵。矩阵用于显示部分与整体的关系，此类型的 SmartArt 图形包括四种布局形式。

（7）棱锥图。棱锥图用于显示比例关系、互联关系或层次关系，按照从高到低或从低到高的顺序排列，此类型的 SmartArt 图形包括四种布局形式。

（8）图片。图片包括一些可以插入图片的图形，此类型的 SmartArt 图形包括 36 种布局形式。

2. 插入 SmartArt 图形

这里插入一个层次结构的图形作为实例说明 SmartArt 的基本用法。操作步骤如下：

（1）单击"插入"选项卡→"插图"组→"SmartArt"按钮，打开"选择 SmartArt 图形"对话框（见图 3.95）。

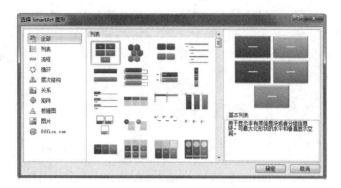

图 3.95　"选择 SmartArt 图形"对话框

（2）在"选择 SmartArt 图形"对话框中，选择左侧列表中的某一 SmartArt 图形类型，在对话框中部选择其中一种布局形式。例如，选择"层次结构"中的"组织结构图"，同时激活"SmartArt 工具"（见图 3.96）。

（3）在文本处输入相应的文字，不需要的文本框可单击"Delete"键将其删除，结果如图 3.97 所示。

（4）添加文本框。依次单击"计算机学院"文本框→SmartArt 工具的"设计"选项卡→"创建图形"组→"添加形状"按钮，打开下拉列表，选择"在下方添加形状"，将"计算机实验中心"添加上，其他文本框的添加方法同上，结果如图 3.98 所示。

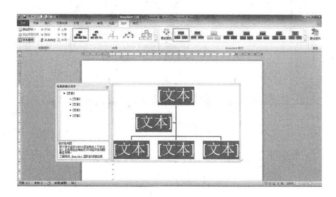

图 3.96　插入 SmartArt 图形并激活"SmartArt 工具"

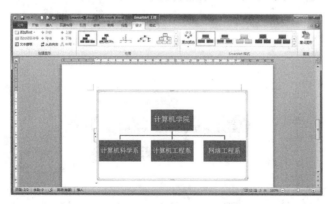

图 3.97　删除不需要的文本框

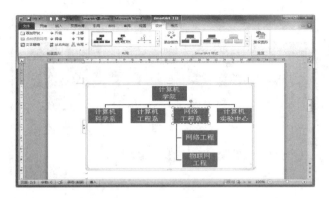

图 3.98　添加文本框

（5）修改布局。单击"网络工程"文本框→SmartArt 工具的"设计"选项卡→"创建图形"组→"布局"按钮，打开下拉列表，选择"两者"布局方式，结果如图 3.99 所示。

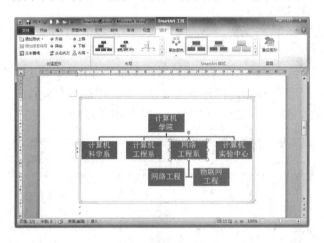

图 3.99　修改布局

（6）设置样式。在"设计"选项卡中的"SmartArt 样式"组中任选一种样式即可，结果如图 3.100 所示。

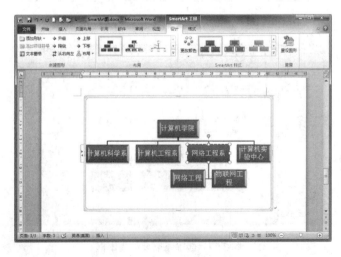

图 3.100　设置样式

📖3.8 页面排版和打印

如果要将编辑排版后的文档打印出来，并且有一个满意的效果，必须合理地安排文档在页面上的布局，即进行页面格式的设置。

3.8.1 页面设置

在 Word 2010 中，页面设置主要包括纸张大小、纸张方向、页边距、页面方向、页眉和页脚、页码、分栏、分隔符等设置。页面设置非常重要，因为它会影响整个文档的全局样式。用户可以使用默认的页面设置也可以根据需要重新设置。

1. 设置纸张大小和方向

Word 默认纸张大小为 A4 纸，打印方向为纵向。若用户需要改变设置，可以通过两种途径：

（1）在"页面设置"对话框中进行设置。单击"页面布局"选项卡→"页面设置"组右侧的"对话框启动器"，弹出如图 3.101 所示的"页面设置"对话框，在"页边距"标签中的"纸张方向"选项下单击"横向"或"纵向"。在该对话框的"纸张大小"标签（见图 3.102）中设置纸张大小，此外，对话框中的"纸张来源"可改变打印机送纸方式，"应用于"设置所作用的文档范围。

图 3.101 "页面设置"对话框——"页边距"标签　　图 3.102 "页面设置"对话框——"纸张"标签

（2）单击"页面布局"选项卡→"页面设置"组"纸张大小"按钮 和"纸张方向"按钮 ，在弹出的下拉列表框中，选择需要的设置。图 3.103 为纸张大小下拉列表的内容。

2. 设置文档页边距

1）使用"页面设置"组"页边距"按钮

单击"页面布局"选项卡→"页面设置"组"页边距"按钮 ，弹出如图 3.104 所示的下拉列表框，选择需要的选项或单击最下边的"自定义边距"进行设置。

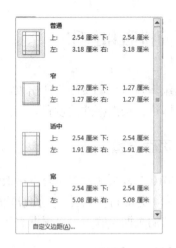

图 3.103 "纸张大小"下拉列表 图 3.104 "页边距"下拉列表

2）使用"页面设置"对话框

单击"页面布局"选项卡→"页面设置"组右侧的"对话框启动器"，打开"页面设置"对话框，此时默认的显示"页边距"标签，如图 3.101 所示，在"页边距"选项组中可以分别设置上、下、左、右四个方向的页边距及"装订线""装订线位置"。在"方向"选项组中选择文件的打印方向。在"页码范围"选项区中的"多页"框可设置用于打印多页的选项。

3．设置文字方向及指定页面行数和字数

1）设置文字方向

单击"页面布局"选项卡→"页面设置"组"文字方向"按钮，打开下拉列表，从中选择相应的方向。也可在"页面设置"对话框的"文档网格"标签的"文字排列"选项区选择"水平"或"垂直"方向。

2）指定页面行数和字数

Word 2010 文档中每页的行数和每行的字数可以指定，方法是：单击"页面布局"选项卡→"页面设置"组右侧的"对话框启动器"，弹出"页面设置"对话框，单击"文档网格"标签，如图 3.105 所示。在"网格"选项区选中"指定行和字符网格"，即可设置"每行""每页"的字数。若选中"只指定行网格"，则只能设定"每页"的字符数。

如果要设置网格的对齐方式和网格起点等，单击"绘图网格"按钮，在弹出的"绘图网格"对话框中进行设置。

4．设置版式

利用 Word 2010 版式布局的设置功能，可设置页眉与页脚、分节符、垂直对齐方式及行号的特殊版面选项。具体操作如下：

选定要设置打印版式的文本，或者将插入点定位在要按某一特定版式打印的位置，打开"页面设置"对话框，单击"版式"标签，如图 3.106 所示，在"节的起始位置"框选定开始新节同时结束前一节的位置，若选定"新建页"列表项，则将在新的一页内开始显示或打印选定的节。在"页眉和页脚"框可设置页眉和页脚，在"页面"框设置页面垂直对齐方式；

单击"行号"按钮可在某一节或整个文档的左边添加行号；单击"边框"按钮则可在文本四周加边框。

图 3.105 "页面设置"——文档网格标签

图 3.106 "页面设置"——版式标签

3.8.2 页眉、页脚、页码及分隔符

1. 页眉和页脚

页眉和页脚是指在文档每页的顶部和底部加入的一些信息。页眉页脚通常是文字或图形，如章节名、页码、日期、文件名、标题名、作者名、公司或单位徽标等。文档中可以始终使用同一个页眉或页脚，也可以在文档不同部分使用不同的页眉或页脚。

1）创建页眉和页脚

单击"插入"选项卡→"页眉和页脚"组→"页眉"或"页脚"按钮，分别弹出如图 3.107 或图 3.108 所示的下拉列表框，在内置的页眉或页脚样式库中选择所需的页眉或页脚样式，则自动弹出"页眉和页脚工具"的"设计"选项卡，如图 3.109 所示，同时文档当前页的顶部或底部出现一个由虚线构成的矩形区，出现在页面顶部的是页眉区，出现在页面底部的是页脚区，分别在页眉区或页脚区输入需要的文本内容，也可利用"页眉和页脚工具"的"设计"选项卡中的命令按钮，插入页码、日期和时间等。

此外也可以在页眉或页脚下拉列表框中单击"编辑页眉"或"编辑页脚"命令创建页眉或页脚。

2）编辑页眉和页脚

如果要修改已有的页眉和页脚，则鼠标双击页眉或页脚，即可进入页眉页脚的编辑界面，也可以在如图 3.107 和图 3.108 所示的页眉或页脚下拉列表框中单击"编辑页眉"或"编辑页脚"命令进入页眉或页脚编辑界面。

单击"页眉和页脚工具"→"设计"选项卡→"插入"组的相关按钮，用户可选择插入日期和时间、文档部件、图片、剪贴画等信息；利用"开始"选项卡的相关按钮设置页眉和页脚的格式；要删除已有的页眉或页脚，选中要删除的内容，按"Delete"键即可，或者单击"页眉"或"页脚"按钮，打开下拉列表从中选择"删除页眉"或"删除页脚"选项。单击"设计"选项卡上的"关闭页眉和页脚"按钮，返回到正文编辑状态。

图 3.107 "页眉"下拉列表框

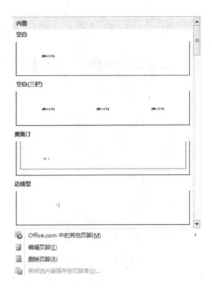

图 3.108 "页脚"下拉列表框

图 3.109 "页眉和页脚工具"——"设计"选项卡

3）建立奇偶页不同的页眉和页脚

（1）双击页眉区或页脚区，进入页眉或页脚编辑状态，同时在功能区弹出"页眉和页脚工具"的"设计"选项卡，勾选其"选项"组中的"奇偶页不同"复选框，或单击"页面布局"选项卡"页面设置"组右侧的对话框启动器，弹出"页面设置"对话框，选择"版式"标签，勾选"奇偶页不同"复选框。此时，在页眉区的顶部显示"奇数页页眉"字样，可以根据需要创建奇数页的页眉。

（2）单击"页眉和页脚工具"→"设计"选项卡→"下一节"按钮，在页眉区的顶部显示"偶数页页眉"字样，可根据需要创建偶数页的页眉。

（3）如果要创建奇数页或偶数页的页脚，在"奇数页页眉"或"偶数页页眉"状态下单击"设计"选项卡上的"转至页脚"按钮，切换到页脚区进行设置，设置完毕单击"设计"选项卡上的"关闭页眉和页脚"按钮。

4）页码的插入和设置

单击"插入"选项卡→"页眉和页脚"组→"页码"按钮，打开下拉菜单，根据页码要出现的位置，可相应地单击"页面顶端""页面底端""页边距""当前位置"，如图 3.110 所示，在弹出的设计样式库中选择某种页码样式，即可在指定位置插入页码。

插入页码后，可以进一步设置页码格式。单击"页码"按钮，打开下拉菜单，选择"设置页码格式"命令，弹出"页码格式"对话框，如图 3.111 所示，在"编号格式"中选择页码显示方式，页码可以是数字也可以是文字，页码编号可以选择"续前节"或在"起始页码"框中输入起始页码。

图 3.110 "页码"下拉列表及页码样式

图 3.111 "页码格式"对话框

插入页码后，系统会根据内容的增减自动进行调整。页码只有在页面视图或打印预览状态下才能看到。

2．插入分隔符

Word 提供四种分隔符：分页符、分栏符、自动换行符和分节符。其中分页符用于页面的分隔，分栏符用于分栏排版，自动换行符用于段落中行的分隔，分节符用于文档中节的分隔。单击"页面布局"选项卡→"页面设置"组→"分隔符"按钮  ，弹出"分隔符"下拉列表框，如图 3.112 所示。

1）插入分页符

分页符用来表示上一页结束及下一页开始的位置。分页符有自动分页符和手动分页符两种。通常当输入文字到达页面底部时，Word 2010 会插入自动分页符，即"软"分页符，之后

图 3.112 "分隔符"下拉列表

输入的文字将放在下一页。此外，Word 2010 允许用户在指定位置处强制分页，即手动分页，也称为"硬"分页。插入手动分页符的方法如下：

将插入点定位于要强制分页的位置，单击"插入"选项卡→"页"组→"分页"按钮，或单击"分隔符"下拉列表框中的"分页符"命令，或按"Ctrl+Enter"组合键均可以插入一个手动分页符。

2）插入分节符

分节符很重要。在 Word 2010 中将"节"作为一个整体，允许以"节"为单位进行单独的页面设置或格式设置。一篇文档中可能需要不同的页眉和页脚、不同的分栏效果，甚至使用不同大小和方向的纸张，解决这些问题，必须插入分节符。

插入分节符的方法如下：

将插入点定位于要分节的位置，单击"页面布局"选项卡→"页面设置"组→"分隔符"按钮 ，弹出"分隔符"下拉列表框，如图 3.112 所示。在"分节符"选项区中，共有四种分节符。

（1）"下一页"：插入一个分节符，分节符后的文档从新的一页开始显示。

（2）"连续"：插入一个分节符，新节从同一页开始。

（3）"奇数页"：插入一个分节符，新节从下一个奇数页开始。

（4）"偶数页"：插入一个分节符，新节从下一个偶数页开始。

选择其中一种分节符，单击即可插入相应的分节符。

3）插入分栏符和自动换行符

插入点定位后，在"分隔符"下拉列表框中单击"分栏符"命令，则插入分栏符，分栏符之后的文字就进入下一栏。

单击"分隔符"下拉列表框中的"自动换行符"命令或按"Shift+Enter"组合键，在当前位置插入自动换行符"↓"，其后的文字在下一行显示。

提示：自动换行符虽然将文字分别在不同行显示，但是与"Enter"键产生的段落并不等同。

4）查看或删除"分隔符"

分隔符属非打印字符，在文档中通常不显示。如果要查看已插入的分隔符，必须切换到"草稿"视图方式下。用户插入的分隔符都可以删除（自动分页符是系统插入的，不能删除）。

删除分隔符的方法是：切换至"草稿"视图方式下，使"分隔符"显示出来，双击分隔符，即反相显示，按"Del"键或"Backspace"键，即可删除分隔符；或将插入点定位至分隔符的前边，按"Del"键删除。

3.8.3 多栏版式——分栏

分栏排版功能可以将文档分成不同数量或版式的栏，类似于报纸的分栏效果，使得版面具有多样性和灵活性。

1. 建立分栏

1）使用"分栏"按钮

将文档视图切换到页面视图方式，选定要分栏的文本，单击"页面布局"选项卡中的"分栏"按钮，则会打开如图 3.113 所示的"分栏"下拉列表框，选定需要的栏数。

2）使用"分栏"对话框

将文档视图切换到页面视图方式，选定要分栏的文本，单击"分栏"下拉列表框的"更多分栏"选项，打开"分栏"对话框，如图 3.114 所示。单击"预设"区域中的栏数或者直接在"栏数"文本框中输入所需的栏数（最多 11 栏）；如果取消"栏宽相等"复选框，可以使所分的栏宽不等，在"宽度""间距"文本框中输入所需要的数值；如果选择"分隔线"复选框，可以在各栏之间插一条分隔线；单击"确定"按钮，即按照用户的设置分栏。

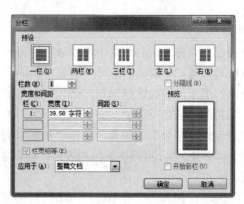

图 3.113　"分栏"下拉列表框　　　　　　图 3.114　"分栏"对话框

2. 取消分栏

选定要取消分栏的文本，单击"页面布局"选项卡中的"分栏"按钮，在打开的下拉列表框中选择"一栏"，或者打开"分栏"对话框，在对话框的"预设"选项区域中选择"一栏"，单击"确定"按钮，即取消分栏。

3.8.4 打印预览与打印

1. 打印预览

"打印预览"是一种"所见即所得"的预览方式，用户在屏幕上查看文档打印在纸上的实际效果，以便在正式打印之前做相应调整。在"打印预览"视图中，可以任意缩放页面的显示比例，可以显示一个页面，也可以同时显示多个页面。

进行"打印预览"的方法和步骤是：

（1）单击"快速访问工具栏"上"打印预览和打印"按钮或单击"文件"选项卡下的"打印"命令。

（2）打开"打印"工作窗口（见图 3.115），窗口右侧显示打印预览的效果。

（3）调整右下角的"显示比例"可以设置单页或多页进行预览。在窗口下方正中的页码框内输入页码，可预览某一指定页。

（4）单击任意选项卡名称，如"开始"或"插入"选项卡，即可退出预览状态。

图 3.115　"打印"工作窗口

2. 打印文档

完成文档的排版及各种设置并确认打印预览效果符合要求时，即可执行打印操作。打印前检查打印机是否连接好，打印机中是否放置足够的纸张，此外还要确保所用打印机的打印驱动程序已经安装好。准备工作就绪后，就可以打印文档了。打印文档的方法如下：

单击"快速访问工具栏"→"打印预览和打印"按钮或单击"文件"选项卡→"打印"命令，打开如图 3.115 所示的"打印"工作窗口，窗口中间部分可进行打印之前相关设置。

（1）"份数"：设置打印的份数。

（2）"打印机"：显示当前选定的打印机，如需更改，单击打印机名称右侧的下拉按钮，打开下列表选择其他打印机。

（3）"设置"：指定打印的范围，可以选择"打印所有页""打印所选内容""仅打印当前页""打印自定义范围"。当选定"打印自定义范围"时，则需要在"页数"框指定打印的页码范围；输入"1-7,9"表示打印第1~7页及第9页的内容；要打印整节，应输入节码s，如打印第3节全部内容应该输入s3；要打印某节的一系列页面，则应输入页码p节码s，如p3s3、p1s3-p5s3。

（4）"单面打印"：设置文档进行单面或双面打印。

（5）"调整"：设置逐份打印还是逐页打印。

（6）"纵向""A4""上一个自定义边距"：设置纸张的方向、大小及页边距。

（7）"每版打印1页"：设置打印缩放比例。

在窗口左侧区域的下方，单击"页面设置"命令，可打开"页面设置"对话框，可做一些设置，这里不再赘述。

进行了各项设置后，单击"打印"按钮即可打印。

注意：在"打印"命令执行前，应先进行"打印预览"，检查文档内容在纸张上的布局是否满意。

在文档打印时，通常在Windows状态栏中显示一个打印图标，若取消正在进行的打印，则双击该图标，即终止打印。

3.9　Word 高级应用

3.9.1　制作公式

在撰写研究论文或技术报告时经常要在文档中插入各种公式。Word 2010提供了功能强大的"公式编辑器"（Microsoft公式3.0），可以使用户像输入文字一样简单地输入公式，方便地进行公式的修改和设置。

1．插入新公式

将插入点定位，单击"插入"选项卡→"符号"组→"公式"按钮π，进入公式编辑状态，插入一个空的公式编辑框，同时弹出"公式工具"，如图3.116所示。在"公式工具"的"设计"选项卡中，"工具"组用来完成公式选项的设置，"符号"组用来选择欲插入公式的符号，提供了300多个符号，"结构"组提供了11个公式结构模板或框架。其中，"符号"组中包含的符号分为八类：基础数学、希腊字母、字母类符号、运算符、箭头、求反关系运算符、手写体、几何学，如图3.117所示。"结构"组的模板有分数、上下标、根式、积分等11个。单击即可打开下拉列表，从中选择需要的符号和模板。将公式内容全部输入。鼠标指针移到公式编辑框以外任意位置，单击退出公式编辑状态，返回到文本编辑状态。

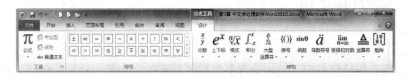

图 3.116　公式工具——"设计"选项卡

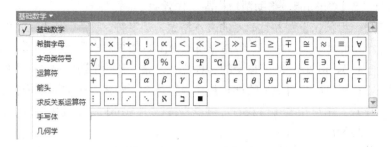

图 3.117　"符号"组中的符号类型

2．插入内置公式

将插入点定位，单击"插入"选项卡→"符号"组→"公式"按钮 π 下方的下拉按钮，弹出如图 3.118 所示的下拉列表框，在列表框中有多种内置的公式，如二次公式、二项式定理、勾股定理、圆的面积等，选择某种公式即可在文档中插入该公式。

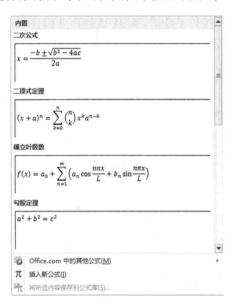

图 3.118　"公式"下拉列表框

3．编辑或删除公式

若要修改已经输入的公式，应单击该公式，进入公式编辑状态，同时"公式工具"自动弹出，鼠标选定要修改的部分，直接输入新的内容或按"Delete"键删除后输入新的内容。修改好后，鼠标单击公式编辑框以外任意位置，退出公式的编辑状态。若要删除公式，单击选定该公式，单击"开始"选项卡"剪贴板"组的"剪切"命令或按"Delete"键即可。

3.9.2 样式和模板

1. 样式

在文档的格式编排过程中，经常要求多个段落或多处文本使用相同的格式。例如，文档中各级标题、正文均使用各自的字体、字号、间距等设置。为了避免用户重复地设置格式，Word 2010 提供了"样式"这一功能，帮助用户提高工作效率。

所谓样式，是一组预先设置并且命名的文本格式，是字符、段落、列表、表格格式的组合。Word 2010 中的样式可以分为两种：一种是 Word 2010 内置的样式，另一种是用户自定义的样式。内置样式是安装 Word 2010 后其自带的各种样式，如"开始"选项卡"样式"组的"正文""标题 1""标题 2"等；用户自定义的样式是在内置样式无法满足需求时，根据文档需要，由用户自己新建的样式。用户在编排格式时，可以直接应用 Word 2010 提供的内置样式，也可以先创建一个样式，再应用该样式。

使用样式的优势：一是若文档中有多个段落或文本使用了某样式，该样式一旦修改，则整个文档中所有应用该样式的文本格式会自动更新；二是有利于构造大纲和目录。

1）应用样式

Word 2010 提供了许多内置样式，如各级标题、正文、页眉、页脚等样式，能够满足大多数文档的要求。

应用样式的操作方法如下：

（1）选定需要应用样式的文本，或将插入点置于需要应用样式的段落中。

（2）单击"开始"选项卡，在"样式"组中选择需要的样式，如图 3.119 所示；或者单击"开始"选项卡→"样式"组右侧的"对话框启动器"按钮，打开如图 3.120 所示的"样式"任务窗格。

图 3.119 "样式"组按钮

2）创建新样式

当 Word 2010 提供的内置样式不能满足需要时，用户可以建立新样式。操作方法如下：

（1）单击"开始"选项卡→"样式"组右侧的"对话框启动器"按钮，打开如图 3.120 所示的"样式"任务窗格。

（2）单击任务窗格下方的"新建样式"按钮，打开"根据格式设置创建新样式"对话框，如图 3.121 所示。

（3）在"名称"文本框中输入新建样式的名称。

注意：新样式的名称不能与系统内置的样式同名。

（4）在"样式类型"下拉列表框中选择样式的类型，这里共有四个选项，即字符、段落、链接段落表格及列表，使用最频繁的是字符和段落。

（5）在"样式基准"下拉列表框中列出了当前文档中的所有样式，如果要创建的样式与其中某个样式接近，则可以选择列表中已有的样式，新样式就会继承该样式的格式，用户稍做修改即可创建新样式。

（6）在"后续段落样式"下拉列表中显示了当前文档中的所有样式，该选项设置在编辑文档的过程中，按"Enter"键转到下一段落时自动套用的样式。

此外，用户还可以根据已有文本创建样式，即用户可以将已有的字符格式或段落格式设置为新样式。方法是：选定已有格式的字符或段落，然后重复上述步骤，区别只是不用在图 3.121 所示"根据格式设置创建新样式"对话框中设置格式，系统会自动将选定的文本格式作为新建样式的格式。

图 3.120 "样式"任务窗格

图 3.121 "根据格式设置创建新样式"对话框

3）修改样式

内置样式与自定义样式都可以进行修改。样式修改后，会自动更新整个文档中应用文本格式。修改样式的操作步骤如下：

（1）打开"样式"窗格，鼠标右击需要修改的样式，在快捷菜单中选择"修改"命令，打开"修改样式"对话框，如图 3.122 所示。

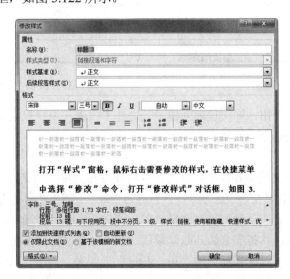

图 3.122 "修改样式"对话框

（2）在"修改样式"对话框中，可修改样式的名称及格式。具体的方法与前述创建新样式的方法相似。

（3）修改完成之后，单击"确定"按钮，即可完成对样式的修改。

4）删除样式

不需要的样式可以删除。具体操作方法如下：

（1）打开"样式"窗格，鼠标右击要删除的样式，在快捷菜单中选择"从快速样式库中删除"命令，弹出确认删除对话框。

（2）在该对话框中，单击"确定"按钮即可删除选定的样式。

2. 模板

模板是一种"模板类型"的文档，可以作为模型来创建其他形式相同而具体内容不同的文档。与样式不同的是，模板针对整个文档的格式。模板包含了格式、样式、页面设置、宏命令、公式、自定义工具栏等。使用模板可以简化工作、大大提高工作效率。

Word 2010 提供的模板非常丰富，用户利用它们可以很轻松地创造出具有专业水准的文档。在 Word 2010 中创建的任意文档都是以某个模板为基础的，其中模板文件 Normal.dotx 是创建新 Word 文档时的默认模板。

1）使用模板

（1）单击"文件"选项卡→选择"新建"命令→打开 Microsoft Office Backstage 视图→单击"可用模板"下的"样本模板"，如图 3.123 所示。

（2）在"样本模板"下列出多种模板，单击需要的模板，如选择"基本报表"模板，在窗口最右侧显示所选模板的预览效果，如图 3.124 所示。

图 3.123　可用模板　　　　　　　　　　图 3.124　"基本报表"模板

（3）单击"创建"按钮，即快速地创建了一份基本报表，用户只须单击占位符的位置，输入所需要的内容即可快速创建文档。

2）建立模板

用户可以根据已有文档创建模板，以方便今后使用相同格式的文档。具体操作方法是：

打开已有文档，单击"文件"选项卡→"另存为"命令，弹出"另存为"对话框，如图 3.125 所示，首先在"保存类型"下拉列表框选择"Word 模板（.dotx）"选项，然后在"文件名"框中输入新建模板的名称，其扩展名为.dotx。最后，在"保存位置"下拉列表框中可以由用户指定具体的保存位置，也可以选择默认的"Templates"文件夹，单击"确定"按钮，即利用已有文档生成一个模板。

图 3.125　"另存为"对话框——保存模板

3.9.3　插入封面和目录

当一个报告或论文撰写完成并进行编辑和格式排版后，需要为其制作封面及目录。

1.　插入封面

插入封面的操作方法：

单击"插入"选项卡→"页"组→"封面"按钮→打开如图 3.126 所示的"封面"下拉列表，在其中选择需要的样式即可插入封面。

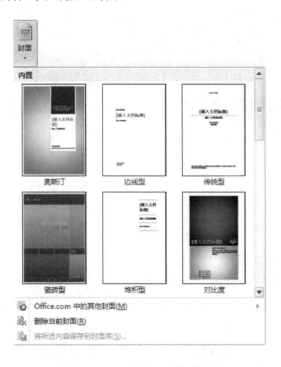

图 3.126　"封面"下拉列表

2. 删除封面

若不需要封面或不满意当前封面，可以删除封面，具体方法是：

将插入点置于文档中，单击"插入"选项卡→"页"组→"封面"按钮 →打开如图 3.126 所示的下拉列表，在其中选择"删除当前封面"，即可删除封面。

3. 制作目录

为了方便阅读，对于某些较长的文档，如书籍、学位论文等，必须制作一个目录。目录中包括标题和页码，在文档正文的内容发生改变之后，可以利用更新目录的功能同步改变目录。

在 Word 2010 中，不仅可以创建一般的标题目录，还可以创建图表目录及引文目录等。

制作目录的前提是出现在文档中的各级标题均采用了标题样式。可以使用 Word 2010 内置的标题样式，也可以基于已应用的自定义样式创建目录。

1）利用 Word 2010 内置标题样式创建目录

（1）创建目录前，将所有需要设置的各级标题应用 Word 2010 内置的标题样式，如标题 1、标题 2、标题 3 等。

（2）插入点定位在要插入目录的位置（一般在文档的开始处）。

（3）单击"引用"选项卡→"目录"组→"目录"按钮，弹出下拉列表，在其中选择所需要的目录样式。

2）利用自定义样式创建目录

（1）将自定义样式应用于所有的标题处。

（2）插入点定位在要插入目录的位置。

（3）单击"引用"选项卡→"目录"组→"目录"按钮→单击"插入目录"命令，打开如图 3.127 所示的"目录"对话框。

（4）在该对话框中，选择"选项"按钮，弹出"目录选项"对话框，如图 3.128 所示。

（5）在"选项"对话框的"有效样式"区域，查找应用于文档中的标题的样式。在样式名旁边的"目录级别"下，键入 1～9 中的一个数字，指定希望标题样式代表的级别。

图 3.127 "目录"对话框

图 3.128 "目录选项"对话框

注意：如果希望仅使用自定义样式，就必须删除内置样式的目录级别数字，如"标题 1"。

3）更新目录

对文档进行修改之后，添加或删除了某些标题或其他目录项，Word 2010 提供了快速更新目录的功能。

更新目录的方法：

单击"引用"选项卡→"目录"组→"更新目录"按钮，弹出"更新目录"对话框，选择"只更新页码"或"更新整个目录"。

📖 习题

一、单选题

1. 在 Word 2010 中，新建一个文档，除了快速访问工具栏之外，还可以通过（　　）选项卡中的命令完成。

　　A．"开始"　　　　B．"文件"　　　　C．"插入"　　　　D．"页面布局"

2. 将文档中的一部分文本内容复制到其他位置，首先要进行的操作是（　　）。

　　A．粘贴　　　　　B．复制　　　　　C．选择　　　　　D．剪切

3. Word 2010 中的（　　）的显示效果与实际打印效果是一致的。

　　A．普通视图　　　B．页面视图　　　C．大纲视图　　　D．阅读版式视图

4. 在 Word 2010 中编辑文档时，如果不小心做了误删除操作，可以恢复删除内容的是（　　）。

　　A．"粘贴"按钮　　B．"撤销"按钮　　C．"重复"按钮　　D．"复制"按钮

5. 在 Word 2010 中，字符格式应用于（　　）。

　　A．整篇文档　　　　　　　　　　　B．选定的文本

　　C．插入点所在的段落　　　　　　　D．插入点所在的节

6. 在 Word 2010 中，删除一个段落标记后，其后两段文字将合并成一段，段落格式将（　　）。

　　A．没有变化　　　　　　　　　　　B．合并后的段落采用前一段的格式

　　C．前一段变成无格式　　　　　　　D．合并后的段落采用后一段的格式

7. 在 Word 2010 中删除标尺上用户设置的制表符的方法是（　　）。

　　A．选中制表符，单击剪切按钮　　　　B．选中制表符，按"Delete"键

　　C．选中制表符，按空格键　　　　　　D．用鼠标将制表符拖到标尺外

8. 在 Word 2010 的使用过程中，可随时按（　　）键取得联机帮助。

　　A．F1　　　　　　B．F2　　　　　　C．F3　　　　　　D．F4

9. 以只读方式打开的文档，修改后若要保存，应使用"文件"选项卡中的（　　）命令。

　　A．保存　　　　　B．另存为　　　　C．关闭　　　　　D．保存并发送

10. 在 Word 2010 文档中插入分页符，应通过（　　）选项卡中的"分隔符"命令完成。

　　A．"开始"　　　　B．"插入"　　　　C．"页面布局"　　D．"视图"

二、填空题

1. 在 Word 2010 中，选中整个文档可使用＿＿＿＿＿组合键。

2. 在 Word 2010 中进行输入法切换时，通过按＿＿＿＿＿键，可在中英文输入法之间快速切换。通过反复按＿＿＿＿＿键，可在各种不同的输入法之间切换。

3. 用键盘进行文本移动的操作时，先要将选中的内容剪切到剪贴板，应按＿＿＿＿＿组合键，然后按＿＿＿＿＿组合键，将剪贴板中的内容粘贴到当前位置。

4．在 Word 2010 中为字符设置字号时，中文字号越小，字符越_____；数值字号越小，字符越_____。

5．Word 2010 文档的默认扩展名是_____，模板文件的默认扩展名为_____。

三、思考题

1．"复制"与"剪切"操作的区别是什么？

2．格式刷的作用是什么？简述其使用方法。

3．在 Word 2010 中，如何插入特殊符号？

4．在 Word 2010 文档中，如何使插入的页眉、页脚奇偶页不同？

5．如何利用 Word 2010 快速地删除从网上下载的文章中大量多余的空格和段落标记符？

第4章

电子表格处理软件 Excel 2010

Excel 2010 是 Microsoft 公司推出的电子表格软件，也是 Microsoft Office 2010 办公集成软件的重要组成部分，它是专门为制作电子报表而编制的软件，用来帮助用户完成信息存储、数据的计算处理与分析决策、信息动态发布等工作。Excel 2010 不仅继承了以前版本的所有优点，而且还在其基础上增加了新的功能，具有更加齐全的功能群组，可以帮助用户高效地完成各种表格和图的设计，进行复杂的数据计算、清晰的分析与判断，提供生动活泼、赏心悦目的操作环境，达到易学易用的效果。

Excel 2010 已经广泛应用于财务、金融、经济、统计、审计和行政等众多领域。

Excel 2010 的默认文件扩展名是.xlsx。

4.1 Excel 2010 概述

4.1.1 电子表格软件的产生与演变

纵观计算机发展历史中各个时期，优秀的计算工具和计算方法总是掌握在少数人手中，1977 年 Apple II 计算机推出时，哈佛商学院的学生丹·布莱克林等用 BASIC 语言编写了一个软件，它具备电子表格的许多基本功能。1979 年，美国人丹·布里克林（D. Bricklin）和鲍伯·弗兰克斯顿（B. Frankston）在 Apple II 型计算机上开发了一款名为"VisiCalc"（可视计算）的商用软件，是世界上第一款电子表格软件。虽然这款软件比较简单，主要用于计算账目和统计表格，但它的横空出世依然受到广大用户的青睐，不到一年的时间就成为个人计算机历史上第一个畅销的应用软件。当时许多用户购买个人计算机的主要用途就是为了运行 VisiCalc。

电子表格软件就这样和个人计算机一起风行起来，商业活动中不断产生的数据处理需求成为它们特需改进的动力源泉。继 VisiCalc 之后的另一个电子表格软件的成功之作是 Lotus 公司（莲花公司，现在已经被 IBM 公司收购）的 Lotus 1-2-3，凭借集表格处理、数据库管理、图形处理三大功能于一体，迅速得到推广使用。

微软公司也从 1982 年开始了电子表格软件的研发工作，从 1983 年起微软公司开始新的挑战，他们的产品名称是 Excel，中文意思就是超越。经过数年的改进，终于在 1987 年凭借与 Windows 2.0 捆绑的 Excel 2.0 后来居上。其后经过多个版本的升级，奠定了 Excel 在电子表格软件领域的霸主地位。如今，Excel 几乎成了电子表格的代名词，并被誉为迄今为止世界最优秀的十大软件之一。

截至 2005 年 7 月，包含 Excel 组件的微软 Office 套装已经在全球销售出超过 4 亿套。

从 Excel 6.0 开始，Excel 放弃以数字作为版本号的方式，开始使用年份定义版本，直至目前的 Excel 2010。Excel 具有十分友好的人机交互界面和强大的计算功能，使其在电子表格领域独领风骚，已成为广大用户管理公司和个人财务、统计数据、绘制各种专业化表格的得力助手。

4.1.2 Excel 2010 的主要功能与特点

Excel 2010 是当前流行的、强有力的电子表格处理软件，它具有与因特网共享资源的特性，提供了绘制图表和宏功能，具有人工智能特性和数据库管理能力。此外，它还提供了友好的人机交互界面。

1．Excel 2010 的主要功能与特点

1）友好的图形界面

Excel 2010 提供了友好的图形界面，它是标准的 Windows 窗口形式。大多数操作只须使用鼠标单击窗口上相应的按钮，极大地方便了用户的使用。

2）丰富的表格处理功能

Excel 2010 表格处理功能包括工作表中的数据编辑、表格的边框、字体、对齐方案、图案等丰富的格式化命令的运行、工作簿与工作表的管理功能等。

3）强大的数据处理能力

Excel 2010 提供了强大的数据处理能力，主要体现在以下两个方面：

（1）提供了强大的函数库，其中包括财务函数、日期与时间函数、数学与三角函数、统计函数、查找与引用函数、数据库函数、文本函数和逻辑函数等；如果内部函数不能满足要求，还可以使用 Visual Basic（简称"VB"）建立自定义函数。

（2）提供了功能齐全的数据分析与辅助决策工具，如统计分析、方差分析、回归分析和线性规划等。

4）完善的图表功能

Excel 2010 提供了丰富的图表，图表类型有柱形图、折线图及饼图等数十种可供选择，在高级图表中，添加窗体控件可以实现图表动态显示的效果。以此为基础，用户只需要按照向导操作即可制作出精美的图表。此外，在工作表建立数据清单后，还可以创建相应的数据透视表、数据透视图或一般图表，以便更直观、有效地显示与管理数据。

5）突出的数据管理功能

Excel 2010 具备很强的组织和管理大量数据的能力，以及进行筛选、分类、汇总的功能。

6）预防宏病毒的功能

Excel 2010 在打开可能包含病毒的宏程序工作簿时将显示警告信息。这样，用户在打开这些工作簿时可以选择不打开其中的宏，预防感染宏病毒。

2．Excel 2010 的新特点

与 Microsoft Office 系列软件的以往版本相比，Excel 2010 具有以下新特点。

1）增强的功能区界面

Excel 2010 产品使用了与 Excel 2007 相同的用户界面，即不再是 Excel 2003 及其更早版本中使用的菜单栏和工具栏界面，而以 Ribbon（功能区）取而代之。新的界面能让用户更便捷地使用 Excel 中越来越多的命令与功能，提高工作效率。较 Excel 2007 更为先进的是，Excel 2010

支持在某种程度上的自定义功能，让用户更合理地组织出个性的工作环境。

2）超大的表格空间

Excel 较早的一张工作表只能存储 65536 行×256 列数据，Excel 2010 每张工作表可存储 1048576 行×16384 列数据，单元格总数量相当于 Excel 2003 的 1024 倍。与 Excel 2007 相比，Excel 2010 的各方面限制参数并无显著改变，Excel 2010 与 Excel 2003 主要项目的对比如表 4.1 所示。

表 4.1　Excel 2010 与 Excel 2003 对比

名称	Excel 2003	Excel 2010
行	65536	1048576
列	256	16384
可使用内存	1GB	无限
可使用 CPU 线程	1	全部
颜色数量	56	32 位（约 1677 万）
每个单元格的条件格式数量	3	无限
可同时设置的排序关键字数量	3	64
可撤销操作数量	16	100
自动筛选下拉列表的内容项目数量	1000	10000
单元格字符数量	1000	32767
公式字符最大数量	1024	8192
公式可嵌套层数	7	64

3）形象的图形功能

"迷你图"是在这一版本 Excel 中新增加的功能，使用迷你图功能，可以在一个单元格内显示出一组数据的变化趋势，让用户获得直观、快速的数据可视化显示。

4）增强的函数功能

在新的函数功能中添加了"兼容性"函数菜单，以方便用户文档在不同版本的 Excel 中都能够正常使用。

5）更加丰富的条件格式

在 Excel 2010 中，增加了更多的条件格式，单击"开始"选项卡"样式组"的"条件格式"下拉按钮，在"数据条"组中新增了"实心填充"功能，实心填充之后，数据条的长度表示单元格中值的大小。在效果上，"渐变填充"也与老版本有所不同。

6）新增的公式编辑器

单击"插入"选项卡中的"符号"组中新增加的"公式"下拉按钮，在这里包括二项式定理、傅里叶级数等专业的数学公式都能直接打印。同时，它还提供了包括积分、矩阵、近代数学运算符等在内的数学符号，能够满足专业用户的录入需要。

7）高效的数据分析

Excel 2010 改进了排序、筛选、数据透视表等多项数据分析功能，并首次在数据透视表中加入了"切片器"功能。该功能可以横跨多个透视表进行筛选，从而实现同时从不同透视角观察数据。

8) 增强的数据访问能力

借助 PowerPivot，无论是在 Excel 2010 还是在 SharePoint 中，海量级别的外部数据访问与分析都可以在瞬间完成。

4.1.3 Excel 2010 的启动与退出

1. Excel 2010 的启动

启动中文 Excel 2010 的方法有几种，用户可根据自己的习惯和具体情况，采取其中的任何一种方法。

（1）通过"开始"菜单启动：单击"开始"→"所有程序"→"Microsoft Office"→"Microsoft Excel 2010"。

（2）通过桌面快捷方式启动：双击桌面上的 Excel 2010 快捷方式图标。

（3）通过"开始"→"文档"启动：双击计算机存储的某个 Excel 2010 文档。

2. Excel 2010 的退出

用户在使用完 Excel 之后，需要退出 Excel，退出的方法有以下几种：

（1）双击 Excel 2010 窗口标题栏左侧的"控制菜单"图标 。

（2）单击 Excel 2010 窗口标题栏右侧的"关闭"按钮 。

（3）右击 Excel 2010 窗口标题栏，在弹出的快捷菜单中单击"关闭"按钮。

（4）单击 Excel 2010 窗口标题栏左侧的"控制菜单"图标 ，在弹出的下拉菜单中选择"关闭"按钮。

（5）单击"文件"选项卡，在弹出的下拉列表中单击"退出"按钮。

（6）按"Alt+F4"组合键。

4.1.4 Excel 2010 的工作界面

Excel 2010 工作界面由标题栏、快速访问工具栏、功能区、名称框、编辑栏、工作表编辑区、工作表标签栏、状态栏等组成，如图 4.1 所示。

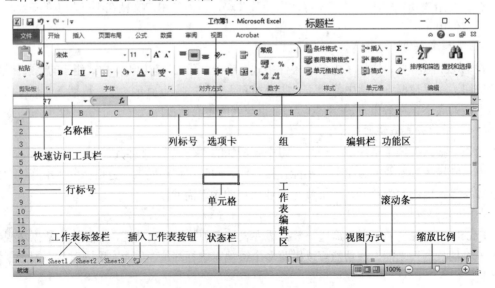

图 4.1 Excel 2010 窗口的组成

1. 标题栏

标题栏位于窗口的顶部,包括控制菜单,"快速访问工具栏"、工作簿名和"最小化"按钮、"最大化"按钮、"还原"按钮和"关闭"按钮等。"快速访问工具栏"中默认包含"保存"按钮、"撤销"按钮、"恢复"按钮和"自定义快速访问工具栏"按钮。"文件"选项卡相当于Office 2007中的"Office按钮"和Office 2003及以前版本中的"文件"菜单,显示与文件操作相关的命令。

2. 快速访问工具栏

Excel 2010已把一些常用的按钮显示在快速访问工具栏中,以方便用户的操作。用户还可以通过"自定义快速访问工具栏"增添快速访问按钮。

如图4.1所示,在Excel 2010标题栏的左侧是快速访问工具栏,除"控制菜单"图标以外,默认的按钮为"保存""撤销键入""重复键入"。单击快速访问工具栏右侧的小箭头,即可打开"自定义快速访问工具栏"菜单,选中菜单中有关选项,即可将其加入快速访问工具栏。例如,要将"快速打印"按钮放入快速访问工具栏,可单击快速访问工具栏右侧的小箭头,然后单击弹出菜单中的"快速打印",即可将其添加到快速访问工具栏中。

3. 功能区

功能区能帮助用户快速找到完成某任务所需的选项,这些选项组成一个组,集中放在各个选项卡内。每个选项卡只与一种类型的操作相关,Excel 2010使用功能区将相关的命令和功能组合在一起,并划分为"文件""开始""插入""页面布局""公式""数据""审阅""视图""加载项"等不同的选项卡。可使用"Ctrl+F1"组合键切换是否显示功能区;也可使用鼠标双击选项卡名称来隐藏功能区,再单击选项卡名称显示功能区。

1)选项卡

(1)"文件"选项卡。"文件"选项卡相当于Office 2010中的"Office按钮"和Office 2003及以前版本中的"文件"菜单,显示与文件操作相关的命令。该选项卡包含Excel的许多基本操作,如"保存""另存为""打开""关闭""信息""最近所用文件""新建""打印""保存并发送""帮助""选项"等选项。

(2)"开始"选项卡。启动Excel 2010后,在功能区默认打开的就是"开始"选项卡。该选项卡中包括"剪贴板"组、"字体"组、"对齐方式"组、"数字"组、"样式"组、"单元格"组和"编辑"组。在选项卡中有些组的右下角有一个按钮,如"字体"组,该按钮表示这个组还包含其他的操作窗口或对话框,可以进行更多的设置和选择。

(3)"插入"选项卡。该选项卡包括"表格"组、"插图"组、"图表"组、"迷你图"组、"切片器"组、"超链接"组、"文本"组和"符号"组,其主要用于在表格中插入各种绘图元素,如图片、形状和图形、特殊效果文本、图表等。

(4)"页面布局"选项卡。该选项卡包含的组有"主题"组、"页面设置"组、"调整为合适大小"组、"工作表选项"组和"排列"组,其主要功能是设置工作簿的布局,如页眉页脚的设置、表格的总体样式设置、打印时纸张的设置等。

(5)"公式"选项卡。该选项卡主要集中了与公式有关的按钮和工具,包括"函数库"组、"定义的名称"组、"公式审核组"和"计算"组。"函数库"组包含了Excel 2010提供的各种函数类型,单击某个按钮即可直接打开相应的函数列表;并且将鼠标移到函数名称上时,会显示该函数的说明。

（6）"数据"选项卡。该选项卡中包括"连接"组、"排序和筛选"组、"数据工具"组及"分级显示"组等。

（7）"审阅"选项卡。该选项卡中包括"校对"组、"中文简繁转换"组、"批注"组和"更改"组。

（8）"视图"选项卡。该选项卡中包括"工作簿视图"组、"显示"组、"显示比例"组、"窗口"组和"宏"组。

还有一些特殊的选项卡隐藏在 Excel 中，只有在特定的情况下才会显示。例如，"开发工具"选项卡。

提示：在 Excel 中，可使用快捷键"Ctrl+F1"组合键切换是否显示功能区；也可双击选项卡的名称来隐藏功能区，再单击选项卡名称则显示功能区。

2）组

组位于每个选项卡内部。每个选项卡包含若干组，每组由一系列相关命令按钮组合在一起共同完成各种任务，在一些命令按钮旁有下拉箭头，单击可显示下拉列表为用户提供功能选项。在某些组的右下角有"对话框启动器" 按钮，单击可弹出对话框为用户提供详细的设置功能。例如，"开始"选项卡的"字体"组包含了对文本格式进行设置的各种命令。

4．名称框和编辑栏

名称框又称为地址栏，用于显示活动单元格的地址或单元格区域的范围。在输入和编辑活动单元格的数据时地址栏右侧出现 × ✓ *fx* 按钮，用于编辑活动单元格的数据。例如，若确认数据的输入则单击"√"按钮，若取消输入的数据则单击"×"按钮，若向单元格插入函数则单击" *fx* "按钮。编辑栏主要用来编辑活动单元格的数据，也可以显示活动单元格的数据或函数。在 Excel 2010 中移动鼠标到名称框右侧的 图标上，鼠标指针会变成↔，拖动鼠标可以改变名称框和编辑栏的大小。

5．工作表编辑区

工作表编辑区是用户完成工作的区域，表格及其数据处理的一切工作都在这里进行。

6．工作表标签栏

工作表标签栏显示工作表名称。单击不同的工作表标签，将激活相应的工作表，激活的工作表称为当前工作表（或称活动工作表），还可以通过滚动工作表标签按钮（位于工作表标签左侧）来显示在屏幕内看不见的工作表。工作表标签右侧是"插入工作表"按钮，单击"插入工作表"按钮（"Shift+F11"组合键）可以插入一张新的工作表。

7．状态栏

状态栏用于显示当前工作区的状态，在默认情况下，状态栏显示"就绪"字样，表示工作表正准备接收新的信息。在单元格中输入数据时，状态栏会显示"输出"字样；当对单元格的内容进行编辑和修改时，状态栏会显示"编辑"字样。

默认情况下，打开的 Excel 工作表是普通视图，如要切换到其他视图，单击状态栏上相应的按钮即可，还可以单击"+""-"按钮改变工作表的显示比例，如图 4.2 所示。

图 4.2 状态栏

4.1.5 Excel 2010 的基本概念

1. 工作簿

工作簿（Book）就是 Excel 文件，是存储数据、公式及数据格式化等信息的文件，在 Excel 中处理的各种数据最终都是以工作簿文件的形式存储在磁盘上的，Excel 2010 文件默认的扩展名是.xlsx。

启动 Excel 会自动生成一个空工作簿，默认的工作簿文件名为"工作簿 1"，工作簿名显示在标题栏上。一个工作簿可以包含多个工作表，默认包含三张工作表：默认名为 Sheet 1、Sheet 2 和 Sheet 3，Excel 2010 已突破 255 个工作表限制。工作簿和工作表之间的关系就像账本和账页之间的关系一样。一个工作簿所包含的工作表均以标签的形式排列在工作表标签上，只要单击工作表标签，对应的工作表就会被激活，从后台显示到屏幕上，成为当前工作表。

2. 工表作

工作表（Sheet）是在 Excel 2010 中用于存储和处理数据的主要文档，也称为电子表格。是一个由行和列交叉排列的二维表格，列号按字母排列，A～XFD 共 16384 列，行号按阿拉伯数字自然排列，计 1～1048576 行，可以视作无限大，远大于 Excel 2003 的列、行数，用于组织和分析数据。要对工作表进行操作，必须先打开该工作表所在的工作簿。工作簿一旦打开，它包含的工作表就一同打开。工作表总是存储在工作簿中的。

3. 单元格

单元格（Cell）就是工作表中行和列交叉的部分，是工作表最基本的数据单元，也是电子表格软件处理数据的最小单位。每个单元格都有一个固定的地址与之对应，称为单元格名称也称单元格地址。单元格名称是由列标号和行标号来标识的，工作表的行以数字表示，从 1 开始，列以英文字母表示，从 A 开始。列标号在前，行标号在后。例如，第 3 行第 2 列的单元格的名称是"B3"。

Excel 2010 支持每个工作表中最多有 1048576 行和 16384 列。在所有单元格中，只有一个单元格是活动单元格（也称为当前单元格），活动单元格是指正在使用的单元格，用黑色边框显示。用户只能在活动单元格上输入或修改数据。

4. 单元格区域

单元格区域指的是单个单元格，或者由多个单元格组成的区域，或者整行、整列等构成的区域。一般比较常用的单元格区域是一组相邻单元格组成的矩形区域（也称为单元格区域），其表示方法由该区域的左上角单元格地址、冒号和右下角单元格地址组成。例如，C5:E8 表示的是以 C5 为左上角，E8 为右下角的一片矩形区域。（只要用矩形区域对角线开始和结束的单元格地址并用冒号分隔均可以表示该矩形区域，但习惯上采用左上角:右下角的表示方式。）

5. 选择单元格及单元格区域

"先选定，后操作"是 Excel 2010 的重要工作方式。当需要对单元格或单元格区域进行操作时，首先要选定待操作区域。

1）选中一个单元格

将鼠标指针移动到待选中的单元格，单击即可选中该单元格，被选中的单元格四周出现黑框，并且单元格的地址出现在名称框中，内容则显示在编辑栏中。

2）选中相邻的单元格区域

选择待选中单元格区域的某单元格，然后按住鼠标左键并拖动到单元格区域对角线的单元格后释放鼠标左键，即可选中相邻的单元格区域。也可以先单击待选中区域某单元格后，按住"Shift"键不放，然后单击对角线上的另一单元格。

3）选中不相邻的单元格区域

选中一个单元格区域，然后按住"Ctrl"键不放再选择其他的单元格区域，即可选中不相邻的单元格区域。

4）选中整行或整列

将鼠标指针移动到要选中行的行号处单击鼠标即可选中整行；将鼠标指针移动到要选中列的列标处单击鼠标即可选中整列。

5）选中所有单元格

单击工作表左上角的行号和列标交叉处的全选按钮，即选中整张工作表。

4.1.6 主题与样式

在 Excel 2010 中，可以通过应用主题和使用特定样式在工作表中快速设置数据格式。主题是一组预定义的颜色、字体、线条和填充效果，可应用于整个工作簿或特定对象，如图表或单元格区域。应用 Excel 2010 提供的预定义主题，可以通过指定主题元素来创建自定义的主题。在"页面布局"选项卡的"主题"组中设置主题。

样式是基于主题的预定义格式，可应用它来更改 Excel 2010 的表格、图表、数据透视表、形状或图的外观等。若内置的预定义样式不能满足实际需要，可以自定义样式。对于图表来说，可以从多个预定义样式中进行选择，但不能创建自己的图表样式。Excel 2010 也包括预定义的单元格样式，可以应用于单个的单元格或单元格区域，有些样式独立于文档主题。在"开始"选项卡的"样式"组中设置样式。

4.1.7 使用 Excel 2010 的帮助功能

在使用 Excel 2010 时若出现问题，可以借助 Excel 2010 提供的帮助功能尝试解决。

按"F1"键或单击功能区中右上角的"帮助"按钮，打开如图 4.3 所示的"Excel 帮助"窗口，在文本框中输入要搜索的内容，本图要搜索的内容为"单元格"。然后单击"搜索"按钮，即可在下面显示搜索到的结果。

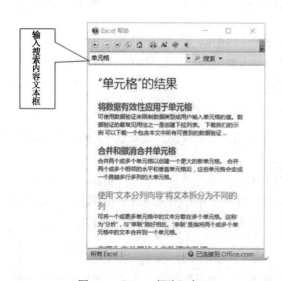

图 4.3 "Excel 帮助"窗口

4.2 工作簿和工作表的基本操作

4.2.1 工作簿的基本操作

在 Excel 2010 中，工作簿是计算和存储数据的文件，每一个工作簿可以包含多个工作表，用户可以在一个工作簿文件中管理各种类型的相关信息。

1．创建工作簿

（1）利用菜单命令创建空白工作簿：打开"文件"选项卡，单击"新建"按钮，出现如图 4.4 所示的界面。

（2）选择"可用模板"中的"空白工作簿"，双击"空白工作簿"或单击右下角"创建"按钮，即可创建一个新的空白工作簿，如图 4.4 所示。

图 4.4 新建空白工作簿界面

2．打开工作簿

（1）找到要打开的工作簿文件，直接双击打开。

（2）找到要打开的工作簿文件，单击鼠标右键，在弹出的快捷菜单中选择"打开"选项。

（3）启动 Excel 2010 应用程序后，利用菜单打开工作簿：打开"文件"选项卡，单击 📂打开按钮，弹出"打开"对话框，如图 4.5 所示，选择要打开的工作簿文件，单击 打开(O) ▼ 按钮。

图 4.5 "打开"对话框

3. 保存工作簿

在使用 Excel 过程中,保存工作簿非常重要。及时进行保存,可以避免因计算机突然断电或者系统发生意外而非正常退出 Excel 时造成的数据损失。

1)保存新建工作簿

若工作簿是新建工作簿,在以前还未进行任何保存操作,则在保存时操作步骤如下:

(1)打开"文件"选项卡,单击"保存"按钮。

(2)单击"快速访问工具栏"上的"保存"按钮。

(3)利用"另存为"对话框:

①使用"Ctrl+S"组合键,此时会弹出如图 4.6 所示的"另存为"对话框。

②在左侧"导航窗格"选择文件保存路径。

③在"文件名"下拉列表框中,输入工作簿的名称。

④单击图 4.6 右下角的"保存"按钮,保存工作簿。

图 4.6 "另存为"对话框

2)保存已有工作簿

如果活动工作簿已经被命名,可以单击"快速访问工具栏"上的"保存"按钮,或者打开"文件"选项卡,单击"保存"按钮,即可保存工作簿内容。

3)以其他文件格式保存工作簿

打开"文件"选项卡,单击"另存为"按钮,弹出"另存为"对话框,选择工作簿的保存路径,在"文件名"下拉列表框中输入一个新文件名后单击"保存"按钮。

Excel 工作簿可以用多种文件格式进行保存。单击"保存类型"下拉列表框右边的下拉按钮,在打开的下拉列表框中选择所要保存的文件格式,然后选择合适的文件名和路径进行保存。

4. 共享工作簿

在 Excel 中,如果允许多个用户对一个工作簿同时进行编辑,可以设置共享工作簿。

(1)单击功能区中"审阅"选项卡中的"更改"组中"共享工作簿"按钮,打开"共享工作簿"对话框。

(2)勾选"允许多用户同时编辑,同时允许工作簿合并"复选框,然后切换到"高级"选项卡,在其中进行共享工作簿的相关设置。

(3)设置完成后,单击"确定"按钮。

5．切换工作簿

在移动、复制或查找工作表时常常需要在若干个工作簿之间进行切换。现以工作簿1、工作簿2之间的切换为例介绍其切换方法。

（1）打开工作簿1，然后单击"最小化"按钮将其最小化。

（2）打开工作簿2，单击"视图"选项卡中的"窗口"组"切换窗口"按钮，弹出其下拉列表。

（3）单击下拉列表中的"工作簿1"，即切换到工作簿1。

6．加密工作簿

如果要对打开的工作簿进行了加密设置，则只有输入正确的密码后才可以打开或编辑工作表中的数据。

（1）打开要设置密码的工作簿，切换到"文件"选项卡，单击"另存为"，打开"另存为"对话框。

（2）单击对话框右下角的"工具"下拉按钮，然后单击弹出菜单中的"常规选项"，打开"常规选项"对话框。

（3）在文本框中设置工作簿的"打开权限密码"和"修改权限密码"，勾选"建议只读"复选框。

（4）单击"确定"按钮，打开"确认密码"对话框，要求重新输入设置的修改权限密码，再次输入修改权限密码后单击"确定"按钮。

（5）单击"另存为"对话框中的"保存"按钮，保存工作簿。

4.2.2　工作表的基本操作

在Excel中，工作簿由不同类型的若干张工作表组成，而工作表由存放数据的单元格组成，对工作表的操作其实就是对单元格的操作。

1．选择工作表

在进行工作表操作时，需要选定相应的工作表。选择工作表的方法如表4.2所示。

表4.2　工作表的选择方法

选　择	执　行
单张工作表	单击工作表标签。如果看不到所需的标签，那么单击标签滚动按钮可显示此标签，然后单击它
两张或多张相邻的工作表	先选中第一张工作表的标签，再按住"Shift"键单击最后一张工作表的标签
两张或多张不相邻的工作表	单击第一张工作表的标签，再按住"Ctrl"键单击其他工作表的标签
工作簿中所有工作表	用鼠标右键单击工作表标签，然后在弹出的快捷菜中选择"选定全部工作表"选项

2．添加与删除工作表

1）添加工作表

打开Excel 2010，系统会默认创建一个工作簿，其中包含三个工作表，选择其中一个工作表，接下来有以下三种方法可以添加单张工作表。

（1）在选择的工作表的标签上右击，然后在弹出的快捷菜单中选择"插入"命令，弹出如图 4.7 所示的"插入"对话框，在"常用"选项卡下选择"工作表"选项，单击"确定"按钮，即可在所选工作表前插入一张新的工作表。

（2）选择"开始"选项卡中的"单元格"组，单击"插入"下拉按钮，在弹出的下拉列表中选择"工作表"选项，同样可以在选中的工作表前插入一张新的工作表。

图 4.7   "插入"工作表对话框

③ 单击 Sheet 3 旁边的"插入工作表"按钮 Sheet3 ，即可在所选工作表后面插入一张新的工作表。

2）删除工作表

如果已不再需要某个工作表，可以将该表删除。常用方法有以下两种：

（1）选定要删除的工作表，选择"开始"选项卡中的"单元格"组，单击"删除"下拉按钮，在弹出的下拉列表中选择"删除工作表"选项，如图 4.8 所示。

图 4.8   "开始"选项卡中"删除"按钮下拉列表

（2）用鼠标右键单击要删除的工作表标签，从弹出的快捷菜单中选择"删除"选项。

3．移动与复制工作表

用户可以轻易地在工作簿中移动或复制工作表，或者将工作表移动或复制到其他工作簿中。

1）移动工作表

（1）利用鼠标，可以在当前工作簿内移动工作表。

①选定要移动的工作表标签。

②按住鼠标左键并沿工作表标签拖动，此时鼠标指针将变成白色方块与箭头的组合，同时，在标签行上方出现一个小黑三角形，指示当前工作表所要插入的位置。

③释放鼠标左键，工作表即被移到新位置。

（2）利用快捷菜单中"移动或复制"选项在不同工作簿间移动工作表。

①打开用于接收工作表的工作簿。

②切换到包含需要移动工作表的工作簿，再选定工作表。

③单击右键弹出"移动或复制工作表"对话框，如图4.9所示。

④在"工作簿"下拉列表框中，选择用来接收工作表的工作簿。

⑤在"下列选定工作表之前"列表框中选择一个工作表，然后单击"确定"按钮，就可以将所要移动的工作表插入到指定的表之前。

图4.9　"移动或复制工作表"对话框

2）复制工作表

（1）在同一工作簿内复制工作表：

①选定要复制工作表的标签。

②按住"Ctrl"键的同时按住鼠标左键并沿工作表标签拖动，此时鼠标指针将变成 形状，同时，在标签行上方出现一个小黑三角形，指示当前工作表所要复制的位置。

③释放鼠标左键和"Ctrl"键，工作表即被复制到新位置。

（2）在不同工作簿间复制工作表：

①打开用于接收工作表的工作簿。

②切换到包含需要复制的工作表的工作簿，再选定工作表。

③单击右键，选择"移动或复制"命令，弹出"移动或复制工作表"对话框，如图 4.9 所示。

④在"工作簿"下拉列表框中，单击选定用来接收工作表的工作簿；若要将所选工作表复制到新工作簿中，则选择"新工作簿"选项。

⑤在"下列选定工作表之前"列表框中选择一个工作表，就可以将所要复制的工作表插入到指定的表之前。

⑥选中"建立副本"复选框，然后单击"确定"按钮即可。

4．切换工作表

当需要从当前工作表切换到其他工作表时，可以使用以下任意一种方法：

（1）单击工作表标签，可以快速在工作表之间进行切换。

（2）通过键盘切换工作表：按"Ctrl+PageUp"组合键，选择上一工作表为当前工作表；按"Ctrl+PageDown"组合键，选择下一工作表为当前工作表。

（3）使用鼠标右键单击工作表标签左边的标签滚动按钮 ，然后从弹出的列表中选择要激活的工作表。

5．重命名工作表

在 Excel 2010 中，系统在新建一个工作簿时，工作表默认的名称是按 Sheet 1、Sheet 2、Sheet 3……的顺序来命名的。工作表名一般不代表特定意义，用户可以对工作表进行重命名。

（1）选定要重命名的工作表。

（2）双击工作表标签使其激活，或者把鼠标指针指向选定的工作表标签，单击鼠标右键，然后从弹出的快捷菜单中选择"重命名"选项，这时工作表标签上的名字被反相显示。

（3）输入新的工作表名称，按"Enter"键确定。

6. 隐藏工作表

隐藏工作表可以减少屏幕上显示的工作表，并避免不必要的混乱。隐藏的工作表仍处于打开状态，其他文件可以利用其中的信息，当一个工作表被隐藏时，它的工作表标签也被隐藏起来。

图 4.10　"取消隐藏"对话框

1）隐藏工作表

（1）选定需要隐藏的工作表。

（2）单击右键弹出快捷菜单选择"隐藏"命令即可。

2）重新显示被隐藏的工作表

（1）单击右键弹出快捷菜单，选择"取消隐藏"命令，弹出如图 4.10 所示的"取消隐藏"对话框。

（2）在"取消隐藏"对话框中，选择要显示的被隐藏工作表的名称，单击"确定"按钮。

4.2.3　窗口视图操作

视图是 Excel 2010 文档在计算机屏幕上的显示方式。Excel 2010 包含普通、页面布局、分页预览、自定义和全屏显示等视图方式，不同的视图方式适用于不同的情况。普通视图是 Excel 的默认视图方式，主要用于数据输入与筛选、制作图表和设置格式等操作；页面布局视图可以查看文档的打印外观，包括文档的开始位置和结束位置、页眉和页脚等。在该视图中，还可以设置页眉页脚效果、通过标尺调整页边距等内容；分页视图则将表格效果以打印预览方式显示，并且可以对单元格的数据进行编辑；自定义视图则可以设置用户定义的个性视图效果；全屏显示则只显示工作表区，这样可以在显示器上显示尽可能多的表格内容，按"Esc"键退出该视图方式。

通过"视图"选项卡，用户不仅可以选择各种视图，还可以隐藏或显示网格线和编辑栏，或者冻结表格的某一部分。

1. 新建窗口

对于数据比较多的工作表，可以建立两个窗口。一个窗口用于显示固定内容，另一个窗口显示其他内容或进行其他操作。

（1）单击功能区"视图"选项卡（简称"视图"）的"窗口"组中"新建窗口"按钮，此时会显示一个名为"工作簿 1:2"的工作簿，内容和"工作簿 1:1"相同。

（2）单击"视图"选项卡的"窗口"组中的"并排查看"按钮，则两个工作簿可在同一个窗口中显示。

2. 重排窗口

如果新建了多个工作窗口，要实现窗口之间的快速切换，可以使用 Excel 的"全部重排"

功能对新建的窗口进行排列。

（1）单击"视图"选项卡的"窗口"组中"全部重排"按钮，此时会打开"重排窗口"对话框。

（2）在对话框中选择要使用的排列方式，单击"确定"按钮即可。

3．拆分窗格

在 Excel 2010 中，可以通过将工作表拆分的方式同时查看工作表的不同部分。这个方法操作起来简单，查看数据也更加快捷。如果要将窗口分成两个部分，只要在想拆分的位置上选中单元格所在的行（或列），然后在"视图"选项卡的"窗口"组中单击"拆分"按钮，则工作表会在选中行的上方（或选中列的左侧）出现一个拆分线，即工作表已经被拆分，拖动垂直滚动条或水平滚动条，可以看到两个部分的记录会同步运动，这样就能够很方便地查看工作表两个部分的数据了。也可以拖动如图 4.11 所示的横向拆分按钮和纵向拆分按钮进行拆分。

将鼠标指针指向横向或纵向拆分按钮，然后按下鼠标左键将拆分按钮拖到需要的位置后释放鼠标，即可完成对窗口的横向或纵向拆分。如果要取消拆分，可双击分割窗格的拆分框的任何部分。

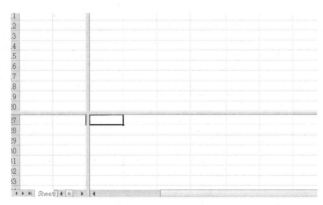

图 4.11　横向拆分按钮和纵向拆分按钮

4．显示和隐藏网格线

在"视图"选项卡的"显示"组中单击"网格线"复选框，取消勾选"网格线"，即可隐藏工作表中的网格线。如果要显示隐藏的网格线，可再次勾选"网格线"复选框，此时就会显示隐藏的网格线。此外还可通过此方法隐藏标题栏、标尺等。

5．冻结窗格

在查看工作表数据的时候，经常希望一些行或列可以一直显示在页面中，而不要随着滚动条的滚动而隐藏，这可以通过冻结部分窗格的方法来实现。在"视图"选项卡的"窗口"组中单击"冻结窗格"按钮，在下拉列表中选择"冻结拆分窗格"命令，即可将工作表的拆分冻结。如果想重新拆分，则再次在功能区的"视图"选项卡"窗口"组中的"冻结窗格"下拉列表中选择"冻结拆分窗格"。另外，还可以冻结首行或首列。

在"视图"选项卡下还可进行"重设窗口位置""保存工作区""切换窗口""视图缩放"等操作。

📖4.3 工作表的编辑

4.3.1 单元格的选定

工作表中任意一行和一列唯一确定一个可以容纳数据的二维位置，这就是单元格，它是工作表编辑处理数据的基本单位。

Excel 2010 在执行大多数任务之前，先要选定需要进行操作的单元格。

如果要选定一个单元格，则将鼠标指针指向它并单击鼠标左键，在该单元格的周围出现粗边框，表明它是活动单元格。另外，也可以同时选定多个单元格，称为单元格区域（一个矩形区域中的多个单元格），如表 4.3 所示。

表 4.3 单元格的选择方法

选　择	执　行
单个单元格	单击相应的单元格，或按箭头键移动到相应的单元格
某个单元格区域	单击所选区域的第一个单元格，再拖动鼠标到最后一个单元格
较大的单元格区域	单击区域中的第一个单元格，再按住"Shift"键单击区域中的最后一个单元格
工作表中所有单元格	单击"全选"按钮（位于工作表中行标题和列标题交叉时的最左上端）
不相邻的单元格或单元格区域	先选中第一个单元格或单元格区域，再按住"Ctrl"键选中其他的单元格或单元格区域
整个行或列	单击行标题或列标题，如 A，1，B，2
相邻的行或列	在行标题或列标题中拖动鼠标，或者先选中第一行或第一列，再按住"Shift"键选中最后一行或最后一列
不相邻的行或列	先选中第一行或第一列，再按住"Ctrl"键选中其他的行或列
增加或减少活动区域中的单元格	按住"Shift"键单击需要包含在新选定区域中的最后一个单元格，在活动单元格与所单击的单元格之间的矩形区域将成为新的选定区域
取消单元格选定区域	单击相应工作表中的任意单元格

4.3.2 输入数据

单元格的数据类型包括数值型、文本型（又称为字符型）、日期时间型及逻辑型等。在输入数据时，要注意不同类型数据的输入方法。

1．字符型数据

在 Excel 2010 中，字符型数据包括汉字、英文字母、空格等，每个单元格最多可容纳 32000 个字符。在默认情况下，字符数据自动沿单元格左边对齐。当输入的字符串超出了当前单元格的宽度时，如果右边相邻单元格里没有数据，那么字符串会往右延伸显示；如果右边单元格有数据，超出的那部分数据就会隐藏起来，只有把单元格的宽度变大后才能显示出来。如果要输入的字符串全部由数字组成，如邮政编码、电话号码、存折账号等，为了避免 Excel 2010 把它按数值型数据处理，在输入时可以先输入一个英文单引号"'"，再接着输入具体的数字。例如，要在单元格中输入电话号码"02064015263"，先连续输入"'02064015263"，然后按"Enter"键，出现在单元格里的就是"02064015263"，并自动左对齐。输入字符串时若第一个字符是"="

或英文的单引号"'"，也要先输入一个英文单引号"'"，然后再输入"="或英文的单引号"'"。

2. 数值型数据

数值型数据除包括数字 0～9 组成的数字串外，还包括"+""-""E""e""$""%"及小数点"."和千分位号","等特殊符号。输入数值时，允许输入分节号，如可输入"253,853,999"。数值的前面可以添加"$"或"￥"，计算时它不影响数据值。数据的后面可加"%"表示除以100，如"67%"表示"0.67"。数值型数据在单元格中默认的对齐方式是右对齐。

（1）输入正数时，前面的"+"可以省略，输入负数时，应在负数前输入减号"-"，或将其置于括号（）中。如-8 或（8）。

（2）输入分数时，应在分数前输入 0 及一个空格，如分数 1/3 应输入 0 1/3。如直接输入 1/3 或 0 1/3，系统将把它视作日期，认为是 1 月 3 日。同理对带分数的输入，也是先输入整数部分及一个空格，然后再输入分数部分，如 3 2/3 表示。

（3）输入纯小数时，可省略小数点前面的 0，如"0.98"可输入为".98"。

3. 日期和时间型数据

在一般情况下，日期的年、月、日之间用"/"或"-"分隔，输入：年/月/日或年-月-日。在编辑栏中总是以"年-月-日"形式显示，在单元格中的默认显示格式为：年-月-日。时间的时、分、秒之间用冒号分隔，如 8：30：45。日期、时间在单元格中默认的对齐方式是靠右对齐。如果输入的形式有误，或者日期、时间超过了范围，则所输入的内容被判断为字符型数据，则单元格对齐方式是左对齐。若要在单元格中同时输入日期和时间，日期和时间之间应该用空格隔开。

按"Ctrl+；"组合键可输入当前的系统日期，按"Ctrl+Shift+；"组合键可输入当前的系统时间。

4. 公式型数据

公式型数据是通过公式计算而产生的数据。公式的输入方法：单击要输入公式的单元格，然后输入等号"="，接着在等号的右边输入有关的公式内容。例如，要在 B3 单元格中计算 5!，输入的方法是：单击 B3 单元格，在 B3 单元格中输入"=5*4*3*2*1"，按"Enter"键，在单元格 B3 中就会显示 120，这就是该公式的计算结果。

5. 数据的自动输入

为了快速输入数据，Excel 2010 具有自动重复数据和自动填充数据功能。

（1）自动重复数据。如果在单元格中输入的前几个字符与该列中已有的项相匹配，Excel 会自动输入其余的字符（包含文字或文字与数字组合的项，只包含数字、日期或时间的项不能自动完成）。若要接受建议的项，按"Enter"键确认，自动完成的项完全采用已有项的大小写格式；若不想采用自动提供的字符，则继续键入需要输入的字符；若要删除自动提供的字符，则按"Backspace"键。

（2）产生一个数据序列。在选定的单元格上输入初值；在"开始"选项卡的"编辑"组中，单击"填充"按钮，在列表中选择"系列"命令，弹出"序列"对话框。在"序列产生在"区域中，选择按行或列方向填充；在"类型"区域中，选择按等差序列或等比序列填充；在"步长值"文本框中；可输入公差或公比值；在"终止值"文本框中可输入一个序列的终值不能超过的数值，然后单击"确定"按钮。

（3）同时向多个单元格输入相同的数据。先选取需要输入相同数据的单元格区域，之后在活动单元格输入数据，然后同时按"Ctrl+Enter"组合键；若相同的数据在不连续的单元格，则同时选定不同的单元格，然后输入数据后同时按"Ctrl+Enter"组合键。例如，在不同的单元格输入"语文"时，先选定第一个单元格，然后按住"Ctrl"键选定其他的单元格，在活动单元格输入"语文"后按"Ctrl+Enter"组合键，此时所选单元格会同时显示"语文"。

（4）自动填充数据。单击初始值所在的单元格，将鼠标移动到填充柄上（填充柄：是选定单元格或单元格区域右下角的小黑方块，将鼠标指向填充柄时，鼠标指针变为黑"十"字），按住鼠标左键拖动到所需的位置，松开鼠标，所经过的单元格都被填充了数据。向上、下、左、右拖动鼠标均可。

自动填充有以下几种情况：当初始值为纯字符或纯数值时，填充相当于复制；初始值为文本型数字或字符与数字混合内容，填充时字符保持不变，数字递增，如初始值为 N1，则填充后为 N2，N3……

（5）自动序列填充数据。使用 Excel 2010 录入数据时，经常会需要输入一系列具有相同特征的数据，若初始值为 Excel 2010 预设的自动填充序列中的一个选项时，则按预设序列填充。例如，初始值为一月，则自动填充二月，三月……。若不是 Excel 2010 预设的自动填充序列，则可以将须自动添加序列的内容添加到填充序列列表中，以方便以后使用。用户自定义自动填充序列的方法如下：

单击"文件"选项卡→"选项"按钮，弹出如图 4.12 所示的"Excel 选项"对话框，选择"高级"→"常规"组中的"编辑自定义列表"按钮，打开"自定义序列"对话框；在"输入序列"下方输入要创建的自动填充序列。如图 4.13 所示的"语文，数学，物理，化学，历史，地理"，单击"添加"按钮，则新的自定义填充序列"语文,数学,物理,化学,历史,地理"（逗号应为英文符号）出现在左侧"自定义序列"列表的最下方，单击"确定"按钮，关闭对话框。当然，还可以从当前工作表中导入一个自定义的自动填充序列。

图 4.12　"Excel 选项"对话框（一）

Excel 2010 中快速输入具有部分相同特征的数据，如学生的学号、准考证号、单位的职称证书号等，都是前面几位相同，只是后面的数字不一样。可以只输后面几位，前面相同的几位让计算机自动填充。例如，某区域的身份证号码前面的 6 位数是 230103，可以用两种方法自动填充：

图 4.13　"Excel 选项"对话框（二）

方法 1：从 A1 单元格开始在 A 列的各单元格中输入身份证号码后面 12 位数字，所有的数据输入完毕后，在 B1 单元格中输入公式"=230103&A1"然后按"Enter"键，这样 B1 单元格的数据会在 A1 的前面自动加入 230103。然后双击 B1 单元格的填充柄（或者向下拉填充柄），瞬间 A 列数据就全部加上了。

方法 2：选定要输入共同特征数据的单元格区域，单击鼠标右键，在弹出的快捷菜单中选择"设置单元格格式"命令，选择"数字"选项卡，选中"分类"下面的"自定义"选项，然后在"类型"下面的文本框中输入 230103000000000000（注意：后面有几位不同的数据就补几个 0），单击"确定"按钮；在单元格中只须输入后几位数字，如"2301031234567890XX"只要输入"1234567890XX"，系统就会自动在数据前面添加"230103"。

6. Excel 2010 数据有效性

在 Excel 2010 中录入大量数据时，如学生成绩、职员工资等，使用数据有效性设置可以减少录入时的错误。在创建电子表格的过程中，有些单元格的数据没有限制，而有些单元格在输入数据时，要限制在一定的有效范围内输入。符合限制条件的数据称为有效数据。

设置有效数据：设置数据输入的有效范围操作步骤如下：

（1）选定需设置数据输入有效范围的单元格或单元格区域。

（2）在"数据"选项卡的"数据工具"组中，单击"数据有效性"按钮，弹出"数据有效性"对话框。

（3）单击"设置"选项卡，在"允许"下拉列表框中，选择有效数据的类型（如整数）。

（4）在"数据"下拉列表框中，选择所需的操作符，如"介于""大于"等，然后，在"最小值""最大值"数值框中输入下限、上限（如"介于""1""100"），单击"确定"按钮。

有效数据的检查：有效数据设置完成后，当输入的数据不在有效范围时，系统根据"出错警告"选项卡中设置的"错误信息"，自动显示出错误提示。

4.3.3　编辑单元格

1. 单元格内容的简单编辑

要编辑单元格内容，可以双击该单元格，也可以单击该单元格，然后在编辑栏中编辑内容。按"Backspace"键，则删除插入点之前的字符；按"Delete"键，则删除插入点之后的字符。

系统默认的输入模式是"插入模式",若要插入字符可单击要插入字符的位置,然后键入新字符;要替换选定字符,则先选定字符,然后键入新字符;若要将"插入模式"更改为"改写模式"以便于键入时用新字符替换现有字符,则可以按"Insert"键进行切换。

2．单元格的复制或移动

可以使用鼠标或键盘完成单元格的复制或移动。

（1）使用鼠标。选择要复制或移动的单元格区域,在"开始"选项卡的"剪贴板"组中,若要复制则单击"复制"按钮,若要移动则单击"剪切"按钮,选择粘贴区域的左上角单元格,在"开始"选项卡上的"剪贴板"组中,单击"粘贴"按钮。

（2）使用键盘。选择要复制或移动的单元格区域,按"Ctrl+C"组合键或"Ctrl+X"组合键直接复制或剪切。然后选择粘贴区域的左上角单元格,按"Ctrl+V"组合键完成单元格区域的复制或移动。

3．清除单元格内容和删除单元格

（1）清除单元格的内容。当发现单元格的内容不再需要或有错误时,可首先选中这些单元格,然后按键盘上的"Delete"键就可清除选中单元格中的内容。

（2）删除单元格。删除单元格或单元格区域与清除是不同的,清除仅仅是把原单元格中的内容去掉,而删除则把内容与单元格本身都挖掉,挖掉后原单元格就不存在了,它所在的位置由它的下边或者右边的邻近单元格移动过来代替它。

4．插入单元格

有时候需要在某个单元格的位置插入一个单元格。如在输入学生成绩时,漏输了张三的成绩,而把李四的成绩当成张三的成绩,王五的成绩又当成李四的成绩,以后的学生成绩依此类推。这时只要在张三的成绩处插入一个新的单元格,其余的依次下移即可。操作方法类似删除的方法,只是选择"插入"命令而不是选择"删除"命令。

5．合并单元格

并非所有的表格都是由长短相同的横竖网格线组成,有时需要大小不同的网格构成日常工作表。在 Excel 中,这样的表格可以通过合并单元格来完成。合并单元格就是指把两个或多个单元格组合成一个单元格。

6．撤销、恢复或重复操作

在 Excel 中,可以撤销和恢复多达 100 项操作。

撤销的操作步骤:单击"快速访问工具栏"上的"撤销"按钮,会撤销最近一次操作;要同时撤销多项操作,可单击"撤销"按钮旁的箭头,从列表中选择要撤销的操作步骤后单击,Excel 将撤销所有选中的操作。

恢复撤销的操作步骤:单击"快速访问工具栏"的"恢复"按钮即可。

4.3.4 单元格与行、列的操作

1．插入单元格、整行或整列

（1）在需要插入单元格的位置选定单元格。

（2）选择"开始"选项卡的"单元格"组，单击"插入"下拉按钮，弹出如图 4.14 所示的"插入"下拉列表，单击"插入工作表行"（或"插入工作表列"），则在工作表中插入整行（或整列）；如单击"插入单元格"选项，则弹出如图 4.15 所示的"插入"对话框。

或者在选定单元格单击鼠标右键，在弹出的快捷菜单中选择"插入"选项，也弹出"插入"对话框。

（3）在"插入"对话框中选择合适的选项。

（4）单击"确定"按钮。

图 4.14　"插入"下拉列表

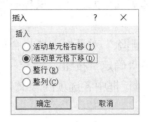
图 4.15　"插入"对话框

2．删除单元格、整行或整列

删除单元格、整行或整列不同于删除单元格数据。删除单元格数据仅仅是清除了单元格的内容，而空白单元格仍然保留在工作表中；删除单元格、整行和整列则在工作表中彻底删除了相应项。

1）删除整行

删除整行的步骤如下：

（1）单击要删除的行号。

（2）选择"开始"选项卡的"单元格"组，单击"删除"下拉按钮，弹出如图 4.16 所示的"删除"下拉列表，单击"删除工作表行"，则选定的行会被删除，下方的行整体向上移动。

或者在选定的行或单元格单击右键，在弹出的快捷菜单中选择"删除"选项，弹出如图 4.17 所示的"删除"对话框，选择"整行"，则选定的行会被删除，下方的行整体向上移动。

图 4.16　"删除"下拉列表

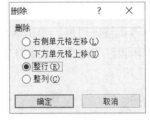
图 4.17　"删除"对话框

2）删除整列

删除整列的步骤如下：

（1）单击要删除的列标。

（2）选择"开始"选项卡的"单元格"组，单击"删除"下拉按钮，弹出"删除"下拉列表，选择"删除工作表列"，则选定的列会被删除，右方的列整体向左移动。

或者在选定的列或单元格单击鼠标右键，在弹出的快捷菜单中选择"删除"选项，则会弹出如图 4.17 所示的"删除"对话框,选择"整列",则选定的列会被删除,右方的列整体向左移动。

3)删除单元格

删除单元格的步骤如下:

(1)单击要删除的单元格或单元格区域。

(2)选择"开始"选项卡的"单元格"组,单击"删除"下拉按钮,弹出"删除"下拉列表,选择"删除单元格",弹出如图 4.17 所示的"删除"对话框。

或者在选定的单元格单击鼠标右键,在弹出的快捷菜单中选择"删除"选项,弹出"删除"对话框。

(3)在"删除"对话框中选择合适的选项。

(4)单击"确定"按钮。

"删除"对话框中各选项的含义如表 4.4 所示。

表 4.4 删除选项

选 项	功 能
右侧单元格左移	右侧的单元格左移,填充被删除位置
下方单元格上移	下方单元格上移,填充被删除位置
整行	选定单元格所在的行被删除
整列	选定单元格所在的列被删除

4.3.5 批注的使用

1. 插入批注

选定要添加批注的单元格,选择"审阅"选项卡中的"批注"组,单击"新建批注"选项,或者右击该单元格,从弹出的快捷菜单中选择"插入批注"选项,在弹出的一个黄色批注中输入批注文本,文本输入完成后,单击批注外部工作表的任意区域,完成批注添加。以后鼠标移至该单元格时,将显示注释的内容。批注的左上角显示所用计算机的名称。

2. 编辑批注

在需要修改批注的时候,单击需要编辑批注的单元格,选择"审阅"选项卡中的"批注"组,单击"编辑批注"选项;或者在需要编辑批注的单元格上右击,从弹出的快捷菜单中选择"编辑批注"选项。

3. 复制批注

单击含有批注的单元格,选择"开始"选项卡中的"剪贴板"组,单击"复制"下拉按钮,从弹出的下拉列表中选择"复制"选项,单击目标单元格,从"粘贴"下拉列表中选择"选择性粘贴"选项,选择"批注"粘贴;或者用鼠标右击目标单元格,从弹出的快捷菜单中选择"选择性粘贴"选项,选择"批注"粘贴。

4. 删除批注

选中要删除批注的单元格,选择"审阅"选项卡中的"批注"组,单击"删除批注"选项,或者在需要删除批注的单元格上右击，从弹出的快捷菜单中选择"删除批注"选项。

5．隐藏（显示）批注

打开"审阅"选项卡中的"批注"组，选择"显示所有批注"，则显示所有批注和标识符；若选择"显示/隐藏批注"，则显示/隐藏当前所选单元格的批注。

4.3.6　查找与替换

用查找功能可以迅速在表格中定位到要查找的内容，替换功能则可对表格中多处出现的同一内容进行修改，查找和替换功能可以交互使用。

1．查找

（1）选择"开始"选项卡中的"编辑"组，单击"查找和选择"，从弹出的下拉列表中选择"查找"选项，弹出如图 4.18 所示的"查找和替换"对话框。

图 4.18　Excel 2010 "查找和替换"对话框——"查找"选项卡

（2）单击"查找"选项卡，在"查找内容"下拉列表框中输入要查找的内容。

（3）单击"选项"按钮，在扩展选项中进行设置：

① 在"范围"下拉列表框中选择工作簿或工作表。

② 在"搜索"下拉列表框中选择行或列的搜索方式。

③ 在"查找范围"下拉列表框中选择值、公式或批注类型。

④ 若选中"区分大小写"复选框，则查找内容区分大小写。

⑤ 若选中"单元格匹配"复选框，则仅查找单元格内容与查找内容完全一致的单元格；否则，只要单元格中包含查找的内容，该单元格就在查找之列。

⑥ 若选中"区分全/半角"复选框，则查找内容区分全角或半角。

（4）单击"查找下一个"按钮开始执行查找。

2．替换

在"查找与替换"对话框中单击"替换"选项卡，如图 4.19 所示。

（1）选择"开始"选项卡中的"编辑"组，单击"查找和选择"，从弹出的下拉列表中选择"替换"选项，也可打开图 4.19 所示的对话框。

（2）对话框中的"范围""搜索""查找范围""区分大小写""单元格匹配""区分全/半角"功能与"查找"选项中的相同。

（3）在"查找内容"和"替换为"文本框中输入相应的内容。

（4）单击"全部替换"按钮，将工作表中所有匹配内容一次替换；单击"查找下一个"按钮，则当找到指定内容时，单击"替换"按钮才进行替换，否则不替换当前找到的内容，系统自动查找下一个匹配的内容。

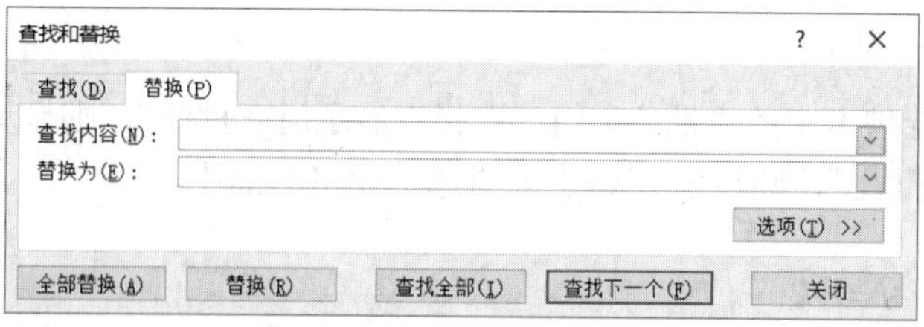

图 4.19 Excel 2010 "查找和替换" 对话框——"替换" 选项卡

📖 4.4 公式与函数的使用

如果电子表格中只是输入一些数值和文本，文字处理软件完全可以取代它。在大型数据报表中，计算、统计工作是不可避免的，Excel 2010 的强大功能还体现在数据运算和分析功能上，在其应用程序中包含丰富的函数及数组运算公式，通过在单元格中输入公式和函数，可以对表中数据进行求和、汇总、求平均值甚至更复杂的运算。而且 Excel 工作表的数据修改后，公式或函数的计算结果也会自动更新。这些都是手工计算无法比拟的。

公式与函数是 Excel 的灵魂所在，学好本节知识，对于用户掌握 Excel 至关重要。

4.4.1 公式与地址的使用

1. 公式的组成

在 Excel 中公式是常用工具，编辑公式需要遵循的准则是：公式必须以 "=" 或 "+" 号开头，等号后面是运算数和运算符，运算数可以是常量数值、单元格引用、区域名称或者函数等。使用公式可以进行许多计算：对单元格中的数据进行计算；对工作表中的数据进行计算；对文本进行操作和比较。一般在编辑栏中输入。

例 4-1 把 4 乘以 3 再加上 8 的运算用公式表示出来，就是 "=4*3+8"。

例 4-2 计算圆的面积，可以用公式 "=PI（）*A5^2" 来表示，其中 PI（）函数用来返回 PI 值 3.1415926…；引用 A5 返回单元格 A5 的数值（圆半径）。

综上所述，公式中包含的基本元素如下：

（1）常量。常量即不会发生变化的值。例如，数字 1010、文本 "每月平均销售量" 等是常量。

（2）函数。函数即系统预先编写好的公式，可以对一个或多个值进行函数运算，并返回一个或多个值。函数可以简化工作表中的公式符号、缩短运行时间，尤其在用公式进行大数据处理或复杂计算时更显示其优越性。

（3）运算符。运算符是用以指定表达式内执行的计算类型的标记或符号。

2. 公式中的运算符及运算顺序

运算符用以规定对公式的元素进行特定类型的运算。Excel 2010 公式中包含算术运算符、比较运算符、文本运算符和引用运算符四种类型的运算符。输入运算符时，系统应处于半角英文输入状态。

1）算术运算符

算术运算符用来完成基本的数学运算，包括+（加法，如 4+6）、-（减法，如 6-2 或负数-1）、*（乘法，如 5*6）、/（除法，如 6/6）、^（乘幂，如 4^2）和%（百分号，如 60%）。运算的优先级是先乘方、后乘除、再加减，如果有括号先计算括号内部的公式。

2）比较运算符

比较运算符有："="（等于，如 A1=B1）、"<"（小于，如 A1<B1）、">"（大于，如 A1>B1）、"<="（小于等于，如 A1<=B1）、">="（大于等于，如 A1>=B1）、"<>"（不等于，如 A1<>B1）。使用上述运算符可对两个值进行比较，比较运算的结果是逻辑值：结果成立时为 TRUE，否则为 FALSE。

在使用比较运算符进行比较的时候，应该注意以下几点：

（1）数值型数据：应该按照数值的大小进行比较，如 125>45。

（2）文字型数据：西文字符应按照 ASCII 码进行比较，中文字符按照拼音进行比较。

例如，"A" < "a"（A 的 ASCII 码为 65，a 的 ASCII 码为 97）。

（3）日期型数据：日期越靠后的数据越大，如 13/03/16（表示 2013 年 3 月 16 日）>12/03/16（表示 2012 年 3 月 16 日），此外时间型数据不能进行比较。

3）文本运算符

文本链接符 "&"（或称和号）用来连接不同单元格的数据，是将一个或多个文本字符串连接起来产生一串文本。参与连接运算的数据可以是字符串，也可以是数字。连接字符串时，字符串两边必须加 ""；连接数字时，数字两边的双引号可有可无。

例 4-3 将两个文本值连接或串起来产生一个连续的文本值（"China" & "BeiJing"，即显示 "ChinaBeiJing"）；如 A3 单元格的数据为"学生"，在 D3 单元格中输入公式 "=A3&"李玉""后，在 D3 中显示 "学生李玉"。

4）引用运算符

引用运算符有冒号、逗号和空格，使用引用运算符可以将单元格区域合并计算。

（1）冒号（:）。冒号为区域运算符，用以对两个引用间的所有单元格进行引用。

例 4-4 AVERAGE（A1:D1）表示对 A1～D1 单元格中的数值计算算术平均值。

（2）逗号（,）。逗号为联合运算符，用以连接两个以上的单元格区域，即将多个引用合并为一个引用。

例 4-5 AVERAGE（B5:B15，D5:D15）表示对 B5～B15 单元格、D5～D15 单元格中的数值计算算术平均值。

（3）空格（ ）。空格为交叉运算符，表示两个单元格区域的交叉集合，即不同区域共同包含的单元格。

例 4-6 AVERAGE（A1:D1 A1:B4）表示对 A1、B1 单元格中的数值计算算术平均值。

5）运算符的优先级别

如果公式中包含多个运算符，优先级别高的运算符先运算；若优先级相同，则从左到右计算（单目运算除外）；若要改变运算的优先级，可利用括号将先计算的部分括起来。

在 Excel 2010 中，运算符优先级由高到低如表 4.5 所示。

表 4.5　运算符优先级

运算符	说　明
：（冒号）	引用运算符—区域运算符
（单个空格）	引用运算符—交叉运算符
，（逗号）	引用运算符—联合运算符
－	负号
%	百分比
^	乘方
* 和 /	乘和除
+ 和 －	加和减
&	连接两个文本字符串（连接）
= < > <= >= <>	比较运算符

3．公式的操作

1）公式的输入

首先选定要输入公式的单元格，然后在该单元格中（或编辑栏的输入框中）输入"="，然后再输入公式，公式的形式为"=表达式"，其中表达式由运算符、常量、单元格地址、函数及括号等组成，不包括空格。输入完毕后，按"Enter"键或单击编辑栏上的"输入"按钮 ✔ 即可。

例 4-7　对图 4.20 所示的"工资登记表"给定公式："工资=基本工资+岗位津贴"，要求计算出教师的工资。

在 I 3 单元格中输入公式"= G3+H3"，按"Enter"键，则如图所示在 I 3 单元格中显示 3500（李玉的工资）。

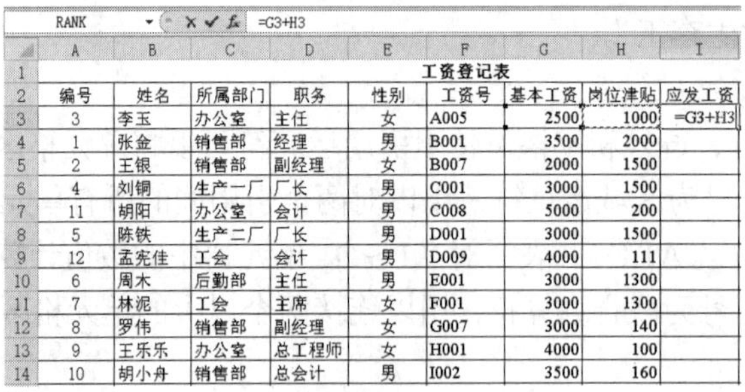

图 4.20　公式的输入

2）公式的复制

在计算其他教师的工资时，不需要再次重新输入公式"= G3+H3"，只需要"复制公式"即可。

（1）使用剪贴板复制。选中被复制的单元格，选择"复制"按钮，选中要复制的目标单元格或单元格区域，选择"粘贴"选项即可。

（2）使用鼠标操作。将鼠标指向被复制单元格的右下角，当鼠标变成实心"十"字时，拖动鼠标到需要复制的目标单元格即可。这是公式复制最常用的方法。

（3）先选定区域，再输入公式，然后按"Ctrl+Enter"组合键，也可以在区域内的所有单元格中输入同一个公式。

提示： 这种复制不是简单的原样复制，而是对单元格区域进行引用。

例 4-8 采用公式复制方法计算各位教师的工资。

图 4.21 是经过公式复制计算出的各位教师的工资数。

3）公式的移动

创建公式之后，可以将它移动到其他单元格中，移动后原单元格中的内容消失，目标单元格中若改变了公式中元素的大小，此单元格的值也会做出相应改变。

	I14			f_x =G14+H14					
	A	B	C	D	E	F	G	H	I
1					工资登记表				
2	编号	姓名	所属部门	职务	性别	工资号	基本工资	岗位津贴	应发工资
3	3	李玉	办公室	主任	女	A005	2500	1000	3500
4	1	张金	销售部	经理	男	B001	3500	2000	5500
5	2	王银	销售部	副经理	女	B007	2000	1500	3500
6	4	刘铜	生产一厂	厂长	男	C001	3000	1500	4500
7	11	胡阳	办公室	会计	男	C008	5000	200	5200
8	5	陈铁	生产二厂	厂长	男	D001	3000	1500	4500
9	12	孟宪佳	工会	会计	男	D009	4000	111	4111
10	6	周木	后勤部	主任	男	E001	3000	1300	4300
11	7	林泥	工会	主席	女	F001	3000	1300	4300
12	8	罗伟	销售部	副经理	女	G007	3000	140	3140
13	9	王乐乐	办公室	总工程师	女	H001	4000	100	4100
14	10	胡小舟	销售部	总会计	男	I002	3500	160	3660

图 4.21　公式的复制

移动公式的过程中，单元格的绝对引用不会改变，而相对引用则会改变。

（1）选定被移公式的单元格，将鼠标移动在该单元格的边框上，待鼠标形状变为箭头。

（2）按住鼠标左键，拖动鼠标到目标单元格，松开鼠标按键，即完成公式的移动。

4）公式的删除

图 4.22　"选择性粘贴"对话框

在 Excel 2010 中，当使用公式计算出结果后，可以设置删除该单元格的公式，并保留结果。

（1）右击被删除公式单元格，在弹出的快捷菜单中选择"复制"选项，然后打开"开始"选项卡，在"剪贴板"组中单击"粘贴"下的三角按钮，从弹出的下拉列表中选择"选择性粘贴"选项。

（2）打开如图 4.22 所示的"选择性粘贴"对话框，在"粘贴"选项区域中，选择"数值"单选按钮。

（3）单击"确定"按钮，即可删除该单元格中的公式并保留结果。

例 4-9 将图 4.20 中"工资登记表"I7 单元格（胡阳的工资）中的公式删除并保留计算结果。

按上述步骤删除公式并保留计算结果，如图 4.23 所示。

提示： 若要将单元格中的计算结果和公式一起删除，只须选定要删除的单元格，然后按下"Delete"键。

	I7			f_x 5200					
	A	B	C	D	E	F	G	H	I
1					工资登记表				
2	编号	姓名	所属部门	职务	性别	工资号	基本工资	岗位津贴	应发工资
3	3	李玉	办公室	主任	女	A005	2500	1000	3500
4	1	张金	销售部	经理	男	B001	3500	2000	5500
5	2	王银	销售部	副经理	女	B007	2000	1500	3500
6	4	刘铜	生产一厂	厂长	男	C001	3000	1500	4500
7	11	胡阳	办公室	会计	男	C008	5000	200	5200
8	5	陈铁	生产二厂	厂长	男	D001	3000	1500	4500
9	12	孟宪佳	工会	会计	男	D009	4000	111	4111
10	6	周木	后勤部	主任	男	E001	3000	1300	4300
11	7	林泥	工会	主席	女	F001	3000	1300	4300
12	8	罗伟	销售部	副经理	女	G007	3000	140	3140
13	9	王乐乐	办公室	总工程师	女	H001	4000	100	4100
14	10	胡小舟	销售部	总会计	男	I002	3500	160	3660

图 4.23　删除公式但保留结果

4．单元格引用的三种方式

公式的引用就是对工作表中的一个或一组单元格进行标识，它允许公式使用这些单元格的值。通过引用，可以在一个公式中使用工作表不同部分的数据，或者在几个公式中使用同一个单元格的数值。在 Excel 2010 中，引用单元格的常用方式包括相对引用、绝对引用与混合引用。

1）相对引用

相对引用也称为相对地址，Excel 默认为相对引用，它用列标号与行标号直接表示单元格。如 A2、B5、D8 等都是相对引用。如果某个单元格内的公式被复制到另一个单元格时，原单元格内公式中的地址在新单元格中需要发生相应变化，就可以用相对引用来实现。相对引用的好处就是在复制公式时，Excel 能够根据被复制公式发生的单元格位置移动，自动更新公式中的单元格引用位置，使公式能够适应发生的位置变化，找到正确的单元格引用。单元格区域的引用是指由单元格区域的左上角单元格的相对引用和该区域右下角单元格相对引用组成，中间用冒号分隔的矩形区域，如 A3:F8 表示以单元格 A3 作为左上角，以单元格 D8 作为右下角的矩形区域。

相对引用的特点是将相应的计算公式复制或填充到其他单元格时，其中的单元格引用会自动随着移动的位置相对发生变化。

例 4-10 图 4.24 所示为“某班第 1 小组的成绩表”，G3 单元格用来存放张一涵的总成绩，其公式为“=B3+C3+D3+E3+F3”。将 G3 单元格的公式复制到 G4 单元格中，试采用相对引用方法计算王丽的总成绩。

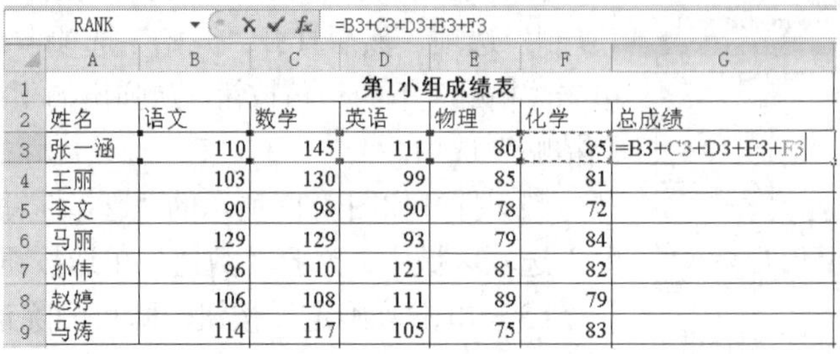

RANK　=B3+C3+D3+E3+F3

	A	B	C	D	E	F	G
1	第1小组成绩表						
2	姓名	语文	数学	英语	物理	化学	总成绩
3	张一涵	110	145	111	80	85	=B3+C3+D3+E3+F3
4	王丽	103	130	99	85	81	
5	李文	90	98	90	78	72	
6	马丽	129	129	93	79	84	
7	孙伟	96	110	121	81	82	
8	赵婷	106	108	111	89	79	
9	马涛	114	117	105	75	83	

图 4.24　第 1 小组成绩表

G4 单元格中的相对引用相应地从“=B3+C3+D3+E3+F3”变为“=B4+C4+D4+E4+F4”，结果如图 4.25 所示。

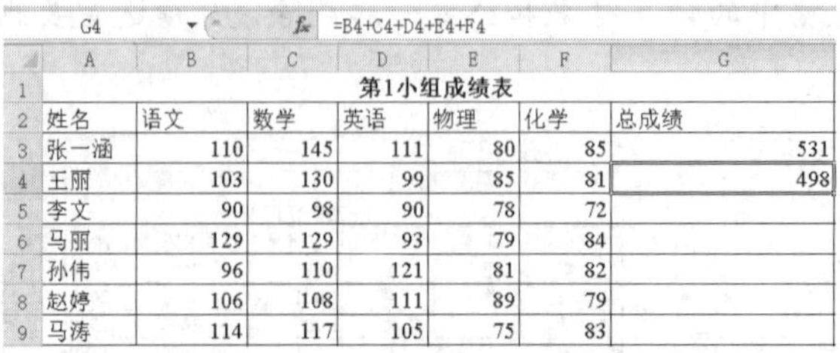

G4　=B4+C4+D4+E4+F4

	A	B	C	D	E	F	G
1	第1小组成绩表						
2	姓名	语文	数学	英语	物理	化学	总成绩
3	张一涵	110	145	111	80	85	531
4	王丽	103	130	99	85	81	498
5	李文	90	98	90	78	72	
6	马丽	129	129	93	79	84	
7	孙伟	96	110	121	81	82	
8	赵婷	106	108	111	89	79	
9	马涛	114	117	105	75	83	

图 4.25　相对引用

2）绝对引用

在表示单元格的列标号与行标号前面加“$”符号的单元格名称称为单元格绝对引用。绝对引用也称为绝对地址，它的最大特点是在操作过程中，公式中的绝对引用的单元格地址始终保持不变。在公式中相对地址与绝对地址可以混合使用。书写时在列标和行标前分别加上符号“$”。例如，$D$5 表示单元格 D5 绝对引用，而$A$1:$D$5 表示单元格区域 A1:D5 的绝对引用。

相对引用和绝对引用的区别是：复制公式时使用相对引用，单元格引用会自动随着移动的位置对应变化；若公式中使用绝对引用，则单元格引用不会发生变化。

例 4-11 给定图 4.24 所示的第 1 小组成绩表，试采用绝对引用方法计算单元格 G4 中王丽的总成绩。

将图 4.24 所示的 G3 单元格中的公式改为“=$B$3+$C$3+$D$3+$E$3+$F$3”，然后将公式复制到 G4 单元格中，G4 单元格的公式不变，结果也不变，如图 4.26 所示。

G4 =$B$3+$C$3+$D$3+$E$3+$F$3

	A	B	C	D	E	F	G
1	第1小组成绩表						
2	姓名	语文	数学	英语	物理	化学	总成绩
3	张一涵	110	145	111	80	85	531
4	王丽	103	130	99	85	81	531
5	李文	90	98	90	78	72	
6	马丽	129	129	93	79	84	
7	孙伟	96	110	121	81	82	
8	赵婷	106	108	111	89	79	
9	马涛	114	117	105	75	83	

图 4.26 绝对引用

3）混合引用

混合引用是指公式中可能行采用绝对引用，列采用相对引用，或恰好相反。例如，$A6、A$6 均为混合引用。

例 4-12 将图 4.24 中 G3 单元格的公式改为“=$B3+C$3+D3+E3+F3”，然后将公式复制到 G4 单元格中，试计算结果。

H3 单元格的公式实际运算时变为“=$B4+C$3+D4+E4+F4”，结果如图 4.27 所示。

G4 =$B4+C$3+D4+E4+F4

	A	B	C	D	E	F	G
1	第1小组成绩表						
2	姓名	语文	数学	英语	物理	化学	总成绩
3	张一涵	110	145	111	80	85	531
4	王丽	103	130	99	85	81	513
5	李文	90	98	90	78	72	
6	马丽	129	129	93	79	84	
7	孙伟	96	110	121	81	82	
8	赵婷	106	108	111	89	79	
9	马涛	114	117	105	75	83	

图 4.27 混合引用

4.4.2 函数的使用

用户在操作表格时经常会遇到各种复杂的运算，如果都要依赖自己编制、输入公式来运行，效率就会大大降低。Excel 强大的运算功能体现在给用户提供了丰富的函数，用户只须遵循函数的规则就可以轻松地运用它们完成复杂的运算。Excel 2010 提供了大量的内置函数，涉及许多工作领域，如财务、工程、统计、数据库、日期与时间、数学与三角函数、信息、查找与引用、多维数据集和兼容性等。此外，用户还可以利用 VBA 编写自定义函数，以完成特定的需要。

1．函数调用

在公式中可以调用 Excel 2010 提供的内置函数，调用函数要遵守 Excel 2010 对于函数所制定的规则，否则就会产生语法错误。调用函数时所遵守的 Excel 2010 规则称为函数调用的语法。

1）函数的语法

函数通过接收参数后返回结果的方式来完成预定的功能。函数可以单独使用，也可以出现在公式表达式中，其格式为：

有参函数的格式：函数名（参数 1，参数 2，…，参数 n）。

无参函数的格式：函数名（）。

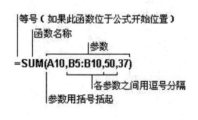

图 4.28 函数的结构

如图 4.28 所示，"函数名"表明函数要执行的运算；"函数名"后用圆括号括起来的是参数表，函数的功能不同，所接受参数的数据类型也不同，可以是文本、数值、逻辑值、错误值或单元格引用，有的函数需要一个参数，有的需要两个参数，多的可达 30 个参数，甚至有的函数不需要参数。如圆周率 PI 函数，其值为 3.14159，它的调用形式为：PI（）。但是，不论有没有参数，函数的调用一定要有一对圆括号，没有参数时就写一对空的圆括号。虽然每个函数具有不同的功能，但是都有一个确定的返回值，因此用户在使用函数时可以将函数的整体当作一个数。

2）函数调用

在公式或表达式中应用函数就称为函数的调用，函数调用有几种方式：

（1）在公式中直接调用函数。如果函数以公式的形式出现，则在函数名称前面输入等号"="。

（2）在表达式中调用函数。除了在公式中直接调用函数外，也可以在表达式中调用函数。例如，求区域 A1:A5 的平均值与区域 B1:B5 的总和之和，然后再除以 10，把计算结果放在单元格 C2 中，则可在单元格 C2 中输入公式"=（AVERAGE（A1:A5）+SUM（B1:B5））/10"。

（3）函数的嵌套调用。在一个函数中调另一个函数，就是函数的嵌套调用，如"=IF（AVERAGE（F2:F5）>50，SUM（G2:G5），0）"就是一个函数的嵌套调用公式。整个公式的意义是：求出 F2:F5 单元格区域的平均值，如果该区域的平均值大于 50，公式的最后结果就是 G2:G5 单元格区域的数值总和，如果 F2:F5 单元格区域的平均值小于或等于 50，则公式的最后结果为 0，如图 4.29 所示。

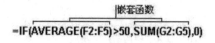

图 4.29 嵌套函数

2. 函数的输入

函数输入有插入函数和直接输入两种方法。

1）插入函数法

创建带函数的公式，选择"公式"选项卡中的"函数库"组，单击"插入函数"按钮，如图 4.30 所示，在弹出的"插入函数"对话框中选择相应的函数，如图 4.31 所示，单击"确定"按钮后弹出如图 4.32 所示的"函数参数"对话框，显示函数的名称、其各个参数、函数及其各个参数的说明、函数的当前结果及整个公式的当前结果等。

图 4.30 插入函数

图 4.31 "插入函数"对话框

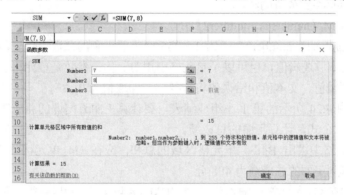

图 4.32 "函数参数"对话框

在如图 4.30 所示的"公式"选项卡的"函数库"组中，将函数进行分类管理，如财务、逻辑、文本、日期和时间、查找与引用、数学和三角函数，可按类别选择要插入的函数。

2）直接输入法

在单元格中直接输入公式有以下两种方法：

（1）选取要插入函数的单元格，若设置了"公式记忆式键入"功能，则在键入"="和开头几个字母或显示触发字符之后，Excel 会在单元格的下方显示一个动态下拉列表，如图 4.33 所示，该表中包含了与这几个字母或该触发字符相匹配的有效参数和名称供用户选取，如图 4.34 所示。

提示：设置"公式记忆式键入"功能，可单击"文件"选项卡中的"选项"按钮，在弹出的"Excel 选项"对话框中选择"公式"中的"使用公式"，选中"公式记忆式键入"复选框，如图 4.35 所示。

图 4.33 动态下拉列表

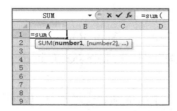

图 4.34 直接输入函数

图 4.35 公式记忆式键入

（2）选取要插入函数的单元格，键入"="，此时"名称"框切换为"函数名"列表框，在

"插入函数"列表框中选择相应的函数即可完成函数输入。

3. 函数的类型

Excel 2010 内置函数包括常用函数、财务函数、日期与时间函数、数学与三角函数、统计函数、查找与引用函数、数据库函数、文本函数、逻辑函数、信息函数和工程函数等，它们都有各自不同的应用。

4. 常用函数介绍

1）求和函数：SUM（　）

功能：计算所有参数数值的和。

使用格式：SUM（number1，number2，…）。

参数说明：number1，number2，…为 1～255 个需要求和的参数，代表需要计算的值，参数可以是数字、文本、逻辑值，也可以是单元格引用等。如果参数是单元格引用，那么引用中的空白单元格、逻辑值、文本值和错误值将被忽略，即取值为 0。

例 4-13　如图 4.24 所示的第 1 小组成绩表，要计算王丽五门课的总成绩。试用函数写出 G4 单元格中的输入公式，计算王丽的总成绩。

要在 G4 单元格中求出 B4:F4 单元格区域的总和，应在 G4 单元格中输入公式"=SUM（B4:F4）"，即可得到王丽的总成绩为 498 分。

依据规则，如在 G4 单元格中输入公式"=SUM（A4:F4）"，同样可得到王丽同学的总成绩为 498 分，因为 A4 单元格的值为 0。

或者通过插入函数 f_x，找到 SUM 函数，打开如图 4.36 所示的 SUM 函数的参数对话框，在 number1 右侧的框中输入"B4:F4"，单击"确定"按钮，也可得到王丽的总成绩为 498 分。

图 4.36　SUM 函数的参数对话框

2）有条件的求和函数：SUMIF（　）

功能：对满足指定条件的单元格求和。

使用格式：SUMIF（Range，Criteria，Sum_Range）。

参数说明：Range 代表条件判断的单元格区域；Criteria 为指定条件表达式；Sum_Range 代表需要计算的数值所在单元格区域。

例 4-14　在图 4.24 所示的第 1 小组成绩表上增加第 10 行为"语文成绩大于 100 分的数学总成绩"栏目，求出七名学生中语文成绩在 100 分以上（不包含 100 分）的学生的数学成绩总和，并置于 C10 单元格。试写出 C10 单元格中的输入公式，计算数学的总成绩。

B3:B9 单元格区域含有七名学生的语文成绩，C3:C9 单元格区域含有七名学生的数学成绩，在 C10 单元格中输入公式“=SUMIF（B3:B9，‘>100’，C3:C9)”，可得到七名学生中语文成绩在 100 分以上（不包含 100 分）的学生的数学成绩之和为 629 分，如图 4.37 所示。

C10 =SUMIF(B3:B9,">100",C3:C9)

	A	B	C	D	E	F	G
1			第1小组成绩表				
2	姓名	语文	数学	英语	物理	化学	总成绩
3	张一涵	110	145	111	80	85	531
4	王丽	103	130	99	85	81	498
5	李文	90	98	90	78	72	
6	马丽	129	129	93	79	84	
7	孙伟	96	110	121	81	82	
8	赵婷	106	108	111	89	79	
9	马涛	114	117	105	75	83	
10	语文成绩大于100分的数学总成绩		629				

图 4.37　SUMIF 函数的使用

3）求平均值函数：AVERAGE（　）

功能：求出所有参数的算术平均值。

使用格式：AVERAGE（number1，number2，…）。

参数说明：number1，number2，…为需要求平均值的数值或引用单元格（区域），参数不超过 255 个。

例 4-15　在图 4.24 所示的表中增加第 11 行为“科目考试平均成绩”栏目，试在 B11 单元格求出该组七名学生的语文平均成绩，并写出输入公式。如果已知该班其他五组学生的语文平均成绩分别为 107.5、107.2、109.4、105.5 和 111.6，试求全班各组学生的语文平均成绩。设置数值的小数位数为 1 位。

首先在 B11 单元格中计算该组七名学生的语文成绩平均值，应在 B11 单元格中输入公式“=AVERAGE（B3:B9)”，确认后即可得到语文平均成绩为 106.9 分。

如要在 B11 单元格中计算全班各组学生的语文成绩平均值，则可在 B11 单元格中输入公式“=AVERAGE（AVERAGE（B3:B9)，107.5，107.2，109.4，105.5，111.6)”，确认后即可得到语文平均成绩为 108.0 分，如图 4.38 所示。

提示：如果引用区域中包含“0”值单元格，则计算在内；如果引用区域中包含空白或字符单元格，则不计算在内。

4）求最大值函数：MAX（　）

功能：求出一组数中的最大值。

使用格式：MAX（number1，number2，…）。

参数说明：number1，number2，…代表需要求最大值的数值或引用单元格（区域），参数不超过 255 个。

B11 = AVERAGE(AVERAGE(B3:B9), 107.5, 107.2, 109.4, 105.5, 111.6)

	A	B	C	D	E	F
1			第1小组成绩表			
2	姓名	语文	数学	英语	物理	化学
3	张一涵	110	145	111	80	85
4	王丽	103	130	99	85	81
5	李文	90	98	90	78	72
6	马丽	129	129	93	79	84
7	孙伟	96	110	121	81	82
8	赵婷	106	108	111	89	79
9	马涛	114	117	105	75	83
10	语文成绩大于100分的数学总成绩		629			
11	科目考试平均成绩	108.0				

图 4.38　AVERAGE 函数的使用

例 4-16　在图 4.24 所示的表中增加第 12 行为"科目最高成绩"栏目，试在 B12 单元格中求出该组七名学生的语文最高成绩，并写出输入公式。

需求 B3:B9 单元格区域的最大值，应在 B12 单元格中输入公式"=MAX（B3:B9）"，确认后即可得到语文的最高成绩为 129 分。

提示：如果参数中有文本或逻辑值，则忽略。

5）求最小值函数：MIN（　）

功能：求出一组数中的最小值。

使用格式：MIN（number1，number2，…）。

参数说明：number1，number2，…代表需要求最小值的数值或引用单元格（区域），参数不超过 255 个。

例 4-17　在图 4.24 所示的成绩表中上增加第 13 行为"科目最低成绩"栏目，试在 C13 单元格中求出该组七名学生的数学最低成绩，并写出输入公式。

需求 C3:C9 单元格区域的最小值，应在 C13 单元格中输入公式"=MIN（C3:C9）"，确认后即可得到数学的最低成绩为 98 分。

提示：如果参数中有文本或逻辑值，则忽略。

6）绝对值函数：ABS（　）

功能：求出相应数字的绝对值。

使用格式：ABS（number）。

参数说明：number 代表需要求绝对值的数值或引用的单元格。

例 4-18　如图 4.27 所示，在 H4 单元格中分别输入公式"=ABS（G4）""=ABS（A4）"，求出结果。

输入公式"=ABS（G4）"的结果是 498，输入公式"=ABS（A4）"的结果是"#VALUE!"。

提示：如果 number 参数不是数值，而是一些字符，则返回错误值"#VALUE!"。

7）取整函数：INT（　）

功能：将数值向下取整为最接近的整数。

使用格式：INT（number）。

参数说明：number 表示需要取整的数值或包含数值的引用单元格。

例 4-19　对例 4-15 的计算结果取整。

输入公式"=INT（AVERAGE（AVERAGE（B3:B9），107.5，107.2，109.4，105.5，111.6））"，确认后得到结果为 108。

提示：如果输入的公式为"=INT（-18.89）"，则返回结果为-19。

8）求余函数：MOD（　）

功能：求出两数相除的余数。

使用格式：MOD（number，divisor）。

参数说明：number 代表被除数；divisor 代表除数。

例 4-20　求 13/4 的余数。

输入公式"=MOD（13，4）"，确认后得到结果为 1。

提示：如果 divisor 参数为零，则显示错误值"#DIV/0!"；MOD 函数可以借用取整函数 INT 来表示，上述公式可以修改为"=13-4*INT（13/4）"。

9）判断函数：IF（ ）

功能：根据对指定条件的逻辑判断的真假结果，返回相对应的内容。

使用格式：IF（Logical，Value_if_true，Value_if_false）。

参数说明：Logical 代表逻辑判断表达式；Value_if_true 表示当判断条件为逻辑“真（TRUE）”时的显示内容，如果忽略则返回“TRUE”；Value_if_false 表示当判断条件为逻辑“假（FALSE）”时的显示内容，如果忽略则返回“FALSE”。

例 4-21 依据图 4.24 所示的第 1 小组成绩表，对学生学习情况进行分析，对该表增加第 H 列为“平均成绩”字段，增加第 I 列为“五级分制”字段。如果平均成绩大于 100，则认为该生状态“良好”，否则认为“中等”。试写出 I 列各单元格中的输入公式。

在 H 列输入公式=AVERAGE（B3:F3）求出五门功课的平均分，接着在 I 3 单元格中插入 IF 函数输入公式“=IF（H3>100，‘良好’‘中等’）”，确认以后即可求得张一涵的学习状态，如图 4.39 所示。该列其他各单元格采用“公式复制”即可求得每个学生的学习状态，如图 4.40 所示。

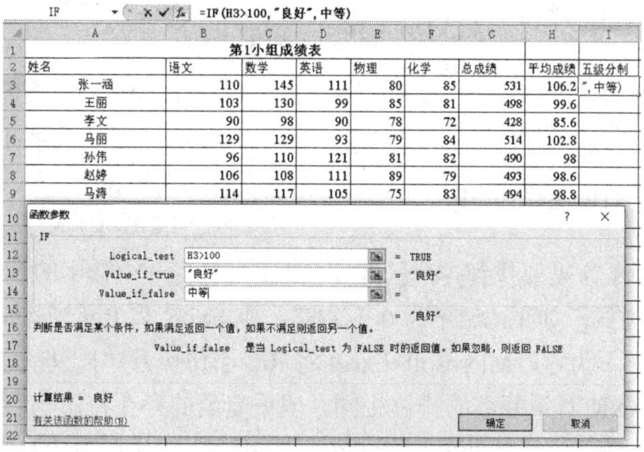

图 4.39 IF 函数的使用

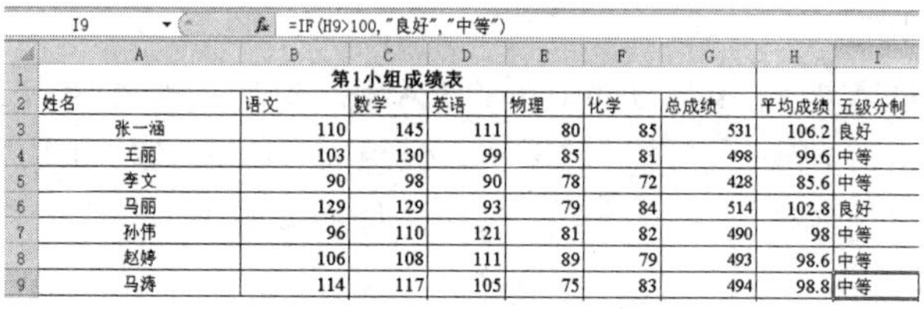

=IF (H9>100, "良好", "中等")

姓名	语文	数学	英语	物理	化学	总成绩	平均成绩	五级分制
张一涵	110	145	111	80	85	531	106.2	良好
王丽	103	130	99	85	81	498	99.6	中等
李文	90	98	90	78	72	428	85.6	中等
马丽	129	129	93	79	84	514	102.8	良好
孙伟	96	110	121	81	82	490	98	中等
赵婷	106	108	111	89	79	493	98.6	中等
马涛	114	117	105	75	83	494	98.8	中等

图 4.40 IF 函数公式的复制

10）COUNT 函数

功能：统计参数表中的数字参数和包含数字的单元格个数。

使用格式：COUNT（value1，value2，…）。

参数说明：value1，value2，…为 1～255 个可以包含或引用各种不同类型数据的参数，但只对数字型数据进行计算。

例 4-22 在例 4-21 的基础上，试为第 H 列各单元格设计一种参数可调的求取平均成绩的输入公式。

H3 单元格（张一涵平均成绩）输入公式可为“=SUM（B3:F3）/COUNT（B3:F3）”，其中 COUNT（B3:F3）统计出课程总数，该列其他各单元格采用“公式复制”即可得到各生的平均成绩。该公式参数可调，具有应变性。

11）COUNTIF 函数

功能：统计某个单元格区域中符合指定条件的单元格数目。

使用格式：COUNTIF（Range，Criteria）。

参数说明：Range 代表要统计的单元格区域；Criteria 表示指定的条件表达式。

例 4-23 在图 4.24 所示的成绩表上增加第 14 行为"该科目成绩大于 100 分的学生数"栏目，以便分析学生学习情况。试设计该行各单元格中的输入公式。

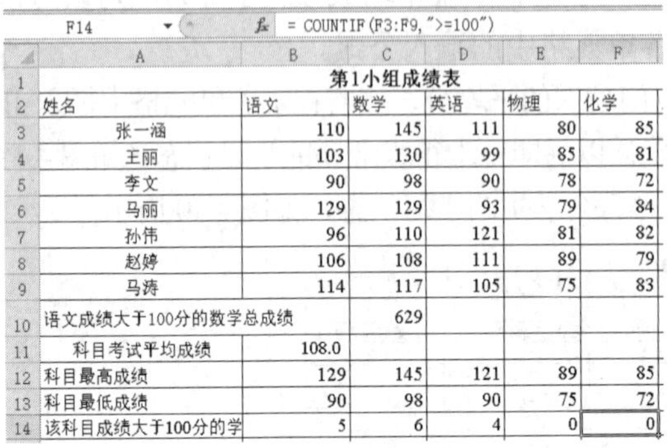

图 4.41 COUNTIF 函数的使用

在 B14 单元格输入公式应为"=COUNTIF（B3:B9，'>=100'）"，确认后得五人。该行其他各单元格采用"公式复制"即可得到语文、数学、英语各科成绩大于 100 分的学生数，如图 4.41 所示。

提示：允许引用的单元格区域中有空白单元格出现。

12）RANK

功能：返回某数字在一列数值中相对于其他数值的大小排名。

使用格式：RANK（Number，Ref，Order）。

参数说明：Number 为需要找到排位的数字；Ref 为包含一组数字的数组或引用。Order 为一数字用来指明排位的方式。如果 Order 为 0 或省略，则 Excel 将 Ref 当作按降序排列的数据清单进行排位。如果 Order 不为零，Microsoft Excel 将 Ref 当作按升序排列的数据清单进行排位。需要说明的是，函数 RANK 对重复数的排位相同。但重复数的存在将影响后续数值的排位。例如，在一列整数里，如果整数 10 出现两次，其排位为 5，则 11 的排位为 7（没有排位为 6 的数值）。

例 4-24 在图 4.24 所示的成绩表上增加第 J 列"排名"字段，以便分析学生在小组的名次。试设计该列各单元格中的输入公式。

在 J3 单元格中插入如图 4.42 所示函数 RANK 函数，或者输入公式"=RANK（C3，$G$3:$G$12）"，确认后得到张一涵的排名情况。想想为什么用绝对引用？该列其他各单元格采用"公式复制"即可得到各位同学在小组的名次，如图 4.43 所示。

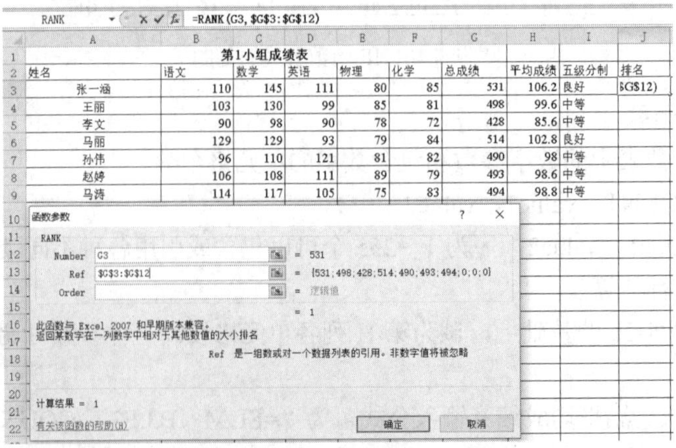

图 4.42 RANK 函数的使用

J9	▼	fx	=RANK(G9,$G$3:$G$12)							
	A	B	C	D	E	F	G	H	I	J
1			第1小组成绩表							
2	姓名	语文	数学	英语	物理	化学	总成绩	平均成绩	五级分制	排名
3	张一楠	110	145	111	80	85	531	106.2	良好	1
4	王丽	103	130	99	85	81	498	99.6	中等	3
5	李文	90	98	90	78	72	428	85.6	中等	7
6	马丽	129	129	93	79	84	514	102.8	良好	2
7	孙伟	96	110	121	81	82	490	98	中等	6
8	赵婷	106	108	111	89	79	493	98.6	中等	5
9	马涛	114	117	105	75	83	494	98.8	中等	4

图 4.43　排名情况

5．工作表的快速计算

1）简单计算

求和、平均值、计数、最大值和最小值是常用的简单计算，Excel 2010 在"开始"选项卡下的"编辑"组中提供了这些简单计算的功能，可以快捷完成计算，如图 4.44 所示。

2）自动计算

Excel 2010 提供自动计算功能，利用它可以自动计算选定单元格的总和、平均值、计数、最大值和最小值等。

例 4-25　如图 4.45 所示，利用"自动计算"功能计算 A1:A5 单元格区域的总和、最大值和平均值。

图 4.44　简单计算

图 4.45　自动计算

选择 A1:A5 单元格区域，右击状态栏，弹出"自定义状态栏"快捷菜单，选择"平均值""最大值""求和"选项，其计算结果将在状态栏上显示出来，如图 4.45 所示。

4.4.3　常见出错信息的分析

公式中的错误不仅使计算结果出错，而且会产生某些意外结果。在使用公式或函数进行计算时，经常遇到单元格出现类似"#NAME""#VALUE"等信息，这些信息都是错误使用公式返回的错误信息，下面介绍一下部分常见的错误信息、产生原因及解决方法。

1．######

（1）错误原因。输入到单元格中的数值太长或公式产生的结果太长，单元格容纳不下，将产生错误值######。

（2）解决方法。适当增加列的宽度，直到单元格的数值完全显示。

2．#DIV/0！

（1）错误原因。在公式中引用了空单元格或公式中有除数为零，将产生错误值#DIV/0！

（2）解决方法。修改单元格引用，或者修改除数的值。

3. #VALUE

（1）错误原因。当使用错误的参数，或运算对象类型不匹配，或当自动更正公式功能不能更正公式时，将产生错误值#VALUE。

（2）解决方法。确认公式或函数所需要的参数或运算符的正确性，确认公式引用的单元格所包含数值的有效性。

4. #N/A

（1）错误原因。在公式中无可用的数值或缺少函数参数时，将产生错误值#N/A。

（2）解决方法。如某些单元格中暂无数值，可在这些单元格中输入"#N/A"，这样，公式引用时会不计算数值，且返回#N/A。

5. #NAME

（1）错误原因。在公式中使用了 Excel 不能识别的文本，即函数名拼写错误，或引用了错误的单元格地址或单元格区域。

（2）解决方法。确认使用的名称是否存在，如果所需的名称没有被列出，则添加相应的名称；如果名称存在拼写错误，则修改拼写错误。

6. #REF

（1）错误原因。引用了一个所在列或行已被删除的无效单元格，将产生错误值#REF。

（2）解决方法。更改公式，或在删除或粘贴单元格之后，立即单击"撤销"按钮以恢复工作表中的单元格。

7. #NUM！

（1）错误原因。在公式或函数中使用了非法的数字参数，如=sqrt（-3），将产生错误值#NUM！。

（2）解决方法。检查数值是否超出限定区域，确认函数中使用的参数类型的正确性。

8. #NULL！

（1）错误原因。使用了不正确的区域运算或不准确的单元格引用，将产生错误值#NULL！。

（2）解决方法。如果要引用两个不相交的区域，要使用联合运算符（逗号）。

📖 4.5 Excel 2010 工作表的格式化

所谓工作表的格式化，就是对工作表进行修饰。Excel 2010 的每一个单元格都可以看成是 Word 2010 的文档编辑区。所以对 Word 2010 文档进行的格式化操作方法，很多适用于 Excel 2010 单元格。工作表的修饰包括设置单元格的格式、设置单元格区域的对齐方式、设置单元格区域的边框和底纹及使用自动套用格式等。

编辑好工作表内容后，需要对工作表进行格式化编排，使表格更加形象、整齐、美观、一目了然。

4.5.1 文字格式的设置

在 Excel 2010 中，设置文本格式主要有三种方法：通过"开始"选项卡中的"字体"组设置；通过"开始"选项卡中的"单元格"组设置；利用快捷菜单设置。

1. 使用"开始"选项卡中的"字体"组设置

Excel 2010 的"开始"选项卡如图 4.46 所示。

图 4.46　"开始"选项卡

（1）设置字体格式。首先需选定要设置字体的单元格区域，然后单击图 4.46 所示的"字体"组中的"样式框"下拉列表框右侧的下拉按钮，弹出如图 4.47 所示的下拉列表框，最后从列表中选择所需的字体即可。

（2）设置文本的字号。需先选定要改变字号的单元格区域，然后单击"字体"组"字号"下拉按钮，弹出"字号"下拉列表，从列表中选择所需的字号即可。

（3）设置文本的字形。"字体"组具有三个设置文本字形的按钮，即"加粗" **B**、"倾斜" **I** 和"下划线" **U**，这三个选项可以同时选择，也可以只选一项。

（4）设置文本的颜色。需先选定要设置文本颜色的单元格区域，然后单击"字体"组中的"字体颜色"下拉按钮，弹出如图 4.48 所示的颜色调色板，在颜色调色板中选择所需的颜色方框即可。

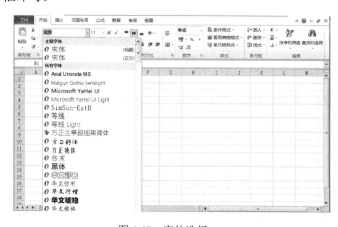

图 4.47　字体选择

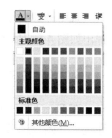

图 4.48　颜色调色板

2. 使用"开始"选项卡中的"单元格"组设置

（1）选择要进行文本格式设置的单元格区域。

（2）选择"开始"选项卡中的"单元格"组，单击"格式"下拉按钮，弹出如图 4.49 所示的下拉列表。

（3）单击其中的"设置单元格格式"，弹出如图 4.50 所示的"设置单元格格式"对话框。在此可以进行"字体""字形""字号""下划线""颜色"等文本属性的设置。

（4）单击"确定"按钮。

图 4.49 "单元格"分组中"格式"下拉列表

图 4.50 "设置单元格格式"对话框

3. 使用快捷菜单设置

选中要设置格式的单元格，单击鼠标右键，在弹出的快捷菜单中选择"设置单元格格式"，弹出如图 4.50 所示的"设置单元格格式"对话框，在该对话框中即可设置。

4.5.2 数字格式的设置

在 Excel 2010 中，设置数字格式也有三种方法：通过"开始"选项卡的"数字"组设置；通过"开始"选项卡的"单元格"组设置；使用快捷菜单设置。

1. 使用"开始"选项卡的"数字"组设置

利用"开始"选项卡的"数字"组中有六个格式化数字的按钮设置："常规"下拉列表、"货币样式" 🔢、"百分比样式" %、"千分位样式" 、"增加小数位数" 和"减少小数位数" ，其功能如下：

（1）"常规"下拉按钮。在弹出的下拉列表中根据需要设置数字格式。

（2）"货币样式"下拉按钮。在弹出的下拉列表中根据需要在数字前面插入货币符号，并且保留两位小数。

（3）"百分比样式"按钮。将选定单元格区域的数字乘以 100，在该数字的末尾加上百分号。

（4）"千位分隔样式"按钮。将选定单元格区域的数字从小数点向左每三位整数之间用千分号分隔。

（5）"增加小数位数"按钮。将选定单元格区域的数字增加一位小数。

（6）"减少小数位数"按钮。可以将选定单元格区域的数字减少一位小数。

2．使用"开始"选项卡的"单元格"组设置

（1）选择要进行数字格式设置的单元格区域。

（2）选择"开始"选项卡的"单元格"组，单击"格式"下拉按钮，弹出"格式"下拉列表，单击"设置单元格格式"选项，弹出"设置单元格格式"对话框。

（3）单击"数字"选项卡，在"分类"列表框中选择所需要的格式，在右侧可进行相应格式的设置，如图 4.51 所示。

（4）单击"确定"按钮。

图 4.51　"数字"选项卡

3．使用快捷菜单设置

选中要设置格式的单元格，单击鼠标右键，在弹出的快捷菜单中选择"设置单元格格式"，弹出如图 4.50 所示的"设置单元格格式"对话框，在分类列表中进行设置。

4.5.3　对齐格式的设置

在 Excel 2010 的默认情况下，单元格的文本靠左对齐，数字靠右对齐，逻辑值和错误值居中对齐，但用户可以改变对齐格式的设置。设置对齐格式主要通过三种方法：使用"开始"选项卡的"对齐方式"组进行设置；使用"开始"选项卡的"单元格"组设置；使用快捷菜单设置。

1．使用"开始"选项卡的"对齐方式"组设置

如图 4.52 所示，利用"开始"选项卡的"对齐方式"组中的对齐格式按钮设置："顶端对齐""垂直居中""底端对齐""文本左对齐""居中""文本右对齐""方向""增加缩进量""减少缩进量""自动换行""合并后居中"等下拉按钮。它们的功能分别为：

图 4.52　"对齐方式"组

（1）"顶端对齐"按钮。可以将选定的单元格区域中的内容沿单元格顶边缘对齐。

（2）"垂直居中"按钮。可以将选定的单元格区域中的内容沿单元格垂直方向居中对齐。

（3）"底端对齐"按钮。可以将选定的单元格区域中的内容沿单元格底边缘对齐。

（4）"文本左对齐"按钮。可以将选定的单元格区域中的内容沿单元格左边缘对齐。

（5）"文本右对齐"按钮。可以将选定的单元格区域中的内容沿单元格右边缘对齐。

（6）"居中"按钮。可以将选定的单元格区域中的内容居中。

（7）"合并后居中"下拉按钮。弹出如图 4.53 所示的下拉列表，从中选择命令。

（8）"自动换行"按钮。可以将选定单元格中超出列宽的内容自动换到下一行。

（9）"方向"下拉按钮。弹出如图 4.54 所示的下拉列表，从中选择选项。

图 4.53　"合并后居中"下拉列表　　　　图 4.54　"方向"下拉列表

2．使用"开始"选项卡的"单元格"组设置

（1）选择要进行对齐格式设置的单元格区域。

（2）单击"开始"选项卡的"对齐方式"组中的"方向"下拉按钮"设置单元格对齐方式"，弹出如图 4.55 所示的"设置单元格格式"对话框。

（3）在该对话框"对齐"选项卡中对文本进行水平、垂直方向对齐及旋转等操作。

（4）单击"确定"按钮。

3．使用快捷菜单设置

图 4.55　"对齐"选项卡

选中要设置格式的单元格，单击鼠标右键，在弹出的快捷菜单中选择"设置单元格格

式"，弹出如图 4.50 所示的"设置单元格格式"对话框，选择"对齐"选项，对话框如图 4.55 所示，可以对文本对齐方式、文本控制及文字方向进行设置。

4.5.4 边框和底纹的设置

可以为单元格或单元格区域添加各种类型的边框和底纹，使表格更加清晰明了。

1. 设置边框

1）利用"边框"选项自动设置

（1）选择要进行边框设置的单元格区域。

（2）选择"开始"选项卡中的"字体"组，单击"所有框线"下拉按钮，弹出如图 4.56 所示的下拉列表，在"边框"选项中选择所需边框，Excel 2010 随即自动设置。

图 4.56 边框"下拉列表

2）利用"其他边框"设置

（1）在页面上选择要设置边框的单元格区域。

（2）选择"开始"选项卡中的"字体"组，单击"边框"下拉按钮，在展开的下拉列表"绘制边框"选项中选择"其他边框"，打开"设置单元格格式"对话框，或是右击弹出快捷菜单，选择"设置单元格格式"选项，打开"设置单元格格式"对话框，在"边框"选项卡中设置，如图 4.57 所示。

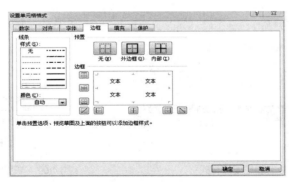

图 4.57 "边框"选项卡

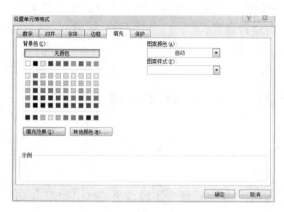

图 4.58 "填充"选项卡

2．设置底纹

（1）选择要进行底纹设置的单元格区域。

（2）如上所述打开"设置单元格格式"对话框，选择"填充"选项卡，在该选项卡中可以对所选区域进行颜色和图案的设置，如图4.58所示。

（3）单击"确定"按钮。

3．格式刷

如果多次设置相同的格式，就是复制格式。可以在"开始"选项卡的"剪贴板"组中，单击"格式刷"按钮 格式刷。只进行一次格式复制，可单击"格式刷"按钮；多次复制格式，则双击"格式刷"按钮。再次单击"格式刷"按钮则取消格式刷。

4.5.5　使用套用表格格式

Excel 2010 提供了丰富的表格格式供用户套用。

（1）选择要进行自动套用格式的单元格区域。

（2）选择"开始"选项卡的"样式"组，单击"套用表格格式"下拉按钮，在弹出的如图4.59所示的下拉列表中选择表格样式。

（3）单击某一表格样式，弹出如图4.60所示的"套用表格式"对话框，选中"表包含标题"复选框，单击"确定"按钮，即可应用预设的表格样式。

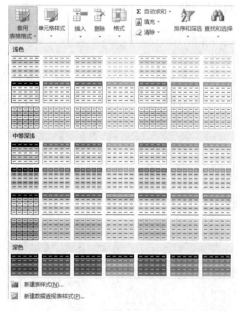

图 4.59　套用表格样式

图 4.60　"套用表格式"对话框

4.5.6 条件格式

Excel 2010 中的条件格式是一项方便用户的功能,是指在单元格中输入的内容满足预先设置的条件之后,就自动给该单元格预先设置各种样式,并突出显示要检查的动态数据。

条件格式即单元格格式,包括单元格的底纹、字体等。

(1)首先选中要设置格式的单元格区域。

(2)选择"开始"选项卡中的"样式"组,单击"条件格式"下拉按钮,弹出如图 4.61 所示的下拉列表,选择其中的"新建规则"选项,打开如图 4.62 所示的"新建格式规则"对话框。

图 4.61 "条件格式"下拉列表

(3)在图 4.62 所示的"选择规则类型"列表中,选择"只为包含以下内容的单元格设置格式",出现如图 4.63 所示的对话框,可以为满足条件的单元格设置格式。

图 4.62 "新建格式规则"对话框

图 4.63 "只为包含以下内容的单元格设置格式"对话框

① 选择"单元格值"选项,在右侧设置格式条件,如选择下拉列表框中的"介于"选项,后面出现两个文本框,在其中输入数值即可。

② 单击"格式"按钮,打开"设置单元格格式"对话框,其中包含有"数字""字体""边框""填充"四个选项卡,在各选项卡中分别设置文本的具体格式。

(4)如果要编辑某个条件,则在图 4.61 中选择"管理规则",打开如图 4.64 所示的"条件格式规则管理器"对话框,在该对话框中有"新建规则""编辑规则""删除规则"三个选项卡,分别可以执行新建规则、编辑规则和删除规则操作。

图 4.64 "条件格式规则管理器"对话框

(5)如果要删除规则,应首先选择要删除规则的数据区域,单击"条件格式"下拉按钮,弹出下拉列表，选择"清除规则"选项，或在"条件格式规则管理器"对话框中选择"删除规则"选项，进行相应的删除操作。

4.5.7　工作表的保护

工作表制作好后分发给他人浏览时，若不希望他人编辑工作表中的数据，可以用保护工作表的方法来实现。

1．一般保护

打开需要保护的工作表，在"审阅"选择卡中的"更改"组中单击"保护工作表"按钮，则打开如图 4.65 所示的"保护工作表"对话框，在该对话框选择"保护工作表及锁定的单元格内容"复选框后，单击"确定"按钮，则工作表被保护。

2．加密保护

打开如图 4.65 所示的"保护工作表"对话框。在如图 4.66 所示的"取消工作表保护时使用的密码"文本框中输入密码，则弹出如图 4.67 所示的"确认密码"对话框，重复输入一次密码，单击"确定"按钮完成加密保护。

图 4.65　"保护工作表"对话框

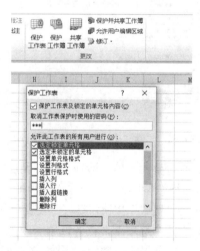

图 4.66　输入密码设置

3．解除保护

打开需要解除保护的工作表，在"审阅"选择卡中的"更改"组中单击"撤销工作表保护"按钮即可。如果是加密保护的工作表，在单击上述按钮时，会弹出如图 4.68 所示的对话框，输入正确的密码，才能解除保护。

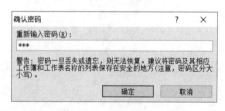

图 4.67　"确认密码"对话框

图 4.68　"撤销工作表保护"对话框

📖4.6 Excel 2010 的图表

图表是分析数据最直观的方式，这是因为图形可以比数据更加清晰易懂，它表示的含义更加形象直观，并且易于通过图表直接了解到数据之间的关系，分析预测数据的变化趋势。Excel 2010 提供了强大的用图形表示数据的功能，可以将工作表中的数据自动生成各种类型的图表，且各种图表之间可以方便地转换。

4.6.1 图表概述及基本术语

在 Excel 2010 中，图表是对数据的图形描述和表示，即将工作表单元格区域中的数据根据需要生成相应的图表，使人一目了然。其中，单元格数值对应图表中的一个数据点，工作表单元格区域的数据就对应图表的数据系列。

1．图表概述

Excel 2010 提供的图表类型包括柱形图、折线图、饼图、条形图、面积图、散点图、股价图、曲面图、圆环图、气泡图和雷达图 11 大类标准图表，有二维图表和三维图表，可以选择多种类型图表创建组合图。下面介绍几类基本的图表类型。

（1）柱形图。柱形图可直观地对数据进行对比分析。在 Excel 2010 中，柱形图又可细分为二维柱形图、三维柱形图、圆柱图、圆锥图及棱锥图等。

（2）折线图。折线图可直观地显示数据的走势。在 Excel 2010 中，折线图又分为二维折线图与三维折线图。

（3）饼图。饼图能直观地显示数据占有比例，而且比较美观。在 Excel 2010 中，饼图又分为二维饼图与三维饼图。

（4）条形图。条形图即横向的柱形图，其作用与柱形图相同，可直观地对数据进行对比分析。

在 Excel 2010 中，条形图又可细分为二维条形图、三维条形图、圆柱图、圆锥图及棱锥图等。

（5）面积图。面积图可直观地显示数据的大小与走势范围。在 Excel 2010 中，面积图又可分为二维面积图和三维面积图。

（6）散点图。散点图可直观地显示图表数据点的精确性，帮助用户对图表数据进行统计计算。

2．图表的主要术语

图 4.69 描述的是一个关于公司销售额的柱形图，图表中常用的术语已经在图中标注出来，包括图表区、绘图区、图表标题、数据系列和数据点、数据标签、坐标轴标题及图例等。

基本术语说明如下：

（1）图表区。图表区是指整个图表及其全部元素。

（2）绘图区。绘图区是指通过轴界定的区域，包括所有数据系列、分类名、刻度线标志和坐标轴标题。

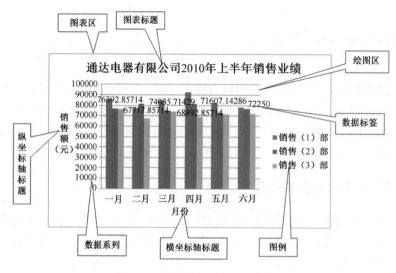

图 4.69　图表中主要术语及其含义

（3）数据系列和数据点。图表中每个数据系列具有唯一的颜色或图案，并且在图表的图例中表示。可以在图表中绘制一个或多个数据系列（饼图只有一个数据系列）。

在图表中绘制的相关数据点的数据来自数据表的行或列。数据点在图表中绘制的单个值由条形、柱形、折线、饼图或圆环图的扇面、圆点和其他被称为数据标记的图形表示。相同颜色的数据标记组成一个数据系列。

（4）坐标轴。坐标轴是指界定图表绘图区的线条，用作度量的参照框架。其中 x 轴（横轴）称为水平分类轴，y 轴（纵轴）称为垂直数值轴。

（5）图表标题。图表标题是说明性的文本，可以自动与坐标轴对齐或在图表顶部居中。

（6）数据标签。数据标签是为数据标记提供附加信息的标签，数据标签代表源于数据表单元格的单个数据点或值。

（7）图例。图例是一个方框，用于标识图表中的数据系列或分类制定的图案和颜色。

4.6.2　图表的创建

Excel 2010 的图表在总体上可以分成两种类型：一种图表位于单独的工作表中，也就是说图表与数据源不在同一个工作表上，这种工作表称为图表工作表；另外一种图表与数据源在同一个工作表上，作为该工作表中的一个对象，称为嵌入式图表。两种图表都与建立其工作表的数据相链接，图表会随着与之关联的工作表数据的变化而发生相应的变化。

如图 4.70 所示的是"通达电器公司 2014 年上半年销售业绩表图"，需根据其数据建立一个柱形图，并以此为例介绍建立图表的方法与步骤。

	A	B	C	D	E	F	G
1	通达电器公司2014年上半年销售业绩表（单位：元）						
2	部门	一月	二月	三月	四月	五月	六月
3	销售（1）部	85840	77300	84333	92400	82277	78367
4	销售（2）部	77000	81567	75137	81477	73053	76800
5	销售（3）部	76392.9	67718	74036	68893	71607	72250

图 4.70　通达电器公司 2014 年上半年销售业绩表图

1. 使用默认图表类型创建图表

在工作表上选定用于生成图表的数据，如选定图 4.70 所示的"通达电器公司 2014 年上半年销售业绩表图"的数据；按"F11"键生成如图 4.71 所示的默认图表类型工作表，它是一张单独的工作表（在工作簿中生成 Chart 1 的工作表）。

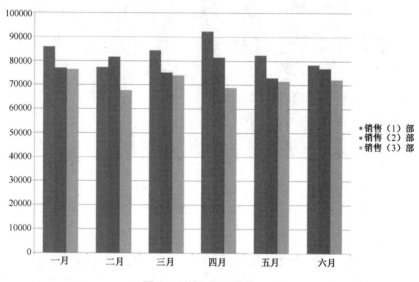

图 4.71　默认图表类型

2. 创建基本图表

在 Excel 2010 中，可根据已有的数据建立一个标准类型或自定义类型的图表，在图表创建完成后，仍然可以修改其各种属性，以使整个图表更趋于完善。

1）插入图表

例 4-26　在"通达电器公司 2014 年上半年销售业绩表"工作表中创建图表。

（1）选择用于创建图表的工作表数据（A2:G5 单元格区域），如图 4.70 所示。

（2）在"插入"选项卡的"图表"组中单击"柱形图"按钮，单击"二维柱形图"选项区域中的"簇状柱形图"样式，如图 4.72 所示；若要查看所有可用的图表类型，单击"图表"组右下角图标 <img>，弹出如图 4.73 所示的"插入图表"对话框，浏览图表类型，选中后单击"确定"按钮。

图 4.72　图表类型

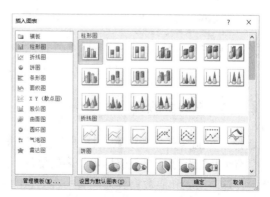

图 4.73　"插入图表"对话框

（3）此时二维簇状柱形图将插入工作表中，如图 4.74 所示。

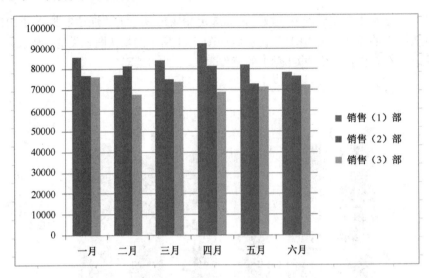

图 4.74　二维簇状柱形图

2）确定图表位置

（1）嵌入图表。嵌入图表是数据源和图表在同一工作表中的图表。当要在一个工作表中查看或打印图表、数据透视图及其源数据等信息时使用此类型。在默认情况下，图表作为嵌入图表放在工作表中。

（2）图表工作表。图表工作表是工作簿中只包含图表的工作表。当单独查看图表或数据透视图时使用此类图表。

如果需要将图表放在单独的图表工作表中来更改嵌入图表的位置，可单击嵌入图表中的任何位置以将其激活，再单击"图表工具"中的"设计"选项卡，选择"位置"组中的"移动图表"按钮，弹出如图 4.75 所示的"移动图表"对话框，在"选择放置图表的位置"选项中单击"新工作表"并为工作表命名，图表即移动到新的工作表中。

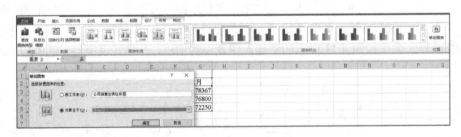

图 4.75　"移动图表"对话框

4.6.3　图表的编辑

选择一个能够充分表现数据特征的最佳图表类型，有助于更清晰地反映数据的差异和变化，有益于从这些数据中获取尽可能多的信息。图表生成后，如果觉得不够理想，可以对其进行更改。这些图表和原数据表之间有一种动态的联系，当修改工作表的数据时，这些图表都会随之发生变换，反之亦然。

图表创建完成后，Excel 2010 会自动打开"图表工具"的"设计""布局""格式"选项卡，如图 4.76 所示，在其中可以设置图表类型、图表位置和大小、图表样式和图表布局等参数，还可以为图表添加趋势线或误差线。

图 4.76 "图表工具"中的"布局"选项卡

1. 更改图表类型

当创建的图表类型不合适或无法确切地展现工作表数据所包含的信息的时候，需要更改图表类型。

例 4-27 将如图 4.74 所示的通达电器公司 2014 年上半年销售业绩的"二维簇状柱形图"更改为"条形图"。

（1）单击如图 4.74 所示的"二维簇状柱形图"，使之处于激活状态。

（2）打开"图表工具"的"设计"选项卡，在"类型"组中单击"更改图表类型"按钮，弹出"更改图表类型"对话框，如图 4.77 所示。

（3）在"更改图表类型"对话框左侧的"类型"列表框中选择"条形图"，然后在右侧的"样式"列表框中选择"簇状条形图"样式，单击"确定"按钮，即可将图表类型更改为条形图，如图 4.78 所示。

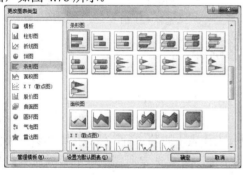

图 4.77 "更改图表类型"对话框

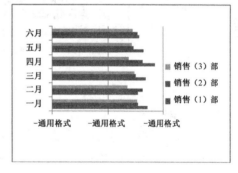

图 4.78 更改图表类型后的示例

2. 更新数据图表

在创建图表后，往往有行或列要添加或删除，需要在原有图表上体现出来。

1）添加数据

在原数据表中增添销售（4）部的销售情况，如图 4.79 所示。

	A	B	C	D	E	F	G
1	通达电器公司2014年上半年销售业绩表（单位：元）						
2	部门	一月	二月	三月	四月	五月	六月
3	销售（1）部	85840	77300	84333	92400	82277	78367
4	销售（2）部	77000	81567	75137	81477	73053	76800
5	销售（3）部	76392.9	67718	74036	68893	71607	72250
6	销售（4）部	7896.86	77726	83040	94885	88592	85223

图 4.79 添加数据的通达电器公司 2014 年上半年销售业绩表图

例 4-28 添加销售（4）部的销售数据后，更新此图表。

（1）在工作表中添加一行销售（4）部的销售情况。

（2）单击要更新数据的图表，使之处于激活状态。

（3）打开"图表工具"中的"设计"选项卡，在"数据"组中单击"选择数据"按钮，弹出如图 4.80 所示的"选择数据源"对话框。

（4）在"图表数据区域"选择添加了销售（4）部销售情况的数据区域，单击"确定"按钮，销售（4）部的销售情况即在图表中显示出来，如图 4.81 所示。

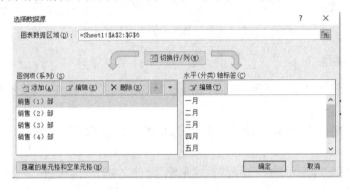

图 4.80　"选择数据源"对话框

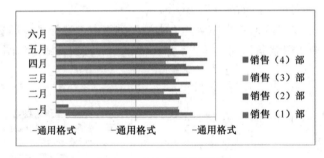

图 4.81　添加了数据的图表

2）删除数据

如果要删除相应的数据，最简单的方法是在原有工作表上删除该行，然后按添加数据类似方法操作；如果只想修改图表上的系列，原工作表不变，只要选定所需删除的数据系列，按"Delete"键即可把整个数据系列从图表中删除。

3．图表布局

Excel 2010 提供了多种预定义布局供用户选择，也可以手动更改各个图表元素的布局。

1）应用预定义图表布局

选中如图 4.78 所示的图表区的任意位置，在"图表工具"的"设计"选项卡中的"图表布局"组中，单击要使用的图表布局（选择布局 8），即可应用预定义的图表布局，如图 4.82 所示。当 Excel 2010 窗口缩小时，单击"图表布局"组的"快速布局"按钮，在弹出的下拉列表的"快速布局库"中将提供图表布局，如图 4.83 所示。

图 4.82　设置图表布局图

图 4.83　快速布局

2) 手动更改图表元素的布局

在"图表工具"中的"布局"选项卡可以手动设置图表的标签、坐标轴、背景等参数。

例 4-29　对图 4.81 所示的"添加了数据的图表"上设置图表的布局。

（1）选定图表区，使之处于激活的状态。

（2）打开"图表工具"中的"布局"选项卡，在"标签"组中单击"图表标题"按钮，从弹出的下拉列表中如图 4.84 所示选择"图表上方"，即在图表上方弹出"图表标题"文本框。

（3）在"图表标题"文本框中输入文本"通达电器公司 2014 年上半年销售业绩"，效果如图 4.85 所示。

图 4.84　添加图表标题

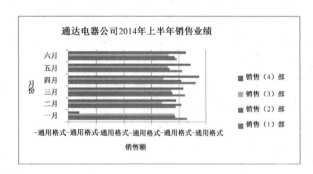

图 4.85　设置图表布局的效果

（4）打开"图表工具"中的"布局"选项卡，在"标签"组选择"坐标轴标题"，在"主要横坐标轴标题"中选择"坐标轴下方标题"，在"主要纵坐标轴标题"中选择"竖排标题"，弹出"横坐标轴标题""纵坐标轴标题"文本框，分别输入"销售额""月份"，即可在图表中添加横、纵坐标轴标题，效果如图 4.85 所示。

（5）打开"图表工具"中的"布局"选项卡，在"标签"组中单击"图例"按钮，从弹出的下拉列表中可以选择图例的位置（默认在右侧显示图例）。

（6）此外，还可在"图表工具"中的"布局"选项卡的"标签"组，单击"数据标签"按钮，设置数据标签信息；在"图表工具"中的"布局"选项卡的"坐标轴"组，设置"坐标轴"和"网格线"信息等。

4．图表样式

设置图表样式与设置图表布局方法相似。先选中要设置的图表区的任意位置，在"图表工具"的"设计"选项卡中的"图表样式"组中,单击要使用的图表样式,即可完成预定义图表样式的设置,如图 4.86 所示。

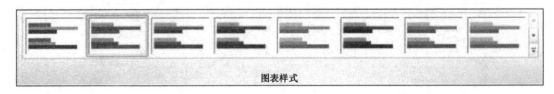

图 4.86 图表样式

5. 更改图表元素格式

例 4-30 对如图 4.85 所示的"通达电器公司 2014 年上半年销售业绩表"相对应的图表区的"填充""边框颜色""样式""阴影""属性"等格式进行设置。

右击图表区,从弹出的快捷菜单中选择"设置图表区格式",打开"设置图表区格式"对话框,如图 4.87 所示。在此对话框中可对图表区的"填充""边框颜色""边框样式""阴影""发光和柔化边缘""三维格式""属性"等进行设置。

(1)打开"填充"选项卡,选择"图片或纹理填充"单选按钮,在"纹理"选项区域单击"纹理"下拉按钮 ，从弹出的纹理面板中选择"斜纹布"样式,如图 4.87 所示。

(2)打开"边框颜色"选项卡,选择"实线"单选按钮,在"颜色"选项区域单击"颜色"下拉按钮 ，从弹出的颜色面板中选择"深蓝,文字 2,淡色 40%"色块,如图 4.88 所示。

(3)打开"边框样式"选项卡,设置"宽度"为 3 磅,"复合类型"为由粗到细,"短划线类型"为实线,"线段类型"和"联接类型"为圆形,并且勾选"圆角"复选框,如图 4.89 所示。

(4)打开"发光和柔化边缘"选项卡,在"发光"选项区设置"预设"为蓝色、8 磅、发光强调文字颜色 1",在"柔化边缘"选项区设置"预置"为 1 磅,如图 4.90 所示。

(5)关于"阴影""三维格式""大小""属性""可选文字"设置参照上述方法,最终效果如图 4.91 所示。

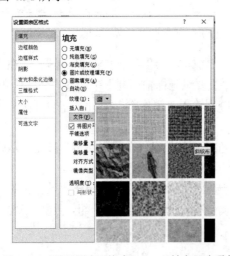

图 4.87 "设置图表区格式"——"填充"选项卡　　图 4.88 "设置图表区格式"——"边框颜色"选项卡

图 4.89　设置图表区格式——"边框样式"选项卡　图 4.90　设置图表区格式——"发光和柔化边缘"选项卡

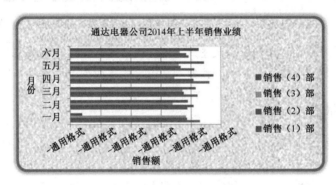

图 4.91　设置图表样式效果图

6. 添加误差线

运用图表进行回归分析时，如果需要描绘数据的潜在误差，可以为图表添加误差线。

例 4-31　对如图 4.91 所示的"通达电器公司 2014 年上半年销售业绩"对应图表添加误差线。

（1）选中图表，打开"图表工具"的"布局"选项卡，在"分析"组中单击"误差线"按钮，从弹出的下拉列表中选择"标准偏差误差线"，如图 4.92 所示，即可添加误差线，得到如图 4.93 所示效果。

 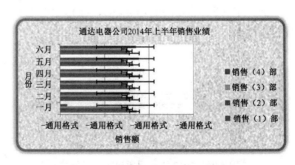

图 4.92　添加误差线　　　　　　　　图 4.93　添加误差线的效果

（2）在图表的绘图区，单击"销售（1）部"系列中的误差线，选中该误差线，打开"图表工具"的"格式"选项卡，在"形状样式"组中单击"形状轮廓"按钮，从弹出的"标准色"颜色面板中选择"红色"色块，为误差线填充颜色，如图 4.94 所示。

（3）使用同样方法，设置其他系列中的误差线的填充颜色，最终效果如图 4.95 所示。

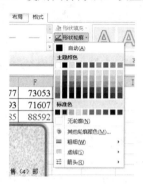
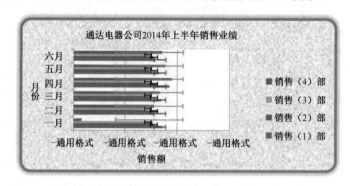

图 4.94　设置误差线的填充色　　　　　图 4.95　设置误差线的填充色的最终效果

提示：添加趋势线的方法和添加误差线类似，选中图表，打开"图表工具"的"布局"选项卡，在"分析"组中单击"趋势线"按钮，从弹出的下拉列表中选择一种趋势线样式即可。

4.6.4　迷你图

迷你图是一个微型图表，可提供数据的直观表示，它还可以显示一系列数值的趋势，或者突出显示最大值和最小值。与 Excel 工作表上的图表不同，迷你图不是对象，而是单元格背景中的一个微型图表。此外，在打印包含迷你图的工作表时将会把迷你图也打印出来。

1．创建迷你图

例 4-32　以图 4.96 所示的"2012 年三星手机各地区销售表"为例创建迷你图，反映每个地区四个季度的销售趋势。操作步骤如下：

（1）选中 F3 单元格，在其中插入相应的迷你图。

（2）在"插入"选项卡的"迷你图"组，单击要创建的迷你图的类型，包括"折线图""柱形图""盈亏图"，在此选择"折线图"，弹出"创建迷你图"对话框，如图 4.97 所示。

（3）在"数据范围"选择"B3:E3"单元格区域，在"位置范围"选择"$F$3"单元格，单击"确定"按钮，即可在 F3 单元格中生成折线迷你图；将鼠标光标置于 F3 右下角，光标变形为"十"字（F3 单元格的填充柄），按住鼠标右键向下拖动填充柄，即可生成 F4:F6 单元格区域的迷你图，如图 4.98 所示。

	A	B	C	D	E	F
1	2012年三星手机各地区销售额（万台）					
2	地区	第一季度	第二季度	第三季度	第四季度	区域销售额
3	东部	21234	11345	4321	12245	
4	南部	3245	23456	5435	11234	
5	西部	23467	2345	56123	2345	
6	北部	32456	3241	2345	34567	

图 4.96　2012 年三星手机各地区销售表

图 4.97　"创建迷你图"对话框

	A	B	C	D	E	F
1	2012年三星手机各地区销售额（万台）					
2	地区	第一季度	第二季度	第三季度	第四季度	区域销售额
3	东部	21234	11345	4321	12245	
4	南部	3245	23456	5435	11234	
5	西部	23467	2345	56123	2345	
6	北部	32456	3241	2345	34567	

图 4.98 迷你折线图

2. 编辑迷你图

创建迷你图后，功能区增加"迷你图工具设计"选项卡，该卡上分为多个组："迷你图""类型""显示""样式""分组"，使用这些命令可以编辑已创建的迷你图。

例 4-33 对如图 4.98 所示的迷你折线图进行编辑。操作步骤如下：

（1）选中 F3 单元格的迷你折线图。

（2）打开"迷你图工具设计"选项卡，在"显示"组中选择"高点"和"低点"，则相应的点在图上显示出来；单击在"样式"组中选择迷你图的颜色，如图 4.99 所示；此外还可更改迷你图和标记的颜色，以及设置坐标轴。

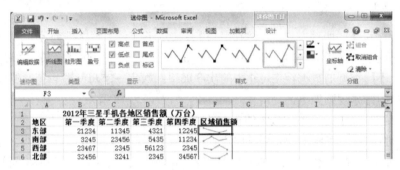

图 4.99 编辑迷你图

📖4.7 数据管理与分析

4.7.1 数据清单

Excel 不仅具有数据排序、筛选、分类、汇总等数据管理功能，还提供了简单、形象、有效、实用的数据分析工具——数据透视表及数据透视图，从而能够及时、全面地对变化的数据清单进行重新组织和统计，方便用户进行决策。

要使用 Excel 的数据管理功能，首先必须将表格创建为数据清单。在 Excel 中，数据清单是一种特殊的表格，其特殊性在于此类表格至少由两个必备部分构成：表结构和纯数据。表结构为数据清单中第一行的栏目标题，Excel 将利用这些标题名对数据进行排序、筛选、分类汇总等。纯数据部分则是 Excel 实施管理功能的对象，该部分不允许有非法数据内容出现。图 4.96 就是一个简单的记录清单。

要正确创建数据清单，应遵守以下的准则：

（1）避免在一张工作表中建立多个数据清单，如果在工作表中还有其他数据，要与数据清单之间留出空行和空列，数据清单中行称为记录、列称为字段。

（2）数据清单是一片连续的数据区域，避免存在空行和空列。

（3）在数据清单的第一行里创建列标题，即栏目标题，也称为字段名，列标题使用的各种格式应与清单中其他数据有所区别。

（4）列标题字段名唯一且同列数据的数据类型和格式应完全相同。

（5）单元格中数据的对齐方式要求用"开始"选项卡的"对齐方式"组的各种命令按钮来设置，不要用输入空格的方法调整。

数据清单的具体创建操作同普通表格的创建完全相同。首先，根据数据清单内容创建表结构（第一行的列标题），然后在表结构的下面输入数据，完成创建工作。

4.7.2 数据排序

数据排序是指按一定规则对数据进行整理、排列，这样可以快速、直观地显示和查找数据。Excel 提供了按数字大小顺序、按字母顺序、按字体颜色和单元格颜色及按单元格图标进行排序等方法。排序中，既可以升序，也可以降序，还可以由用户自定义排序方式。

1. 排序规则

排序有升序和降序两种方式。所谓升序，就是按从小到大的顺序排列数据，如数字按 0，1，2，…，9 的顺序排列，字母按 A，B，…，Z 和 a，b，…，z 的顺序排列等；降序则反之。按升序排序时，不同类型的数据在 Excel 中的次序如下：数字→字母→逻辑值→错误值→空格，同种类型数据的排序规则如下。

（1）数字按从最小的负数到最大的正数的顺序进行排序。

（2）字母按照英文字典中的先后顺序排列，即按 A～Z 和 a～z 的次序排列。在对文本进行排序时，Excel 从左到右逐个字符进行排序比较，若两个文本的第一个字母相同就比较第二个字符，若第二个也相同就比较第三个，依此类推。一旦比较出大小，就不再比较后面的字符。例如，要求按升序排列文本"A100""A1"，因第一、二个字符都相同，所以要比较它们的第三个字符，因 A100 第三个字符是 0，而 A1 没有第三个字符，所以 A100 比 A1 更大，则两文本按升序排序为：A1，A100。

特殊符号及包括数字的文本，升序按如下次序排列：

0～9（空格）！"#$%&（）* ，./ ：；？@ [\ ] ^ _ '{ | } ~ + < = > A～Z a～z

（3）逻辑值。在逻辑值中，FALSE（相当于 0）排在 TRUE（相当于 1）之前。

（4）错误值和空格。所有错误值的优先级相同，空格始终排在最后。

（5）汉字。汉字有两种排序方式：一是根据汉语拼音的字典顺序进行升序或降序排列；二是按笔画排序，以笔画的多少作为排序依据。

2. 简单排序

简单排序的操作是：单击要排序的字段列中的任意单元格，在"开始"选项卡的"编辑"组中，单击"排序和筛选"按钮，然后在弹出的下拉列表中选择"升序"或"降序"按钮；或在"数据"选项卡的"排序和筛选"组中，单击"升序"按钮 ᵉ 或"降序"按钮 ᵉ 。

例 4-34 对如图 4.100 所示的"某级学生的成绩单"，按"专业"字段从高到低来排列数据记录，操作步骤如下：

	A	B	C	D	E	F	G
1	学号	姓名	性别	专业	高等数学	英语	计算机
2	155010516	龚宗萍	女	建筑	86	89	75
3	155020703	王雪	女	建筑	99	82	85
4	155010710	秦益超	男	国贸	90	79	98
5	155020405	张权武	男	国贸	91	79	73
6	155010311	谭峰	男	计算机	82	87	83
7	155010525	冉一林	男	计算机	76	85	73
8	155020327	刘娇娇	女	计算机	84	80	89
9	155020210	谭冬梅	女	国贸	97	88	82
10	155020222	龚秋月	女	建筑	84	79	96
11	155010202	林磊	男	建筑	79	78	85
12	155020426	黄郎霞	女	国贸	88	70	77

图 4.100　某级学生的成绩单

（1）选中"成绩表"中"专业"字段所在的 D2:D12 单元格区域，打开"数据"选项卡，在"排序和筛选"组中单击"降序"按钮 ，弹出"排序提醒"对话框，如图 4.101 所示。

（2）在"排序提醒"对话框中选中"扩展选定区域"单选按钮（此例选择"扩展选定区域"和"以当前选定区域排序"均可），然后单击"排序"按钮即可按照"专业"字段由高到低来排列数据记录，如图 4.102 所示。

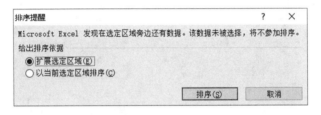

图 4.101　"排序提醒"对话框

	A	B	C	D	E	F	G
1	学号	姓名	性别	专业	高等数学	英语	计算机
2	155010516	龚宗萍	女	建筑	86	89	75
3	155020703	王雪	女	建筑	99	82	85
4	155020222	龚秋月	女	建筑	84	79	96
5	155010202	林磊	男	建筑	79	78	85
6	155010311	谭峰	男	计算机	82	87	83
7	155010525	冉一林	男	计算机	76	85	73
8	155020327	刘娇娇	女	计算机	84	80	89
9	155010710	秦益超	男	国贸	90	79	98
10	155020405	张权武	男	国贸	91	79	73
11	155020210	谭冬梅	女	国贸	97	88	82
12	155020426	黄郎霞	女	国贸	88	70	77

图 4.102　按"专业"降序排列

3. 复杂排序

复杂排序就是将数据清单按关键字值的顺序进行排列。在 Excel 2010 中提供了多个关键字段进行排序，即在"排序"对话框中单击"添加条件"按钮，可以添加任意多个关键字段。按三个以上关键字段进行排序的准则是先对最低级别的关键字进行排序，然后对级别较高一些的关键字进行排序，最后才对最高级别的关键字进行排序。例如，当排序值相等时，可以参考第二个排序条件进行排序，依此类推。

例 4-35　对如图 4.100 所示的"某级学生的成绩单"，按"专业"从高到低降序排列数据记录，"专业"相同的再按"英语"成绩降序排序。

（1）选中"成绩表"中 A1:G12 单元格区域，打开"数据"选项卡，在"排序和筛选"组中单击"排序"按钮，打开"排序"对话框，如图 4.103 所示。

（2）在"排序"对话框的"主要关键字"下拉列表框中选择"专业"选项，在"排序依据"下拉列表框中选择"数值"选项，在"次序"下拉列表框中选择"降序"选项，如图4.103所示。

图4.103　"排序"对话框

（3）单击"添加条件"按钮，添加新的排序条件。在"次要关键字"下拉列表框中选择"英语"选项，在"排序依据"下拉列表框中选择"数值"选项，在"次序"下拉列表框中选择"降序"选项，如图4.104所示。

图4.104　自定义排序条件

（4）单击"确定"按钮，即可完成排序设置，效果如图4.105所示。

	A	B	C	D	E	F	G
1	学号	姓名	性别	专业	高等数学	英语	计算机
2	155010516	龚宗萍	女	建筑	86	89	75
3	155020703	王雪	女	建筑	99	82	85
4	155020222	龚秋月	女	建筑	84	79	96
5	155010202	林磊	男	建筑	79	78	85
6	155010311	谭峰	男	计算机	82	87	83
7	155010525	冉一林	男	计算机	76	85	73
8	155020327	刘娇娇	女	计算机	84	80	89
9	155020210	谭冬梅	女	国贸	97	88	82
10	155010710	秦益超	男	国贸	90	79	98
11	155020405	张权武	男	国贸	91	79	73
12	155020426	黄郎霞	女	国贸	88	70	77

图4.105　多条件排序结果

图4.106　"排序选项"对话框

提示： 若要删除已经添加的排序条件，可在如图4.104所示的"排序"对话框中选择该排序条件，然后单击上方的"删除条件"按钮；若要设置排序方法和排序方向等，可单击"选项"按钮，在弹出如图4.106所示的"排序选项"对话框中设置；若添加多个排序条件后，可单击"排序"对话框上方的上下箭头按钮，调整排序条件的主次顺序。

4.7.3 数据筛选

数据筛选功能是指只显示数据清单中符合条件的记录，那些不满足条件的记录暂时被隐藏起来，一旦筛选条件被撤销，被隐藏的数据又重新出现。筛选是一种用于查找数据清单中数据的快速方法。Excel 2010 有两种筛选记录的方法：一是自动筛选，二是高级筛选。

（1）自动筛选。自动筛选可以实现较简单的筛选功能。在一般情况下，自动筛选就能够满足大部分的需要。

（2）高级筛选。用户设定的筛选条件很复杂，这时就需要使用高级筛选。

1．自动筛选

使用自动筛选来筛选数据，可以快速而又方便地查找和使用单元格区域或数据清单中数据的子集。可以按多个列进行筛选。对数据进行筛选的条件称为筛选器。自动筛选功能的筛选器是累加的，这意味着每追加一个筛选器都基于当前筛选器，从而进一步减少了数据的子集。

（1）单击数据清单的任意一个单元格。

（2）打开"数据"选项卡，在"排序和筛选"组中单击"筛选"按钮，在需要筛选的字段名下拉列表框选择所要筛选的确切值，对于自动筛选来说，可以创建三种筛选类型：按数据清单的值，按格式或按条件。主要有升序、降序、按颜色排序、按颜色筛选和数字筛选等选项。

（3）填入选项后单击"确定"按钮，即可筛选出满足条件的记录。

提示：若字段是文本数据，则自动筛选选项中的"数字筛选"变为"文本筛选"，包含"等于""不等于""开头是""结尾是""包含""不包含"等自定义自动筛选方式。

例 4-36　在如图 4.100 所示的"某级学生的成绩单"，现要查看性别为"女"的学生记录。

（1）单击数据清单中的任意单元格。

（2）打开"数据"选项卡，在"排序和筛选"组中单击"筛选"按钮，在数据清单的每个字段的右侧出现下拉箭头。

（3）单击"性别"的下拉箭头，在弹出如图 4.107 所示的下拉列表框中，去掉"男"前面的√，选择"女"复选框，单击"确定"按钮，则所有女生的记录就会显示出来，如图 4.108 自动筛选所示 。

	A	B	C	D	E	F	G
1	学号	姓名	性别	专业	高等数	英语	计算机
2	155010516	龚宗萍	女	建筑	86	89	75
3	155020703	王雪	女	建筑	99	82	85
4	155020222	龚秋月	女	建筑	84	79	96
8	155020327	刘娇娇	女	计算机	84	80	89
9	155020210	谭冬梅	女	国贸	97	88	82
12	155020426	黄郎霞	女	国贸	88	70	77

图 4.107　筛选下拉列表　　　　　　　　　图 4.108　自动筛选

例 4-37　现要查看图 4.100 所示的"某级学生的成绩单"中女生高等数学成绩在 80 分和 90 分（不包括 80 分和 90 分）之间的情况。

（1）单击成绩单中"性别"字段的下拉箭头，选择"女"，操作同上。

（2）单击"高等数学"字段的下拉箭头，在弹出的下拉列表中选择"数字筛选"中的"介于"选项，弹出"自定义自动筛选方式"对话框，如图 4.109 所示。

（3）在"自定义自动筛选方式"对话框中设置"高等数学"字段的筛选条件为"大于 80"与"小于 90"，如图 4.109 所示。

（4）单击"确定"按钮，即可筛选出满足条件的记录，如图 4.110 所示。

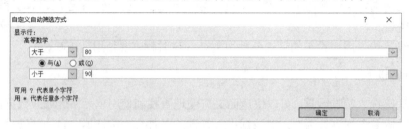

图 4.109　自定义自动筛选方式设置

	A	B	C	D	E	F	G
1	学号	姓名	性别	专业	高等数	英语	计算机
2	155010516	龚宗萍	女	建筑	86	89	75
4	155020222	龚秋月	女	建筑	84	79	96
8	155020327	刘娇娇	女	计算机	84	80	89
12	155020426	黄郎霞	女	国贸	88	70	77

图 4.110　自定义自动筛选结果

提示：若要取消自动筛选，可直接单击"数据"选项卡中的"排序和筛选"组的"筛选"按钮，即可显示所有数据。

2．高级筛选

在实际应用中，常常涉及更为复杂的筛选条件，此时利用自动筛选有很多局限，甚至无法完成，这时就需要使用高级筛选。

在进行高级筛选之前，必须建立一个条件区域，条件区域用于定义筛选必须满足的条件。条件区域的首行必须包含一个或多个与数据清单完全相同的列标题。

在单元格或单元格区域中建立的条件称为条件区域，建立条件区域是进行高级筛选的首要前提。条件区域可以构建在数据清单外的任何位置，要求条件区域与数据清单之间必须至少有一空行或一空列。

高级筛选是一种快速高效的筛选方法，它既可将筛选出的结果在源数据清单处显示出来，也可以把筛选出的结果放在另外的单元格区域之中。下面以图 4.100 所示的"某级学生的成绩单"为例，来说明使用高级筛选的方法。

例 4-38　对于图 4.100 所示的"某级学生的成绩单"，只显示高等数学和英语成绩都大于80 分的记录，使用自动筛选就无法做到，现采用高级筛选方法。

（1）选定存放筛选条件的空白单元格区域，在该单元格区域设置筛选条件，该条件区域至少有两行，第一行为字段名行，以下各行为相应的条件值。在本例中设置的条件如图 4.111 所示（A16:B17 单元格区域）。

（2）打开"数据"选项卡，在"排序和筛选"组中单击"高级"按钮，打开"高级筛选"对话框，如图 4.112 所示。

	A	B	C	D	E	F	G
1	学号	姓名	性别	专业	高等数学	英语	计算机
2	155010516	龚宗萍	女	建筑	86	89	75
3	155020703	王雪	女	建筑	99	82	85
4	155020222	龚秋月	女	建筑	84	79	96
5	155010202	林磊	男	建筑	79	78	85
6	155010311	谭峰	男	计算机	82	87	83
7	155010525	冉一林	男	计算机	76	85	73
8	155020327	刘娇娇	女	计算机	84	80	89
9	155020210	谭冬梅	女	国贸	97	88	82
10	155010710	秦益超	男	国贸	90	79	98
11	155020405	张权武	男	国贸	91	79	73
12	155020426	黄郎霞	女	国贸	88	70	77
13							
14							
15							
16	高等数学	英语					
17	>80	>80					

图 4.111　输入高级筛选条件　　　　图 4.112　"高级筛选"对话框

（3）在该对话框中"方式"选项区，根据需要选择相应的选项。

①"在原有区域显示筛选结果"：选择该单选按钮，则筛选结果显示在原数据清单位置（此例选择此项）。

②"将筛选结果复制到其他位置"：选择该单选按钮，则筛选后的结果将显示在另外的区域，与原工作表并存，但需要在"复制到"文本框中指定区域。

③在"列表区域"文本框中输入要筛选的数据，可以直接在该文本框中输入区域引用；也可以用鼠标在工作表中选定数据区域。

④在"条件区域"文本框中输入含筛选条件的区域，可以直接在该文本框中输入区域引用；也可以用鼠标在工作表中选定数据区域。

⑤如果要筛选掉重复的记录，则应选中"选择不重复的记录"复选框。

（4）单击"确定"按钮，高级筛选结果如图 4.113 所示。

提示：若要重新显示工作表的全部数据内容，可在"数据"选项卡中的"排序和筛选"组中单击"清除"按钮。

	A	B	C	D	E	F	G
1	学号	姓名	性别	专业	高等数学	英语	计算机
2	155010516	龚宗萍	女	建筑	86	89	75
3	155020703	王雪	女	建筑	99	82	85
6	155010311	谭峰	男	计算机	82	87	83
9	155020210	谭冬梅	女	国贸	97	88	82
13							
14							
15							
16	高等数学	英语					
17	>80	>80					

图 4.113　高级筛选结果

3. 高级筛选中条件的确立

1）单一条件的确立

对于单一条件设置可以在条件范围的第一行输入字段名，第二行输入匹配的值。例如，筛选出英语成绩在 80 分以上（包含 80 分）的英语成绩情况，则在条件范围的值处输入">=80"。

2）设置"与"复合条件

如果筛选条件有若干个条件，而且条件之间的关系是"与"运算，需要将多个条件的值分别写在同一行上。如例 4-38。

3）设置"或"复合条件

如果筛选条件有若干个条件，且条件之间的关系是"或"运算，需要将多个条件的值分别写在不同的行上。对如图 4.100 所示的"某级学生的成绩单"筛选出高等数学大于 90 分或英语高于 85 分以上（不包括 85 分）的学生情况，筛选条件设置如图 4.114 所示（条件写在不同行上），筛选结果如图 4.115 所示。

16	高等数学	英语
17	>90	
18		>85

图 4.114　含有"或"的高级筛选条件

	A	B	C	D	E	F	G
1	学号	姓名	性别	专业	高等数学	英语	计算机
2	155010516	龚宗萍	女	建筑	86	89	75
3	155020703	王雪	女	建筑	99	82	85
6	155010311	谭峰	男	计算机	82	87	83
9	155020210	谭冬梅	女	国贸	97	88	82
11	155020405	张权武	男	国贸	91	79	73

图 4.115　含有"或"条件的高级筛选结果

4.7.4　分类汇总

在实际工作中，人们常常需要把众多数据分类汇总，使这些数据能提供更加清晰的信息。例如，在计算机公司的销售表中，通常需要知道每种产品的销售数量、销售额；在公司每月发放工资时，需要知道各个部门的总工资额、平均工资情况等。Excel 提供了该项功能，可以自动对数据项进行分类汇总。

分类汇总和分级显示是 Excel 中密不可分的两个功能。在进行数据汇总的过程中，常常需要对工作表中的数据进行人工分级，这样就可以更好地将工作表中的明细数据显示出来。

分类汇总的方式有很多，有求和、计数、求平均值等，以及将分类汇总结果显示出来。需要指出的是：在分类汇总之前首先应对数据清单排序。

例 4-39　依据图 4.100 所示的"某级学生的成绩单"，按"专业"进行分类，并汇总每个专业"高等数学"的平均成绩。

（1）对分类汇总的字段进行排序：对工作表以"专业"字段进行升序（或降序）排序，使同一班级的记录排在一起，结果如图 4.116 所示。本例需要每个专业的"高等数学"平均成绩，因而汇总的字段是"高等数学"。

（2）单击数据中的任意单元格，在"数据"选项卡的"分级显示"组中，单击"分类汇总"按钮，打开"分类汇总"对话框，如图 4.117 所示。

	A	B	C	D	E	F	G
1	学号	姓名	性别	专业	高等数学	英语	计算机
2	155010516	龚宗萍	女	建筑	86	89	75
3	155020703	王雪	女	建筑	99	82	85
4	155020222	龚秋月	女	建筑	84	79	96
5	155010202	林磊	男	建筑	79	78	85
6	155010311	谭峰	男	计算机	82	87	83
7	155010525	冉一林	男	计算机	76	85	73
8	155020327	刘娇娇	女	计算机	84	80	89
9	155020210	谭冬梅	女	国贸	97	88	82
10	155010710	秦益超	男	国贸	90	79	98
11	155020405	张权武	男	国贸	91	79	73
12	155020426	黄郎霞	女	国贸	88	70	77

图 4.116　按照"班级"进行"升序"排序

图 4.117　"分类汇总"对话框

①在"分类字段"下拉框中选择所需字段作为分类汇总的依据，分类字段必须此前已经排序，在此选择"专业"。

pace to the cost

②在"汇总方式"的下拉框中，选择所需的统计函数，有求和、平均值、最大值和计数等多种函数，在此选择"平均值"。

③在"选定汇总项"列表框中，选中需要对其汇总计算的字段前面的复选框，选"高等数学"字段。

④"替换当前分类汇总"复选框，表示按本次分类要求进行汇总；"每组数据分页"复选框，表示每一类分页显示；"汇总结果显示在数据下方"复选框，表示将分类汇总数放在本类的最后一行。

（3）单击"确定"按钮，即可得到分类汇总结果，调整"平均值"的有效位为两位，如图 4.118 所示。

为了方便查看数据，可将分类汇总后暂时不需要使用的数据隐藏起来，减小界面的占用空间，只须单击分类汇总工作表左边列表树中的 ✚ 按钮即可。当需要查看隐藏的数据时，可再将其显示，此时只须单击分类汇总工作表左边列表树中的 ➖ 按钮。

提示：若要删除分类汇总，可在"分类汇总"对话框中单击"全部删除"按钮。

图 4.118　分类汇总结果图

4.7.5　数据透视表

数据透视表是一种对大量数据快速汇总，且建立交叉列表的交互式工作表，它集合了排序、筛选和分类汇总的功能，用于对已有的数据清单、表和数据库中的数据进行汇总和分析，使用户简便、快速地在数据清单中重新组织和统计数据。

1．数据透视表的创建

例 4-40　图 4.119 所示是"某超市 2014 年产品销售表"中的部分数据，现须创建数据透视表，按日统计各地区的平均销售量，并且按"产品类别"分页。

图 4.119　某超市 2014 年产品销售表

（1）单击数据清单中的任一单元格，打开"插入"选项卡，在"表格"组中单击"数据透视表"按钮，在弹出的下拉列表中选择"数据透视表"选项，打开"创建数据透视表"对话框，如图 4.120 所示。

图 4.120   "创建数据透视表"对话框

图 4.121   创建数据透视表

（2）在"请选择要分析的数据"组中，选中"选择一个表或区域"单选按钮，然后单击"表/区域"后的 [图标]，选定数据区域；在"选择放置数据透视表的位置"选项区域中选中"新工作表"按钮，如图 4.120 所示。

（3）单击"确定"按钮，此时在工作簿中添加一个新工作表，同时插入数据透视表，并将新工作表命名为"数据透视表"，如图 4.121 所示。

（4）在创建的"数据透视表"中，右侧显示"数据透视表字段列表"窗口，将"订购日期"字段拖放到"行标签"区域中，"所属区域"拖放到"列标签"区域中，"销售数量"拖放到"数值"区域中，"产品类别"拖放到"报表筛选"区域中，得到按"产品类别"分页并且按日统计各地区总销售量的数据透视表，如图 4.122 所示。

图 4.122   数据透视表

（5）要求透视表每页按日统计各地区的平均销售量，因此汇总方式应选择"平均值"，在此右击"求和项:销售数量"（A3 单元格），选择"值字段设置"菜单，弹出"值字段设置"对话框，如图 4.123 所示。

（6）在"值字段设置"对话框的"选择用于汇总所选字段数据的计算类型"区域选择"平均值"，即可得到按"产品类别"分页并且按日统计各地区平均销售量的数据透视表，并将"总计"字段（F4 单元格）改为"平均值"，如图 4.124 所示。

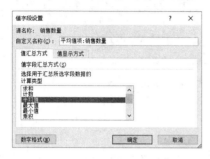

图 4.123　"值字段设置"对话框　　　图 4.124　更改"值汇总方式"的数据透视表

提示：在选择数据透视表位置时，若要将数据透视表放置在新工作表中，并以单元格 A1 为起始位置，单击"新工作表"；若要将数据透视表放置在现有工作表中，选择"现有工作表"，然后在"位置"框中指定放置数据透视表的单元格区域的第一个单元格。

例 4-41　以图 4.124 所示的数据透视表为基础，统计图 4.119 所示各地区每个季度每月的平均销售量，并对日期按照"季度"和"月"进行分组。

（1）选中"订购日期"列，在"选项"选项卡的"分组"组中，单击"将所选内容分组"按钮，弹出"分组"对话框，如图 4.125 所示。

（2）在"分组"对话框中设置"起始于 2014/3/6"和"终止于 2014/6/10"，"步长"为"月"或"季度"，单击"确定"按钮，得到如图 4.126 所示的销售量分组统计透视表。

图 4.125　"分组"对话框　　　图 4.126　销售量分组统计透视表图

2．数据透视表的样式设计

为了使数据透视表更加美观、流畅，可以设置其样式。

例 4-42　设置如图 4.126 所示的数据透视表的样式。

（1）打开"数据透视表工具"中的"设计"选项卡，在"数据透视表样式"选项卡中选择一种样式（数据透视表样式中等深浅 23），如图 4.127 所示。

图 4.127　"数据透视表样式"选项卡

（2）此时即可显示套用的透视表样式，最终效果如图4.128所示。

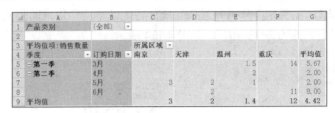

图4.128　设置"数据透视表样式"最终效果

3. 数据透视表的删除

（1）单击要删除的数据透视表的任意位置。

（2）在"数据透视表工具"中选择"选项"选项卡，在"操作"组中单击"选择"按钮，在弹出的菜单中选择"整个数据透视表"。

（3）按"Delete"键，数据透视表被删除，但建立数据透视表的源数据不变，数据透视表所在的工作表也保留。

📖 4.8　Excel 2010 的页面设置与打印

当建立好工作表或图表之后，一般需要打印出来，在打印之前需要为打印文稿做一些必要的设置，如设置页面、设置页边距、添加页眉和页脚等，这些设置与在 Word 中的基本类似，除此之外还有一些与工作表本身有关的设置。设置完成后一般先进行打印预览，用户感觉满意再打印输出。

4.8.1　页面设置

在打印工资表之前，可根据需要对工作表进行一些必要的设置，如页面方向、纸张大小、页边距等。

1. 设置页面方向

页面方向主要用来设置打印出的效果是横排还是竖排，当表格较长时用竖排，当表格较宽时用横排，默认状态为竖排。

在"页面布局"选项卡的"页面设置"组中，单击"纸张方向"按钮，根据需要选择工作表页面的方向为"横向/纵向"。也可以单击"文件"选项卡，选择"打印"选项，在弹出的"打印内容"对话框中单击"属性"按钮，选择工作表页面的方向，如图4.129所示。

图4.129　"纸张方向"的设置

2. 设置页边距

页边距是页面的边线到正文的距离。当表格较大、一张纸差一点放不下时，可以调整页边距大小，进行微调。设置页边距的步骤如下：

（1）在"页面布局"选项卡的"页面设置"组中，单击"页边距"按钮，打开如图 4.130 所示的页边距列表，在下拉菜单中选择"普通""宽""窄"等不同的页边距选项。

（2）也可单击"自定义边距"选项，在弹出的"页面设置"对话框中进行设置。设置完毕后单击"确定"按钮，如图 4.131 所示。

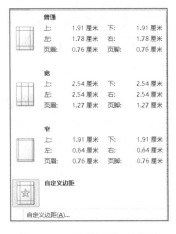

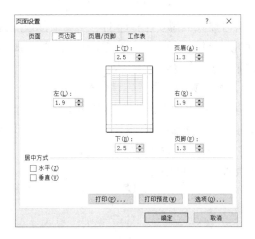

图 4.130　"页边距"的设置　　　　　　　　图 4.131　"页面设置"对话框

3. 设置纸张大小

设置纸张大小就是设置以多大的纸张进行打印，如 A3、A4 等。

在"页面布局"选项卡的"页面设置"组中，单击"纸张大小"按钮，打开如图 4.132 所示的纸张大小列表，根据需要选择适合的纸张大小。

4. 设置打印区域

有时我们希望打印时只打印表格的某一部分区域，其他部分内容不打印，这时可以通过设置打印区域实现。具体操作步骤如下：

（1）在工作表选中需要进行打印的单元格区域。

（2）在"页面布局"选项卡的"页面设置"组中，单击"打印区域"按钮，打开如图 4.133 所示的下拉列表。

图 4.132　"纸张大小"的设置

（3）选择"设置打印区域"命令，这样所选区域即变为了打印区域，这时该区域周边将出现一个虚线边框。后面对此工资表进行打印或者打印预览时，将只能看到打印区域的数据。

单击"取消打印区域"命令，可以取消前面设置的打印区域。

图 4.133　"打印区域"下拉列表

4.8.2　页眉/页脚和打印标题设置

有时候我们想要在打印的每一页顶部或底部插入一些固定格式的内容，如公司名称、页码等，可以通过设置页眉/页脚来实现，页眉/页脚在正常的 Excel 表格视图中是看不见的，只有在打印预览视图中看到。

1）页眉页脚设置具体操作的方法

方法 1：在"插入"选项卡的"文本"组中，单击"页眉和页脚"按钮，弹出如图 4.134所示的"页眉/页脚工具/设计"选项卡，在"页眉"区和"页脚"区输入相应的页眉页脚。本例题在"页眉"区输入"2017—2018 学年第一学期"，然后单击工作表中任意单元格即可退出页眉/页脚的编辑状态。

图 4.134　页眉/页脚和标题设置

方法 2：单击"页面布局"选项卡中"页面设置"组右下角的小箭头可以弹出"页面设置"对话框，如图 4.135 所示，在对话框中选择"页眉/页脚"即可直观地对页眉/页脚进行设置。

方法 3：单击状态栏右侧的"页面布局"按钮，然后单击页眉区或页脚区直接插入页眉和页脚。同时弹出"页眉/页脚工具/设计"选项卡，在"页眉"区和"页脚"区输入相应的页眉页脚内容。

2）设置打印标题

当表格区域很长或很宽时，一张纸打印不下，会分成几页，但是又需要在分页时每页都要有表头，这时可以设置打印标题。

图 4.134 中 2016 级期末考试成绩数据较多，必须多页打印，而每页都需要表头。重复打印表头的操作是在"页面布局"选项卡中"页面设置"组中，单击"打印标题"按钮，弹出如图 4.136 所示的"页面设置"对话框，选择"工作表"选项卡，在"顶端行标题行"中输入或

按"展开/折叠"按钮选择本例的标题，然后单击"确定"按钮，这样输出每页的学生成绩表时，表头就自动打印。

图 4.135　"页面设置"对话框

图 4.136　"打印标题"设置

4.8.3　打印预览与打印

单击"文件"选项卡，在弹出的下拉菜单中选择"打印"菜单，就会显示"打印预览"界面，Excel 2010 界面右侧即为打印预览区域。该处显示的即为当前表格的打印预览。打印界面如图 4.137 所示。在预览中，可以配置所有类型的打印设置。例如，副本份数、打印机、页面范围、页面大小等。

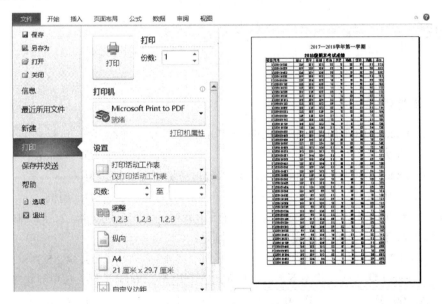

图 4.137　"打印内容"对话框

在打印预览区域的右下角的第一个图标是"缩放"按钮，单击可以对打印预览进行缩放，如图 4.138 所示。例如，可以将整个工作表缩放在一页打印，也可以将所有列或所有行缩放在一页打印。

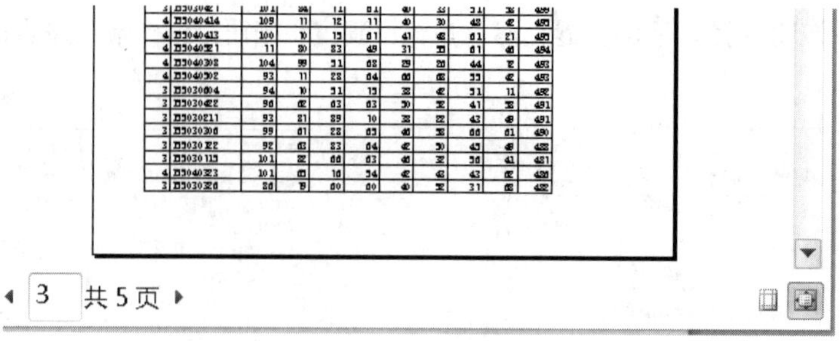

图 4.138　"缩放"设置

在"缩放"按钮左侧是"打印边距"按钮，单击可以显示出打印边距线。

显示出打印边距线后，将鼠标指针指向边距线，按住鼠标左键不放可以调整打印边距。

注意：调整打印边距前最好复制一份表格备份，防止调整乱了不容易调回来。

如果预览后觉得可以打印，单击图中位置的"打印"按钮即可打印，如图 4.139 所示。

图 4.139　"打印"确认

📖习题

一、单选题

1. 在 Excel 2010 的工作表中最小操作单元是（　　）。

　A. 单元格　　　　B. 一行　　　　　C. 一列　　　　　D. 一张表

2. 在 Excel 2010 中，给当前单元格输入数值型数据时，默认为（　　）。

　A. 居中　　　　　B. 左对齐　　　　C. 右对齐　　　　D. 随机

3. Excel 2010 中，如果 B2、B3、B4、B5 单元格的内容分别是 4、2、5、=B2*B3-B4，则 B2、B3、B4、B5 单元格实际显示的内容分别是：（　　）

　A. 4 2 5 2　　　B. 2 3 4 5　　　C. 5 4 3 2　　　D. 4 2 5 3

4. 在 Excel 默认格式状态下，向 A1 单元格中输入"00001"后，该单元格中显示（　　）。

　A. 00001　　　　B. 0　　　　　　C. 1　　　　　　D. #NULL

5. Excel 2010 中，在单元格中输入公式，应首先输入的是（　　）。

　A. :　　　　　　B. =　　　　　　C. ?　　　　　　D. ="

6. 在 Excel 中，B1 单元格内容是数值 9，B2 单元格的内容是数值 10，在 B3 单元格输入公式"=B1<B2"后，B3 单元格中显示（　　）。

　A. TRUE　　　　B. .T.　　　　　C. FALSE　　　　D. .F.

7. 在 Excel 2010 的数据库中，自动筛选是对（　　）的筛选。

    A. 记录进行条件选择　　　　　　B. 字段进行条件选择

    C. 行号进行条件选择　　　　　　D. 列号进行条件选择

8. 在 Excel 2010 中，设在单元格 A1 中有公式：=B1+B2，若将其复制到单元格 C1 中，则公式为（　　）。

    A. =D1+D2　　　　　　B. =D1+A2　　　　C. =A1+A2+C1　　D. =A1+C1

9. 在 Excel 2010 中，求一组数值中的平均值函数为（　　）。

    A. AVERAGE　　　　　　B. MAX　　　　　C. MIN　　　　　D. SUM

10. 在 Excel 2010 中，假定 B2 单元格的内容为数值 15，C3 单元格的内容是 10，则= $B$2-$C$3 的值为（　　）。

    A. 25　　　　　　　　B. 250　　　　　　C. 30　　　　　　D. 5

11. 在 Excel 2010 中，单元格 B2 的列相对行绝对的混合引用地址为（　　）。

    A. $B$2　　　　　　　B. $B2　　　　　　C. B$2　　　　　D. B2

12. 在 Excel 2010 的工作表中，在数据清单中的行代表的是一个（　　）。

    A. 域　　　　　　　　B. 记录　　　　　C. 字段　　　　　D. 表

13. 在 Excel 2010 中，要统计一行数值的总和，可以使用的函数是（　　）。

    A. COUNT　　　　　　B. AVERAGE　　　C. MAX　　　　　D. SUM

14. 在 A1 单元格中设定其数字格式为整数，当输入"33.51"后，显示为（　　）。

    A. 33.51　　　　　　　B. 33　　　　　　C. 34　　　　　　D. ERROR

15. 下面关于 Excel 2010 图表的说法，正确的是（　　）。

    A. Excel 2010 图表既可以是嵌入图表，也可以是独立式图表，其不同在于独立式图表必须与产生图表的数据在一个工作表。

    B. 嵌入图表不可以在工作表中移动和改变大小。

    C. 对于嵌入图表，当其对应的数据改变时，图表也发生相应的改变；而独立式图表不会在其对应的数据改变时自动发生改变。

    D. 无论嵌入图表，还是独立式图表，当其对应的数据发生改变时，图表都会发生相应的改变。

二、填空题

1. Excel 2010 是一个通用的_____软件。

2. 在 Excel 2010 中，工作簿默认的文件扩展名为_____。

3. 在 Excel 2010 的_____是计算和存储数据的文件。

4. 在 Excel 2010 中，选中整个工作表的快捷方式是_____。

5. 在 Excel 2010 工作表中，单元格区域 D2:E4 所包含的单元格个数是_____个。

6. 在 Excel 2010 中设置的打印方向有_____和_____两种。

7. 将"A1+A4+B4"用绝对地址表示为_____。

8. 在 Excel 中，如果单元格 D3 的内容是"=A3+C3"，选择单元格 D3，然后向下拖曳数据填充柄，这样单元格 D4 的内容是_____。

9. 在 Excel 中，如果要将工作表冻结便于查看，可以用_____功能区的"冻结窗格"来实现。

10. 在 Excel 2010 中新增"迷你图"功能，可选定数据在某单元格中插入迷你图，同时打开_____功能区进行相应的设置。

11. 在 A1 单元格内输入"20001"，然后按下"Ctrl"键，拖动该单元格填充柄至 A8，则 A8 单元格中内容是_____。

12. 一个工作簿包含多个工作表，缺省状态下有_____个工作表，分别为 Sheet 1、Sheet 2、Sheet 3。

13. 在 Excel 2010 中，某单元格内显示数字字符串"0456"，正确的输入方式是_____。

14. 在 Excel 2010 中，在单元格输入"=$C1+E$1"是_____引用。

15. 在 Excel 2010 中，当打印一个较长的工作表时，常常需要在每一页上打印行或列标题。通过_____选项卡来设置。

三、简答题

1. 如何在 Excel 单元格 A1～A10 中，快速输入等差数列 3、7、11、15、…，试写出操作步骤。

2. 什么是 Excel 的相对引用、绝对引用和混合引用？

3. 在 Excel 2010 中，将 A2:E5 单元格区域中的数值保留两位小数。试写出操作步骤。

4. 如何将 Book 1 中 Sheet 3 复制到 Book 3 中 Sheet 5 之前？

5. 在 Excel 2010 工作表中，选定单元格或单元格区域，单击"插入"菜单中的"单元格"命令，弹出"插入"对话框，简述对话框中各选项的含义。

6. 在 Excel 2010 编辑文档中，插入一个新工作表，新工作表名为"首页"，并将新工作表放置于工作簿的最前面，简述操作步骤。

7. 在 Excel 2010 编辑文档中，将 C7:G30 区域内的单元格的边框设置为红色、双实线。简述操作步骤。

8. 在 Excel 2010 中，列举两种删除工作表的方法。

9. 在 Excel 2010 中，选中单元格后，按"Delete"键与执行"编辑"菜单中"清除"命令有何区别？

10. 在 Excel 2010 中，选中单元格后，执行"编辑"菜单中"清除"命令与"删除"命令有何区别？

11. 在 Excel 2010 中，如何用鼠标拖动法复制单元格？

12. 在 Excel 2010 中，中如何将 D 列隐藏起来？

13. 在 Excel 2010 中，筛选数据有哪两种方法？

14. 在 Excel 2010 中，用三种方法求出一张工作表中 B2:E2 区域的平均值，并将其放入 G2 单元格。

15. 如何对工作表重新命名？

第 5 章

演示文稿制作软件 PowerPoint 2010

PowerPoint 是微软公司推出的 Microsoft Office 办公套件中的一个组件，专门用于制作演示文稿（俗称幻灯片，英文简称 PPT）。人们可以用它制作集文字、图形、图像、声音及视频剪辑等多媒体元素于一体的演示文稿，把自己要表达的信息组织在一组图文并茂的画面中，也可以编辑和播放一张或一系列的幻灯片。演示文稿软件一般用于辅助教学，报告，演讲，产品的展示、推销等。

5.1 PowerPoint 2010 基础知识

5.1.1 PowerPoint 2010 启动与工作界面

1. PowerPoint 2010 启动

方法 1：单击任务栏"开始"按钮，在弹出的所有程序中选择 Microsoft Office ，单击 Microsoft Office PowerPoint 2010 命令。

方法 2：双击桌面上的 Microsoft PowerPoint 2010 快捷方式图标。

2. PowerPoint 2010 的窗口组成

PowerPoint 2010 的工作界面主要由标题栏、快速访问工具栏、功能区、幻灯片/大纲窗格、编辑窗格、备注栏和状态栏等部分组成，如图 5.1 所示。

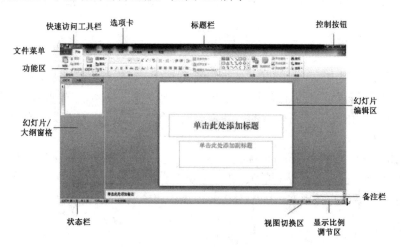

图 5.1　PowerPoint 2010 的工作界面

1）标题栏

标题栏位于窗口的顶部，包括"文件"选项卡、快速访问工具栏、演示文稿名、"最小化""最大化""关闭"等按钮。

2）功能区

PowerPoint 2010 的功能区将相关命令和功能组合在一起，并划分为"开始""插入""设计""切换""动画""幻灯片放映""审阅""视图"等不同的选项卡。每个选项卡由功能相关的若干组组成，每个组又由若干命令按钮组成。

3）幻灯片/大纲窗格

幻灯片/大纲窗格位于左侧，可以在幻灯片视图与大纲视图及其他视图间切换。

4）编辑窗格

编辑窗格位于中间，用来查看和编辑每张幻灯片。

5）备注栏

备注栏位于下部，用来保存备注信息。

6）状态栏

状态栏显示正在编辑的演示文稿的相关信息，显示页计数、总页数、设计模板、拼写检查等信息。右击状态栏，选中所需选项，可自定义状态栏的内容。

5.1.2　PowerPoint 2010 基本概念

1．演示文稿和幻灯片

利用 PowerPoint 2010 制作的"演示文稿"通常就保存在一个文件中，这个文件称为演示文稿，文件的扩展名是.pptx。演示文稿由若干张幻灯片组成，每张幻灯片都是演示文稿中既相互独立又相互联系的部分。

2．对象和版式

演示文稿的每一张幻灯片由若干"对象"组成，如文字、表格、图形、图片、图表、组织结构、声音、动画等。对象是最基本的操作单元。版式是这些对象在幻灯片上的排列方式。在 PowerPoint 2010 中，如果在演文稿中插入新的幻灯片，系统会为当前插入的幻灯片自动分配一个版式。

3．占位符

在新建幻灯片中用虚线括起的框，是对应版式中默认对象在幻灯片上所占的位置。

占位符是应用版式创建幻灯片时出现的一个虚框，类似于文本框，先占着一个固定的位置，等着用户往里面添加内容。用占位符的好处是更换主题时能跟着主题的变化而变化，并且可以统一各幻灯片的格式。

演示文稿有五种类型的占位符：标题占位符（可以往里面添加标题文字）、内容占位符（可以添加文字、表格、图片、剪贴画等）、数字占位符、日期占位符和页脚占位符，可在幻灯片中对占位符进行设置，也可以在母版中对格式、显示和隐藏等设置。

4．主题

幻灯片主题是一组统一的设计元素，包括背景颜色、字体格式和图形效果等内容。利用设计主题，可快速对演示文稿进行外观效果的设置，母版和设计模板就可以作为一种主题。

5. 母版

母版是一张特殊的幻灯片，它控制所有幻灯片的属性，其中包含幻灯片文本和页脚（如日期、时间和幻灯片编号）等占位符，这些占位符，控制了幻灯片的字体、字号、颜色（包括背景色）、阴影和项目符号样式等版式要素。母版通常包括幻灯片母版、讲义母版、备注母版三种形式。修改母版会影响到基于该母版的所有幻灯片的样式。幻灯片母版通常用来统一整个演示文稿的幻灯片格式，一旦修改了幻灯片母版，则所有采用这一母版建立的幻灯片格式也随之发生改变，快速统一演示文稿的格式等要素。

6. 模板

模板是一类特殊的演示文稿，其扩展名为.potx，PowerPoint 2010 的模板包含演示文稿的母版、格式定义、颜色定义、图形元素等信息。用户可以自定义模板，也可应用提供的各种模板，PowerPoint 2010 还可以使用 www.Microsoft.com 网站中的模板。

📖5.2 演示文稿的常规操作

5.2.1 新建演示文稿

创建演示文稿的方法有很多，在此介绍常见的"样本模板""主题""空演示文稿"三种创建方式。"样本模板""主题"这些模板带有预先设计好的标题、注释、文稿格式和背景颜色等。用户可以根据演示文稿的需要，选择合适的模板。

1. 通过"样本模板"新建演示文稿

"样本模板"能为各种不同类型的演示文稿提供模板和设计理念。

如图 5.2 所示，在该对话框中，系统提供了九种标准演示文稿类型："PowerPoint 2010 简介""都市相册""古典相册""宽屏演示文稿""培训""现代型相册""项目状态报告""小测验短片""宣传手册"。单击某种演示文稿类型，右侧的列表框中将出现该类型的典型模式，用户可以根据需要选择其中的一种模式。

图 5.2 "样本模板"类型

单击选定某样板模板按钮，即完成了演示文稿的创建工作。新创建的演示文稿窗口如图 5.3 所示。可以看到，文稿、图形甚至背景等对象都已经形成，用户仅仅需要做一些修改和补充即可。

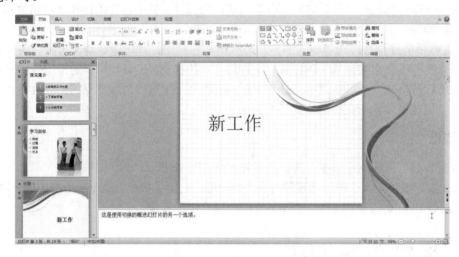

图 5.3　选择演示文稿样式

2．通过"主题"新建演示文稿

样本模板演示文稿注重内容本身，而主题模板侧重于外观风格设计。如图 5.4 所示，系统提供了"暗香扑面""奥斯汀""跋涉"等 30 多种风格样式，对幻灯片的背景样式、颜色、文字效果进行了各种搭配设置，如图 5.5 所示为"角度"风格主题模板。

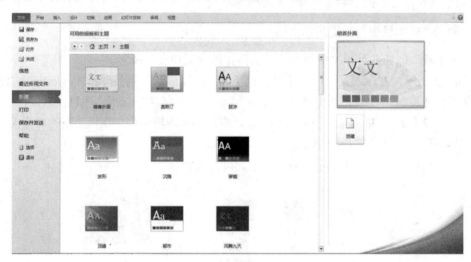

图 5.4　演示文稿的主题模板

3．新建空白演示文稿

在工作窗口右边的"可用模板和主题"选项中单击"空演示文稿"选项，都将同样出现如图 5.6 所示的对话框，但创建的是一个系统默认固定格式和没有任何图文的空白演示文稿。空白幻灯片上有一些虚线框，称为对象的占位符。例如，双击右边占位符，可以添加图像；单击左边占位符，可以添加文字等。

图 5.5 "角度"风格主题模板

图 5.6 空演示文稿

用户可以选用版式来调整幻灯片中内容的排列方式,也可使用模板简便快捷地统一整个演示文稿的风格。下面介绍幻灯片选用版式的方法。

幻灯片版式是 PowerPoint 软件中的一种常规排版的格式,通过幻灯片版式的应用可以对文字、图片等更加合理、简洁地完成布局。PowerPoint 2010 版式库中有 11 种版式。不同的版式中占位符的位置与排列的方式也不同。用户可以选择需要的版式并运用到相应的幻灯片中。

选择幻灯片版式,打开一个文件,在"开始"选项卡下选择"幻灯片"组,单击"新建幻灯片"下拉按钮,弹出如图 5.7 所示的"Office 主题"列表框,用户可以从中选择所需的幻灯片版式。默认的幻灯片版式为"标题和内容"版式,它含有两个占位符,一个用于幻灯片标题,另一个是包含文本和多个图标的通用占位符。在通常情况下,新添加的幻灯片将与它前面的那一张幻灯片采用相同的版式。也可以在"开始"选项卡中选择"幻灯片"组,单击"版式"按钮,更改幻灯片的版式。

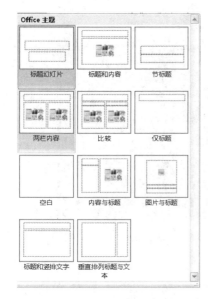

图 5.7　PowerPoint 2010 版式

5.2.2　打开已有的演示文稿

在功能区中选择"文件"选项卡的"打开"按钮，或者使用"Ctrl+O"组合键打开已有的演示文稿。

无论采用以上哪种方式，都会弹出一个"打开"对话框。在"查找范围"中选择要打开的文件存放的位置，窗口中会显示该位置上存放的所有文件的文件名，选择要打开的文件名，单击"打开"即可。

5.2.3　关闭和保存演示文稿

1．关闭演示文稿

PowerPoint 2010 允许用户同时打开并操作多个演示文稿，所以关闭文稿可分为关闭当前演示文稿和同时关闭所有演示文稿。

（1）关闭当前演示文稿：单击菜单栏上的关闭按钮 × 或选择"文件"选项卡的"关闭"按钮。

（2）关闭所有演示文稿并退出 PowerPoint 2010：单击标题栏上的关闭按钮 × 或单击"文件"选项卡，在其下拉菜单中选择"退出"按钮。

2．保存演示文稿

创建好的演示文稿要把它保存起来，以后才能重复利用。PowerPoint 2010 有两种方式用于保存演示文稿。

（1）选择"文件"选项卡的"保存"命令。如果文稿是第一次存盘，就会出现"另存为"对话框。这与 Word 一致。在对话框中选择文稿的保存位置，然后输入文件名，单击"确定"即可。

（2）直接按"Ctrl+S"组合键。文件系统默认演示文稿文件的扩展名为.pptx。在保存演示文稿时，PowerPoint 2010 提供了多种文件格式，最常用的是.pptx、.ppt、.pot、.pps 这三种，其中，.pptx 是一般的 PowerPoint 2010 演示文稿类型，也是 PowerPoint 2010 默认的保存文件类型；.ppt 是 PowerPoint 97-2003 的文件保存类型；.potx 是 PowerPoint 2010 中模板的文件格式，用户可以创建自己个性化的 PowerPoint 2010 模板；.ppsx 文件格式一般用于需要在自动放映的情况下，双击"资源管理器"窗口中的文件名播放演示文稿。

提示：*对于需要经常播放的演示文稿，可以将其保存为.ppsx 类型的文件，存放在桌面上，以便放映时直接打开演示文稿，而不用事先启动 PowerPoint。*

5.2.4　演示文稿的视图

视图是在屏幕上显示演示文稿的方式，方便用户从不同的角度查看演示文稿。采用不同的视图，在屏幕上显示的演示文稿外观不同，但演示文稿的内容没有变化，用户对演示文稿进行的处理也不尽相同。

Microsoft PowerPoint 2010 有四种主要视图：普通视图、幻灯片浏览视图、幻灯片放映视图和阅读视图。用户可以从这些主要视图中选择一种视图作为 PowerPoint 2010 的默认视图，如图 5.8 所示。

图 5.8　演示文稿的四种不同视图

1．普通视图

普通视图是进入 PowerPoint 2010 后的默认视图。它是主要的编辑视图，提供了无所不能的各项操作，常用于撰写或设计演示文稿。该视图有三个工作区域：左侧是幻灯片文本大纲（"大纲"选项卡）和幻灯片缩略图（"幻灯片"选项卡）之间切换的选项卡；右侧为幻灯片窗格，以大视图显示当前幻灯片；底部为备注栏。

2．幻灯片浏览视图

幻灯片浏览视图是以缩略图形式显示幻灯片的视图，常用于对演示文稿中各张幻灯片进行移动、复制、删除等各项操作。

3．幻灯片放映视图

幻灯片放映视图占据整个计算机屏幕，如同对演示文稿进行真正的幻灯片放映。在这种全屏幕视图中，用户看到的演示文稿就是将来观众所看到的。用户可以看到图形、时间、影片、动画元素及将在实际放映中看到的切换效果。

4．阅读视图

阅读视图占据整个计算机屏幕，进入演示文稿的真正放映状态，可供观众以阅读方式浏览整个演示文稿的播放。

工作窗口的右下角有这四种幻灯片视图的图标按钮，用户可单击切换。

📖5.3　幻灯片的制作与编辑

5.3.1　幻灯片对象与母版

幻灯片中只有包含艺术字、图片、图形、按钮、视频、超级链接等元素，才会美观、精彩。这些对象均需要插入，并对它们进行进一步的编辑和格式设置。

1．文本输入与编辑

PowerPoint 2010 中的文本有标题文本、项目列表和纯文本三种类型。其中，项目列表常用于列出纲要、要点等，每项内容前可以有一个可选的符号作为标记。文本内容通常在"大纲"

或"幻灯片"模式下输入。

1）在大纲模式下输入文本

大纲模式下默认第一张幻灯片为"标题幻灯片"，其余的为"标题与项目列表"版式。

（1）输入标题。将插入点移至幻灯片序号及图标之后的适当位置输入标题，按"Enter"键进入下一张标题的输入。

（2）各级标题的切换。选择大纲模式左列工具栏中的左、右箭头即可使当前标题进入上、下一级标题。

2）在幻灯片模式下输入文本

（1）打开演示文稿，并切换到要输入文本的幻灯片。

（2）用鼠标单击文本占位符（或删除原有的文本字符），输入需要的文本内容。

2．对象及操作

对象是幻灯片中的基本成分，是设置动态效果的基本元素。幻灯片中的对象被分为文本对象（标题、项目列表、文字批注等）、可视化对象（图片、剪贴画、图表、艺术字等）和多媒体对象（视频、声音、Flash 动画等）三类，各种对象的操作一般都是在幻灯片视图下进行，操作方法也基本相同。

1）对象的选择与取消

单击对象实现对象单选，按"Shift"键单击对象实现对象连选，对象被选中后四周形成一个方框，方框上有八个控点，以对对象进行缩放。被选择的对象在进行操作时被看作是一个整体。取消选择只需在被选择对象外单击鼠标即可。

2）对象插入

要使幻灯片的内容丰富多彩，须在幻灯片上添加一个或多个对象。这些对象可以是文本框、图形、图片、艺术字、组织结构图、Word 表格、Excel 图表、声音、影片等。这些对象除了声音和影片外都有其操作共性，如缩放、移动、加框、置色、版式设置等，这些对象均从"插入"菜单中插入，如图 5.9 所示，对它们的操作方法与 Word 相似。

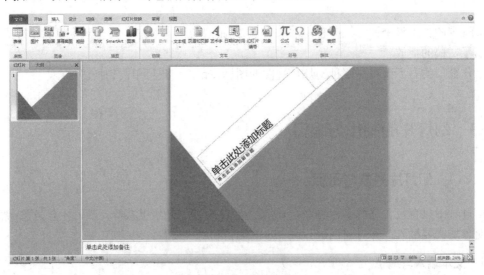

图 5.9　插入图片示例

3）插入图表

除 Excel 图表外，对于一些较小的统计图表，可以直接在 PowerPoint 2010 中设计。切换到要插入数据图表的幻灯片，单击"插入"选项卡的"插图"组中"图表"按钮，在弹出的"插入图表"对话框中选择所需的图表类型，将自己要制作图表的数据替换掉原数据表中的数据。输入完数据后，只要将 Excel 表格窗口关闭，图表便插入到当前幻灯片上，如图 5.10 所示建立数据表所对应的统计表。

4）插入表格

（1）选中要插入表格的幻灯片。

（2）单击"插入"选项卡上的"表格"组中"表格"按钮或者在"内容占位符"中单击"插入表格"按钮，打开"插入表格"对话框，如图 5.11 所示，输入表格的行数和列数，再单击"确定"按钮。

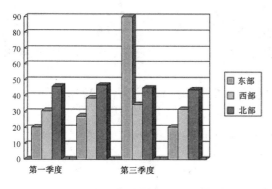

图 5.10　"插入图表"示例

图 5.11　"插入表格"对话框

5）插入 SmartArt 图形

（1）选中要插入 SmartArt 图形的幻灯片。

（2）单击"插入"选项卡上"插图"组中的"SmartArt"按钮或者在"内容占位符"中单击"插入 SmartArt 图形"按钮，此时会打开"插入 SmartArt 图形"对话框，单击所需布局，如选择"循环"中的"射线循环"，然后单击"确定"按钮，如图 5.12 所示。

（3）SmartArt 将插入并显示在"在此处键入文字"窗口中编辑的文字，如图 5.13 所示。

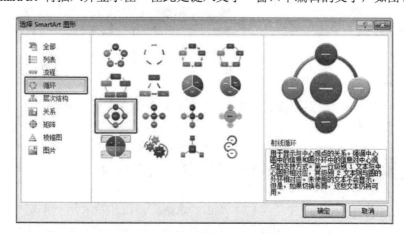

图 5.12　"插入 SmartArt 图形"对话框

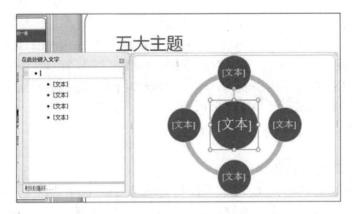

图 5.13 在 SmartArt 中编辑文字

6）插入视频和声音

（1）切换到需要插入多媒体剪辑的幻灯片。

（2）从"插入"选项卡的"媒体"组中选择"音频"命令，在下拉列表中选择音频类型，这里单击"文件中的音频"。

（3）选择要插入的声音文件，并单击"插入"按钮。这时，幻灯片上就出现了一个如图 5.14 所示的喇叭状声音图标。

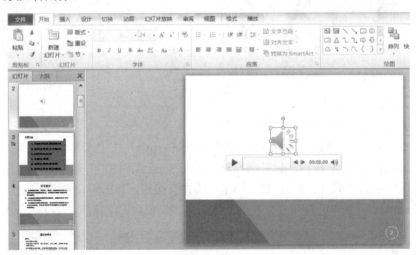

图 5.14 播放声音对话框

7）录制声音

如果对现有的影音文件都不满意，还可自行录制声音插入幻灯片中。

（1）选定要添加声音的幻灯片。

图 5.15 "录音"对话框

（2）选择"插入"选项卡"媒体"组，单击"音频"按钮中的"录制声音"命令项，出现如图 5.15 所示的"录音"对话框。

（3）单击"录音"按钮开始录音，单击"停止"按钮停止录音。单击"播放"按钮可以听到录制的效果，如果不满意可重新录制。

（4）录制完毕后在"名称"栏内输入声音文件的名称，单击"确定"可以把声音文件插入幻灯片中。

当然，如果想录音，计算机就必须配备话筒。

5.3.2 幻灯片外观设计

PowerPoint 2010 由于采用了模板，因此可以使同一演示文稿的所有幻灯片具有一致的外观。控制幻灯片外观的方法有三种：设置幻灯片背景、设置演示文稿主题和母版。

1. 设置幻灯片背景

在"设计"选项卡的"背景"组中可以设置不同的幻灯片背景效果。

选择"设计"选项卡的"背景"功能区右下角按钮，打开如图 5.16 所示的"设置背景格式"对话框，进行合适的设置后，单击"关闭"按钮。

2. 设置演示文稿主题

（1）打开演示文稿。

（2）选择"设计"选项卡的"主题"组显示了部分主题列表，如图 5.17 所示。鼠标移到某主题，会显示该主题的名称，单击该主题，系统会按所选主题颜色、字体和图形外观效果修饰演示文稿（单击鼠标右

图 5.16　"设置背景格式"对话框

键可以选择该主题是应用于选定幻灯片或是所有幻灯片）。直接单击某个主题，该模板会应用于所有幻灯片上。

（3）如果想让模板应用于某一张或几张幻灯片上，那么可以先选定某一张或几张幻灯片，然后在主题上击右键，从快捷菜单中选择"应用于选定幻灯片"命令。

（4）如果内置的主题不符合要求，还可以自定义主题，通过"主题"功能区下的"颜色""字体"命令新建所需的"颜色"和"字体"，还可以通过"效果"命令来设置线条和填充效果，这样就可以在"主题"列表中看到设置的主题了。

图 5.17　"设计"选项卡的"主题"组

3. 母版

母版用于设置演示文稿中每张幻灯片的最初格式，它不仅可以统一设置每张幻灯片标题及正文文字的位置、字体、字号、颜色，项目符号的样式、背景图案等，还可以让同一对象同时出现在所有的幻灯片上，如公司的徽标和名称、学校的校徽和名称等。

根据幻灯片文字的性质，PowerPoint 2010 母版可以分成幻灯片母版、讲义母版和备注母版

三类。其中最常用的是幻灯片母版，因为幻灯片母版控制的是除标题幻灯片以外的所有幻灯片的格式。

单击"视图"选项卡，选择"母版视图"分组中的"幻灯片母版"按钮，如图 5.18 所示。它有五个占位符，用来确定幻灯片母版的版式。通常可以使用幻灯片母版进行下列操作。

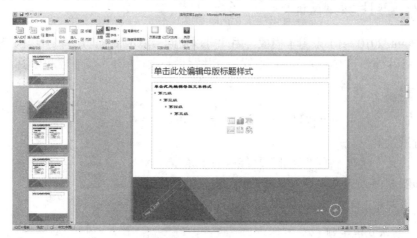

图 5.18　幻灯片母版

1）更改文本格式

在幻灯片母版中选择对应的占位符，如标题或文本样式等，更改其文本及其格式。修改母版中某一对象格式，可以同时修改除标题幻灯片外的所有幻灯片对应对象的格式。

2）设置页眉、页脚和幻灯片编号

在幻灯片母版状态选择"插入"菜单中"文本"分组的"页眉和页脚"按钮，弹出如图 5.19 所示的"页眉和页脚"对话框，选择"幻灯片"选项卡，设置页眉、页脚和幻灯片编号。

图 5.19　页眉和页脚对话框

3）向母版插入对象

当需要每张幻灯片都添加同一对象时，只须向母版中添加该对象。例如，插入 Windows 图标（文件名为 WINDOWS.BMP）后，除了标题幻灯片以外每张幻灯片都会自动在固定位置显示该图标，如图 5.20 所示。通过幻灯片母版插入的对象，不能在幻灯片状态下编辑。

注意：

（1）母版上的文本只用于样式，实际的文本（如标题和列表）应在普通视图的幻灯片上输入，而页眉和页脚应在"页眉和页脚"对话框中输入。

（2）添加到母版中的对象，在每一张幻灯片上都会显示，而且只能通过母版视图进行修改。

图 5.20　利用幻灯片母版添加图片

5.3.3　幻灯片的编辑

1. 添加幻灯片

（1）选中要插入新幻灯片位置之前的幻灯片。

（2）选择"开始"选项卡的"幻灯片"功能区中的"新建幻灯片"命令，从下拉列表中窗格中选择"两栏内容"版式，如图 5.21 所示。

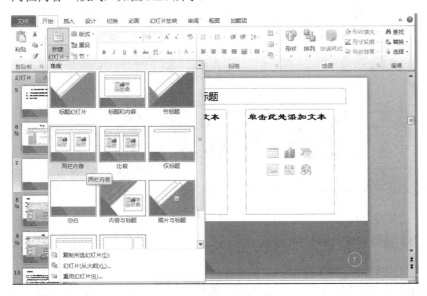

图 5.21　添加幻灯片

2. 导入幻灯片

（1）选中要导入新幻灯片位置之前的幻灯片。

（2）选择"开始"选项卡的"幻灯片"功能区中的"新建幻灯片"命令，从下拉列表的窗格中选择"重用幻灯片"。

（3）在右侧打开的"重用幻灯片"中选择"浏览"按钮，选择"浏览文件"命令。在打开的"浏览"对话框中找到并选择需要使用的幻灯片所在演示文稿，单击"打开"按钮。如图 5.22 所示。

（4）确认之后，刚刚打开的演示文稿幻灯片全部出现在右侧重用幻灯片窗口中，单击要复用的某一页幻灯片，即可将待复用的幻灯片导入到当前编辑的幻灯片中，如图 5.23 所示。

图 5.22　"浏览"对话框

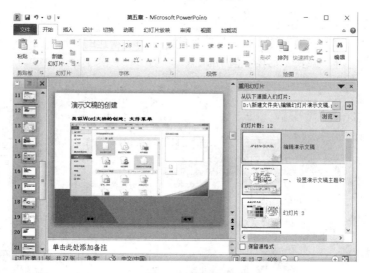

图 5.23　导入幻灯片

3．移动和复制幻灯片

方法 1：利用鼠标拖动完成。

在普通视图的"大纲"选项卡或"幻灯片"选项卡中，先选定要复制的幻灯片，再按住"Ctrl"键不放，拖动鼠标左键到演示文稿最后位置松开即可。

提示：若是移动，操作过程与复制类似，只是不用按住"Ctrl"键。

方法 2：利用剪贴板完成。

（1）在普通视图的"大纲"选项卡或"幻灯片"选项卡中，选定要复制的幻灯片。

（2）选择"开始"选项卡的"剪贴板"功能区中的"复制"命令。

（3）选中最后一张幻灯片。

（4）选择"开始"选项卡的"剪贴板"功能区中的"粘贴"命令。

提示：若是移动，只须把第（2）步中的"复制"改为"剪切"。

4．删除幻灯片

在普通视图的"大纲"选项卡或"幻灯片"选项卡中，先选定要删除的幻灯片，再选择右键菜单中的"删除幻灯片"命令，或直接按"Delete"键。

5．更换幻灯片版式

先选定要更换版式的幻灯片，再选择"开始"选项卡的"幻灯片"功能区中的"版式"命令，在其下拉列表中选择合适的版式，如图 5.24 所示。

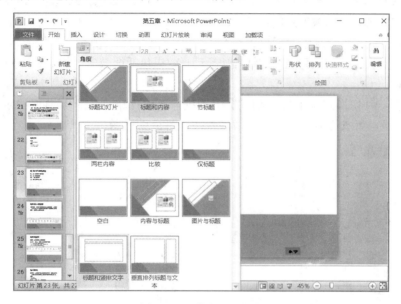

图 5.24　更换幻灯片版式

6．设置页眉和页脚

（1）选择"插入"选项卡的"文本"组中"页眉和页脚"命令。

（2）进行合适的设置。

（3）单击"应用"（或"全部应用"）按钮，如图 5.25 所示。

图 5.25　设置页眉和页脚

📖5.4　幻灯片动画与超链接

在 PowerPoint 2010 中，用户可以为演示文稿中的文本或多媒体对象添加特殊的视觉效果或声音效果，例如，使文字逐字飞入演示文稿，或在显示图片时自动播放声音等。也可以为幻灯片中的文字、图形、声音、表格、图表等对象设置动画效果，如改变所选对象的大小、形状、颜色和字体，选择进入、强调、退出和动作路径等方式。PowerPoint 2010 的动画功能包括幻灯片设置切换动画的方法和为对象设置动画。同时，PowerPoint 2010 还提供了超链接技术，通过为幻灯片中的某个对象添加超链接，在演示文稿放映时单击对象可以快速跳转到链接指向的位置。

5.4.1 设置幻灯片切换方式

为了增强 PowerPoint 幻灯片的放映效果，可以为每张幻灯片设置切换方式。幻灯片切换方式是指一张幻灯片如何从屏幕上消失，以及另一张幻灯片如何显示在屏幕上的方式。幻灯片切换可以简单地以一张幻灯片代替另一张幻灯片，也可以使幻灯片某一特殊的效果出现在屏幕上，如水平百叶窗、溶解、盒状展开、随机、向上推出等。可以为一组幻灯片设置同一种切换方式，也可以为每张幻灯片设置不同的切换方式。

设置幻灯片切换效果一般在"幻灯片浏览"窗口进行。方法如下：

（1）选中需要设置切换方式的幻灯片。

（2）单击"切换"选项卡"切换到此幻灯片"组中，单击"其他"按钮，打开如图 5.26 所示的幻灯片切换动画效果列表。幻灯片切换动画效果包括细微型、华丽型、动态内容等三类共 34 个动画。

（3）选择一种切换方式（如"淡出"，并根据需要设置好的"持续时间""声音""换片方式"等选项，单击"全部应用"按钮完成设置，如图 5.27 所示。

图 5.26 切换动画效果列表

图 5.27 幻灯片切换设置

5.4.2 自定义动画

自定义动画是指为幻灯片上的文本、形状、声音、图像、图表和其他对象设置动画效果，这样可以突出重点、控制信息的流程、提高演示的效果。赋予它们进入、退出、大小和颜色变化甚至移动等视觉效果。

设置动画效果一般在"动画"选项卡中进行，具体有如图 5.28 所示的"进入""强调""退出""动作路径"四种类别自定义动画效果。

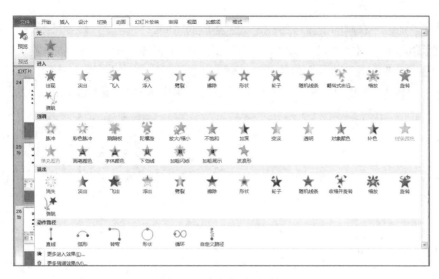

图 5.28 自定义动画列表

下面以设置对象"百叶窗"动画为例，简介具体设置过程：

（1）选中需要设置动画的对象，单击"动画"选项卡的"高级动画"组中"添加动画"按钮。

（2）在随后弹出的下拉列表中，依次选择"进入"组中的"其他效果"选项，打开如图 5.29 所示的"添加进入效果"对话框。

（3）选中"百叶窗"动画选项，单击"确定"，如图 5.30 所示。

图 5.29 设置添加进入效果

图 5.30 添加进入效果

如果一张幻灯片中的多个对象都设置了动画，就需要确定其播放方式（是"自动播放"还是"手动播放"）。下面，以第二个动画设置在"上一动画之后"自动播放进行说明。

（1）单击第二个动画方案。

（2）单击"动画"选项卡的"计时"组中"开始"右侧的下拉按钮，在随后弹出的快捷菜单中，选择"上一动画之后"选项，如图 5.31 所示。

（3）在"延迟"右侧的下拉按钮设定延迟播放的时间。

如果想删除某个对象的动画效果，直接在幻灯片编辑窗口中选中该动画效果标号直接按"Delete"键；或者单击"动画"选项卡的"高级动画"组中"动画窗格"按钮，打开"动画窗格"窗口，右键单击某个动画效果，在弹出的快捷菜单中选择"删除"，如图5.32所示。

图 5.31　"自动播放"设置　　　　　　　图 5.32　动画效果的删除

以下利用其他动作路径制作一个卫星绕月的 PowerPoint 实例。

（1）新建空白幻灯片，选择"设计"选项卡里的"背景"分组，在"背景样式"里选择"设置背景格式"，打开如图5.33所示的对话框，插入"星空图"作为幻灯片背景。然后选择"插入"选项卡的"图像"组中的"图片"命令依次插入"月球图"和"卫星图"，调整好比例和位置，如图5.34所示。

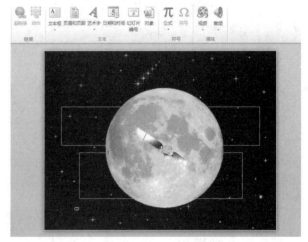

图 5.33　"设置背景格式"对话框　　　　　图 5.34　素材图添加效果

（2）创建动画效果。选定"卫星图"后，单击"动画"选项卡的"高级动画"组中"添加动画"按钮，选择"其他动作路径"选项，在弹出的"添加动作路径"对话框中选择"基本"类型的"圆形扩展"，如图5.35所示。然后用鼠标通过八个控制点调整路径的位置和大小。把它拉成椭圆形，并调整到合适的位置。

（3）设置动画。在幻灯片编辑窗口中用鼠标左键双击刚才创建的"圆形扩展动画"，打开"圆形扩展"设置面板，鼠标左键单击"计时"，把其下的"开始"类型选为"与上一动画同时"，速度选为"慢速（3 秒）"，重复选为"直到幻灯片末尾"，如图 5.36 所示。这样卫星就能周而复始地一直自动绕月飞行了。还可以通过 Word 章节介绍的绘制图形知识，将该图形整体效果更加完善，此处不再一一赘述。

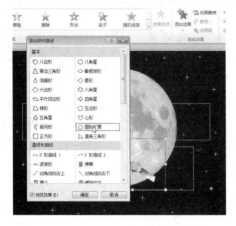

图 5.35　动作路径设置

图 5.36　圆形扩展对话框

5.4.3　创建超链接

用户可以在幻灯片中添加超链接，如果设置了超链接，那么在播放幻灯片时单击它就会跳转到某张幻灯片上，或者跳转到其他的文档，如另一演示文稿、Word 文档、网页等。创建超链接起点可以是任何文本或对象，激活超链接最好用单击鼠标的方法。设置了超链接，代表超链接起点的文本会添加下划线，并且显示成系统配色方案指定的颜色。创建超链接有对象"超链接"和"动作"超链接两种方法。

1．使用对象"超链接"

（1）切换到需要插入超链接的幻灯片。

（2）在幻灯片视图中选择要设置超链接的文本或对象。

（3）单击"插入"选项卡的"链接"组中的"超链接"命令，显示如图 5.37 所示的"插入超链接"对话框。

（4）在"插入超链接"对话框中，选择插入超级链接的类型，并设置链接参数，可以实现各种链接。

（5）单击"确定"按钮。

图 5.37　"插入超链接"对话框

2. 使用"动作"超链接

利用"插入"选项卡的"链接"组中的"动作"按钮，也可以创建同样效果的超链接。

例如，在演示文稿的最后一张幻灯片上添加一个"结束"动作按钮，当单击此按钮时，结束放映。具体操作步骤如下：

（1）选中最后一张幻灯片。

（2）从"插入"选项卡的"插图"功能区中单击"形状"命令，在弹出的下拉菜单中选择"结束"动作按钮，如图 5.38 所示。

（3）在幻灯片上合适的位置，按住鼠标左键不放，拖动鼠标，直到动作按钮的大小符合要求，松开鼠标左键，PowerPoint 2010 自动打开如图 5.39 所示的"动作设置"对话框。

（4）在"单击鼠标"选项卡中选择"超链接到"单选按钮，并从下面的下拉列表框中选择"结束放映"项。

（5）单击"确定"按钮。

图 5.38　动作按钮的选择

图 5.39　"动作设置"对话框

📖5.5　演示文稿的放映

制作好演示文稿后，下一步就是要播放给观众看，以展示设计效果。在幻灯片放映前可以根据使用者的不同，通过设置放映方式满足各自的需要。

1. 设置幻灯片的放映方式

选择"幻灯片放映"选项卡的"设置放映方式"命令，打开"设置放映方式"对话框，在对话框中选择放映方式，单击"确定"按钮，如图 5.40 所示。

1）放映方式

在对话框的"放映类型"框中，上部的三个单选按钮决定了放映的三种方式。

（1）讲者放映。以全屏幕形式显示幻灯片，是默认的放映方式。演讲者可以通过"PgDn"键、"PgUp"键显示上一张或下一张幻灯片，也可右击幻灯片从快捷菜单中选择幻灯片放映或用绘图笔进行勾画，好像拿笔在纸上写画一样直观。

图 5.40　"设置放映方式"对话框

在放映的过程中，单击鼠标，或按空格键，或按"Enter"键，或按"PageDn"键，或右击鼠标"下一页"命令放映下一张幻灯片。单击"Backspace"键，或按"PageUp"键，或右击鼠标"上一页"命令放映上一张幻灯片。

右击鼠标，从快捷菜单中选择"定位至幻灯片"命令，然后在二级菜单中单击要放映的幻灯片，可以放映指定的幻灯片，如图 5.41 所示。

如果在放映到某个幻灯片时需要用"笔"在幻灯片上做标记讲解，则右击鼠标，从快捷菜单中选择"指针选项"，然后在二级菜单中选择"笔"或"荧光笔"，就可以随意在幻灯片上用鼠标写字和画线。如果要改变笔的颜色，则在"指针选项"中选择"墨迹颜色"，选择一种颜色即可，如图 5.42 所示。

停止放映按"Esc"键或者右击幻灯片选择"结束放映"命令。

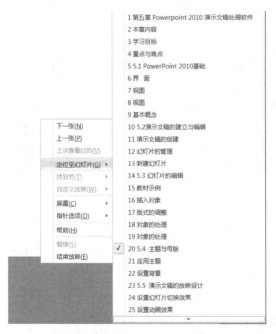

图 5.41　"定位至幻灯片"命令

图 5.42　"指针选项"的使用

（2）观众自行浏览。以窗口形式显示。可以利用滚动条或"浏览"菜单显示所需的幻灯片；还可以通过"文件"选项卡的"打印"命令打印幻灯片。

（3）展台浏览。以全屏幕形式在展台上做演示用。在放映过程中，除了保留鼠标指针用于选择屏幕对象外,其余功能全部失效(连中止也要按"Esc"键)。

2)放映范围

"放映幻灯片"框提供了幻灯片放映的范围有三种:全部、部分、自定义放映。其中,"自定义放映"是通过"幻灯片放映"选项卡的"自定义幻灯片放映"命令,逻辑地将演示文稿中的某些幻灯片以某种顺序排列,并以一个自定义放映名称命名,然后在"幻灯片"框中选择自定义放映的名称,就仅放映该组幻灯片。

3)换片方式

"换片方式"框供用户选择换片方式是手动还是自动换片。PowerPoint 2010 提供了三种放映方式供用户选择。

(1)循环放映,按"Esc"终止。当最后一张幻灯片放映结束时,自动转到第一张幻灯片进行再次放映。

(2)放映时不加旁白。在播放幻灯片的进程中不加任何旁白,如果要录制旁白,可以利用"幻灯片放映"选项卡的"录制旁白"选项。

(3)放映时不加动画。该项选中,则放映幻灯片时,原来设定的动画效果将不起作用。如果取消选择"放映时不加动画",动画效果又将起作用。

2.执行幻灯片演示

按"F5"键从第一张幻灯片开始放映(同"幻灯片放映"选项卡的"观看放映"),按"Shift+F5"组合键从当前幻灯片开始放映。在演示过程中,还可单击屏幕左下角的图标按钮,从快捷菜单或用光标移动键(→、↓、←、↑)均可实现幻灯片的选择放映。

3.使用排练计时

在 PowerPoint 2010 中,使用排练计时可以在全屏的方式下放映幻灯片,将每张幻灯片播放所用的时间记录下来,以便将其用于手动放映幻灯片。

(1)选择"幻灯片放映"选项卡的"设置"组中的"排练计时"命令,演示文稿自动进入幻灯片放映状态,从第一张幻灯片开始放映,并出现一个如图 5.43 所示的"录制"工具栏。

(2)排练结束后,单击"录制"工具栏上的"关闭"按钮,弹出如图 5.44 所示的消息框,选择是否保留此次的排练时间。

4.录制幻灯片演示

选择"幻灯片放映"选项卡的"设置"组中的"录制幻灯片"命令,在弹出的下拉列表中选择"从头开始录制",出现一个如图 5.45 所示的"录制幻灯片演示"对话框。单击"开始录制"按钮,演示文稿自动进入幻灯片放映状态,从第一张幻灯片开始放映,并出现一个"录制"工具栏,接下去的界面和"排练计时"相同,这里不再赘述。

图 5.43　"录制"工具栏　　　　图 5.44　消息框　　　　图 5.45　"录制幻灯片演示"对话框

5.6　打印演示文稿

幻灯片除了可以放映给观众观看以外，还可以打印出来进行分发，这样观众以后还可以用来参考。所以打印幻灯片还是很有必要的，打印有两个步骤。

1．页面设置

页面设置主要设置了幻灯片打印的大小和方向。选择"设计"选项卡的"页面设置"命令项，则出现如图 5.46 所示的"页面设置"对话框，在对话框内设置打印的幻灯片大小、方向及幻灯片编号起始值。设置完成后，单击"确定"。

图 5.46　"页面设置"对话框

2．打印

选择"文件"选项卡的"打印"命令项，则出现如图 5.47 所示的"打印"工作窗口。可以根据自己的需要进行打印设置。例如，打印幻灯片采用的颜色、打印的内容、打印的范围、打印的份数及是否需要打印成特殊格式等。

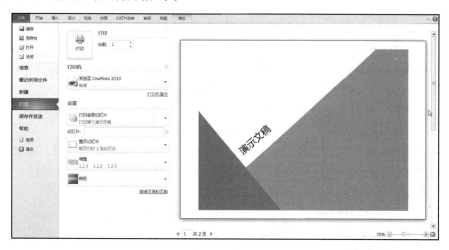

图 5.47　"打印"工作窗口

在"打印"工作窗口，打印机"名称"栏内可以选择打印机的名称。单击旁边的"属性"按钮，可以弹出对话框，设置打印机属性、纸张来源、大小等、

对话框底端的复选框内还可以对打印采用的颜色进行设置。做完上述设置后，就可以打印了。

📖习题

一、单选题

1. PowerPoint 2010 是（   ）家族中的一员。
   A. Linux   B. Windows   C. Office   D. Word

2. PowerPoint 2010 中新建文件的默认名称是（   ）。
   A. Doc 1   B. Sheet 1   C. 演示文稿 1   D. Book 1

3. PowerPoint 2010 的主要功能是（   ）。
   A. 电子演示文稿处理   B. 声音处理   C. 图像处理   D. 文字处理

4. PowerPoint 2010 演示文稿的扩展名是（   ）。
   A. .ppt   B. .pptx   C. .xslx   D. .docx

5. 在 PowerPoint 2010 中，添加新幻灯片的快捷键是（   ）组合键。
   A. "Ctrl+M"   B. "Ctrl+N"   C. "Ctrl+O"   D. "Ctrl+P"

6. 下列视图中不属于 PowerPoint 2010 视图的是（   ）。
   A. 幻灯片浏览视图   B. 普通视图   C. 大纲视图   D. 阅读视图

7. "主题"组在功能区的（   ）选项卡中。
   A. 开始   B. 设计   C. 插入   D. 动画

8. （   ）视图是进入 PowerPoint 2010 后的默认视图。
   A. 幻灯片浏览   B. 大纲   C. 幻灯片放映   D. 普通

9. 在 PowerPoint 2010 中，若要在"幻灯片浏览"视图中选择多个幻灯片，应先按住（   ）键。
   A. "Alt"   B. "Ctrl"   C. "F4"   D. "Shift+F5"

10. 在 PowerPoint 2010 中，要同时选择第 1、2、5 三张幻灯片，应该在（   ）视图下操作。
    A. 普通   B. 大纲   C. 幻灯片浏览   D. 备注

11. 在 PowerPoint 2010 中，"文件"选项卡可创建（   ）操作。
    A. 新文件，打开文件   B. 图标   C. 页眉或页脚   D. 动画

12. 在 PowerPoint 2010 中，"插入"选项卡可以创建（   ）操作。
    A. 新文件，打开文件   B. 表，形状与图标   C. 文本左对齐   D. 动画

13. 在 PowerPoint 2010 中，"设计"选项卡可自定义演示文稿的（   ）操作。
    A. 新文件，打开文件   B. 表，形状与图标
    C. 背景、主题设计和颜色   D. 动画设计与页面设计

14. 在 PowerPoint 2010 中，"动画"选项卡可以对幻灯片上的（   ）进行设置。
    A. 对象应用、更改与删除动画   B. 表、形状与图标
    C. 背景、主题设计和颜色   D. 动画设计与页面设计

15. 在 PowerPoint 2010 中，"视图"选项卡可以查看幻灯片的（   ）。
    A. 母版、备注母版、幻灯片浏览   B. 页号   C. 顺序   D. 编号

16. 如果打印幻灯片的第 1、3、4、5、7 张，则在"打印"对话框的"幻灯片"文本框中可以输入（   ）。

  A. 1-3-4-5-7   B. 1，3，4，5，7

  C. 1-3，4，5-7   D. 1-3，4-5，7

17. 要进行幻灯片页面设置、主题选择，可以在（   ）选项卡中操作。

  A. 开始   B. 插入   C. 视图   D. 设计

18. 要对幻灯片母版进行设计和修改时，应在（   ）选项卡中操作。

  A. 设计   B. 审阅   C. 插入   D. 视图

19. 从当前幻灯片开始放映幻灯片的快捷键是（   ）组合键。

  A. "Shift + F5"   B. "Shift + F4"   C. "Shift + F3"   D. "Shift + F2"

20. 从第一张幻灯片开始放映幻灯片的快捷键是（   ）键。

  A. "F2"   B. "F3"   C. "F4   D. "F5"

二、填空题

1. PowerPoint 2010 生成的演示文稿的默认扩展名为＿＿＿＿＿＿。

2. 在幻灯片正在放映时，按键盘上的"Esc"键，可＿＿＿＿＿＿。

3. 保存 PowerPoint 2010 演示文稿，系统默认的文件夹为＿＿＿＿＿＿。

4. 同一个演示文稿中的幻灯片，只能使用＿＿＿＿＿个模板。

5. 在 PowerPoint 2010 中，标题栏显示＿＿＿＿＿＿。

6. 在 PowerPoint 2010 中，快速访问工具栏默认情况下有＿＿＿＿、＿＿＿＿＿、＿＿＿＿＿三个按钮。

7. 要在 PowerPoint 2010 中设置幻灯片动画，应在＿＿＿＿＿选项卡中进行操作。

8. 要在 PowerPoint 2010 中显示标尺、网络线、参考线，以及对幻灯片母版进行修改，应在＿＿＿＿＿选项卡中进行操作。

9. 在 PowerPoint 2010 中要用到拼写检查、语言翻译、中文简繁体转换等功能时，应在＿＿＿＿＿选项卡中进行操作。

10. 在 PowerPoint 2010 中对幻灯片进行页面设置时，应在＿＿＿＿＿选项卡中操作。

11. 要在 PowerPoint 2010 中设置幻灯片的切换效果及切换方式，应在＿＿＿＿＿选项卡中进行操作。

12. 要在 PowerPoint 2010 中插入表格、图片、艺术字、视频、音频时，应在＿＿＿＿＿选项卡中进行操作。

13. 在 PowerPoint 2010 中对幻灯片进行另存、新建、打印等操作时，应在＿＿＿＿＿选项卡中进行操作。

14. 在 PowerPoint 2010 中对幻灯片放映条件进行设置时，应在＿＿＿＿＿选项卡中进行操作。

15. 所有演示文稿都包含一个母版集合：＿＿＿＿＿、＿＿＿＿＿和＿＿＿＿＿。

16. 在 PowerPoint 2010 中，"开始"选项卡可以插入＿＿＿＿＿。

17. 在 PowerPoint 2010 中，"插入"选项卡可将表、形状、＿＿＿＿＿插入演示文稿中。

18. 在 PowerPoint 2010 中，"设计"选项卡可自定义演示文稿的背景、主题、颜色和＿＿＿＿＿。

19. PowerPoint 2010 提供了＿＿＿＿＿、＿＿＿＿＿、＿＿＿＿＿和＿＿＿＿＿四种视图方式。

20．PowerPoint 2010 提供了三种不同的放映方式：_____、_____和_____分别适用于不同的播放场合。

三、判断题

（ ）1．在 PowerPoint 2010 中创建和编辑的单页文档称为幻灯片。

（ ）2．在 PowerPoint 2010 中创建的一个文档就是一张幻灯片。

（ ）3．PowerPoint 2010 是 Windows 家族中的一员。

（ ）4．设计制作电子演示文稿不是 PowerPoint 2010 的主要功能。

（ ）5．幻灯片的复制、移动与删除一般在普通视图下完成。

（ ）6．当创建空白演示文稿时，可包含任何颜色。

（ ）7．幻灯片浏览视图是进入 PowerPoint 2010 后的默认视图。

（ ）8．在 PowerPoint 2010 中使用文本框，在空白幻灯片上即可输入文字。

（ ）9．在 PowerPoint 2010 的"幻灯片浏览"视图中可以给一张幻灯片或几张幻灯片中的所有对象添加相同的动画效果。

（ ）10．PowerPoint 2010 幻灯片中可以处理的最大字号是初号。

（ ）11．幻灯片的切换效果是在两张幻灯片之间切换时发生的。

（ ）12．母版以 .potx 为扩展名。

（ ）13．PowerPoint 2010 幻灯片中可以插入剪贴画、图片、声音、影片等信息。

（ ）14．PowerPoint 2010 具有动画功能，可使幻灯片中的各种对象以充满动感的形式展示在屏幕上。

（ ）15．设计动画时，既可以在幻灯片内设计动画效果，也可以在幻灯片间设计动画效果。

第 **6** 章
计算机网络及 Internet 基础

本章首先讲述计算机网络概述、构成、分类、体系结构、常用协议等知识，然后介绍 Internet 网络、Internet 应用、万维网，最后介绍网络安全方面的知识。

📖6.1 计算机网络概述

随着科学技术的快速进步和深入发展，人们已步入信息化社会。信息化成为当前时代的特征，同时有效信息成为决定事业成败的重要因素。目前信息共享较为高效的手段就是计算机网络。

计算机网络是计算机、通信等相关学科结合的产物，它为人们提供了高效率、远距离、大量数据共享的基础。计算机网络技术经过不断的革新，从早期的铜芯电缆发展到以光纤、无线电波等为媒介的数据传输方式；数据传输速度也从早期的 Kb/s（千比特每秒）发展到现在的 Mb/s（兆比特每秒），骨干线路可达 Tb/s（太比特每秒）。正是计算机网络技术的不断提升，电子商务、视频会议、在线竞技、远程指挥等设想变为现实。图 6.1 为一种常见计算机网络结构。

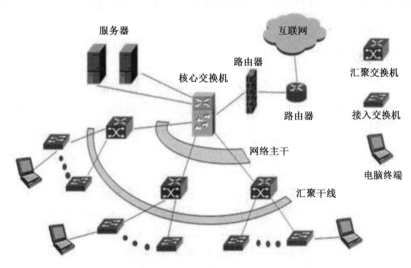

图 6.1 计算机网络结构

6.1.1 计算机网络的定义

计算机网络是计算机技术与通信技术共同应用而生的高科技产品。早期计算机网络的主要任务就是将两个或多个独立的计算机连接起来，实现不同计算机通信的功能；现今计算机网络已发展成能为多种不同类型设备提供通信服务的"信息高速公路"。根据计算机网络的主要任务，我们对计算机网络的定义为：计算机网络是利用通信设备和线路将地理位置不同的、功能独立的多个计算机系统连接起来，辅以功能完善的网络软件，实现资源共享和信息传递的系统。

在计算机网络中，通信网络为信息的传输提供了基础；计算机技术的数字化方法，提高了通信网络的各种性能。

6.1.2 计算机网络的发展史

计算机网络最早的提出，是为了实现不同计算机系统间的通信问题，但由于当时计算机使用不普及，所以计算机网络技术发展十分缓慢。20 世纪 60 年代，由于美苏关系紧张及核战潜在威胁，美国军方在 1969 年出资研发出一种新型的军事指挥网络，这种军事指挥网络能在核战环境中顽强存在，从而保证军事信息通畅传输。这个网络当时称为 ARPA 网，该网络就成为我们现在使用网络的雏形。

我们现在使用的计算机网络采用的是存储转发（Store and Forward）技术，该技术于 1965 年提出。计算机网络从那时算起，已经经历了多半个世纪，现在使用的计算机网络从性能、可靠性方面要比早期的计算机网络有了很大的提升。在半个多世纪演变的过程中，计算机网络经历了四个阶段。

1．远程终端信息处理阶段

所谓远程终端联机，是指利用通信线路将用户终端与大型计算机（称为主机）相连。用户终端通过在线路上发送控制指令和大型计算机在线路上返回运行结果的方式使用主机资源，从而实现主机共享。最早的远程终端联机，是由于计算机资源的稀缺，多个用户通过通信线路联机的方式实现机器共享。这种网络本质上是以单个主机为中心的星型网，各终端通过通信线路共享主机的软、硬件资源。

2．计算机互联网阶段

计算机互联网络是通过网络将分布在不同地理位置的计算机连接起来，并通过网络实现数据互通的方式提供网络服务。1969 年 12 月在美国国防部高级研究规划局（DARPA）的资助下建立了世界上第一个远程分组交换的 ARPA，标志着计算机互联网络的兴起，也是 Internet 的前身。

3．计算机网络体系结构形成阶段

随着 ARPA 的建立，许多国家甚至大公司都建立了自己的网络。这些网络的体系结构都不相同，协议也不一致，不同体系结构的产品难以实现互联。20 世纪 80 年代，人们开始着手寻找统一网络结构和协议的途径。国际标准化组织 ISO 下属的计算机信息处理标准化技术委员会 TC97 为研究网络的标准化成立了一个分委员会，1984 年正式颁布了"开放系统互联基本参考模型"。这里的"开放系统"是针对当时各个封闭的网络系统而言的，它可以和任何其他遵守模型的系统通信。这里的体系结构是指将网络通信各种资源，根据不同的功能分为七个模块，每个模块也称为层，所以又称为开放式系统互联（Open System Interconnection，OSI）七层模型，代表网络为因特网。

4. 网络的互联和高速网络阶段

1990 年 ARPA 正式宣布关闭，而 NSFNET（美国国家科学基金会网络）主干网经过不断扩充，最终形成世界范围的因特网。进入 20 世纪 90 年代，网络向开放高速、高性能方向发展，可以传送数据语音和图像等多媒体信息，安全性也更好。1993 年美国政府提出"NII 行动计划"，即"国家信息基础设施"，一般称为"信息高速公路"，更在全球掀起网络建设的高潮，各类高速网不断出现。20 世纪 80 年代以来，在网络领域最引人注目的就是起源于美国的因特网——Internet 的飞速发展，现在因特网已发展成为世界上最大的国际性计算机互联网。由于因特网已影响到人们生活的各个方面，这就使得 20 世纪 90 年代成为因特网时代。

6.1.3 计算机网络的主要用途

1. 网上办公

对于同学们而言，新进大学校门后，需要登录学校的学生管理系统或者教务系统审核自己的个人信息，提交和自己相关的其他信息等。这些操作都是利用网络访问相应的管理系统，这些过程都是需要依赖网络平台进行，对于学校而言，这些管理系统是学校网上办公的具体表现。除此之外，通过班级 QQ 群、微信群通知教务信息、学生管理信息等是学校网上办公系统的延伸，也是网上办公的具体体现。网上办公除了向同学们传递数据和信息外，还能够通过共享打印机、存储器、扫描仪等方式，支持数字化办公环境。图 6.2 为阿里公司推出的钉钉网上办公软件。对于国家层面而言，也有很多网上办公的应用。例如，乘坐飞机前核对乘客身份时，需要使用公安网身份证查询系统。

图 6.2 钉钉软件

2. 数据库应用

数据库应用分为单机和联网两种形式。目前较为流行的联网方式——数据库应用就是利用网络连接的方式为用户提供数据检索。我们使用百度检索、知网检索和查询科技文献就是上述方式的具体表现。

3. 过程控制

我国"嫦娥三号"探测器抵达月球后所展开的科研活动都是通过网络控制实现的。"嫦娥三号"探测器到达月球后，将实时的信息传送到地球，等待地球指挥中心下达操作指令，以实现对月球的探索。这个探索的整个过程都是通过网络实现过程控制。图 6.3 为嫦娥工程宣传海报。

4. 电子商务

随着网络技术的成熟、物流行业的兴起和金融业的支撑，电子商务孕育而生。电子商务为我们提供了方便的商务环境，我们只需要在手机、计算机上打开不同的软件，就可实现买衣服、订外卖、资金交付、金融理财；同时电子商务系统还为电商提供包括市场调研分析、财务核算及生产安排等所有因特网上的商务活动。电子商务的产生带动了经济的发展，也为"一带一路"的实现提供了技术保障。图 6.4 为中国电子商务网 Logo。

图 6.3　嫦娥工程海报

图 6.4　中国电子商务网 Logo

5．网上医疗

网络技术在医学领域也有了长足的发展。在偏远地区的患者，不必长途跋涉到东部发达地区就医，只需要通过网上会诊，就可以让患者在家门口享受优质的医疗服务；有些地区甚至可以实现医疗专家通过远程网络控制机器手实施手术。图 6.5 为好大夫在线 Logo。

6．实况直播

在教育领域，可以利用网络展开远程实时教学，让偏远地区的学生与知名院所的教授进行实时沟通交流。在商业领域，最为流行的实况直播的例子是卖家在淘宝、京东等电子商务平台上，实时与客户视频沟通，现场对用户的要求进行解答，直到最后确认订单。

7．电子竞技

目前对玩家产生强烈吸引的游戏已经不是单机版模型，现有知名网游能够支持遍及世界各地的玩家同时在线进行实时竞技，这种技术就是网络技术在电子竞技方面的典型案例。典型的游戏有贪吃蛇、（网络版）极品飞车等。图 6.6 为新浪电竞 Logo。

图 6.5　好大夫在线

图 6.6　新浪电竞 Logo

6.1.4　计算机网络的发展趋势

计算机网络未来的发展趋势主要集中在高速化、综合化、智能化、易用性、可靠性五个方面。

1．网络高速化

从早期网络雏形到现在，计算机网络一个很突出的发展就是数据传输的速度不断提升；数据传输速度的提升体现出计算机网络的价值。未来推出的 5G 网络技术，将会使计算机网络数据传输速度再上一个新台阶。

2．网络综合化

计算机网络通信能力的不断加强，为众多业务提供了数据传输保障，加上不同技术的融合也推进了网络的综合化，也避免了网络重复建设的人力物力消耗。

3. 网络智能化

网络具有"智能"，可以自动识别流量分布，根据流量的变化自动调整策略，适应流量变化带来的数据冲击，将有限的带宽进行有效分配。除此以外，智能还体现在身份自动识别、设备自动识别等领域。随着物联网关键技术的不断推进，网络的智能化还将不断深入。

4. 网络易用性

网络的易用性体现在可以为用户提供所需要的信息，同时网络的覆盖范围和覆盖形式也将提高网络服务的用户体验，更好用、更方便、更简单将是网络发展的主要方向。

5. 网络可靠性

随着量子通信技术不断完善，可以预见量子通信将为我们提供新一代通信技术，其高效的传输和安全性为我们提供更可靠的保障。

6.2 计算机网络的构成

计算机网络的构成分为软件部分与硬件部分。硬件部分主要是组成计算机网络的电子元器件、传输介质和设备。软件部分主要是网络操作系统、网络通信软件。

6.2.1 网络硬件

常见的网络硬件设备主要有计算机、网卡、双绞线、光纤、光电转换模块、交换机、路由器、中继器、"光猫"、便携式移动 Wi-Fi、服务器、工作站、网络适配器等。由于篇幅所限，这里挑选几个典型的网络硬件具体讲解。

1. 计算机

计算机是网络中的一部分，主要用来负责与用户交互。计算机任务包括：负责接收来自用户的指令；网络数据的接收、处理和显示。例如，用户使用计算机运行 QQ，并通过对 QQ 软件的操作，实现数据的发送；另外，计算机网络将数据传送到计算机，通过一定的数据处理后，将数据通过 QQ 展示出来。计算机性能的高低决定了数据处理能力。

2. 网卡

当前主流的计算机产品，都把网卡集成在计算机主板上，成为主板的标准设备。网卡也称为网络适配器（Network Adapter）或网络接口卡（Network Interface Card，NIC）。网卡主要负责连接计算机与网线，保证数据在计算机与网络之间正常传输。图 6.7 为独立网卡。

图 6.7　独立网卡

3. 双绞线

双绞线是目前使用较为普遍的网络连接介质之一。双绞线作为网络数据的传输媒介，我们通过铜导线特定的绕转方式，达到信号抗干扰能力强、数据高速传输的目的。仅仅有双绞线还不能连接计算机上网，还需要执行以下几步：

（1）将双绞线内的铜芯按一定的顺序咬合在水晶头中。

（2）使用夹线钳按压水晶头的金手指，使之与双绞线的铜芯紧密接触。

（3）使用测线仪检查水晶头与双绞线连接是否正常。

（4）将水晶头插入计算机的网卡接口中。

图 6.8 为双绞线，图 6.9 为水晶头。

图 6.8　双绞线

图 6.9　水晶头

4．光纤

采用光信号作为数据传输方式的网络线路为光纤线路。光纤线路采用全反射等光学物理原理，实现数据的光信号传播。图 6.10 为光纤。

使用光纤线路的好处：信号耗损小、抗干扰能力强、数据传输速度快。

5．"光猫"

"光猫"是调制解调器的一种，它通过连接光纤传输介质，达到与互联网连接的目的，将用户数据上传或下载；对于用户而言，用户数据通过连接 LAN 口或通过无线介质（Wi-Fi）实现数据向"光猫"传输，然后通过"光猫"与互联网实现数据传输。"光猫"是用户与互联网数据互通的中转设备。图 6.11 为光猫产品。

图 6.10　光纤

图 6.11　光猫

6．便携式 Wi-Fi

便携式 Wi-Fi 通过 USB 接口的无线信号接收器，实现移动设备共享计算机网络资源的目的。

目前，台式计算机连接网络普遍采用的是单位免费的局域网或购买包月上网业务，该方式以月份方式计费；手机或平板电脑使用的 SIM 卡上网是按流量计费且其费用较台式机上网方式较贵，我们可以通过使用便携式 Wi-Fi 建立热点分享的方式，使手机、平板电脑共享台式机网络流量。图 6.12 为便携式移动 Wi-Fi。

7. 交换机

交换机的功能是负责计算机发送接收数据过程中的数据交换功能。目前局域网采用的星型和树型拓扑结构，均采用交换机作为数据交换节点。图 6.13 为交换机。

图 6.12　便携式移动 Wi-Fi

图 6.13　交换机

8. 路由器

路由器是网络互联设备的一种，路由器主要负责数据传输路径的选择，与交换机不同的是，路由器用于在异构网络之间转发数据。虽然市场中销售的三层交换机有路由功能，但本质仍属于交换机，而不是路由器。图 6.14 为路由器。

9. 无线路由器

无线路由器在传统路由器的基础上，增加了数据无线传输的功能。目前适用于电信 ADSL 等业务的路由器，除了具有拨号功能，还有路由功能、无线覆盖功能、有线数据传输功能。图 6.15 为无线路由器产品。

图 6.14　路由器

图 6.15　无线路由器产品

10. 服务器

服务器根据用途不同，可分为 Web 服务器、数据库服务器等。服务器共同的特征是：存储数据，并为用户提供数据服务功能。例如，我们使用百度服务器，首先通过浏览器地址栏输入 www.baidu.com，随后访问请求通过网络传输抵达百度 Web 服务器，最后百度服务器将页面信息处理结果返回到用户浏览器中。图 6.16 为服务器主机箱。

图 6.16　服务器主机箱

6.2.2　网络软件

网络硬件部分相当于修建好的高速公路，而网络软件部分可以认为是制定的交通规则和运行的汽车。无论多么宽的高速公路，如果没有汽车运行，就无法体现网络的价值；同理，如果没有在高速公路上运行的交通规则，高速公路也会事故不断、堵车严重。

1. 操作系统

任何设备连接网络，都需要操作系统的支持。一方面，操作系统作为人机交互界面，帮助使用人员操作设备和数据传输；另一方面，操作系统遵循网络协议来协调通信指令，负责数据的传输与接收处理。

目前常见的网络操作系统有：

1）Windows®家族产品

桌面版	Windows XP、Windows Vista、Windows 7、Windows 8、Windows 10
嵌入式系统	Windows CE
移动版	Windows Mobile、Windows Phone、Windows 10 Mobile
服务器版	Windows Server 2003、Windows Server 2008、Windows Server 2012、Windows Server 2016

图 6.17 为 Windows XP 操作系统图标，图 6.18 为 Windows 8 操作系统图标，图 6.19 为 Windows Server 2008 R2 操作系统图标，图 6.20 为 Server 2012 操作系统图标。

图 6.17　Windows XP 操作系统图标　　　　图 6.18　Windows 8 操作系统图标

图 6.19　Windows Server 2008 R2 操作系统图标　　图 6.20　Windows Server 2012 操作系统图标

2）Linux 系列

国外产品	Debian、Fedora、Red Hat Linux、SUSE Linux、Turbo Linux、Ubuntu 、Android
国内产品	红旗 Linux（Redflag Linux）、蓝点 Linux、新华 Linux、中软 Linux

图 6.21 为 Debian 操作系统图标，图 6.22 为红旗 Linux 操作系统图标，图 6.23 为 Fedora 操作系统图标。

图 6.21　Debian 操作系统图标　　图 6.22　红旗 Linux 操作系统图标　　　图 6.23　Fedora 操作系统图标

3）UNIX 系列

SYSTEM V 系统	SCO UNIX、HP UNIX、SUN UNIX （SOLARIS）、IBM UNIX （AIX）
BSD 系统	FreeBSD、OpenBSD、NetBSD、APPLE UNIX（MAC OS BSD 内核）

图 6.24 为 MAC OS 操作系统图标。

对于普通用户而言，在个人计算机（Personal Computer）中使用 Windows®家族桌面版操作系统较多。手机等移动设备主要使用的是 Android（安卓）操作系统和 MAC 操作系统；目前流行的苹果系列产品 MAC 操作系统是基于 UNIX 内核的操作系统。由于大多数 Linux、UNIX 操作系统可以免费使用，并且运行稳定性。近年来，使用 Linux、UNIX 产品的人日益增加。

图 6.24　MAC OS 操作系统图标

在服务器领域操作系统主要有三大类：第一类是 Windows，目前使用最多的产品是 Windows Server 2003 和 Windows Server 2008；第二类是 UNIX，代表产品包括 HP-UX、IBM AIX 等；第三类是 Linux，它虽说是后起之秀，但由于其开放性和高性价比等特点，近年来获得了长足发展。服务器版操作系统与个人计算机操作系统相比，其数据吞吐能力、稳定性、并发性等方面表现更好，表 6.1 为部分公司大型网站服务器使用的操作系统。

表 6.1　部分公司大型网站服务器使用的操作系统

公司	服务器操作系统	网站 Logo
Yahoo!	FreeBSD	YAHOO!
Google	Linux	Google
阿里巴巴	Linux	阿里巴巴 Alibaba.com
新浪	FreeBSD	sina新浪网 sina.com.cn
搜狐	SCO UNIX	搜狐 SOHU.com
网易	Linux	網易 NETEASE www·163·com
腾讯	Linux	腾讯网 QQ.com
新华网	Linux	新华网 NEWS www.news.cn www.xinhuanet.com
汇丰银行	Windows Server 2003	汇 丰

2．网络通信软件

网络通信软件是具有针对性通信或依赖网络运行的特定软件。由于互联网的应用，各行各业定制的网络通信软件繁多，从个人使用角度而言，大致有以下几类。

1）社交类软件（见表6.2）

表6.2 常用社交软件列表

软件名称	开发机构	软件 Logo
QQ（PC 版、移动版、网页版）	深圳市腾讯计算机系统有限公司	
微信	深圳市腾讯计算机系统有限公司	
新浪微博	新浪公司	
知乎客户端	北京知乎科技有限责任公司	
人人网	北京千橡网景科技发展有限公司	

2）金融类（见表6.3）

表6.3 常用金融类软件列表

软件名称	开发机构	软件 Logo
中国银行网上银行	中国银行	
中国工商银行网上银行	中国工商银行	
中国建设银行网上银行	中国建设银行	
中国农业银行网上银行	中国农业银行	
中国交通银行网上银行	中国交通银行	
中国邮政储蓄银行网上银行	中国邮政储蓄银行	
西安银行网上银行	西安银行	
大智慧	上海大智慧股份有限公司	
支付宝	支付宝（中国）网络技术有限公司	

3）工具类、邮件收发软件（见表6.4）

表6.4 常用工具软件（浏览器）

软件名	开发机构	软件 Logo
火狐浏览器	北京谋智火狐信息技术有限公司	
Foxmail	深圳市腾讯计算机系统有限公司	
百度浏览器	北京百度在线网络技术有限公司	

4）游戏类（见表6.5）

表6.5　部分游戏软件列表

软件名	开发机构	软件Logo
王者传奇	上海恺英网络科技有限公司	
冒险岛2	深圳市腾讯计算机系统有限公司	

5）购物类（见表6.6）

表6.6　购物类平台列表

软件名称	开发机构	软件Logo
天猫	阿里巴巴集团控股有限公司	TMALL
京东商城	北京京东叁佰陆拾度电子商务有限公司	
苏宁易购	苏宁云商集团股份有限公司	SUNING
唯品会	广州唯品会信息科技有限公司	唯品会
淘宝网	阿里巴巴集团控股有限公司	淘宝网
国美在线	国美控股集团有限公司	GO ME
当当	北京当当网信息技术有限公司	当当

3．通信协议

通信协议就是在网络上传输数据的规则，类比于交通规则就是"红灯停绿灯行"的规定。在通信协议的保证下，数据才能高效地、准确无误地在网络上传输。关于通信协议详见6.5节。

6.3　计算机网络的分类

计算机网络可以根据不同的规则进行分类。我们在日常生活中对网络分类主要是根据计算机网络作用的范围、拓扑方式和应用目的进行划分。

6.3.1　按网络覆盖范围分类

目前我们对网络最直接的认识就是可以连接全球的用户，这是从网络覆盖范围的角度划分网络。从网络覆盖范围角度对网络进行分类，可以分为局域网（Local Area Network，LAN）、城域网（Metropolitan Area Network，MAN）、广域网（Wide Area Network，WAN）。

这些网络间没有严格的距离界限，但一般而言，局域网往往小于10km，其数据传输速度最慢，信息量最小；城域网较局域网作用范围有所扩大，一般在几十千米范围，其数据传输速度较局域网速度有所提高，信息量增加。广域网作用范围可达十几千米到几万千米，其数据传输速度较城域网更快，信息量更大。表6.7为网络分类及作用范围。

表 6.7　各类网络作用范围

分类	缩写	覆盖范围	典型案例
局域网	LAN	10km 以内	网吧、办公楼
城域网	MAN	几十千米	城市范围内的网络
广域网	WAN	十几千米至几万千米	国家、大洲

6.3.2　按拓扑方式分类

以拓扑方式分类，常指网络设备和网络链路连接的几何形状。从事网络管理工作的人员往往对网络的拓扑结构非常关心。

从理论上讲，网络拓扑结构有集中式网络、分散式网络、分布式网络。集中式网络里，所有的信息流必须经过中央处理设备，链路从中央交换节点向外辐射。分散式网络是集中式网络的扩展。分散式网络的特点是它的某些集中器或复用器具有一定的交换功能。分散式网络是格状网，其中任何一个节点都至少和其他两个节点直接相连。

在现在的日常活中，我们常见网络拓扑方式的具体形式有星型拓扑、总线型拓扑、环型拓扑、树型拓扑、网型拓扑。在这里，我们仅对星型拓扑结构、总线拓扑结构、环型拓扑网络、树型拓扑结构进行说明。

（1）星型拓扑结构。星型拓扑结构的特点是一个中心，多个分节点。其结构简单，连接方便，管理和维护都相对容易，而且扩展性强。网络延迟时间较小，传输误差低。只要中心节点无故障，网络就可以正常运行；若中心节点出现故障，将会导致网络运行中断。图 6.25 为星型拓扑结构。

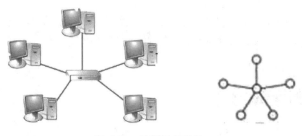

图 6.25　星型拓扑结构

（2）总线拓扑结构。总线拓扑结构所有设备连接到一条连接介质上。总线拓扑结构需要的电缆数量少，线缆长度短，易于布线和维护；多个节点共用一条传输信道，信道利用率高。总线型网络传输数据，需要解决好各节点分时复用以避免冲突发生。图 6.26 为总线拓扑结构。

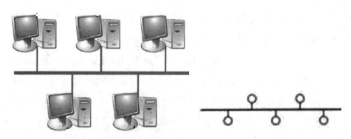

图 6.26　总线拓扑结构

（3）环型拓扑网络。环型拓扑网络是节点形成一个闭合环。工作站少，节约设备。当然，这就导致一个节点出问题，网络就会出问题，而且不好诊断故障。图6.27为环型拓扑网络结构。

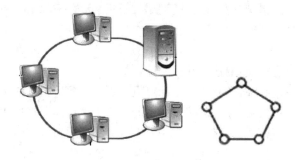

图6.27　环型拓扑网络结构

（4）树型拓扑结构。树型拓扑结构从总线拓扑结构演变而来，形状像一棵倒置的树，顶端是树根，树根以下带分支，每个分支还可再带子分支，树根接收各站点发送的数据，然后再广播发送到全网。其易扩展，易诊断错误，但对根部要求高。图6.28为树型拓扑结构。

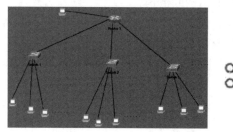

图6.28　树型拓扑结构

6.3.3　按应用目的分类

从应用角度，网络可以分为公用网和专用网。

公用网是供公众使用的网络。目前主要以电信、移动、联通、铁通等运营商推出的网络产品为主，人们可以通过付费的方式接受网络运营商提供的网络服务。

专用网是针对特定人群、用于特殊用途的网络。专用网一般不对外开放，使用网络时需要对使用者的身份进行核实，同时对使用者的操作进行分级限制。目前专用网主要有公安网、军队指挥网、铁路网、银行内部网络等。

📖6.4　计算机网络体系结构

通俗来讲，网络体系结构就是指组成网络的元素及元素之间的作用关系。计算机网络是由许多元素组成的，对这些元素及作用关系的描述就是对计算机体系结构的描述。

6.4.1　计算机网络体系结构概述

实际的计算机网络由多种计算机和各类设备组成，它们型号不一，设备间的电气特性也有很大差距，加之网络连接方式、同步方式、通信方式的不同，导致计算机网络通信过程的困难。计算机网络是个非常复杂的系统，为了保证正常工作，计算机体系结构中规定了参与的诸多元素必须遵守的规则，这些规则明确规定了交换数据的格式及有关的同步问题。为了说明这一点，我们简要介绍以下网络工作：

（1）发起通信的计算机激活（Active）通信通路。

（2）告诉网络如何识别将要接收数据的计算机。

（3）发起通信的计算机必须查明对方计算机是否已准备好数据的接收。

（4）发起通信的计算机必须知道接收数据的计算机是否为即将抵达的数据做好接收准备。

（5）传输过程中出现干扰、错误、丢失数据等情况，通信双方能够感知并解决此类问题。

以上描述的工作，是网络要处理的基本问题，而这些问题的解决，需要通信双方按照事先约定好的规则进行同步。通过这个例子，我们知道通信双方必须采用事先约定好的规则才能保证数据准确无误地在网络上进行传输。

为进行网络中的数据交换而建立的规则、标准或约定被称为网络协议。一个网络协议主要由三个要素组成：

（1）语法，即数据与控制信息的结构或格式。

（2）语义，即需要发出何种控制信息，完成何种动作及做出何种响应。

（3）同步，即时间顺序的详细说明。

网络中的设备是组成网络的硬件因素，协议是在硬件基础上制定的运行规则，它们的关系如同公路和交通规则的依赖关系。

6.4.2 OSI 参考模型

国际标准化组织 ISO 于 1977 年成立了一个专门研究网络体系结构的部门，其目标是制定不同体系结构的计算机网络能够互联互通的规则。后来该机构提出了著名的开放系统互联基本参考模型 OSI/RM（Open Systems Interconnection/Reference Model）。"开放"是指只要遵循 OSI 标准，一个系统就可以和位于世界上任何地方的、也遵循这统一标准的其他任何系统进行通信。"系统"是指在现实的系统中与互联有关的各部分。在 1983 年形成了开放系统互联基本参考模型的正式文件，文件中给出了著名的 ISO7498 国际标准，也就是所谓的七层协议的体系结构。

OSI 将计算机网络中的各种资源分为七层，它们分别是应用层、表示层、会话层、传输层、网络层、数据链路层、物理层。通过不同层的协作分工，实现数据在网络上的传输。图 6.29 为 OSI 七层模型数据传输示意图。

1. 应用层（Application Layer）

应用层是用户与网络的接口，用户通过操作应用程序实现对应用层下达发送数据的请求。应用层传输的数据单元是用户数据（Data）。

2. 表示层（Presentation Layer）

表示层主要处理数据编码的表示问题，确保不同计算机系统的应用层能够明白数据的含义。表示层传输的数据单元是用户数据（Data）。

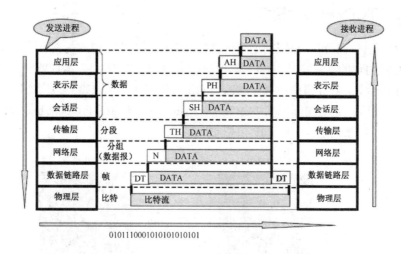

图 6.29　OSI 七层模型数据传输示意图

3. 会话层（Session Layer）

会话层主要处理和协调不同主机上各种进程间的通信。会话层传送的数据单元是用户数据（Data）。

4. 传输层（Transport Layer）

传输层提供可靠和透明的数据传输服务，包括差错控制和流量控制等问题。传输层向高层屏蔽了网络通信的细节，减轻高层的负担。传输层传送的数据单元为数据段（Segments）。

5. 网络层（Network Layer）

网络层为传输层提供服务，主要的作用是解决如何使数据包通过各节点传送的问题，即通过路径选择算法将数据包送到目的地。为了避免大量数据包造成的网络阻塞，网络层还肩负数据流量控制的功能。网络层传输的数据单元是数据包（Packet）。

6. 数据链路层（Data Link Layer）

数据链路层为网络层提供服务。数据链路层的任务是解决两个相邻点之间的通信问题。数据链路层通过校验、确认和反馈重发等手段，将不可靠的物理链路转换成对网络层来说无差错的数据链路，同时协调收发双方的数据传输速率。数据链路层传输的数据单元是数据帧（Frame）。

7. 物理层（Physical Layer）

物理层位于 OSI 模型的最底层，通过传输媒介为数据链路层提供物理连接。物理层规定了链路建立、维护和撤销等有关的机械、电气、功能和规程特性，包括了指令、"0" 和 "1" 信号的电平指标含义、数据传输速率、物理连接器规格及其他相关属性。物理层传输的数据单元为比特（Bit）。

6.4.3 TCP/IP 参考模型

OSI 模型是国际标准化组织指定的计算机网络体系结构模型，是具有法律效应的标准。但由于制定 OSI 协议的专家缺乏实际经验，导致 OSI 模型过分复杂、运行效率低、层次划分与实际情况不相符合等，OSI 最终没有在大范围的工程中使用；相反得到最广泛使用的不是法律上的国际标准 OSI，而是非国际标准 TCP/IP（Transmission Control Protocol/Internet Protocol）参考模型。图 6.30 为 OSI 模型与 TCP/IP 模型对比。

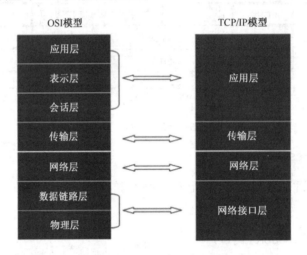

图 6.30　OSI 模型与 TCP/IP 模型

在 TCP/IP 模型中，将所有功能和层次划分为四个抽象的层中，它们分别是应用层、传输层、网络层、链路层。

1．应用层（Application Layer）

应用层是原理体系结构中的最高层。应用层确定进程之间通信的性质以满足用户的需要，应用层直接为用户的应用进程提供服务。用户通过操作应用程序实现对应用层的调用，以达到获取网络服务的目的。应用层传输的数据单元为用户数据（Data）。

2．传输层（Transport Layer）

传输层的任务是负责主机中两个进程之间的通信。传输层中的多个进程可以复用下面网络层的传输功能，到了目的主机的网络层后，再使用分工功能，将数据交付给相应的进程。传输层传输的数据单元为报文段（Segment）。

3．网络层（Internet Layer）

网络层允许主机将数据包/分组发送到任何网络上，并且让这些数据包/分组独立地到达目的主机。网络层定义了正式数据包/分组的格式和协议，该协议成为 IP（Internet Protocol）。

4．链路层（Link Layer）

链路层负责在网络线路上进行可靠的传输数据、分帧、位填充等功能。

6.5　计算机网络常用的协议

6.5.1　NetBEUI

NetBEUI 协议的全称为 NetBIOS Enhanced User Interface，即 NetBIOS 用户扩展接口协议。它是 NetBIOS 协议的增强版本，曾被许多操作系统采用，如 Windows for Workgroup、Win 9x 系列、Windows NT 等。NetBEUI 协议主要用于本地局域网中，一般不能用于与其他网络的计算机进行沟通。在局域网玩联网游戏，当不同主机游戏无法进行通信时，就需要添加此协议。

6.5.2　IPX/SPX

IPX/SPX 的英文全称为 Internetwork Packet Exchange/Sequences Packet Exchange。IPX 主要实现网络设备之间连接的建立维持和终止；SPX 协议是 IPX 的辅助协议，主要实现发出信息的分组、跟踪分组传输、保证信息完整无缺的传输。

6.5.3　TCP

传输控制协议（Transmission Control Protocol，TCP）是一种面向连接的、可靠的、基于字节流的传输层通信协议，由 IETF 的 RFC 793 定义。在简化的计算机网络 OSI 模型中，它完成第四层传输层所指定的功能，用户数据报文协议（UDP）是同一层内另一个重要的传输协议。在因特网协议族（Internet Protocol Suite）中，TCP 层是位于 IP 层之上，应用层之下的中间层。不同主机的应用层之间经常需要可靠的、像管道一样的连接，但是 IP 层不提供这样的流机制，而是提供不可靠的包交换。

6.5.4　UDP

用户数据报协议（User Datagram Protocol，UDP）是 OSI 参考模型中一种无连接的传输层协议，提供面向事务的简单不可靠信息传送服务，IETF RFC 768 是 UDP 的正式规范。

6.5.5　以太网

以太网（Ethernet）指的是由 Xerox 公司创建并由 Xerox、Intel 和 DEC 公司联合开发的基带局域网规范，是当今现有局域网采用的最通用的通信协议标准。以太网络使用 CSMA/CD（载波监听多路访问及冲突检测）技术，并以 10MB/s 的速率运行在多种类型的电缆上。目前大范围使用的以太网的传输速率为 1GB/s。

6.5.6　WLAN

无线局域网络（Wireless Local Area Networks，WLAN）利用射频（Radio Frequency，RF）技术，基于 IEEE 802.11 系列标准，采用电磁波作为数据传输媒介进行通信的一种联网方式。使用 WLAN 大大提升了使用的便捷性、友好性、扩展性。无线局域网在特定的频段与各类可以收发无线信号的设备进行通信，它与传统双绞线作为媒介的局域网比较而言，覆盖范围更大，组网速度明显提高。无线局域网支持最大速度为 54MB/s 的传输速度。

6.5.7　Wi-Fi

无线保真（Wireless Fidelity，Wi-Fi）是基于 IEEE802.11 系列标准的无线网络通信技术的品牌，是 WLAN 的重要组成部分。Wi-Fi 是一种允许电子设备连接到一个无线局域网（WLAN）的技术，通常使用 2.4G UHF 或 5G SHF ISM 射频频段。连接到无线局域网通常是有密码保护

图 6.31　Wi-Fi 图标

的；但也可以是开放的，这样就允许任何在 WLAN 范围内的设备可以连接上。Wi-Fi 是一个无线网络通信技术的品牌，由 Wi-Fi 联盟所持有。目的是改善基于 IEEE 802.11 标准的无线网络产品之间的互通性。有人把使用 IEEE 802.11 系列协议的局域网称为无线保真。甚至把 Wi-Fi 等同于无线网际网路（Wi-Fi 是 WLAN 的重要组成部分）。图 6.31 为 Wi-Fi 图标。

6.5.8　蓝牙

蓝牙（Bluetooth）是一种无线技术标准，可实现固定设备、移动设备和楼宇个人局域网之间的短距离数据交换（使用 2.4～2.485GHz 的 ISM 波段的 UHF 无线电波）。蓝牙技术最初由电信巨头爱立信公司于 1994 年创制，当时是作为 RS232 数据线的替代方案。蓝牙可连接多个设备，克服了数据同步的难题。当两个人需要在两台手机中传送数据量较大的文件时，可以使用蓝牙传输，避免消耗网络数据流量。图 6.32 为蓝牙图标。

图 6.32　蓝牙图标

6.5.9　3G 和 4G 网络

3G 网络（3rd-Generation），是指使用支持高速数据传输的蜂窝移动通信技术的第三代移动通信技术的线路和设备铺设而成的通信网络。3G 网络将无线通信与国际互联网等多媒体通信手段相结合，是新一代移动通信系统。

4G 称为第四代移动通信技术（The 4th Generation Mobile Communication Technology）。4G 是集 3G 与 WLAN 于一体，并能够快速传输数据以及高质量的音频、视频和图像等。4G 能够以 100MB/s 以上的速度下载，比目前的家用宽带 ADSL（4M）快 25 倍，并能够满足几乎所有用户对于无线服务的要求。此外，4G 可以在 DSL 和有线电视调制解调器没有覆盖的地方部署，然后再扩展到整个地区。很明显，4G 有着不可比拟的优越性。

📖6.6　Internet 网络

Internet 是目前人类发展史上规模最大的信息高速公路。Internet 中文正式译名为因特网，又称为国际互联网。它是由那些使用公用语言互相通信的计算机连接而成的全球网络。一旦你连接到它的任何一个节点上，就意味着计算机已经连入 Internet 了。Internet 目前的用户已经遍及全球，有超过几亿人在使用 Internet，并且它的用户数还在以等比级数上升。

6.6.1 Internet 概述

Internet 是在美国早期的军用计算机网阿帕网（ARPANET）的基础上经过不断发展变化而形成的。Internet 的起源主要可分为以下三个阶段。

1. Internet 的雏形阶段

1969 年，美国国防部高级研究计划局（Advance Research Projects Agency，ARPA）开始建立一个命名为 ARPANET 的网络。当时建立这个网络的目的是出于军事需要，计划建立一个计算机网络，当网络中的一部分被破坏时，其余网络部分会很快建立起新的联系。人们普遍认为这就是 Internet 的雏形。

2. Internet 的发展阶段

美国国家科学基金会（National Science Foundation，NSF）在 1985 开始建立计算机网络 NSFNET。NSF 规划建立了 15 个超级计算机中心及国家教育科研网，用于支持科研和教育的全国性规模的 NSFNET，并以此作为基础，实现同其他网络的连接。NSFNET 成为 Internet 上主要用于科研和教育的主干部分，代替了 ARPANET 的骨干地位。1989 年 MILNET（由 ARPANET 分离出来）实现和 NSFNET 连接后，就开始采用 Internet 这个名称。自此以后，其他部门的计算机网络相继并入 Internet，至此 ARPANET 宣告解散。

3. Internet 的商业化阶段

20 世纪 90 年代初，商业机构开始进入 Internet，使 Internet 开始了商业化的新进程，成为 Internet 大发展的强大推动力。1995 年，NSFNET 停止运作，Internet 已彻底商业化了。

目前 Internet 对人类的影响广泛，小到数据检索，大到商务平台，都依赖于这个信息高速公路的支持。目前 Internet 应用主要集中在：

（1）接发电子邮件，这是最早也是最广泛的网络应用。由于其低廉的费用和快捷方便的特点，仿佛缩短了人与人之间的空间距离，不论身在异国他乡与朋友进行信息交流，还是联络工作都如同与隔壁的邻居聊天一样容易，地球村的说法真是不无道理。

（2）网络的广泛应用会创造一种数字化的生活与工作方式，称为 SOHO（小型家庭办公室）方式。家庭将不再仅仅是人类社会生活的一个孤立单位，而是信息社会中充满活力的细胞。

（3）上网浏览或冲浪，这是网络提供的最基本的服务项目。你可以访问网上的任何网站，根据你的兴趣在网上畅游，能够足不出户尽知天下事。

（4）查询信息。利用网络这个全世界最大的资料库，可以利用一些供查询信息的搜索引擎从浩如烟海的信息库中找到需要的信息。随着我国"政府上网"工程的发展，人们日常的一些事物完全可以在网络上完成。

（5）电子商务就是消费者借助网络，进入网络购物站点进行消费的行为。网络上的购物站点是建立在虚拟的数字化空间里，它借助 Web 来展示商品，并利用多媒体特性来加强商品的可视性、选择性。

虽然目前网络购物还不完善，不会取代传统的购物方式，而只是对传统购物方式的一种补充。但它已经实实在在地来到了我们身边，给我们的生活多了一种选择。

（6）丰富人们的闲暇生活方式。闲暇活动即非职业劳动的活动，它包括：消遣娱乐型活动如欣赏音乐、看电影、看电视、跳舞、参加体育活动；发展型活动包括学习文化知识、参加社会活动、从事艺术创造和科学发明活动等。但与网络有直接关系的闲暇生活一般包括闲暇教育、闲暇娱乐和闲暇交往。

（7）随着网络寻呼机等越来越普遍地应用于人们的生活之中，每个人都可以通过上网结交世界各地的网上朋友，相互交流思想，真的能做到"海内存知己，天涯若比邻"。

（8）其他应用。现实世界中人类活动的网络版俯拾即是，如网上点播、网上炒股、网上求职、艺术展览等。

6.6.2 IP 地址

信息要在 Internet 上传输，必须按 TCP/IP 规范要求给出发送信息的主机地址和接收信息的主机地址，这就与发送纸质邮件的要求类似。在 Internet 主机地址被称为 IP 地址。目前 IP 地址有 IPv4 和 IPv6 两个版本，本节介绍 IPv4。IPv4 的意义是 IP 地址规则遵循 IP 协议第四个版本规范。

1．IP 地址的分配

IP 地址标识在网络中的计算机类似我们标识教室的方法（如 3A-301：3A 代表教学楼编号，"-"号为分隔符，"301"表示 3 楼的 1 号教室）。IP 地址分为"网络号"部分和"主机号"部分。"网络号"部分表示网络编号，"主机号"部分表示该主机在所在网络中的编号（见表 6.8）。

表 6.8 网络地址组成

网络号	主机号

IP 地址是与网卡关联的，一个网卡一个 IP 地址。对于一台主机而言，如果有多块网卡，那么这台主机可以有多个 IP 地址。

回顾我们前边的章节，计算机低级语言是"0"与"1"的序列，那么网卡地址在机器层面的表达也是"0"与"1"的组合。IPv4 中的 IP 地址是由 32 位二进制位组成（4 字节），如 11001010 11001000 10010000 00000001。为了便于识别 IP 地址，在应用中，一般都采用十进制表达 IP 地址；根据计算机底层数据的组织方式，将 32 位二进制数分为 4 段，每段 8 位二进制数，将每段转换为十进制数，段之间用"."符号间隔，就得到 IP 地址的十进制表达形式，如 11001010 11001000 10010000 00000001 转换后地址为 202.200.144.1。

IP 地址不能随意定义，正式的 IP 地址是由 ICANN（Internet Corporation for Assigned Names and Numbers）进行分配。

2．IP 地址的分类

ICANN 对 IP 地址划分为五种类型（见表 6.9），以解决不同类型网络中主机对 IP 地址的需求，有关 IP 最重要的文档请查阅[RFC 791]。本部分只讲述 A、B、C 三类地址的组成，D、E 类地址请查阅相关资料。

表 6.9　五类 IP 地址

类别	32 位二进制位表达的 IP 地址			
	8 位	8 位	8 位	8 位
A	0　　网络号	主机号（24 位）		
B	10　　网络号		主机号	
C	110　　网络号			主机号
D	1110　　组播地址			
E	11110　　保留为今后使用			

1）A 类地址

A 类地址的网络号字段占 1 字节（最高位为 0，其余 7bit 位可以由"0"或"1"任意组合），该字段的第一个比特位已固定为 0（见表 6.9）。A 类地址网路号比特位从 00000000 至 01111111 可以表示 128 个不同的数字，但规定：00000000 为保留地址，表示本网络；01111111 也为保留地址，表示本地回环测试地址。所以，A 类地址可以表示的网络号有 2^7-2 个（126 个）。

A 类地址剩下的 3 字节用于表示主机地址。对于表示主机地址的 3 字节，同样也不能都是"0"或"1"：若全为"0"，结合网络号地址，表示主机所在网络地址；若全为"1"，结合网络号地址，表示该网络上的所有主机。所以在 A 类地址的某个网络中可以表示的主机个数为 $2^{24}-2$ 个（16777214 个）。

综上所述，32bit 位可以表示 2^{32}（4294967296）个 IP 地址，但考虑可变比特位全为"0"和全为"1"的情况，A 类地址有 2^{31}（2147483648）个地址（包含网络地址和网络内所有主机地址）。表 6.10 为一个具体 A 类地址组成结构。

表 6.10　A 类地址组成结构

	8 位	8 位	8 位	8 位
含义	网络号	主机号		
十进制	126	0	0	2
二进制	0 1111110	00000000	00000000	00000010

2）B 类地址

B 类地址的网络号字段有 2 字节，但前边 2bit 位（10）已经固定了（见表 6.9），只剩下 14bit 可以变换，因此 B 类地址的网络数为 2^{14}（16384）。请注意，这里不存在减 2，因为网络号的前 2bit 位为"10"，使得后边的 14bit 位无论怎么变化也不会出现使整个网络号的 2 字节全为"0"或"1"。

B 类地址的每一个网络上可以容纳的主机地址数为 $2^{16}-2$（65534）个。这里需要减 2 是因为要扣除主机地址全为"0"和全为"1"的主机号。

整个 B 类地址有 30 个可变换的比特位，所以 B 类地址可以表示的 IP 地址有 2^{30}（1073741824）个。表 6.11 为一个具体的 B 类地址组成结构。

表 6.11　B 类地址组成结构

	8 位	8 位	8 位	8 位
含义	网络号		主机号	
十进制	190	0	0	2
二进制	10 111110	00000000	00000000	00000010

3）C 类地址

C 类地址的网络号字段有 3 字节，但前边 3bit 位（110）已经固定了（见表 6.9），只剩下 21bit 位可以变化，因此 C 类地址的网络总数是 2^{21}（2097152），这里也不需要减 2。

每个 C 类地址的最大主机数是 254，即 2^8-2（除去主机地址 2 字节全为 "0" 和 "1"）。

综上所述，整个 C 类地址空间共有 29bit 位可以变换，所以 C 类地址可以表示的 IP 地址有 2^{29}（536870912）个。表 6.12 为一个具体的 C 类地址组成结构。

表 6.12 C 类地址组成结构

	8 位	8 位	8 位	8 位
含义	网络号			主机号
十进制	222	0	0	2
二进制	110 11110	00000000	00000000	00000010

根据 A、B、C 三类地址的要求，经过计算，可以得到每个类别 IP 地址表示网络数、主机数信息（见表 6.13）。我们可以得到一个结论，A 类地址可以表示的网络数量较少，但每个网络中可以容纳的主机数很多。B 类地址可以表示的网络数较 A 类地址的网络数多，但 B 类地址的每个网络中能容纳的主机数较 A 类地址少。C 类地址可以表示的网络数最多，但每个网络中只能容纳 254 台主机。

根据 IP 地址由网络号和主机号组成的原理，可以得到结论：同一网络中，所有主机 IP 地址的网络号都一样，但在该网络中 IP 地址的主机号部分不能重复；不同网络内主机 IP 地址的网络号不同，但主机地址可以相同。

表 6.13 网络及主机数量

类别	最大网络数	第一个可用的网络号	最后一个可用网络号	每个网络中的最大主机数
A	126（2^7-2）	1	126	16777214（$2^{24}-2$）
B	16384（2^{14}）	128.0	191.255	65534（$2^{16}-2$）
C	2097152（2^{21}）	192.0.0	223.255.255	254（2^8-2）

3. 子网掩码

子网掩码用于区分 IP 地址中的网络号和主机号，同时也可以将一个网络进一步细分为多个网络。子网掩码由 32bit 表示，它与 IP 地址的比特位数相同，在交流时，也常用十进制数与点号（"."）组合表示，用点号间隔的十进制数表示 1B 存储的数据，如 255.255.255.0。

子网掩码的每比特位与 IP 地址的比特位一一对应，采用逻辑与运算法则，保留网络号对应的比特位，将用于表示主机号的比特位置零。表 6.14 列出了常用的子网掩码。

表 6.14 子网掩码

分类	二进制	常用表示方法
A 类地址掩码	11111111 00000000 00000000 00000000	255.0.0.0
B 类地址掩码	11111111 11111111 00000000 00000000	255.255.0.0
C 类地址掩码	11111111 11111111 11111111 00000000	255.255.255.0

例如，计算 202.200.153.12 这个 IP 地址的网络地址，子网掩码为 255.255.255.0。

202.200.153.12 对应的二进制地址为 11001010　11001000　10011001　00001100。

255.255.255.0 对应的二进制地址为　11111111　11111111　11111111　00000000。

然后将 IP 地址与子网掩码按位进行逻辑与计算：

IP 地址	11001010	11001000	10011001	00001100
子网掩码	11111111	11111111	11111111	00000000
逻辑与结果	11001010	11001000	10011001	00000000

11001010　11001000　10011001　00000000 使用十进制与点号的表达为 202.200.153.0。所以 202.200.153.12 的网络号为 202.200.153.0，主机号为 12。通过对网络地址的分析，该网 IP 地址属于 C 类地址，子网掩码也属于 C 类地址的子网掩码。

6.6.3　网关

网关（Gateway）又称网间连接器、协议转换器。大家都知道，从一个房间走到另一个房间，要经过一扇门。同样，从一个网络向另一个网络发送信息，也必须经过一道"关口"，这道关口就是网关。顾名思义，网关（Gateway）就是一个网络连接到另一个网络的"关口"，也就是网络关卡。

位于不同网络中的主机是无法直接通信的。例如，主机在网络 A 中，如果要向网络 B 中的主机发送数据，首先要先将数据发送到 A 网络的网关，A 网络网关通过路由器寻找到目标网络地址，通过路径选择后，将消息发送至网络 B 的网关，网络 B 的网关再将消息转发至目标主机。

6.6.4　域名系统

域名系统（Domain Name System，DNS）的使用是源于为用户提供便于记忆的网址。由于网络中表示主机使用的是 IP 地址的方式，IP 地址的 32bit 的组合较难，如果需要记忆多个主机的 IP 地址，对于用户来说是不可思议的事情。域名系统支持用户记忆主机的域名，当通过域名访问主机时，首先将域名提交给域名服务器，域名服务器经过查找后，将所要访问的主机 IP 地址返回用户使用的软件，接下来用户使用的软件就通过这个 IP 地址访问主机（这个过程被称为地址解析）。例如，要访问百度网站，打开浏览器后，可以在地址栏输入 www.baidu.com，随后浏览器发送 www.baidu.com 到域名服务器，域名服务器经过查找将百度服务器的 IP 地址返回浏览器，浏览器就可以通过这个 IP 地址访问对应的百度服务器主机获取服务。这个过程类似于记住电话号码不容易，但是记住人名很容易，通过人名在手机电话本中找到人名，这时与人名对应的电话也就看到了，单击拨打按钮将通过电话号码拨通对方电话。

域名的名称不能随意使用，域名采用了树状结构的命名方法。域名的结构由若干个分量组成，每个分量之间用英文小数点间隔，分量部分从右向左分别称为一级域名、二级域名、三级域名等。每个分量代表不同级别的域名，在域名的分量中，级别最低的域名写在最左边，级别最高的域名写在最右端。

www　　　. 　baidu　　　. 　　com

三级域名　. 　二级域名　. 　一级域名

域名空间的结构（见图 6.33）实际上是一个倒过来的树，树根在最上面没有名字。树根下面一级的节点就是最高一级的顶级域名节点（一级域名）；在顶级域名节点下面是二级域名节点；以此类推，最下面的叶节点就是单台计算机。域名服务分布在不同的服务器中，当用户需要查询不同的域名时,如果所在地区的域名服务器没有对应信息,则根据域名系统的归属,通过域名空间结构逐级查找相应的域名服务器请求域名解析。例如,英国人访问 www.xauat.edu.cn,若他所在地区的域名服务器不知道该域名对应的 IP 地址,则通过获取"cn"(一级域名)→"edu"(二级域名)→"xauat"(三级域名)的路径查找此域名 IP 地址,通过 xauat.edu.cn 域名解析服务器得知 www.xauat.edu.cn 的 IP 地址,英国用户的浏览器就按此地址访问主机。

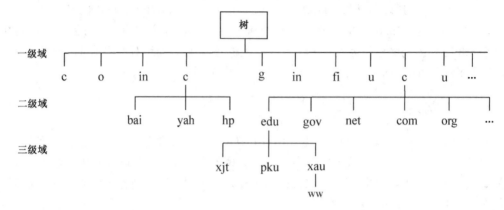

图 6.33   域名空间结构

早期域名的每个分量都是由英文字母和数字组成,并且不超过 63 个字符(不区分大小写);随着技术的发展,现在也有非英文语系的域名。

常见的机构性域名:com(营利性商业机构)、edu(教育机构)、org(非营利性组织)、int(国际性机构)、mil(军事机构)、net(网络供应商)、gov(政府机构)。

常见的国家域名:cn(中国)、jp(日本)、de(德国)、fr(法国)。

各类域名分类如表 6.15～表 6.19 所示。

表 6.15   一级域名

域名	含义
com	营利性商业机构
edu	教育机构
org	非营利性组织
int	国际性机构
mil	军事机构
net	网络供应商
gov	政府机构
tech	科技、技术
top	商业、公司、个人

表 6.16   国别域名

域名	含义
cn	中国
jp	日本
de	德国
fr	法国

续表

域名	含义
us	美国
au	澳大利亚
be	比利时
ca	加拿大
cu	古巴
Gr	希腊
Kr	韩国
nz	新西兰
ph	菲律宾
se	瑞典
sg	新加坡
th	泰国
uk	英国

表 6.17 国内域名

域名	含义
cn	中国国家顶级域名
com.cn	中国公司和商业组织
net.cn	中国网络服务机构
gov.cn	中国政府机构域名
org.cn	中国非营利组织域名

表 6.18 中文国内域名

域名	含义
.中国	中文中国国家顶级域名
.公司	中文中国公司和商业组织
.网络	中文中国网络服务机构

表 6.19 新国际域名

域名	含义
.biz	商务网站
.tv	电视台或频道
.info	信息网与信息服务
.name	一般有个人注册和使用
.mobi	全球唯一专为手机及移动设备使用的域名
.travel	旅游业网上服务

📖6.7 万维网

环球信息网简称万维网（World Wide Web，www）。万维网分为 Web 客户端和 Web 服务器程序。www 可以通过 Web 客户端访问浏览 Web 服务器上的页面。

6.7.1 万维网起源

最早的网络构想可以追溯到 1980 年蒂姆·伯纳斯·李构建的 ENQUIRE 项目。这是一个类似维基百科的超文本在线编辑据库。尽管这与我们使用的万维网大不相同，但是它们有许多相同的核心思想，甚至还包括一些伯纳斯·李的万维网之后的下一个项目语义网中的构想。

图 6.34 万维网宣传海报图

6.7.2 万维网相关概念

万维网是由许多超链接组成的有机系统，通过超链接的方式实现信息的相互关联，为互联网用户提供信息服务。图 6.34 为万维网宣传海报图。

1. 服务器

这里说的服务器是软件和硬件的结合。一般服务器是性能卓越的计算机运行特定的服务程序。服务程序根据用户的请求进行信息处理，为用户提供信息服务（见图 6.35）。例如，新浪服务器是一台性能强大的计算机运行新浪网站系统，这台服务器给用户提供信息服务。

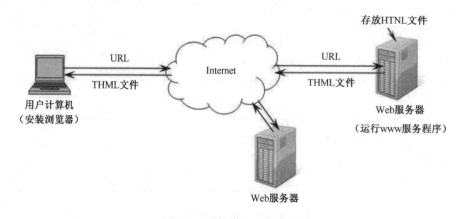

图 6.35 客户端与服务端通信

2. 客户机

客户机（Client）是运行在用户计算机中的软件，而服务器则是提供数据的服务端。客户机可以通过网络向服务器发出请求，服务器通过网络向客户机提供请求响应服务（见图 6.35）。

3. 超文本

超文本是一种标识语言，通过不同的标签传递信息的含义。目前使用较广的超文本主要是 HTML 和 XML。其中 HTML 称为超文本标识语言，用来组织网页中文字、图片、视频等各种资源。

4. 网页

网页是网站的基本信息单位，是 www 的基本文档。它由文字、图片、动画、声音等多种媒体信息及链接组成，是用 HTML 编写的，通过链接实现与其他网页或网站的关联和跳转。网页文件是用 HTML（标准通用标记语言下的一个应用）编写的，可在 www 上传输，能被浏览器识别显示的文本文件。其扩展名是.htm 和.html。

5. 网站

网站由众多不同内容的网页构成，网页的内容可体现网站的全部功能。通常把进入网站首先看到的网页称为首页或主页（homepage），如新浪、网易、搜狐就是国内比较知名的大型门户网站。

6. 超链接

超链接是网页上的一种链接技巧，它是内嵌在文本或图像中的。通过已定义好的关键字和图形，只要单击某个图标或某段文字，就可以自动链上相对应的其他文件。

7. HTTP

超文本传输协议（Hypertext Transfer Protocol，HTTP）是 www 浏览器和 www 服务器之间的应用层通信协议。HTTP 协议是用于分布式协作超文本信息系统的、通用的、面向对象的协议。通过扩展命令，它可用于类似的任务，如域名服务或分布式面向对象系统。www 使用 HTTP 协议传输各种超文本页面和数据。

8. URL

URL 的中文名称为"统一资源标识符"。统一资源标识符是对从因特网上得到的资源的位置和访问方法的一种简洁的表达。URL 给资源的位置提供一种抽象的识别方法，并用这种方法给资源定位。它的格式为：<URL 的访问方式>：//<主机>：<端口>/<路径>

常见的具体 URL 例子有：

http://www.cctv.com/

ftp://ftp.xjtu.edu:21/pub

https://mybank.icbc.com.cn/icbc/perbank/index.jsp

📖6.8　Internet 的应用

互联网 Internet 的应用软件多种多样，涵盖了我们的衣食住行等诸多方面，为我们提供了前所未有过的数字化时代生活方式。

6.8.1　网页浏览

网页浏览是基于 B/S 架构（服务器—浏览器）的应用，通常使用 PC（Personal Computer）终端或移动智能终端安装的第三方浏览器软件或是内置的浏览器程序，利用网络运营商提供的接入点，以 TCP/IP 协议的方式，进行 HTML（标准通用标记语言下的一个应用）或 XHTML 格式的 Web 网页浏览。常用的智能机浏览器软件有腾讯浏览器、UC 浏览器、火狐浏览器等，常见的个人计算机浏览器有 IE 浏览器、搜狗浏览器、火狐浏览器。图 6.36 为互联网流行的浏览器。

图 6.36 互联网流行的浏览器

6.8.2 网上学习

网络学习的方式是指通过 PC、移动设备和网络，在网上浏览网络资源，通过在线交流、在线讲堂等方式，从而获得知识、解决相关的问题，达到提升自己的目的。网络学习打破了传统教育模式的时间和空间条件的限制，是传统学校教育功能的延伸。由于教学组织过程具有开放性、交互性、协作性、自主性等特点，它是一种以学生为中心的教育形式。网上教育的一大优点便是使学习教育人性化：学生们可根据各自的水平、按各自的速度、以自己喜欢的方式学习；学生可在聊天室里以文字形式与同学讨论问题、向老师请教，还可在课上或课下随时阅读课堂笔记；而且还可让学生在网上考试，并能立刻得到成绩。

网络学习针对那些白天需要工作，希望能够利用晚上、周末或其他时间学习的用户，开通了商务方面的所有课程，甚至可以获得文凭。目前最为流行的网上学习平台如表 6.20 和表 6.21 所示。

表 6.20 国外在线学习平台

名称	特色	网址	Logo	隶属机构
Coursera	免费大型公开在线课程	https://www.coursera.org/		Coursera Inc
edx	国外大规模开放在线课堂平台	http://www.xuetangx.com/		北京慕华信息科技有限公司
Khan Academy	关于数学、历史、金融、物理、化学、生物、天文学等科目的内容	https://www.khanacademy.org/		Khan Academy
udacity	一个提供免费大学教育的国外网站	https://cn.udacity.com/		勇大网络（北京）有限公司
Futurelearn	英国开放大学 MOOC 平台	https://www.futurelearn.com/		Futurelearn company
NovoED	提供经济管理及创业类课程，由斯坦福大学教师发起，重视实践环节	https://novoed.com/		NovoEd Corporation
Lynda.com	软件使用技巧培训	https://www.lynda.com/		LinkedIn Corporation
OpenCulture	国外一个名校公开课的网站	http://www.openculture.com/		Open Culture，LLC.

表 6.21　国内在线学习平台

名称	特色	网址	Logo	隶属机构
中国大学MOOC	在线教育平台，承接教育部国家精品开放课程任务	https://www.icourse163.org/		中国大学MOOC平台
学堂在线	国内大规模开放在线平台	http://www.xuetangx.com/		北京慕华信息科技有限公司
网易云课堂	使用技能学习平台	http://study.163.com/		网易公司
网易公开课	国内外名校公开课	http://open.163.com/		网易公司
腾讯课堂	专业在线教育平台	https://ke.qq.com/		深圳市腾讯计算机系统有限公司
中公网校	最大的公务员考试网络学习平台	http://www.eoffcn.com/	offcn	北京中公教育科技股份有限公司
新东方	英语学习综合平台	http://www.koolearn.com/	koolearn 新东方在线	新东方教育科技集团
有道课堂	个性化的英语在线学习网站	https://ke.youdao.com/		网易公司
扇贝网背单词	科学有效的词汇训练和测试网站	https://www.shanbay.com/		南京贝湾教育科技有限公司

6.8.3　网上办公

随着网络应用的不断普及，无纸化办公不仅节约了相关材料的使用，而且还提高了办公效率。网上办公系统是实现企事业内部各级部门之间及内外部之间办公信息的收集与处理、流动与共享，实现科学决策的具有战略意义的信息系统。

6.8.4　网上娱乐

网上娱乐是利用网络实现数据传送，完成人们在网上录歌、看电影、制作贺卡、打扑克牌、打麻将、下棋、猜字游戏等娱乐项目。

6.8.5　网上购物

目前网上购物这种新的商业模式，为广大用户提供了便利的商业环境。绝大多数网上商城公司不但提供电话订购，而且还提供 PC、各种移动端应用程序操作的订购方式。

6.8.6　网上医疗

全球首例混合现实远程手术于 2018 年 1 月 8 日在我国成功实施，该手术由远在 3700km 外的武汉协和医院叶哲伟教授"主刀"。该手术的成功，将大城市的外科专家和偏远山区的医生在手术中"融为一体"，让偏远地区的群众在家门口享受到良好的医学治疗。

6.8.7　网上信息检索

利用网络查找我们需要的信息就是网上信息检索，最典型的应用就是利用百度公司的搜索引擎进行数据的查找。

　　百度是目前我国最为重要的搜索引擎之一，通过百度检索数据，首先打开浏览器，在地址栏输入 www.baidu.com，在打开的页面中定位文本框，输入要检索的数据关键字（见图6.37），单击"Enter"键后（或鼠标单击"百度一下"），检索结果即显示在网页中。

图 6.37　百度搜索引擎界面

　　对于检索信息较为复杂，某些参数需要具有特定性的检索时，可以使用百度"高级搜索"功能（网址为 https://www.baidu.com/gaoji/advanced.html），根据特定的参数要求进行关键字选择，然后提交检索要求。通过百度"高级检索"功能，可以将检索结果范围缩小，有利于查找到需要的信息（见图6.38）。

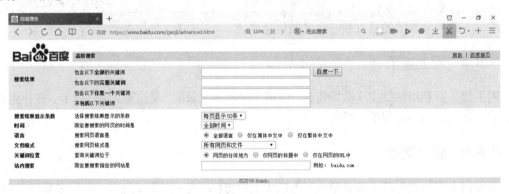

图 6.38　百度高级搜索界面

6.8.8　电子邮件

　　电子邮件（Electronic Mail）是基于Internet的邮件处理服务，该服务提供给用户离线、在线信息交换的通信方式。电子邮件系统不仅降低用户使用成本，而且能满足用户快速送达的要求。电子邮件通常支持文本信息、图片信息、音频信息、视频信息、不同类型文件等格式的发送。常见的电子邮箱应用可以实现人与人之间的信息，免费新闻、商品广告等信息的收发。常见的电子邮件运营商有腾讯、新浪、搜狐等公司的电子邮件产品。

　　使用电子邮件必须要拥有具有唯一性标识的邮箱地址（可以免费申请），其格式为：收信人邮箱名@邮件系统服务器域名。例如，john@foxmail.com。这个地址通常由三部分组成：

（1）标识自己邮箱的名称（对应 john@foxmail.com 邮箱地址的 john 部分）。

（2）@分隔符（读作"at"，用来间隔邮箱名称和邮件系统服务器域名）。

（3）邮件系统服务器域名（对应 john@foxmail.com 邮箱地址的 foxmail.com 部分）。

除了可以使用浏览器打开电子邮箱以外，还可以使用邮件管理软件的方式使用邮件服务，如由腾讯公司开发的 Foxmail 软件；Foxmail 可以实现在线接收邮件，离线阅读与编辑邮件。

6.8.9　文件传输

文件传输协议（FTP）是 Internet 中用于访问远程机器的一个协议，它使用户可以在本地机和远程机之间进行有关文件的操作。FTP 协议允许传输任意文件并且允许文件具有所有权与访问权限。也就是说，通过 FTP 协议，可以与 Internet 上的 FTP 服务器进行文件的上传或下载等动作。

和其他 Internet 应用一样，FTP 也采用了客户端/服务器模式，它包含客户端 FTP 和服务器 FTP，客户端 FTP 启动传送过程，而服务器 FTP 对其做出应答。在 Internet 上有一些网站，它们依照 FTP 协议提供服务，让网友们进行文件的存取，这些网站就是 FTP 服务器。网上的用户要连上 FTP 服务器，就是用到 FTP 的客户端软件。通常 Windows 都有 FTP 命令，这实际就是一个基于命令行的 FTP 客户端程序，另外常用的 FTP 客户端程序还有 CuteFTP、Leapftp、FlashFXP 等。HTTP 将用户的数据，包括用户名和密码都明文传送，具有安全隐患，容易被窃听到，对于具有敏感数据的传送，可以使用具有保密功能的 HTTPS（Secure Hypertext Transfer Protocol）协议。

📖6.9　网络安全

网络给生活带来了许多便利，与此同时，个人隐私、数据、个人财产甚至是网络运行也面临安全威胁。

6.9.1　网络安全概述

近几年发生的网络安全事件：2017 年 5 月 12 日，Wanna Decryptor 勒索病毒事件全球爆发，以类似于蠕虫病毒的方式传播，攻击主机并加密主机上存储的文件，然后要求以比特币的形式支付赎金。2017 年 10 月，雅虎公司证实，其所有 30 亿个用户账号可能全部受到了黑客攻击的影响，公司已经向更多用户发送"请及时更改登录密码及相关登录信息"的提示。2017 年 10月，360 安全研究人员率先发现一个新的针对 IoT 设备的僵尸网络，并将其命名为"IoT_Reaper"。

应对复杂的网络环境，2014 年 2 月，中央网络安全和信息化领导小组成立，习总书记在成立大会上指出，没有网络安全就没有国家安全！为保障网络安全，维护网络空间主权和国家安全、社会公共利益，保护公民、法人和其他组织的合法权益，促进经济社会信息化健康发展，全国人民代表大会常务委员会于 2016 年 11 月 7 日发布了《中华人民共和国网络安全法》，自2017 年 6 月 1 日起施行。2017 年 1 月 10 日，中央网络安全和信息化领导小组办公室下发了《国家网络安全事件应急预案》。网络作为信息化的基础，网络安全便成为信息化重要基石。在计算机网络的发展史中，网络安全事件一直威胁着信息化高速公路的发展，尤其社会进入到信息化时代，网络安全成为国家战略安全的重要组成部分。

近些年网络安全技术有了突飞猛进的发展，同时推动了网络安全行业的发展。为了响应党中央对网络安全的要求、应对网络安全威胁，2015 年 12 月 29 日由中国网络安全从业者发起的中国网络安全产业联盟成立，网络安全正式走上历史的大舞台。

6.9.2　对网络安全的认识

面对错综复杂的网络应用，作为网络运用的参与者，必须清楚地了解网络安全的一般原则、认识网络安全对个人和国家的重要性，才能够更好地使用网络。

1．网络安全是整体的而不是割裂的

信息网络无处不在，网络安全已经成为一个关乎国家安全、国家主权和每一个互联网用户权益的重大问题。在信息时代，国家安全体系中的政治安全、国土安全、军事安全、经济安全、文化安全、社会安全、科技安全、信息安全、生态安全、资源安全、核安全等都与网络安全密切相关，这是因为当今国家各个重要领域的基础设施都已经网络化、信息化、数据化，各项基础设施的核心部件都离不开网络信息系统。

2．网络安全是动态的而不是静态的

保证网络安全不是一劳永逸的。计算机和互联网技术更新换代速度超出想象，网络渗透、攻击威胁手段花样翻新、层出不穷，安全防护一旦停滞不前则无异于坐以待毙。系统漏洞、产品漏洞、管理漏洞、威胁手段等网络安全风险都在不断变化。威胁攻击和安全防护就像矛和盾，有什么威胁攻击，就要有相对应的安全防护。攻击者技术不断更新，网络安全防御技术就要在与安全威胁的对抗中持续提升。

3．网络安全是开放的

网络是互联互通的，开放性是互联网固有的属性。供应链是开放的，产品是开放的，人才是开放的，技术是开放的，网络安全也是开放的。网络开放为社会提供了便利，但同时不法之徒也有机会利用漏洞从事非法活动。

4．网络安全是相对的而不是绝对的

网络安全是相对的而不是绝对的，没有绝对安全。网络安全是一种适度安全。适度安全是指与因非法访问、信息失窃、网络破坏而造成的危险和损害相适应的安全，即安全措施要与损害程度相适应。这是因为采取安全措施是需要成本的，对于危险较小或损害较小的信息系统采取过于严格或过高标准的安全措施，有可能牺牲发展，得不偿失。

5．网络安全是共同的而不是孤立的

互联网是一个泛在网、广域网，过去相对独立分散的网络已经融合为深度关联、相互依赖的整体，形成了全新的网络空间。各个网络之间高度关联，相互依赖，网络犯罪分子或敌对势力可以从互联网的任何一个节点入侵某个特定的计算机或网络实施破坏活动，轻则损害个人或企业的利益，重则危害社会公共利益和国家安全。

6.9.3　网络安全的特征

网络安全是指网络系统的硬件、软件及其系统中的数据受到保护，不因偶然的或者恶意的原因而遭受到破坏、更改、泄露，系统连续、可靠、正常地运行，网络服务不中断。

网络安全威胁涉及领域广，科技含量高，危害严重。对于一个相对完善的网络安全系统，它的主要特征有：

1．保密性

信息不泄露给非授权用户、实体或过程，或供其利用的特性。

2．完整性

数据未经授权不能进行改变的特性。即信息在存储或传输过程中保持不被修改、不被破坏和丢失的特性。

3．可用性

可被授权实体访问并按需求使用的特性，即当需要时能否存取所需的信息。例如，网络环境下拒绝服务、破坏网络和有关系统的正常运行等都属于对可用性的攻击。

4．可控性

对信息的传播及内容具有控制能力。

5．可查性

出现安全问题时提供依据与手段。

6.9.4　网络安全防范

网络安全防范主要通过软件方式、硬件方式、管理制度方式。

（1）软件方式主要是采用程序的方式对数据进行加密，对使用者身份验证，对数据进行自动备份，请求数据进行审核等。

（2）硬件方式主要通过对设备的要求来保障网络安全，其中包括设备的防火防盗防辐射、设备的定期保养及设备更换等。

（3）制度方式主要是对管理人员、使用人员的要求，包括密码设置的复杂度、敏感数据访问的 IP 限制、软硬件定期巡检制度、使用人员定期技术培训制度等。

6.9.5　计算机病毒

计算机病毒在网络安全事件中也占很大的比例。计算机病毒与生物体内的病毒不同，它不是天然存在的，是某些人利用计算机软、硬件所固有的脆弱性，编制的具有特殊功能的程序。由于它与生物体内的病毒同样有传染和破坏的特性，因此这一名词就由生物学上的"病毒"概念引申而来。

计算机病毒在《中华人民共和国计算机信息系统安全保护条例》中被明确定义为："编制或者在计算机程序中插入的破坏计算机功能或者毁坏数据，影响计算机使用，并能自我复制的一组计算机指令或者程序代码。"也就是说计算机病毒是一种人为制造的、在计算机运行中对计算机信息或系统起破坏作用的特殊程序。

计算机病毒这种程序不是独立存在的，它隐蔽在其他可执行的程序之中，既有破坏性，又有传染性和潜伏性。轻则影响机器运行速度，使机器不能正常运行；重则使机器处于瘫痪、造成数据丢失，给用户带来不可估量的损失。

计算机病毒的特征具体表现如下：

1. 传染性

计算机病毒不但本身具有破坏性，而且具有传染性，一旦病毒被复制或产生变种，其传播速度之快令人难以预防。

传染性是计算机病毒最重要的特征，是判断程序代码是否为计算机病毒的依据。如果一台计算机感染了病毒，那么通过网络接触或者与其他计算机进行数据交换时，就能将病毒传染给未被感染的计算机。特别是在当今的互联网时代，当出现一个新病毒时，往往在极短的时间内就可以在 Internet 上泛滥。

2. 潜伏性

有些病毒像定时炸弹一样，在感染系统后一般不会马上发作，而是在固定的时间发作，让它什么时间发作是预先设计好的。例如，黑色星期五病毒，不到预定时间一点都觉察不出来，等到条件具备的时候一下子就爆炸开来，对系统进行破坏。

3. 隐蔽性

计算机病毒都有一定程度的隐藏性。一类病毒是通过隐藏在正常程序中，这类病毒程序若不经过代码分析，很难与普通程序区分开；另一类病毒是放在磁盘比较隐蔽的地方，比如以隐含文件形式出现等。正因为如此，才使得病毒在被发现之前已广泛传播。由于计算机病毒具有很强的隐蔽性，有的可以通过病毒软件检查出来，而有的根本就查不出来，有的时隐时现变化无常，这类病毒处理起来通常很困难。

4. 破坏性

计算机病毒一般都具有破坏性，只是破坏的程度不同。破坏轻的只是降低运行速度，弹出无关信息等；破坏重的则删除系统文件，制造硬盘坏扇区、对硬盘进行格式化，造成整个系统的崩溃，导致指挥系统失灵、银行金融系统瘫痪、卫星与导弹失控、工厂生产停滞、政府机构及事业单位秩序紊乱。

5. 寄生性

计算机病毒寄生在其他程序之中，当这个程序执行时，病毒就起破坏作用，而在未启动这个程序之前，它是不易被人发觉的。

6. 触发性

触发病毒程序的条件较多，可以是内部时钟、系统的日期和用户名，也可以是网络的通信等。一个病毒程序可以按照设计者的要求，在某个计算机上激活并发出攻击。

6.9.6　计算机病毒处理方法

对于非专业人员来说，推荐的计算机病毒处理方法如下：

1．安装杀毒软件

安装一款杀毒软件，使计算机处于杀毒软件实时监控状态下，不给病毒运行机会。需要强调的是：杀毒软件的病毒库必须经常更新，使安装在我们计算机中的杀毒软件能不断"认识"新的病毒，避免因"不认识"新病毒造成漏杀病毒的情况。

2．不断更新知识结构

对于非计算机专业的用户而言，经常关注专业网站、论坛获取相关知识也是很重要的途径。推荐给大家相关知识索取的一种途径：访问国家互联网应急中心，网址为：http://www.cert.org.cn/。

国家计算机网络应急技术处理协调中心简称"国家互联网应急中心"，英文简称 CNCERT 或 CNCERT/CC），成立于 2002 年 9 月，为非政府非营利的网络安全技术中心，是我国网络安全应急体系的核心协调机构。作为国家级应急中心，CNCERT 的主要职责是：按照"积极预防、及时发现、快速响应、力保恢复"的方针，开展互联网网络安全事件的预防、发现、预警和协调处置等工作，维护国家公共互联网安全，保障基础信息网络和重要信息系统的安全运行，开展以互联网金融为代表的"互联网+"融合产业的相关安全监测工作。

📖习题

一、单选题

1．计算机网络的优点是（　　）。
   A．精度高　　　　　　B．存储空间大　　　　　C．隐蔽性强　　　　D．共享资源
2．按网络覆盖范围，计算机网络可分为（　　）、城域网、广域网。
   A．互联网　　　　　　B．大型计算机网络　　　C．局域网　　　　　D．小型网络
3．OSI 的中文含义是（　　）。
   A．网络通信协议　　B．开放系统接口　　C．开放系统互联参考模型　　D．公共数据通信
4．在网络中，唯一表示计算机的标识称为（　　）。
   A．邮政编码　　　　　B．ID 号码　　　　　　C．特殊地址　　　　D．IP 地址
5．目前用于计算机网络通信的有线介质有双绞线、同轴电缆和（　　）。
   A．微波　　　　　　　B．光纤　　　　　　　C．PVC 管　　　　　D．以上均不对
6．计算机网络传递的数据为（　　）。
   A．数字信号　　　　　B．模拟信号　　　　　C．随机信号　　　　D．以上均不正确

二、名词解释

计算机网络，OSI 参考模型，IP 地址，子网掩码，计算机网络安全

三、简答题

1. 简述什么是在线学习平台？
2. 简述什么是电子商务？
3. 简述计算机网络安全防护原则。
4. 简述域名系统的定义及其工作原理。
5. 简述电子邮箱与电子邮件地址的含义。

四、计算题

现有计算机 IP 地址为 202.200.144.56，子网掩码为 255.255.255.0。请计算该计算机所在网络地址。

实 验 篇

第 7 章

操作系统实验

📖7.1 Windows 7 基本操作

7.1.1 实验目的

（1）掌握 Windows 7 的基本操作。
（2）掌握查看计算机基本信息的方法。
（3）掌握 Windows 7 帮助和支持的运用。

7.1.2 实验内容

（1）练习 Windows 7 的基本操作：练习 Windows 7 的窗口操作、剪贴板操作、对象选定操作。
（2）查看计算机基本信息：查看计算机 CPU 的信息、系统硬件、显示的分辨率。
（3）获得 Windows 7 帮助和支持：浏览帮助信息。

7.1.3 实验步骤

1. Windows 7 的基本操作

1）鼠标操作
（1）用鼠标指向桌面的"计算机"图标。
（2）选定"计算机"图标。
（3）拖曳"计算机"图标。
（4）双击"计算机"图标。

2）窗口操作

（1）双击桌面的"计算机"图标，打开"计算机"窗口。

（2）通过单击窗口右上角的"关闭"按钮，或按"Alt+F4"组合键，或选择菜单"文件"→"关闭"按钮，关闭"计算机"窗口。

（3）在窗口没有最大化时，鼠标拖动窗口标题栏将窗口移动到桌面的最左边。

（4）将鼠标移到窗口的右边缘，在鼠标指针变为"←→"时，左右移动鼠标将"计算机"窗口水平放大或缩小。

（5）单击窗口标题栏的"最大化""最小化""还原"按钮，最大化、最小化和还原当前窗口。

（6）在桌面上依次打开"计算机"、Word、Excel 和 PowerPoint 窗口，用"Alt+Tab"组合键实现从 PowerPoint 窗口到其他窗口的切换；对非最小化任务窗口，用"Alt+Esc"组合键实现窗口切换。

3）剪贴板操作

（1）将对象复制或移动到剪贴板。在桌面上选定一个对象（可以是数据文件、文本文件或图片文件），单击右键，打开快捷菜单，选择"复制"或"剪切"选项将选择对象送到剪贴板。

（2）粘贴。打开"计算机"窗口中的"本地磁盘（C:）"，在工作区单击右键打开快捷菜单中选择"粘贴"选项。

4）对象选定操作

（1）选定单个对象。单击"计算机"窗口中的"本地磁盘（C:）"选定对象"本地磁盘（C:）"。

（2）选定多个连续对象。在"本地磁盘（C:）"中，按下"Shift"键不放→单击开始对象→单击结束对象，从开始对象到结束对象全部用深颜色标注，表示这些对象全部选中。

（3）选定多个不连续对象。在"本地磁盘（C:）"中，单击要选定的第一个对象，然后按下"Ctrl"键，逐个单击其余对象。

（4）全选。在"本地磁盘（C:）"中，单击"编辑"选项卡→"全选"选项。

2．查看计算机基本信息

1）查看屏幕分辨率

（1）右键单击桌面上的空白处，打开"快捷菜单"。

（2）选择"属性"选项，打开"显示属性"窗口。

（3）选择"设置"标签，可看到显示器的类型、显示分辨率和颜色质量等信息。同时，也可对显示器的信息进行设置。

2）查看计算机的属性

在桌面上，右击"计算机"图标→"快捷菜单"→"属性"，可看到计算机上操作系统的版本号、存储器容量、处理器型号、计算机名称、工作组名称等信息。

3）查看计算机的硬件信息

在"系统"→"属性"→单击导航窗格中的"设备管理器"，可看到 CPU、硬盘、监视器、网络适配器、显卡等信息。

3．用控制面板查看计算机信息

1）计算机基本信息

单击"控制面板"图标→"系统和安全"→"系统"，查看系统属性。在系统属性中选择

"常规"标签，显示操作系统的版本和注册、CPU 等信息。

2）计算机名称

在"控制面板"→"系统"→"属性"窗口中，选择"计算机"标签，显示计算机名称和工作组名称。

3）计算机硬件信息

在"控制面板"→"系统"→"属性"→"硬件"标签→"设备管理器"，显示 CPU、硬盘、监视器、网络适配器、显卡等信息。

4．Windows 7 帮助和支持

在启动 Windows 后，单击"开始"→"帮助和支持"→"Windows 帮助和支持"，打开 Windows 帮助和支持窗口，如图 7.1 所示。

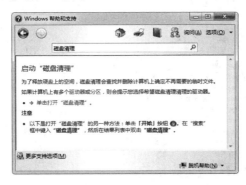

图 7.1 帮助和支持

在图 7.1 的搜索框中输入"磁盘清理"后，在工作区中显示关于"磁盘清理"功能、操作方法和注意事项信息。

7.2 Windows 7 文件管理

7.2.1 实验目的

（1）掌握文件的基本操作方法。
（2）掌握文件夹和路径的概念和操作。
（3）掌握文件属性的查看方法。
（4）掌握资源管理器的使用。

7.2.2 实验内容

（1）在桌面上创建文件夹"MyFiles"和"TheTextFiles"，并在文件夹"MyFiles"中建立一个名为"MyFirstDocument.txt"的文本文件，并将该文件复制到文件夹"TheTextFiles"中，最后删除文件夹"MyFiles"。

（2）查看文件夹"TheTextFiles"中"MyFirstDocument.txt"的文件属性。

（3）用资源管理器完成实验内容（1）。

7.2.3　实验步骤

1．用快捷菜单完成实验内容（1）和（2）

（1）在桌面的空白处，打开"快捷菜单"（见图 7.2）并选择"新建"→"文件夹"，输入文件夹名"MyFiles"，建立文件夹"MyFiles"。

（2）用同样的方法，建立文件夹"TheTextFiles"。

（3）双击文件夹"MyFiles"，在窗口中打开"快捷菜单"，选择"新建"→"文本文档"，并输入文件名"MyFirstDocument.txt"，建立名为"MyFirstDocument.txt"的文本文件。

（4）选择文件"MyFirstDocument.txt"，单击右键打开快捷菜单（见图 7.3）。

（5）在图中选择"复制"，再打开文件夹"TheTextFiles"。在文件夹"TheTextFiles"的空白处，打开"快捷菜单"→"粘贴"，将文件"MyFirstDocument.txt"复制到文件夹"TheTextFiles"。

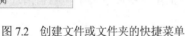

图 7.2　创建文件或文件夹的快捷菜单　　　　　　　　图 7.3　快捷菜单

（6）在桌面上文件夹"MyFiles"的快捷菜单中选择"删除"，从桌面上删除文件夹"MyFiles"。

（7）选择文件夹"TheTextFiles"中对象"MyFirstDocument.txt"，打开"快捷菜单"→选择"属性"，显示该文件的属性信息（见图 7.4）。

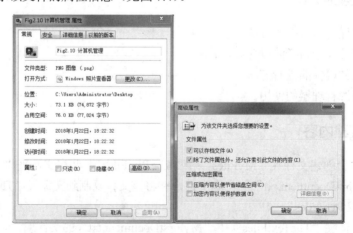

图 7.4　文件属性

2．用资源管理器完成实验内容（1）

除了上面介绍的文件和文件夹的基本操作方法外，在 Windows 7 中还可以用资源管理器完成对文件和文件夹的操作。

（1）在 Windows 7 桌面上，单击"开始"→"所有程序"→"附件"→"Windows 资源管理器"，打开如图 7.5 所示的资源管理器。在图中，左边为导航窗口，列出了本机的资源；右边为导航中对应项的内容。

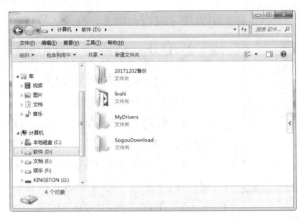

图 7.5　Windows 资源管理器

（2）在导航窗口中选择桌面，右击右窗格的空白处弹出快捷菜单，单击"新建"选项，输入"MyFiles"建立"MyFiles"新文件夹。

（3）用同样的方法建立文件夹"TheTextFiles"。

（4）在导航窗口的桌面中单击文件夹"MyFiles"，在右窗格中打开快捷菜单（见图 7.2），并选择"新建"→"文本文档"→输入文件名"MyFirstDocument.txt"，建立文本文件"MyFirstDocument.txt"。

（5）选择文件"MyFirstDocument.txt"，选择"快捷菜单"（见图 7.3）→"复制"。再在导航窗口的桌面中打开文件夹"TheTextFiles"→在右窗格中打开快捷菜单→选择"粘贴"，将文件"MyFirstDocument.txt"复制到文件夹"TheTextFiles"。

（6）在导航窗口中选择文件夹"MyFiles"，打开快捷菜单并选择"删除"，从桌面上删除文件夹"MyFiles"。

📖7.3　Windows 7 任务管理器

7.3.1　实验目的

掌握任务管理器的使用方法。

7.3.2　实验内容

（1）启动任务管理器，查看系统中的进程数，线程数、CPU 和内存使用情况。

（2）启动应用程序 Word，并查看 Word 的进程数和线程数，并结束 Word 应用程序的执行。

7.3.3 实验步骤

1. 任务管理器的启动和关闭

在 Windows 7 中，用"Ctrl+Alt+Del"组合键→"启动任务管理器"，或用"Ctrl+Alt+Esc"组合键，打开任务管理器（见图 7.6）。记录当前系统中应用程序、进程、服务、性能、联网和用户等信息。

图 7.6 任务管理器

2. 启动应用程序并查看系统信息

（1）启动应用程序 Word。

（2）打开任务管理器。

（3）单击"进程"标签，记录应用程序 Word 的进程数、线程数、CPU 占用时间、内存消耗量等信息。

（4）选择一个非"System"用户的进程，如 360sd.exe，单击"结束进程"停止该进程执行。

（5）单击"应用程序"标签，选择 Word 并单击"结束任务"按钮，结束 Word 应用程序的执行。

📖7.4 Windows 7 控制面板

7.4.1 实验目的

掌握控制面板的使用方法。

7.4.2 实验内容

（1）启动控制面板，了解控制面板的功能。

（2）应用程序 QQ 的安装和卸载。

（3）用"设备管理器"查看显卡设备属性、卸载设备、更改设备驱动程序。

7.4.3 实验步骤

1. 启动控制面板

控制面板打开方式有以下三种。

（1）双击桌面上的"控制面板"图标。

（2）单击任务栏中"开始"→"控制面板"。

（3）单击"开始"→"所有程序"→"附件"→"系统工具"→"控制面板"，打开控制面板，如图 7.7 所示。

（4）在打开的控制面板中，单击控制面板中的各个图标，了解控制面板的功能。

图 7.7　控制面板

2．应用程序 QQ 的安装和卸载

（1）下载 QQ 安装包。

（2）双击 QQ 安装包，按照提示完成安装。

（3）启动控制面板，打开图 7.7 所示的控制面板窗口，选择"程序"。

（4）打开"添加/删除程序"对话框，选择"腾讯 QQ"并单击"删除"。

（5）按照提示操作，完成 QQ 的卸载。

3．用"设备管理器"查看显卡的设备属性、卸载设备、更改设备驱动程序

1）修改查看方式

在图 7.7 所示的控制面板中，将工作区右上角的"查看方式"设置为"小图标"或"大图标"。

2）打开设备管理器窗口

选择"设备管理器"窗口，打开设备管理器窗口（见图 7.8）。

3）查看显卡设备属性

在设备管理器中，单击"显示适配器"，右键单击显示卡名称，在打开的快捷菜单中选择"属性"，查看显卡类型、制造商、设备用法（启动和停止）、设备驱动程序等。

图 7.8　设备管理器

4）更改显卡设备驱动程序

更改设备驱动程序有以下两种方法。

（1）在设备属性窗口中，选择"驱动程序"标签，单击"更改设备驱动程序"，然后按照提示操作就可更改驱动程序。

（2）在设备管理器中，单击"显示适配器"，右键单击显示卡名称，在打开的快捷菜单中选择"更改设备驱动程序"，然后再按照提示操作就可更改驱动程序。

5）卸载显卡设备

在查看显卡设备属性窗口的"驱动程序"标签中，单击"卸载"命令按钮，可卸载显卡；也可以在设备管理器中，单击"显示适配器"，右键单击显示卡名称后选择"卸载"项卸载显卡。

6）停用显卡设备

在查看显卡设备属性的窗口的"常规"标签中，通过设备用法的下拉式菜单的"不要使用这个设备（停用）"项，可停用显卡；也可以在设备管理器中，单击"显示适配器"，右键单击显示卡名称后选择"停用"来停用显卡。

📖 7.5　Windows 7 计算机管理

7.5.1　实验目的

掌握计算机管理的使用方法。

7.5.2　实验内容

（1）启动计算机管理。
（2）对"磁盘 E:"分区格式化。
（3）清理"本地磁盘 C:"的垃圾。
（4）对"本地磁盘 C:"进行碎片整理。

7.5.3　实验步骤

1. 启动"计算机管理"

"计算机管理"的打开方式有很多，可通过以下方式启动"计算机管理"。
（1）选择"控制面板"→"管理工具"→"计算机管理"，打开"计算机管理"窗口。
（2）在桌面上右击"计算机"图标→选择"管理"，打开"计算机管理"窗口，如图 7.9 所示。

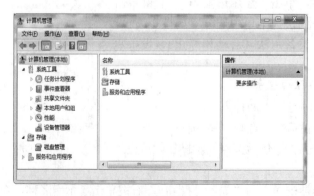

图 7.9　"计算机管理"窗口

2. 格式化"磁盘（E：）"分区

（1）确保"磁盘（E：）"分区中数据已经备份，或在"磁盘（E：）"分区上的任何信息都不再需要了。

（2）打开"计算机管理"窗口。

（3）在图7.9中，选择左窗格"存储"中的"磁盘管理"项，打开磁盘管理窗口（见图7.10）。

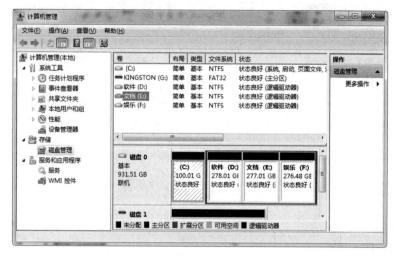

图 7.10　磁盘管理

（4）在磁盘管理右窗格中选择"磁盘（E：）"分区，打开快捷菜单，并在快捷菜单中选择"格式化"，打开如图7.11所示的格式化对话框。

（5）在图7.11中，设置文件系统后，单击"确定"按钮对"磁盘（E：）"分区格式化。

说明：

① 本实验的文件系统为"NTFS"，也可通过单击"文件系统"项后的图标"▼"打开下拉列表框选择其他文件系统。文件系统不同，系统支持的分区大小就不同，其安全性也不同。

图 7.11　磁盘格式化对话框

② 快速格式化将创建新的文件表，但不完全覆盖或擦除磁盘上的数据。

③ 格式化将破坏分区中所有数据，使用时需谨慎。

3. 清理"本地磁盘（C：）"分区

（1）如图7.10所示，在磁盘管理窗口中，打开"磁盘（E：）"分区的快捷菜单，选择"属性"，打开如图7.12所示的磁盘属性窗口。

（2）在图7.12中，单击"磁盘清理"，则打开"磁盘清理"窗口（见图7.13）。

（3）在图7.13中，选择确定不再需要的临时文件，清空回收站，并单击"确定"，完成对"本地磁盘（C：）"分区的清理工作。

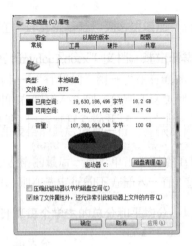

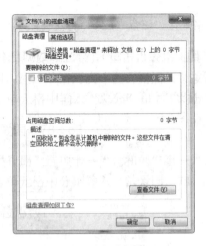

图 7.12　磁盘属性窗口　　　　　　　　图 7.13　磁盘清理窗口

4．对"本地磁盘（C：）"分区进行碎片整理

（1）在图 7.12 所示的磁盘属性窗口中，选择"工具"标签，打开磁盘中可用的工具程序（见图 7.14）。

（2）在如图 7.14 所示的工具中，单击"立即进行磁盘碎片整理"，打开"磁盘碎片整理程序"对话框，如图 7.15 所示。

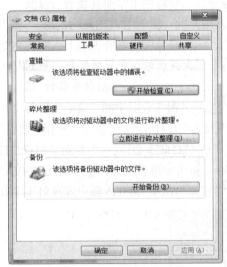

图 7.14　磁盘属性的工具标签　　　　　图 7.15　磁盘碎片整理程序

（3）在图 7.15 中，选择需要整理的磁盘，单击"分析磁盘"，分析磁盘上碎片所占的比例。

（4）在分析磁盘后，当磁盘中碎片的比例大于 10%时，单击"磁盘碎片整理"按钮，进行磁盘整理。

说明：

① 在磁盘整理时，如果磁盘由其他程序独占，或非 Windows 文件系统（非 NTFS、FAT 或 FAT32 的文件系统）的磁盘将无法进行磁盘碎片整理。

② 在进行磁盘碎片整理中，千万不要人为中断整理过程，否则可能造成严重后果。

第 8 章

文字处理软件实验

📖8.1 文档的基本操作

8.1.1 实验目的

（1）熟悉 Word 2010 的工作界面，了解选项卡及功能区按钮。

（2）掌握 Word 2010 文档的建立、保存、关闭与打开的方法。

（3）掌握中西文的输入方式。

（4）掌握文档的基本编辑方法，包括复制、移动、插入、删除、修改等操作。

（5）掌握文档的编辑技巧。

（6）掌握文本的查找、替换与校对。

8.1.2 实验内容

（1）熟悉 Word 2010 主窗口的工作界面，了解各选项卡及其功能区的按钮。

（2）创建两个空白文档"文档 1"和"文档 2"，将其保存在桌面，分别命名为"mydoc.docx"和"mydoc1.docx"。

（3）在"mydoc.docx"中，利用某种中文输入法输入下框中的内容（不包括边框），并将其所有内容复制到文档"mydoc1.docx"中，保存并关闭文档"mydoc.docx"。（提示：将该文档保存至优盘，以备后续实验使用。）

太阳是太阳系的中心天体，是距离地球最近的一颗恒星。太阳的质量为地球的 33 万倍，体积为地球的 130 万倍，直径为地球的 109 倍（约为 139 万千米）。但是，在浩瀚无垠的恒星世界里，太阳只是普通的一员。太阳是一个炽热的气体球，表面温度达 6000 摄氏度，内部温度高达 1700 万摄氏度。太阳的主要成分是氢和氦。太阳表层习惯称谓为"太阳大气"，由里向外，它又分为光球、色球和日冕三层。光球只是太阳表面极薄的一层，厚度只有 500 千米，太阳的直径就是根据这个圆面定出来的。色球是太阳大气的中间层，平均厚度为 2000 千米，它的密度比光球还要稀薄，当发生日全食时，即太阳光球被月球（MOON）完全遮挡时，在暗黑月轮的边缘可以看到一钩纤细如眉的红光，这就是太阳色球的光辉。日冕是太阳大气的最外层，温度极高，有 100 万摄氏度。在这样的高温下，氢、氦等原子早已被电离成带电粒子，它们的运动速度极快，以致不断有带电粒子挣脱太阳引力的束缚而奔向太阳系空间。如此形成的带电粒子流，被人们称为"太阳风"。

（4）打开文档"mydoc1.docx"，在文档的开始插入标题"万物的生灵——太阳"。（注：下边的操作均在该文档中完成，样文如后所示。）

（5）利用"拼写和语法"检查功能检查输入的内容是否有拼写或语法错误，如果存在错误，请将其改正。

（6）使"太阳表层习惯称谓为'太阳大气'，……这就是太阳色球的光辉。"句另起一段。

（7）将正文最后两段互换位置。（注：正文指除标题段之外的其他段落。）

（8）将正文的第 1 段第 1 句："太阳是太阳系的中心天体，是距离地球最近的一颗恒星。"复制到文档的最后，作为文档的最后一段。

（9）删除正文第 1 段第 4 行："太阳的主要成分是氢和氦。"

（10）将文档中所有"恒星"一词替换为"Star"；将所有数字替换为绿色，并加双下划线；将所有字母替换为红色，并加着重号。

（11）将文档中所有的英文单词更改为首字母大写，其余字母小写。

（12）保存文档"mydoc1.docx"，并复制到 U 盘，以备 8.2 节中的实验使用。

样文如下：

万物的生灵——太阳

太阳是太阳系的中心天体，是距离地球最近的一颗 Star。太阳的质量为地球的 33 万倍，体积为地球的 130 万倍，直径为地球的 109 倍（约为 139 万千米）。但是，在浩瀚无垠的 Star 世界里，太阳只是普通的一员。太阳是一个炽热的气体球，表面温度达 6000 摄氏度，内部温度高达 1700 万摄氏度。

日冕是太阳大气的最外层，温度极高，有 100 万摄氏度。在这样的高温下，氢、氦等原子早已被电离成带电粒子，它们的运动速度极快，以致不断有带电粒子挣脱太阳引力的束缚而奔向太阳系空间。如此形成的带电粒子流，被人们称为"太阳风"。

太阳表层习惯称谓为"太阳大气"，由里向外，它又分为光球、色球和日冕三层。光球只是太阳表面极薄的一层，厚度只有 500 千米，太阳的直径就是根据这个圆面定出来的。色球是太阳大气的中间层，平均厚度为 2000 千米，它的密度比光球还要稀薄，当发生日全食时，即太阳光球被月球（Moon）完全遮挡时，在暗黑月轮的边缘可以看到一钩纤细如眉的红光，这就是太阳色球的光辉。

太阳是太阳系的中心天体，是距离地球最近的一颗 Star。

8.1.3 实验步骤

1. 熟悉 Word 2010 主窗口的工作界面

双击桌面"WINWORD"快捷方式，打开 Word 2010 窗口，或者单击"开始"→"所有程序"→"Microsoft Office"→"Microsoft Word 2010"也可打开 Word 2010 窗口，如图 3.1 所示，熟悉窗口组成、功能选项卡及功能区的按钮。

2. 创建两个空白文档并分别命名为"mydoc.docx"和"mydoc1.docx"

1）新建"文档 1"并命名为"mydoc.docx"

打开 Word 窗口时即自动建立了空白文档"文档 1"，单击"文件"选项卡→"保存"命令→弹出"另存为"对话框，如图 8.1 所示，在对话框上方"保存位置"框选择"桌面"，在"保存类型"框下拉列表中选择"Word 文档（*.docx）"，在"文件名"框中输入"mydoc"，单击"保存"命令按钮。此外，也可以单击"快速访问工具栏"的"保存"按钮保存文档。

2）新建"文档 2"并命名为"mydoc1.docx"

在 Word 窗口继续新建空白文档"文档 2"，有以下两种方法。

方法 1：单击 Word 2010 窗口上方"快速访问工具栏"中的"新建"按钮。

方法 2：在 Word 2010 窗口单击"文件"选项卡→"新建"→在窗口中部"可用模板"中选择"空白文档"。

将"文档 2"保存并命名为"mydoc1.docx"的方法同前。

图 8.1 "另存为"对话框（实验）

3．在"mydoc.docx"中输入给定文本，并复制其全部内容到文档"mydoc1.docx"中

1）输入文本

单击任务栏"输入法"菜单，选择某种自己熟悉的输入法，输入指定的文字。输入过程中及输入结束后，单击"快速访问工具栏"的"保存"按钮或单击"文件"选项卡中的"保存"命令均可保存输入的内容。

2）复制 mydoc.docx 的内容到 mydoc1.docx

方法 1：在 mydoc1.docx 文档中，按"Ctrl+A"组合键选定全文，单击"开始"选项卡→"剪贴板"组→"复制"按钮，单击任务栏 mydoc1.docx 文档标签，将 mydoc1.docx 文档切换为当前窗口，单击"开始"选项卡→"剪贴板"组→"粘贴"按钮，即将 mydoc.docx 文档的内容复制到 mydoc1.docx 文档中。

方法 2：在 mydoc.docx 文档中，按"Ctrl+A"组合键选定全文；按"Ctrl+C"组合键，将 mydoc1.docx 文档切换为当前窗口；按"Ctrl+V"组合键，即将 mydoc.docx 文档的内容复制到 mydoc1.docx 文档中。

3）关闭"mydoc.docx"

单击"文件"选项卡→"关闭"命令，即关闭文档"mydoc.docx"。

4．在"mydoc1.docx"文档开始处插入标题"万物的生灵——太阳"

鼠标移至文档的最前边，单击，即将插入点定位至此处，按"Enter"键，插入一个空段落，在此处输入"万物的生灵——太阳"。

5. 进行"拼写和语法"检查并加以改正

单击"审阅"选项卡→"校对"组→"拼写和语法"按钮，检查是否有拼写或语法错误，如图 8.2 所示。

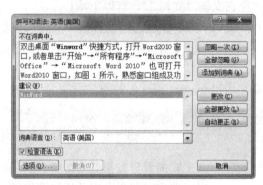

图 8.2 拼写和语法检查

可以根据具体情况，如果要忽略该错误，单击对话框中的"忽略一次"；如果要更正，则单击对话框中的"更改"按钮。无论做哪种操作，拼写和语法检查继续向下进行，直到全文检查完毕。

6. 使指定文本另起一段

将插入点定位到"太阳表层习惯称谓为'太阳大气'……"之前，按"Enter"键即可另起一段。

7. 将正文最后两段互换位置

方法 1：选定最后一段，单击"开始"选项卡→"剪贴板"组→"剪切"按钮，插入点定位至倒数第二段之前，单击"开始"选项卡→"剪贴板"组→"粘贴"按钮，即可互换两段的位置。（提示：也可将倒数第 2 段移动到最后一段之后。）

方法 2：选定正文最后一段，按"Ctrl+X"组合键，插入点定位至倒数第 2 段之前，按"Ctrl+V"组合键，即可互换两段的位置。

方法 3：选定最后一段，右击鼠标弹出快捷菜单，选择"剪切"命令，插入点定位至倒数第 2 段之前，右击鼠标弹出快捷菜单，选择"粘贴"命令，即可互换两段的位置。

8. 复制正文第 1 段第 1 句到文档的最后

方法 1：选定该句，单击"开始"选项卡→"剪贴板"组→"复制"按钮，插入点定位至最后一段之后，单击"开始"选项卡→"剪贴板"组→"粘贴"按钮。

方法 2：选定该句，按"Ctrl+C"组合键，插入点定位至最后一段之后，按"Ctrl+V"组合键。

方法 3：选定该句，右击鼠标弹出快捷菜单，选择"复制"命令，插入点定位至最后一段之后，单击快捷菜单中的"粘贴"命令。

9. 删除指定文本

删除正文第 1 段第 4 行"太阳的主要成分是氢和氦。"

方法 1：选定该句，按"Delete"键或"Del"键。

方法 2：选定该句，单击"开始"选项卡→"剪贴板"组→"剪切"按钮。

10. 按照实验内容（10）的要求完成替换操作

1）将文档中所有"恒星"一词替换为"Star"

插入点定位至文档的开始处，单击"开始"选项卡→"编辑"组→"替换"按钮→弹出"查找和替换"对话框，如图 8.3 所示，在"查找内容"框中输入"恒星"，在"替换为"框中输入"Star"，单击"全部替换"命令按钮。

图 8.3 "查找和替换"对话框——"替换"标签

2）将所有数字替换为绿色、加双下划线

插入点定位至文档的开始处，单击"开始"选项卡→"编辑"组→"替换"按钮→弹出"查找和替换"对话框，单击"更多"命令按钮，对话框向下展开，如图 8.4 所示，单击"查找内容"框，将插入点定位在此框中，单击"特殊格式"按钮，在展开的列表中选择"任意数字"命令，此时"查找内容"框中出现"^#"；单击"替换"框，将插入点定位在此框中，单击"格式"按钮，向上弹出菜单，选择"字体"命令，弹出如图 8.5 所示的"查找字体"对话框，在"字体"颜色框中选择"绿色"，在"下划线线型"框中选择"双下划线"线型，单击"确定"按钮，返回"查找和替换"对话框，此时"查找内容"框及"替换为"框的内容就如图 8.4 所示，单击"全部替换"按钮。（操作时一定要注意，插入点在"替换为"框中时单击"格式"按钮进行相应设置，保证所设格式出现在"替换为"框的下方，而不是在"查找内容"框的下方。）

3）将所有字母替换为红色、并加着重号

插入点定位至文档的开始处，单击"开始"选项卡→"编辑"组→"替换"按钮→弹出"查找和替换"对话框，单击"更多"命令按钮，对话框向下展开，如图 8.6 所示，单击"查找内容"框，将插入点定位在此框中，单击"特殊格式"按钮，在展开的列表中选择"任意字母"命令，此时"查找内容"框中出现"^$"；单击"替换"框，将插入点定位在此框中，单击"格式"按钮，向上弹出菜单，选择"字体"命令，弹出"查找字体"对话框，在"字体"颜色框中选择"红色"，在"着重号"框中选择着重号，单击"确定"按钮，返回"查找和替换"对话框，此时"查找内容"框及"替换为"框的内容如图 8.6 所示，单击"全部替换"按钮。

图 8.4 "查找和替换"对话框——更多选项   图 8.5 "查找字体"对话框

图 8.6 "查找和替换"对话框——替换格式的设置

11. 将文本中所有英文单词更改为首字母大写

按"Crtl+A"组合键选定全文，单击"开始"选项卡→"字体"组→"更改大小写"，弹出下拉菜单，选择"全部小写"命令，再次选定全文，单击"更改大小写"按钮，在下拉菜单中选择"每个单词首字母大写"。

12. 保存文档"mydoc1.docx"

方法 1：单击"文件"选项卡→"保存"命令。
方法 2：单击"快速访问工具栏"的"保存"按钮。
方法 3：按"Ctrl+S"组合键。

8.2 文档的格式排版

8.2.1 实验目的

（1）掌握字符格式的设置方法。
（2）掌握段落格式的设置方法。

（3）掌握项目符号和编号、分栏、首字下沉等操作方法。

（4）掌握样式的使用。

（5）掌握文档的显示方式。

（6）掌握页面排版的方法。

（7）掌握查看文档的方式。

8.2.2　实验内容

（1）将 8.1 节中生成的文档"mydoc1.docx"另存为"mydoc2.docx"，并在其中做如下操作。

（2）插入标题"万物的生灵——太阳"，并设置为"标题 1"样式、居中、"方正舒体"。

（3）将正文第 1 段设为"楷体""小四号"，其他段均设为"仿宋体""五号"。

（4）将正文第 1 段、第 3 段的首行缩进 2 字符，第 2 段、第 4 段首行缩进 0 字符。

（5）将正文第 1 段行距设为 1.5 倍行距，正文第 2 段行距设为"固定值"，22 磅；正文第 2 段左缩进 1 字符，右缩进 1 厘米，段后间距 1 行。

（6）将正文第 1 段第 3 行"浩瀚无垠"设置为"华文彩云"、红色、加"双波浪"下划线、字符放大 200%、加"字符边框"及"字符底纹"。

（7）将正文第 4 段"太阳是太阳系的中心天体，是距离地球最近的一颗 Star。"设置为分散对齐。

（8）将所有英文字体（包括阿拉伯数字）设置为 Arial Black。

（9）利用格式刷将原绿色的、带下划线的数字设置成与其他中文字符相同的格式；利用"清除"按钮，清除文档中字母下面的"红色""着重号"格式。

（10）将正文第 2 段（"日冕是太阳大气的最外层……"）设置为首字下沉 2 行，下沉的"字体"为"方正舒体"，"距正文"为"0.1 厘米"，加背景为"白色，背景 1，深色 25%"的底纹。

（11）将正文第 3 段（"太阳表层习惯称谓为……"）分三栏，栏宽不等，第 1 栏栏宽 7 字符、第 2 栏栏宽 11 字符，加分隔线；加 25% 的红色前景。

（12）在正文最后分段输入如样文所示文字："太阳的相关术语 1. 太阳系 2. 恒星 3. 行星 4. 太阳 5. 地球 6. 月球"。其中"太阳系的相关术语"设置为隶书、小三号、居中，加如样文所示 1.5 磅阴影型、双实线边框。其余段落文字均设置为隶书、小四号，字符间距为加宽 6 磅；改变编号"4、5、6"为如样文所示的蓝色项目符号。

（13）分别以"页面、大纲、普通"等视图方式显示文档，观察各自的特点。

样文如下：

$$万物的生灵——太阳$$

太阳是太阳系的中心天体，是距离地球最近的一颗Star。太阳的质量为地球的**33**万倍，体积为地球的**130**万倍，直径为地球的**109**倍（约为**139**万千米）。但是，在 浩瀚无垠 的Star世界里，太阳只是普通的一员。太阳是一个炽热的气体球，表面温度达**6000**摄氏度，内部温度高达**1700**万摄氏度。

 冕是太阳大气的最外层，温度极高，有**100**万摄氏度。在这样的高温下，氢、氦等原子早已被电离成带电粒子，它们的运动速度极快，以致不断有带电粒子挣脱太阳引力的束缚而奔向太阳系空间。如此形成的带电粒子流，人们称为"太阳风"。

太阳表层习惯称谓为"太阳大气"，由里向外，它又分为光球、色球和日冕	三层。光球只是太阳表面极薄的一层，厚度只有**500**千米，太阳的直径就是根据这个圆面定出来的。色球是太阳大气的中间	层，平均厚度为**2000**千米，它的密度比光球还要稀薄，当发生日全食，即太阳光球被月球（Moon）完全遮挡时，在暗黑月轮的边缘可以看到一钩纤细如眉的红光，这就是太阳色球的光辉。

太阳是太阳系的中心天体，是距离地球最近的一颗 Star。

太阳的相关术语

1．太　阳　系
2．恒　　星
3．行　　星
☞　太　　阳
☞　地　　球
☞　月　　球

8.2.3　实验步骤

1．将文档"mydoc1.docx"另存为"mydoc2.docx"

双击文档"mydoc1.docx"将其打开，单击"文件"选项卡→"另存为"命令，在"保存位置"框中选择"桌面"，"文件名"框中输入"mydoc2.docx"，单击"保存"按钮。

2．按照实验内容（2）的要求设置标题格式

选定标题"万物的生灵——太阳"，单击"开始"选项卡→"样式"组→"标题1"样式，即应用了"标题1"样式；单击"开始"选项卡→"字体"组→"字体"框下拉按钮，在列表中选择"方正舒体"，单击"开始"选项卡→"段落"组"居中"按钮，即可将选定的文本设置为"方正舒体"且居中。

3．按照实验内容（3）的要求设置正文文字的格式

选定正文第一段，分别单击"开始"选项卡→"字体"组的"字体"框下拉按钮及"字号"框下拉按钮，设置为"楷体"及"小四号"；其余段文本的字体、字号设置为"仿宋体""五号"，方法同前。

4. 按照实验内容（4）的要求设置首行缩进

选定正文第 1、3 段，单击"开始"选项卡→"段落"组右侧的"对话框启动器"按钮，弹出"段落"对话框，如图 8.7 所示，单击"缩进"选项区的"特殊格式"框下拉按钮，选择"首行缩进"，在旁边的"磅值"框中设置"2 字符"。选定正文第 2、4 段，在"段落"对话框的"特殊格式"下拉列表框选择"首行缩进"，"磅值"框中设置"0 字符"。

5. 按照实验内容（5）的要求设置行距等

选定正文第 1 段，将插入点置于该段落任意位置，单击"开始"选项卡→"段落"组右侧的"对话框启动器"按钮，弹出"段落"对话框，单击"间距"选项区的"行距"下拉按钮，在列表框中选择"1.5 倍行距"，单击"确定"按钮；选定正文第 2 段，打开"段落"对话框，在"缩进"选项区的"左侧"框中设置"1 字符"，在"右侧"框中设置"1 厘米"，如图 8.8 所示。（提示：原来的单位是"字符"，可将其删除，从键盘输入"厘米"。）在"间距"选项区的"段后"框设置"1 行"，单击"行距"框下拉按钮，选择"固定值"，在其右侧的"设置值"框中设置"22 磅"，单击"确定"按钮。

图 8.7 "段落"对话框——设置首行缩进　　图 8.8 "段落"对话框——设置行距等

6. 按照实验内容（6）的要求设置格式

选定正文第 1 段第 3 行"浩瀚无垠"四字，单击"开始"选项卡→"字体"组右侧的"对话框启动器"按钮，弹出"字体"对话框，如图 8.9 所示，在对话框的"中文字体"下拉列表框中选择"华文彩云"，在"字体颜色"下拉列表框中选择"红色"，在"下划线线型"下拉列表框中选择"双波浪"型，单击对话框上方的"高级"标签，切换至"高级"标签，如图 8.10 所示，在"字符间距"选项区的"缩放"框选择"200%"选项，单击"确定"按钮。选定"浩瀚无垠"四字，分别单击"开始"选项卡→"字体"组的"字符边框"及"字符底纹"按钮，为选定文字加"字符边框"和"字符底纹"。

图 8.9 "字体"对话框——字体标签　　　　图 8.10 "字体"对话框——高级标签

7. 按照实验内容（7）的要求设置对齐方式

插入点定位至该段落，单击"开始"选项卡→"段落"组"分散对齐"按钮。

8. 按照实验内容（8）的要求设置西文字体"Arial Black"

按"Ctrl+A"组合键选定全文，单击"开始"选项卡→"字体"组右侧的"对话框启动器"按钮，弹出如图 8.9 所示的"字体"对话框，在对话框的"西文字体"下拉列表框中选择"Arial Black"，即将文本中的所有西文字体（包括阿拉伯数字）设置为 Arial Black。

注意：选定全文设置该西文字体，对中文字体无影响。

9. 按照实验内容（9）的要求设置格式

1）将绿色的、带下划线的数字设置成与其他中文字符相同的格式

选定任意中文字符或将插入点置于任意中文字符之间，双击"开始"选项卡→"剪贴板"组→"格式刷"按钮，鼠标指针变为刷子形状，按下左键，依次按下左键刷过文本中所有绿色的、带下划线的数字，这些数字的格式与文中的中文字符格式相同（黑色、无下划线），直到数字全部刷完，再次单击"格式刷"按钮，鼠标指针恢复正常形状。

2）清除"红色""着重号"格式

依次选定带"红色""着重号"格式的字母，单击"开始"选项卡→"字体"组→"清除格式"按钮，即可清除字母所带"红色""着重号"的格式。

10. 按照实验内容（10）的要求进行首字下沉的设置

1）首字下沉

将插入点定位至正文第 2 段，或选定"日"字，单击"插入"选项卡→"文本"组→"首字下沉"按钮，弹出如图 8.11 所示的"首字下沉"下拉菜单，选择"首字下沉选项"，弹出"首字下沉"对话框，如图 8.12 所示，在"位置"选项区选择"下沉"，在"字体"下拉框列表中选择"方正舒体"，在"下沉行数"框中设置"2"，在"距正文"框中设置"0.1 厘米"，单击"确定"按钮。

图 8.11 "首字下沉"下拉菜单　　　　图 8.12 "首字下沉"对话框

2）为下沉的首字加底纹。

选定下沉的"日"字，单击"开始"选项卡→"段落"组→"底纹"下拉按钮，弹出如图 8.13 所示的下拉列表，在"主题颜色"选项区选择"白色，背景 1，深色 25%"，即可添加题目要求的底纹。

11．按照实验内容（11）的要求进行分栏和图案设置

1）分栏

选定正文第 3 段，单击"页面布局"选项卡→"页面设置"组→"分栏"下拉按钮，在下拉列表中选择"更多分栏"，弹出如图 8.14 所示的"分栏对话框"，在"栏数"框中输入"3"，将下方"栏宽相等"前边的勾取消，然后在"宽度和间距"选项区分别设置第 1 栏的宽度为"8 字符"，第 2 栏宽度为"10 字符"，各栏间距及第 3 栏宽度均为系统默认的数字，勾选"分隔线"复选框，单击"确定"按钮。

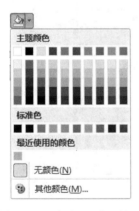

图 8.13 "底纹"下拉列表　　　　图 8.14 "分栏"对话框

2）加 30%的红色图案

选定正文第 3 段，单击"开始"选项卡→"段落"组→"边框"下拉按钮，选择下拉列表框中"边框和底纹"命令，弹出"边框和底纹"对话框，单击"底纹"标签，如图 8.15 所示，单击"图案"选项区的"样式"下拉按钮，在下拉列表框中选择"30%"，单击"颜色"框下拉按钮，弹出颜色面板，在其"标准颜色"选项区下方选择红色，单击"确定"按钮。

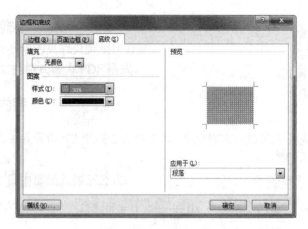

图 8.15　"边框和底纹"对话框——底纹标签

12. 按照实验内容（12）的要求输入文字并设置编号及项目符号

1）设置字体、字号、加阴影型"边框"

参照样文，按要求输入题目指定的文字内容，选定"太阳的相关术语"，单击"开始"选项卡→"字体"功能组→在"字体""字号"下拉列表框分别设置"隶书""小三号"；单击"开始"选项卡→"段落"组→"边框"下拉按钮，选择下拉列表框中"边框和底纹"命令，弹出如图 8.16 所示的"边框和底纹"对话框，在"设置"选项区选择"阴影"，在"样式"框中选择"双线"线型，在"宽度"框中选择 1.5 磅，在"应用于"框中选择"文字"，单击"确定"按钮。

图 8.16　"边框和底纹"对话框——边框标签

2）设置编号和项目符号

选定编号为 4～7 的段落文本，单击"开始"选项卡→"段落"组→"项目符号"下拉按钮，在下拉列表框中选择"定义新项目符号"，弹出如图 8.17 所示的对话框，单击"符号"命令按钮，弹出"符号"对话框，如图 8.18 所示，在该对话框上方的"字体"框中选择"Windings"（默认情况下就是该类型），在其中选择符号"☞"，单击"确定"按钮后返回"定义新项目符号"对话框，在该对话框中单击"字体"按钮，弹出"字体"对话框，在"颜色"列表框中的"标准色"选项区选择"蓝色"，单击"确定"按钮。

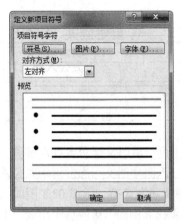

图 8.17 定义新项目符号

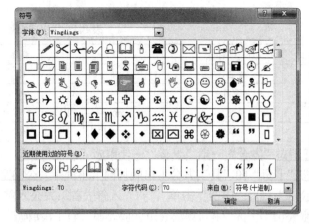

图 8.18 "符号"对话框

13. 以不同视图方式显示文档，观察各自的特点

切换文档视图的方法是：插入点置于文档任意位置，单击"视图"选项卡"文档视图"组的相应按钮，如图 8.19 所示，或单击状态栏右侧视图按钮 选择需要的视图方式。

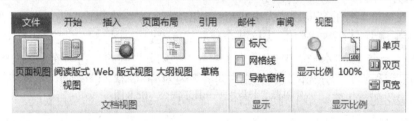

图 8.19 "视图"选项卡——文档视图按钮

8.3 表格处理

8.3.1 实验目的

（1）掌握表格的建立及表格内容的输入。

（2）掌握表格的编辑。

（3）掌握表格的数据计算及排序。

（4）掌握表格的格式设置。

（5）熟悉表格工具栏的使用。

8.3.2 实验内容

（1）创建一个空白文档并命名为"mydoc3.docx"，在文档中建立一个 4 列 7 行的表格，输入相应内容，如表 8.1 所示。

表 8.1　学生成绩表

课程姓名	英语	高数	计算机基础
李蒙	86	83	80
王萧雨	74	82	75
孙民	67	70	78
赵倩	71	67	65
郭裕	84	77	73
黄小云	88	86	93

（2）打开该文档，在"计算机基础"列右边分别增加"总分""平均分"两列。

（3）在表格的最后增加一行，并依次输入"常爱国，78，63，69"。

（4）计算每个学生的总分和平均分，均保留 1 位小数。

（5）对表格中除最后两行外的所有数据进行排序，主要关键字选"总分"、类型选择"数字""降序"排列；次要关键字选"高数"、类型选择"数字""降序"排列；第三关键字选"姓名"、类型选择"拼音""升序"排列。

（6）将表格第 1 行的高度设置为 1.3 厘米，第 1 行的文字内容设置为"楷体""加粗""小四号字""水平居中""垂直居中"；表格其余行的高度设置为 0.6 厘米，文字和数字内容均设置为"仿宋体""五号字""水平居中""垂直居中"；"平均分"列的列宽设置为 2 厘米；再将第 1 行第 1 列的"课程姓名"分为两段，分别右对齐、左对齐，加斜线（利用"绘制表格"按钮）。

（7）为表格的第 1 行、第 1 列加"白色，背景 1，深色 25%"的灰色底纹。

（8）在表格的最后增加两行，内容分别是："教学院长签字:""时间:"，字符格式设置同上，无底纹；并分别将这两行前三个单元格合并，后三个单元格合并，效果参见样表。

（9）对表格的外框线进行设置："样式"设置为单实线，"颜色"为蓝色、"宽度"设置为 2.25 磅表格内框线分别设为"1.5 磅、红色、双实线"和"1 磅、红色、单实线"，如表 8.2 所示。

表 8.2　样表

课程 姓名	英语	高数	计算机基础	总分	平均分
黄小云	88	86	93	267.0	89.0
李蒙	86	83	80	249.0	83.0
郭裕	84	77	73	234.0	78.0
王萧雨	74	82	75	231.0	77.0
孙民	67	70	78	215.0	71.7
常爱国	78	63	69	210.0	70.0
赵倩	71	67	65	203.0	67.7
教学院长签字:					
时间:					

8.3.3 实验步骤

1. 建立 4 列 7 行（4×7）的表格并输入相应内容

1）使用"表格"按钮

（1）启动 Word 2010，在空白文档中，将插入点定位至要插入表格的位置。

（2）单击"插入"选项卡→"表格"组→"表格"按钮，弹出下拉列表框，如图 8.20 所示。

（3）在列表框的顶部有一个网格区域，向右下方拖曳鼠标，当列表框顶部提示为 4×7 时松开左键，此时插入一个空白的 4 列 7 行的规则表格，如表 8.3 所示。

表 8.3　空白表格

2）使用"插入表格"命令

（1）启动 Word 2010，在空白文档中，将插入点定位于要插入表格的位置。

（2）单击"插入"选项卡→"表格"组→"表格"按钮，弹出下拉表格列表框，单击其中的"插入表格"命令，弹出"插入表格"对话框，如图 8.21 所示。

（3）在"列数"和"行数"文本框中分别输入 4 和 7，其余选项默认。

（4）单击"确定"按钮，即可插入一个 4 列 7 行的空白表格。

图 8.20　"插入表格"下拉列表框

图 8.21　"插入表格"对话框

3）输入内容并保存

按照题目要求输入表格内容，单击"文件"选项卡→"保存"或"另存为"命令→弹出"另存为"对话框，在"保存位置"框选择"桌面"，在"文件名"框中输入"mydoc3.docx"，单击"保存"按钮。

2. 在"计算机基础"列右边增加"总分"和"平均分"列

打开"mydoc3.docx"文档，选定表格中的"计算机基础"列，单击"表格工具"→"布局"选项卡→"行和列"组→"在右侧插入"按钮。注：单击两次"在右侧插入"按钮，即可在选定列的右侧插入 2 列，分别在这 2 列的第一个单元格中输入"总分"和"平均分"。

3. 在表格的最后增加一行，并依次输入"常爱国，78，63，69"

选定表格的最后一行，单击"表格工具"→"布局"选项卡→"行和列"组→"在下方插入"按钮，则在选定行的下方插入一行，在该行各单元格中分别输入"常爱国，78，63，69"。

4. 计算每个学生的总分和平均分，均保留 1 位小数

1）计算总分

首先计算"李蒙"的总分。插入点定位至 E2 单元格，单击"表格工具"→"布局"选项卡→"数据"组→"公式"命令，打开"公式"对话框，如图 8.22 所示。在"公式"框中可以直接输入"=SUM（LEFT）"或者"=SUM（B2:D2）"或者"=B2+C2+D2"的公式，也可以选择"粘贴函数"下拉列表中的函数 SUM，在"公式"框中出现"=SUM（）"，在括号中输入"B2:D2"；在"数字格式"下拉列表中选择合适的数字格式，这里没有本题需要的格式 0.0，则必须从键盘输入 0.0（如果要求小数点保留两位数字，可选择下拉列表中的"0.00"），单击"确定"按钮。

此后，计算其他学生的总分，可重复上述过程，依次计算。但是请注意，在"公式"框中出现"=SUM（ABOVE）"时，将 ABOVE 删除，改为 LEFT 或相应的单元格区域，如 B3:D3，依次类推，计算所有学生的总分。

注意：这里的冒号必须为英文冒号，若输入中文冒号或分号，则会出现"语法错误"。

2）计算平均分

计算"李蒙"的平均分。插入点定位至 F2 单元格，单击"表格工具"→"布局"选项卡→"数据"组→"公式"命令，打开"公式"对话框，在"公式"框中可以直接输入 "=AVERAGE（B2:D2）"或者"＝（B2+C2+D2）/3"的公式，也可以选择"粘贴函数"下拉列表中的函数"AVERAGE"，在"公式"框中出现"=AVERAGE（）"，在括号中输入"B2:D2"，在"数字格式"下拉列表中键入 0.0，单击"确定"按钮。其他学生的平均分重复上述过程，依次计算。

图 8.22 "公式"对话框

5. 对表格中所有数据按照实验内容（5）的要求进行排序

将插入点置于表格内，或选定表格所有数据，单击"表格工具"→"布局"选项卡→"数据"组→"排序"命令，弹出"排序"对话框，如图 8.23 所示。按排序要求分别在"主要关键

字"的下拉列表框中选择排序列为"总分";在"类型"下拉列表框中选择排序类型为"数字",并单击右侧的单选按钮"降序"。同理,按照题目要求分别设置"次要关键字"和"第三关键字"的相关选项,最后单击"确定"按钮。排序后的结果如表 8.4 所示。

图 8.23 "排序"对话框

表 8.4 排序后学生成绩表

课程姓名	英语	高数	计算机基础	总分	平均分
黄小云	88	86	93	267.0	89.0
李 蒙	86	83	80	249.0	83.0
郭 裕	84	77	73	234.0	78.0
王萧雨	74	82	75	231.0	77.0
孙 民	67	70	78	215.0	71.7
常爱国	78	63	69	210.0	70.0
赵 倩	71	67	65	203.0	67.7

6. 对表格按照实验内容（6）的要求进行格式设置

（1）选定表格第 1 行,单击"表格工具"→"布局"选项卡→"单元格大小"组,在"高度"框中输入 1.3 厘米,如图 8.24 所示;单击如图 8.25 所示的"对齐方式"组"中部水平居中"按钮,将文字内容设置为"水平、垂直均居中";字体、字号、加粗等利用"开始"选项卡的"字体"组相关按钮设置。

图 8.24 "表格行高"和"表格列宽"按钮

图 8.25 "对齐方式"组按钮

（2）选定表格除第 1 行之外的所有行,单击"表格工具"→"布局"选项卡→"单元格大小"组,在"高度"框中输入 0.6 厘米,在"对齐方式"组单击"中部水平居中"按钮,即可将内容设置为"水平、垂直均居中";字体、字号则利用"开始"选项卡的"字体"组相关按钮设置。

（3）选定"平均分"列,单击"表格工具"→"布局"选项卡→"单元格大小"组,在"宽度"框中输入 2 厘米。

（4）在第 1 行第 1 列中，将插入点定位在"课程"与"姓名"之间，按"Enter"键，然后将"课程"右对齐、"姓名"左对齐。之后，单击"表格工具"→"设计"选项卡→"表格样式"组→弹出"边框"命令下拉按钮，在下拉列表中选择"斜下框线"，如图 8.26 所示。

7. 为表格的第 1 行、第 1 列加"白色，背景 1，深色 25%"的灰色底纹

选定表格第 1 行，或将插入点置于第 1 行任意单元格，单击"表格工具"→"设计"选项卡→"表格样式"组→"底纹"命令下拉按钮，如图 8.27 所示，选择"白色，背景 1，深色 25%"。第 1 列的底纹设置方法同理，不一一赘述。

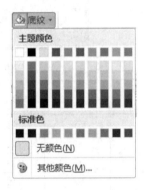

图 8.26　"边框"下拉列表　　　　　图 8.27　"底纹"下拉列表

8. 按照实验内容（8）的要求增加两行并合并单元格

选定表格最后一行，或将插入点置于最后一行任意单元格，单击"表格工具"→"布局"选项卡→"行和列"组→"在下方插入"按钮，则在选定行的下方插入一行，如图 8.28 所示，再次单击该按钮，又插入一行。选定 A9:C9 三个单元格，单击"表格工具"→"布局"选项卡→"合并"组→"合并单元格"按钮，即可合并这三个单元格，如图 8.29 所示，其余的 D9:F9 单元格、A10:C10 单元格、D10:F10 单元格可按照上述方法依次进行"合并单元格"操作。按照实验内容要求，在合并后的单元格中分别输入"教学院长签字：""时间："，并设置格式。

图 8.28　插入行或列　　　　　　　图 8.29　合并单元格

9. 按照实验内容（9）的要求设置表格的边框线

1）设置外边框和内框线

选定整张表格，或将插入点置于表格中的任意位置，单击"表格工具"→"设计"选项卡→"表格样式"组→"边框"命令下拉按钮，在下拉列表中选择"边框和底纹"命令→弹出"边框和底纹"对话框，如图 8.30 所示。在该对话框中，对内、外框不同的表格可以分别设置外边框线和内边框线。可先设置外边框线，也可先设置内框线。本实验首先设置外边框线：在

"边框"标签下的"设置"选项区选择"自定义"项（**提示**：对内、外框不同的表格来说这个选项很重要），之后分别在"样式"框、"颜色"框、"宽度"框选择"单实线""蓝色""2.25磅"，单击右侧"预览"区的上、下、左、右四个外边框线按钮，在"预览"区中立即可以看到添加边框后的效果；在此基础上继续设置内框线：在"样式"框、"颜色"框和"宽度"框中分别选择内边框线要求的"单实线""红色""1磅"，两次单击右侧"预览"区的"内框横线"按钮及"内框竖线"按钮，即设置表格中所有的内框线，如图8.31所示。最后，在"应用于"框中选择"表格"，单击"确定"按钮。

2）按照表8.2设置表格中的"1.5磅、红色、双实线"

对于表中个别内框线，可以用"绘图边框"组中的相关按钮设置，具体步骤是：单击"表格工具"→"设计"选项卡→"绘图边框"组，如图8.32所示，分别在"笔样式"下列表框中选择"双线"，在"笔画粗细"下列表框中选择"1.5磅"，在"笔颜色"下拉列表框中选择"红色"，单击"绘制表格"按钮，鼠标指针变为一支笔，用该笔"从左到右"或"从上到下"分别描摹要设置为双线的边框线，描摹过的边框线即变为"1.5磅、红色、双线"。

图8.30 "边框和底纹"对话框——设置表格外框线

图8.31 "边框和底纹"对话框——设置表格内框线

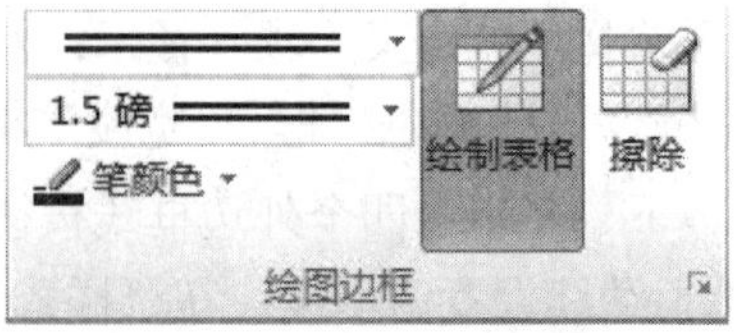

图 8.32　绘制边框线

8.4　图形处理

8.4.1　实验目的

（1）掌握图片的插入、图片编辑以及格式设置的方法。

（2）掌握绘制图形、编辑图形以及格式设置的方法。

（3）掌握文本框的插入、编辑及格式设置的方法。

（4）掌握艺术字的插入、编辑方法。

（5）掌握页眉和页脚及页码的插入、编辑方法。

（6）掌握图文混排的方法。

（7）掌握页面排版的方法。

8.4.2　实验内容

（1）在 Internet 上搜索关于"唐诗"的文章，大约一页，文字格式不限，将其保存在新建的空白文档"mydoc4.docx"中。

（2）在文档的第 1 行插入艺术字，样式为"填充蓝色，强调文字颜色 1，金属棱台，映像"（艺术字库中"第 6 行第 5 列"样式），艺术字的内容为"唐诗——文学宝库中的璀璨明珠"，字体为"方正舒体"，艺术字"文本效果"设置为"波形 2"，并做"四周型"环绕，效果参见样文。

（3）插入图片及剪贴画。在网上下载一张自然风光的图片，命名为"山水图.JPG"，存放在桌面，将其插入文档，并进行缩放，缩放比例为 50%，与文字进行"四周型"环绕。在该图下方插入"建筑物"类别中"亚洲的寺庙"剪贴画，与文字进行"四周型"环绕。

（4）参照样文插入两个文本框：横排文本框和竖排文本框。文本框中分别输入王之涣的诗《登鹳雀楼》、王维的诗《相思》，具体内容参见样文。其中，横排文本框的格式设置：标题及作者设置为"楷体""小二号""五号"，诗歌内容设置为"仿宋体""小四号"，文本框加"浅绿色"底纹，轮廓线为"3 磅""双线"。竖排文本框的格式设置：标题、作者、诗歌字体设置均为"隶书"，字号分别是"一号""五号""小三号"，边框线为"2.25 磅""点画线"。

（5）插入页眉和页脚。页眉内容为"唐诗——文学宝库中的璀璨明珠"，设为"楷体""五号""左对齐"；在页面底端插入页码，形式为"第×页"，居中对齐。

（6）进行页面设置。上、下页边距为"2.7 厘米"，左、右边距为"2.9 厘米"，纸张方向为"纵向"，纸张大小为"B5"。

（7）添加如样文所示的"艺术型"页面边框。

样文（部分）如下：

8.4.3 实验步骤

1. 按照实验内容（1）的要求创建文档"mydoc4.docx"并输入相关的文本

操作步骤略。

2. 按照实验内容（2）的要求插入艺术字并设置格式

1）插入艺术字

将插入点定位至文档开始处，单击"开始"选项卡→"文本"组→"艺术字"下拉按钮，弹出"艺术字样式库"下拉列表，如图 8.33 所示，选择"第 6 行、第 5 列"的"填充—蓝色，强调文字颜色 1，金属棱台，映像"艺术字样式，弹出"编辑艺术字"文本框，如图 8.34 所示，在该框内输入"唐诗——文学宝库中的璀璨明珠"，按"Enter"键确认，即建立了艺术字。

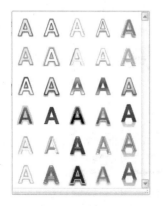

图 8.33　艺术字样式库　　　　图 8.34　"编辑艺术字"文本框

2）设置艺术字的格式

选定艺术字，单击"开始"选项卡→"字体"组→在"字体"框中选择"方正舒体"；选定艺术字，单击"绘图工具"→"格式"选项卡→"艺术字样式"组→"文本效果"下拉按钮→"转换"命令→"弯曲"选项区下的"波形 2"，如图 8.35 所示。

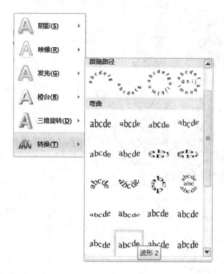

图 8.35 "文本效果"下拉菜单

3）设置艺术字的环绕方式

选定艺术字，单击"绘图工具"→"格式"选项卡→"排列"组→"自动换行"下拉按钮，在下拉列表中选择"四周型"，艺术字位置可参照样文，用鼠标拖曳艺术字，适当调整其位置。

3. 按照实验内容（3）的要求插入图片及剪贴画并进行格式设置

1）插入指定的图片

插入点定位至指定位置，单击"插入"选项卡→"插图"组→"图片"按钮，弹出如图 8.36 所示的"插入图片"对话框，选择"山水图"，单击"插入"按钮。

图 8.36 "插入图片"对话框

2) 图片缩放

选定图片，单击"图片工具"→"格式"选项卡→"大小"组右侧的对话框启动器（或右击图片，在快捷菜单中选择"大小和位置"），弹出"布局"对话框，此时默认的是"位置"标签，选择"大小"标签，如图 8.37 所示，在"缩放"选项区的"高度"和"宽度"框内，比例均设置为 50%，单击"确定"按钮。

图 8.37　"布局"对话框——"大小"标签

3) 设置图片的环绕方式

选定图片，单击"绘图工具"→"格式"选项卡→"排列"组→"自动换行"下拉按钮，在下拉列表中选择"四周型"，图片位置可参照样文，用鼠标拖曳图片，适当调整其位置。

4) 插入剪贴画"亚洲的寺庙"

将插入点定位至欲插入图片的位置，单击"插入"选项卡→"插图"组→"剪贴画"按钮，在文档窗口的右侧打开"剪贴画"任务窗格，如图 8.38 所示。在"搜索文字"框中输入剪贴画相关主题的关键字"建筑物"，单击"搜索"按钮，在窗格中显示此类剪贴画的所有图片，单击"亚洲的寺庙"图片，即可将其插入到文档中；或者单击该图片右侧的下拉按钮，在弹出的列表中选择"插入"命令，也可在当前位置插入图片，然后将其设置为"四周型"环绕，方法同上，位置参照样文。

图 8.38　"剪贴画"任务窗格

4. 按照实验内容（4）的要求插入文本框并设置格式

1) 绘制文本框及竖排文本框

将插入点定位，单击"插入"选项卡→"文本"组→"文本框"按钮，弹出下拉列表，选择"绘制文本框"/"绘制竖排文本框"命令，此时鼠标指针变为"十"字形，移动指针至插入点，拖曳鼠标至需要大小后松开鼠标，即在文档中插入一个相应大小和形状的横排文本框或竖排文本框。通过拖动文本框的控点适当放大或缩小所创建的文本框，分别输入唐诗《登鹳雀楼》和《相思》的内容。设置字体、字号的操作步骤省略。

2）设置横排文本框的格式

（1）添加底纹。单击文本框，即选定了文本框，单击"绘图工具"→"格式"选项卡→"形状样式"组→"形状填充"按钮，弹出下拉列表，如图8.39所示，在"标准色"选项区选择"浅绿"，即可添加底纹。

（2）设置边框。单击"形状轮廓"按钮，弹出下拉列表，如图8.40所示，在"虚线"子菜单中选择"其他线条"，弹出如图8.41所示的"设置形状格式"对话框，在对话框左侧单击"线型"，在右侧"宽度"框输入3磅，在"复合类型"框中选择"双线"线型，单击"关闭"按钮。

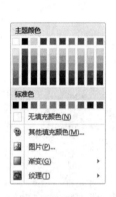

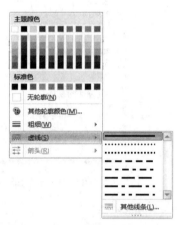

图8.39 "形状填充"下拉列表　　　　　图8.40 "形状轮廓"下拉列表

图8.41 "设置形状格式"对话框

3）设置竖排文本框的格式

选定竖排文本框，单击"绘图工具"→"格式"选项卡→"形状样式"组→"形状轮廓"按钮，弹出下拉列表，如图8.42所示，在"虚线"子菜单中选择"一长一短"的点画线；再次单击"形状轮廓"按钮，如图8.43所示，在下拉列表的"粗细"子菜单中选择"2.25磅"。

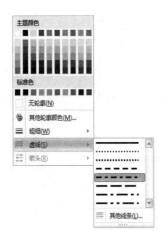

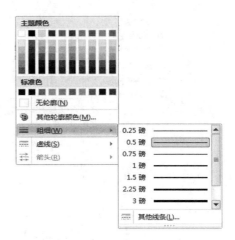

图 8.42　设置文本框边框线型　　　　图 8.43　设置文本框边框宽度

5. 按照实验内容（5）的要求插入页眉和页脚并设置格式

1）插入页眉

单击"插入"选项卡→"页眉和页脚"组→"页眉"按钮，弹出如图 8.44 所示的下拉列表，在"内置"选项区选择"空白"样式，此时文本的上方出现页眉，在方框中输入"唐诗——文学宝库中的璀璨明珠"；利用"开始"选项卡"字体"组按钮设置字体、字号为"楷体""五号"；单击"段落"组"左对齐"按钮，将其设置为左对齐。

图 8.44　"页眉"下拉列表框

2）插入页码

单击"插入"选项卡→"页眉和页脚"组→"页码"按钮，打开下拉菜单，选择"页面底端"，如图 8.45 所示，在弹出的设计样式库中选择"普通数字 2"样式，在页面底部居中位置出现页码，在页码的左右分别输入"第"和"页"字即可。

图 8.45 "页码"下拉列表及页码样式

6. 按照实验内容（6）的要求进行页面设置

1）设置文档页边距

单击"页面布局"选项卡→"页面设置"组→"页边距"按钮，弹出如图 8.46 所示的下拉列表框，单击最下边的"自定义边距"，打开如图 8.47 所示的"页面设置"对话框，此时显示"页边距"标签，在"页边距"选项组中分别设置上、下边距为"2.7 厘米"、左、右边距为"2.9 厘米"，在"纸张方向"框中选择"纵向"，单击"确定"按钮。

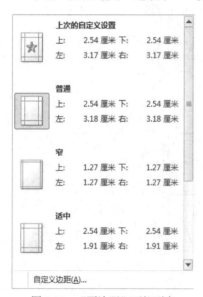

图 8.46 "页边距"下拉列表

也可单击"页面布局"选项卡"页面设置"右侧的对话框启动器，打开"页面设置"对话框，在"页边距"标签的上、下、左、右框中设置要求的边距。此方法更快捷。

2）设置纸张方向

单击"页面布局"选项卡→"页面设置"组→"纸张方向"按钮，在下拉列表中选择"纵向"。

3）设置纸张大小

单击"页面布局"选项卡→"页面设置"组→"纸张大小"按钮，弹出下拉列表，如图 8.48 所示，在其中选择"B5"。

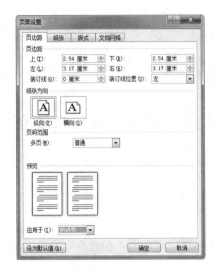

图 8.47 "页面设置"对话框——页边距

图 8.48 "纸张大小"下拉列表

7. 添加如样文所示的"艺术型"页面边框

单击"页面布局"选项卡→"页面背景"组→"页面边框"命令，弹出"边框和底纹"对话框，显示"页面边框"标签，如图 8.49 所示，在"艺术型"下拉列表框中选择如样文所示的样式，单击"确定"按钮。

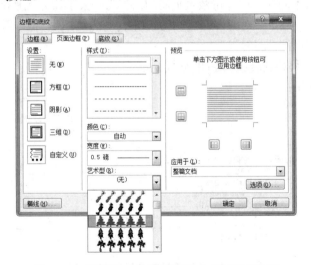

图 8.49 "边框和底纹"对话框——页面边框标签

📖8.5 综合应用

8.5.1 实验目的

（1）掌握公式的制作方法。
（2）掌握样式的创建和应用方法。

（3）掌握目录的制作方法。

（4）掌握奇偶页不同的页眉页脚制作方法。

（5）将 DOCX 文档格式转为 PDF 格式。

8.5.2　实验内容

选择一篇科技论文或著作（2 页或 2 页以上），参照样文，按照下列要求进行编辑和设置，保存为"mydoc5.docx"。

（1）在文档第 1 页中部插入如下公式：

$$y = \int_{-\infty}^{+\infty} \frac{1}{1+x^2} \mathrm{d}x$$

（2）样式的应用、修改和创建：

① 对文档中的一级标题、二级标题、三级标题分别应用"标题 1"样式、"标题 2"样式、"标题 3"样式。

② 修改"标题 2"样式（原为宋体、三号、加粗、两端对齐、1.73 倍行距、段前 13 磅、段后 13 磅等，修改为楷体、二号，其余不变）。

③ 在"标题 3"样式的基础上创建"标题 3-1"样式（黑体、四号、两端对齐、1.73 倍行距、段前 13 磅、段后 13 磅），并对三级标题应用"标题 3-1"样式。

（3）在文档开始处制作目录，显示三级标题。

（4）编辑奇偶页不同的页眉，奇数页页眉的内容为"大学计算机基础教程"，格式设置为"楷体""加粗""小五号""右对齐"；偶数页页眉的内容为"第 3 章　文字处理软件"，格式设置为"仿宋体""小五号""左对齐"。

（5）将 DOCX 文档格式转换为 PDF 格式。

样文（部分）如下：

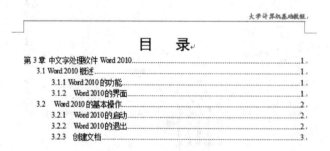

8.5.3 实验步骤

1. 插入公式

$$y = \int_{-\infty}^{+\infty} \frac{1}{1+x^2} \mathrm{d}x$$

将插入点定位至文档第一页中部，单击"插入"选项卡→"符号"组→"公式"按钮 π，进入公式编辑状态，文档中插入一个空的公式编辑框，同时弹出"公式工具"的"设计"选项卡，如图 8.50 所示。在公式编辑框中输入公式：首先输入"$y=$"，单击"结构"组→"积分"按钮，弹出下拉列表，如图 8.51 所示，选择第 1 行、第 2 列的积分模板，在"符号"组分别单击＋∞、－∞；单击"结构"组的"分数"按钮，如图 8.52 所示，在下拉列表中选择第 1 行、第 1 列的"分数（竖式）"模板，在输入带上标的符号时，单击"结构"组的"上下标"按钮，在下拉列表中选择第 1 行第 1 列的"上标"模板，输入完毕按"Enter"键（或单击左键），退出公式编辑状态，返回到文本编辑状态，若公式显示不全可适当加大行距。

图 8.50　公式工具——"设计"选项卡

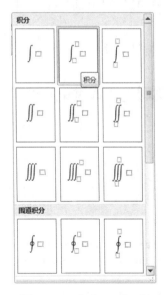

图 8.51　"积分"下拉列表

图 8.52　"分数"下拉列表

2. 按照实验内容（2）的要求应用、修改和创建样式

1）应用样式

选定要应用"标题 1"样式的文本，单击"开始"选项卡→"样式"组的"标题 1"样式。

2）修改样式

右击"开始"选项卡→"样式"组"标题 2"样式，在"快捷"菜单中选择"修改"命令，弹出"修改样式"对话框，如图 8.53 所示，在"格式"选项区"字体"下拉列表框中选择"楷体"，单击"确定"按钮。

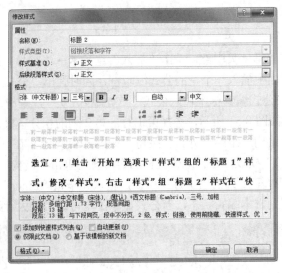

图 8.53　"修改样式"对话框

3）创建样式

（1）单击"开始"选项卡→"样式"组右侧的"对话框启动器"按钮，打开如图 8.54 所示的"样式"任务窗格。

（2）单击任务窗格下方的"新建样式"按钮，打开"根据格式设置创建新样式"对话框，如图 8.55 所示。

图 8.54　"样式"任务窗格

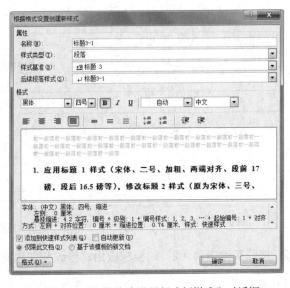

图 8.55　"根据格式设置创建新样式"对话框

（3）在该对话框"名称"文本框中输入新建样式的名称"标题 3-1"；在"样式类型"下拉

列表框中选择样式的类型"段落";在"样式基准"下拉列表框中选择与要创建的样式最接近的"标题 3"样式,新样式"标题 3-1"就会继承其格式,稍做修改即可创建。

(4)在对话框中部的"格式"选项区"字体"下拉列表框选择"黑体",在"字号"框设置"四号""加粗";单击对话框下方的"格式"按钮,在下拉列表中选择"段落"命令,弹出"段落"对话框,如图 8.56 所示,按新样式的格式要求设置行距、段前、段后间距,这里不一一列出,最后单击"确定"按钮。

图 8.56 "段落"对话框

3. 按照实验内容(3)的要求制作目录

制作目录的前提是出现在文档中的各级标题均采用了标题样式。制作目录分两步进行。

1)应用"标题 1"样式、"标题 2"样式、"标题 3-1"样式

对文中的一级标题,依次应用"标题 1"样式。方法是选定该标题,单击"开始"选项卡→"样式"组,选择"标题 1"样式,如图 8.57 所示。

图 8.57 "样式"组按钮

采用类似的方法,对文中的二级标题和三级标题,依次应用"标题 2"样式和"标题 3-1"样式。

2)生成目录

(1)插入点定位至文档的开始处,输入"目录"两字,设置为"黑体、三号",按"Enter"键,单击"引用"选项卡→"目录"组→"目录"下拉按钮,在下拉列表中单击"插入目录"命令,打开如图 8.58 所示的"目录"对话框。

（2）在该对话框中，选择"选项"按钮，弹出"目录选项"对话框，如图 8.59 所示。

（3）在"目录选项"对话框的"有效样式"区域，查找应用于文档中的标题样式。将"标题 3"右边框中的数字"3"删除，则"标题 3"前的对号消失，向下拖动滚动条，找到"标题 3-1"样式，在其右边的"目录级别"框中，键入数字"3"，则在"标题 3-1"样式前打钩，如图 8.60 所示，单击"确定"按钮后返回"目录"对话框，如图 8.61 所示，目录列表中出现"标题 3-1"，"标题 3"消失，单击"确定"按钮，生成目录，如图 8.62 所示。

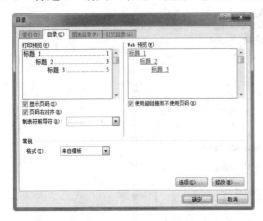

图 8.58　"目录"对话框

图 8.59　"目录选项"对话框

图 8.60　"目录选项"对话框

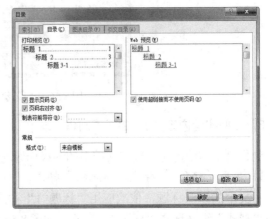

图 8.61　"目录"对话框

图 8.62　生成的目录

4．按照实验内容（4）的要求创建奇偶页不同的页眉并设置其格式

单击“插入”选项卡→“页眉和页脚”组→“页眉”按钮，进入页眉或页脚编辑状态，同时在功能区弹出“页眉和页脚工具”的“设计”选项卡，如图 8.63 所示，勾选其“选项”组中的“奇偶页不同”复选框（也可在“页面设置”对话框的“版式”标签中勾选“奇偶页不同”复选框）。此时，在页眉区的顶部显示“奇数页页眉”字样，如图 8.64 所示，输入“大学计算机基础教程”，格式设置为“楷体、小五号、加粗、右对齐”。单击“设计”选项卡→“下一节”按钮，在页眉区的顶部显示“偶数页页眉”字样，输入“第 3 章　中文字处理软件 Word 2010”，格式设置为“仿宋体、小五号、左对齐”，如图 8.65 所示。

页眉和页脚工具
文档2 - Microsoft Word
审阅
视图
设计
上一节
下一节
链接到前一条页眉
转至页眉
转至页脚
导航
首页不同
奇偶页不同
显示文档文字
选项
页眉顶端距离: 1.5 厘米
页脚底端距离: 1.75 厘米
插入“对齐方式”选项卡
位置

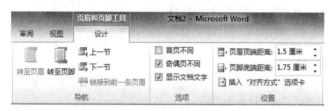

图 8.63　“页眉和页脚工具”的“设计”选项卡

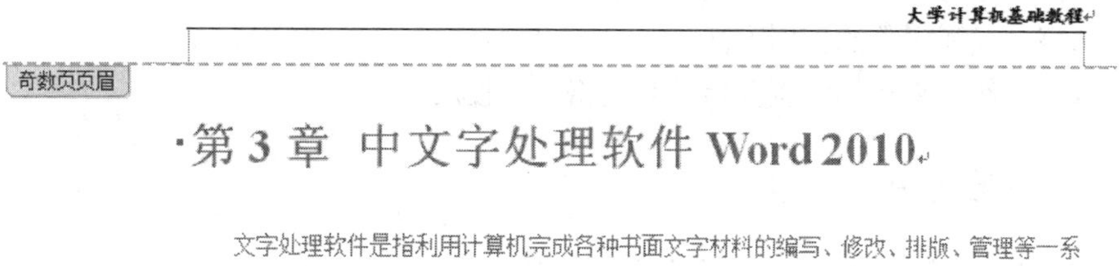
大学计算机基础教程
奇数页页眉
第 3 章 中文字处理软件 Word 2010
文字处理软件是指利用计算机完成各种书面文字材料的编写、修改、排版、管理等一系

图 8.64　设置“奇数页页眉”

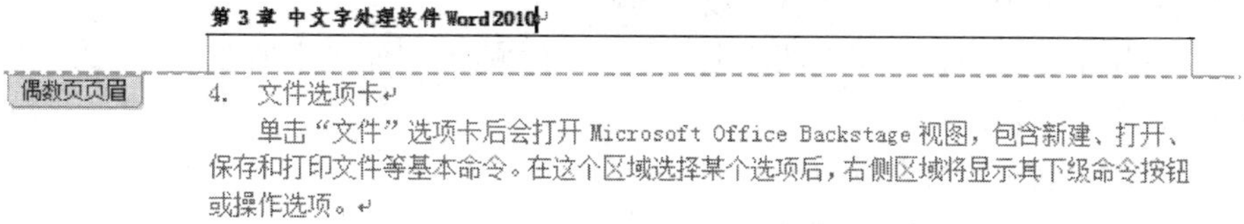
第 3 章 中文字处理软件 Word 2010
偶数页页眉
4.　文件选项卡
单击“文件”选项卡后会打开 Microsoft Office Backstage 视图，包含新建、打开、
保存和打印文件等基本命令。在这个区域选择某个选项后，右侧区域将显示其下级命令按钮
或操作选项。

图 8.65　设置“偶数页页眉”

5．将 DOCX 文档格式转换为 PDF 格式。

单击“文件”选项卡→“打印”命令→弹出“打印”对话框，在“打印机”下拉列表中选择打印机为“Adobe PDF”，单击“打印”命令，选择 PDF 文件“保存”的位置，将 DOCX 文档格式转换为 PDF 格式。

第 9 章

电子表格软件实验

📖 9.1 Excel 2010 的编辑与格式化

9.1.1 实验目的

（1）熟练掌握 Excel 2010 的基本操作。

（2）掌握单元格数据的编辑。

（3）掌握填充序列及自定义序列操作方法。

（4）掌握公式和函数的使用方法。

（5）掌握工作表格式的设置及自动套用格式的使用。

9.1.2 实验内容

（1）启动 Excel 2010 并更改工作簿的默认格式。

（2）新建空白工作簿，并按表 9.1 格式输入数据。

（3）利用数据填充功能完成有序数据的输入。

（4）利用单元格的移动将"液晶电视"所在行调至 "空调"所在行的下方。

（5）调整行高及列宽。

（6）利用公式求出合并项数据。

（7）保存文件并用密码进行加密。

（8）打开"全年部分商品销售统计表.xlsx"。

（9）设置 Excel 中的字体、字号、颜色及对齐方式。

（10）设置 Excel 中的表格线。

（11）设置 Excel 中的数字格式。

（12）在标题上方插入一行，输入创建日期，并设置日期显示格式。

（13）设置单元格背景颜色。

表 9.1　样表 9.1

	A	B	C	D	E	F
1	全年部分商品销售统计表					
2	商品名称	第一季	第二季	第三季	第四季	合计
3	冰箱	462000	350058	452200	416884	
4	液晶电视	802000	902060	806025	1045122	
5	洗衣机	320152	450055	505600	456223	
6	微波炉	245752	460022	350011	454899	
7	空调	586400	1822010	9531212	854564	

9.1.3　实验步骤

1. 启动 Excel 2010 并更改默认格式

（1）选择"开始"→"所有程序"→"Microsoft Office"→"Microsoft Office Excel 2010"命令，启动 Excel 2010。

（2）单击"文件"按钮，在弹出的菜单中选择"选项"命令，弹出"Excel 选项"对话框，在"常规"选项面板中单击"新建工作簿"时区域内"使用的字体"下三角按钮，在展开的下拉列表中单击"华文中宋"选项。

（3）单击"包含的工作表数"数值框右侧上调按钮，将数值设置为 5，如图 9.1 所示，最后单击"确定"按钮。

图 9.1　Excel 选项

（4）设置新建工作簿的默认格式后，弹出 Microsoft Excel 提示框，单击"确定"按钮，如图 9.2 所示。

图 9.2　Microsoft Excel 提示框

（5）将当前所打开的所有 Excel 2010 窗口关闭，然后重新启动 Excel 2010，新建一个 Excel 表格，并在单元格内输入文字，即可看到更改默认格式的效果。

2. 新建空白工作簿并输入文字

（1）在打开的 Excel 2010 工作簿中选择"文件"→"新建"→"空白工作簿"→"创建"按钮，系统会自动创建新的空白工作簿，如图 9.3 所示。

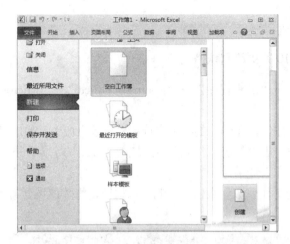

图 9.3　新建空白工作簿

（2）在默认状态下 Excel 自动打开一个新工作簿文档，标题栏显示"工作簿 1-Microsoft Excel"，当前工作表是 Sheet 1。

（3）选中 A1 为当前单元格，键入标题文字：全年部分商品销售统计表。

（4）选中 A1 至 F1（按下左键拖动），在当前地址显示窗口出现"1R×6C"的显示，表示选中了 1 行 6 列，此时单击"开始"→"对齐方式"→"合并后居中"按钮，即可实现单元格的合并及标题居中的功能。

（5）单击 A2 单元格，输入"商品名称"，接着选定 B3 单元格，输入数字，并用同样的方式完成所有数字部分的内容输入。

3．在表格中输入数据有序数据

（1）单击 B2 单元格，输入"第一季"，然后使用自动填充的方法，将鼠标指向 B2 单元格右下角，当出现"+"时，按下"Ctrl"键并拖动鼠标至 E2 单元格，在单元格右下角出现的"自动填充选项"按钮中选择"填充序列"，B2 至 E2 单元格分别被填入"第一季、第二季、第三季、第四季"等四个连续数据。

（2）创建新的序列：选择"文件"→"选项"命令，弹出"Excel 选项"对话框后，切换至"高级"选项卡，在"常规"选项组中单击"编辑自定义列表"按钮，如图 9.4 所示。

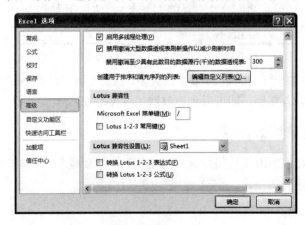

图 9.4　高级选项卡

（3）弹出"自定义序列"对话框，在"输入序列"列表框中输入需要的序列条目，每个条目之间用"，"分开，再单击"添加"按钮，如图9.5所示。

图9.5　添加新序列

（4）设置完毕后单击"确定"按钮，返回"Excel 选项"对话框，单击"确定"按钮，返回工作表，完成新序列的填充。

4．单元格、行、列的移动与删除

（1）选中 A4 单元格并向右拖动到 F4 单元格，从而选中从 A4 到 F4 之间的单元格。

（2）在选中区域单击右键，选择"剪切"命令。

（3）选中 A8 单元格，按"Ctrl+V"组合键，完成粘贴操作。

（4）右击 A4 单元格，在弹出的快捷菜单中选择"删除"→"整行"→"确定"按钮，如图9.6所示。

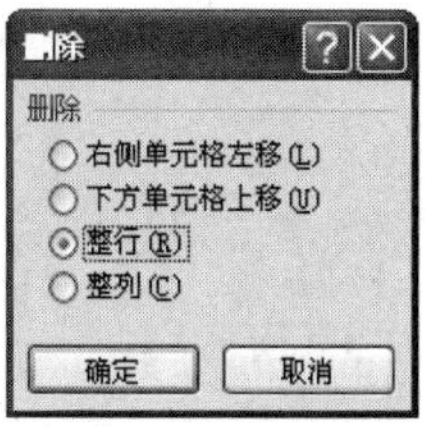

图9.6　"删除"对话框

5．调整行高、列宽

（1）如图9.7所示，单击第3行左侧的标签 3 ，然后向下拖动至第7行，选中第3行到第7行单元格。

图9.7　选择单元格示意

（2）将鼠标指针移动到左侧的任意标签分界处，这时鼠标指针变为"↕"，按左键向下拖动，将出现一条虚线并随鼠标指针移动，显示行高的变化，如图9.8所示。

（3）当拖动鼠标使虚线到达合适的位置后释放左键，这时所有选中的行高均被改变。

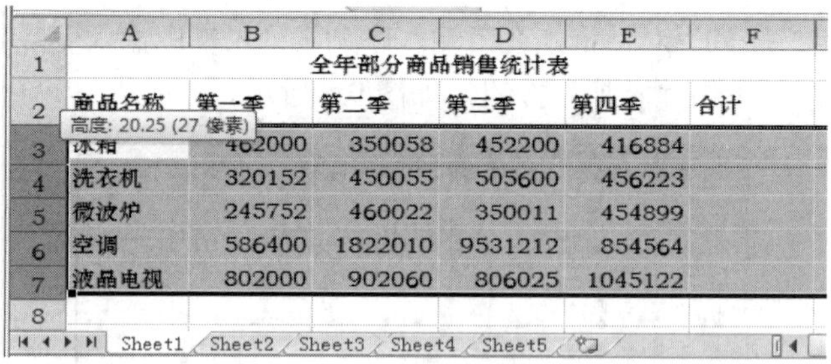

	A	B	C	D	E	F
1	全年部分商品销售统计表					
2	商品名称	第一季	第二季	第三季	第四季	合计
3	冰箱	462000	350058	452200	416884	
4	洗衣机	320152	450055	505600	456223	
5	微波炉	245752	460022	350011	454899	
6	空调	586400	1822010	9531212	854564	
7	液晶电视	802000	902060	806025	1045122	
8						

图 9.8　显示行高变化

（4）选中 F 列所有单元格，选择“开始”→“单元格”→“格式”→“列宽”选项，如图 9.9 所示。

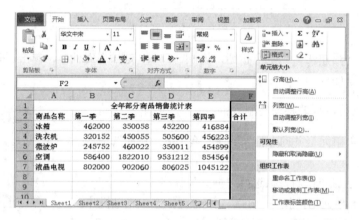

图 9.9　设置列宽

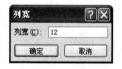

图 9.10　“列宽”对话框

（5）弹出“列宽”对话框，在文本框中输入列宽值 12，再单击“确定”按钮，完成列宽设置，如图 9.10 所示。

6. 利用公式计算

（1）单击 F3 单元格，以确保计算结果显示在该单元格。

（2）直接从键盘输入公式“=B3+C3+D3+E3”。

（3）单击编辑栏左侧的“输入”按钮✓，结束输入状态，则在 F3 显示出冰箱的合计销售量。

（4）鼠标移向 F3 单元格的右下角，当鼠标变成“十”字形时，向下拖动鼠标，到 F7 单元格释放左键，则所有商品的销售情况会自动计算出来，如图 9.11 所示。

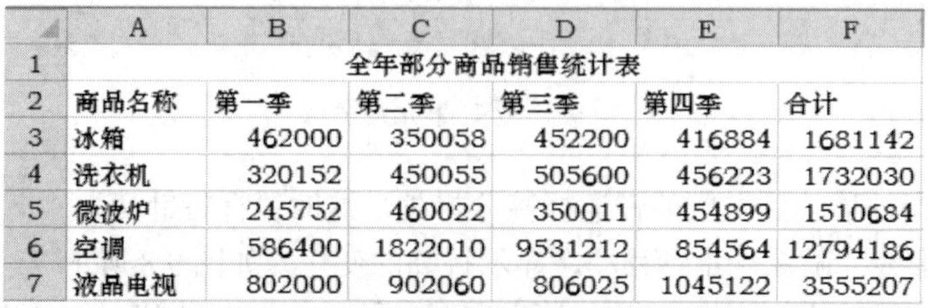

	A	B	C	D	E	F
1	全年部分商品销售统计表					
2	商品名称	第一季	第二季	第三季	第四季	合计
3	冰箱	462000	350058	452200	416884	1681142
4	洗衣机	320152	450055	505600	456223	1732030
5	微波炉	245752	460022	350011	454899	1510684
6	空调	586400	1822010	9531212	854564	12794186
7	液晶电视	802000	902060	806025	1045122	3555207

图 9.11　自动计算结果

7. 保存并加密

（1）选择"文件"→"另存为"→"工具"按钮下的"常规选项"命令，如图 9.12 所示。

（2）在打开的"常规选项"对话框中输入"打开权限密码"，如图 9.13 所示。

（3）单击"确定"按钮，打开"确认密码"对话框，再次输入刚才的密码，如图 9.14 所示。

（4）单击"确定"按钮，完成设置。当再次打开该文件时就会要求输入密码。

（5）将文件名改为"商品销售统计表"，存于桌面上，单击"确定"保存。

图 9.12 "另存为"对话框（实验）

图 9.13 "常规选项"对话框

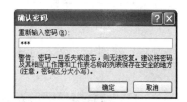

图 9.14 "确认密码"对话框

8. 打开"商品销售统计表.xlsx"

（1）进入 Excel 2010，选择"文件"→"打开"命令，弹出如图 9.15 所示的"打开"对话框。

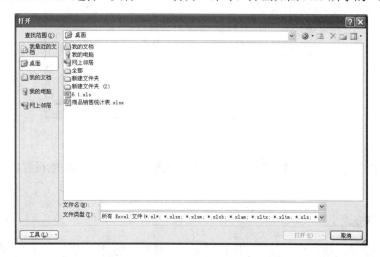

图 9.15 "打开"对话框（实验）

（2）按照路径找到工作簿的保存位置，双击其文件图标打开该工作簿，或者单击选中图标，单击该对话框中的"打开"按钮。

9．设置字体、字号、颜色及对齐方式

（1）选中表格中的全部数据，单击右键，在弹出的快捷菜单中选择"设置单元格格式"命令，打开"设置单元格格式对话框"。

（2）切换到"字体"选项卡，字体选择为"宋体"，字号为"12"，颜色为"深蓝，文字2，深色50%"。如图9.16所示。

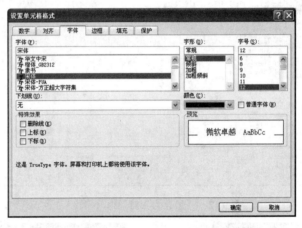

图9.16 "单元格格式"——"字体"选项卡

（3）打开"对齐"选项卡，文本对齐方式选择"居中"，单击"确定"按钮，如图9.17所示。

图9.17 "对齐"选项卡（实验）

（4）选中第2行，用同样的方法对第2行数据进行设置，将其颜色设置为"黑色"；字形设置为"加粗"。

10．设置表格线

（1）选中A2单元格，并向右下方拖动鼠标，直到F7单元格，然后单击"开始"→"字体"

组中的"边框"按钮 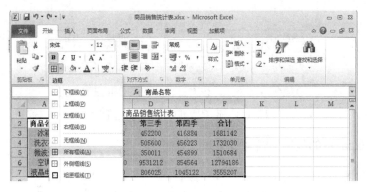，从弹出的下拉列表中选择"所有框线"图标，如图 9.18 所示。

图 9.18　选择"所有框线"图标

（2）做特殊边框线设置时，首先选定制表区域，切换到"开始"选项卡，单击"单元格"→"格式"按钮，在展开的下拉列表中单击"设定单元格格式"选项，如图 9.19 所示。

图 9.19　设置单元格格式

（3）在弹出的"设置单元格格式"对话框中，打开"边框"选项卡，选择一种线条样式后，在"预置"组合框中单击"外边框"按钮，如图 9.20 所示。

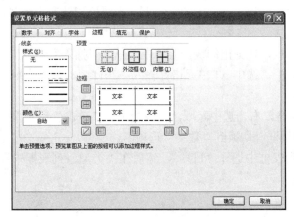

图 9.20　"边框"选项卡（实验）

（4）单击"确定"按钮。设置完边框后的工作表效果如图 9.21 所示。

	A	B	C	D	E	F
1	全年部分商品销售统计表					
2	商品名称	第一季	第二季	第三季	第四季	合计
3	冰箱	462000	350058	452200	416884	1681142
4	洗衣机	320152	450055	505600	456223	1732030
5	微波炉	245752	460022	350011	454899	1510684
6	空调	586400	1822010	9531212	854564	12794186
7	液晶电视	802000	902060	806025	1045122	3555207

图 9.21　设置边框后工作表效果图

11．设置 Excel 中的数字格式

（1）选中 B3 至 F7 单元格。

（2）右击选中区域，在弹出的快捷菜单中选择"设置单元格格式"命令，打开"设置单元格格式对话框"，切换到"数字"选项卡。

（3）在"分类"列表框中选择"数值"选项；将"小数位数"设置为"0"；选中"使用千位分隔符"复选框，在"负数"列表框中选择"（1,234）"，如图 9.22 所示。

（4）单击"确定"按钮，应用设置后的数据效果如图 9.23 所示。

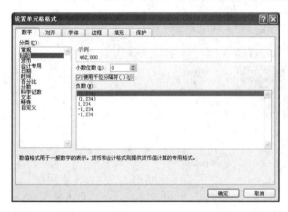

图 9.22　"数字"选项卡（实验）

	A	B	C	D	E	F
1	全年部分商品销售统计表					
2	商品名称	第一季	第二季	第三季	第四季	合计
3	冰箱	462,000	350,058	452,200	416,884	1,681,142
4	洗衣机	320,152	450,055	505,600	456,223	1,732,030
5	微波炉	245,752	460,022	350,011	454,899	1,510,684
6	空调	586,400	1,822,010	9,531,212	854,564	12,794,186
7	液晶电视	802,000	902,060	806,025	1,045,122	3,555,207

图 9.23　设置数字格式后工作表效果

12．设置日期格式

（1）将鼠标指针移动到第 1 行左侧的标签上，当鼠标指针变为➡时，单击该标签选中第 1 行中的全部数据。

（2）右击选中的区域，在弹出的快捷菜单中，单击"插入"命令。

（3）在插入的空行中，选中 A1 单元格并输入"2011-8-8"，单击编辑栏左侧的"输入"按钮，结束输入状态。

（4）选中 A1 单元格，右击选中区域，在快捷菜单中单击"设置单元格格式"命令，打开"设置单元格格式"对话框，切换到"数字"选项卡。

（5）在"分类"列表框中选择"日期"，然后在"类型"列表框中选择"二〇〇一年三月十四日"，如图 9.24 所示。

（6）单击"确定"按钮。

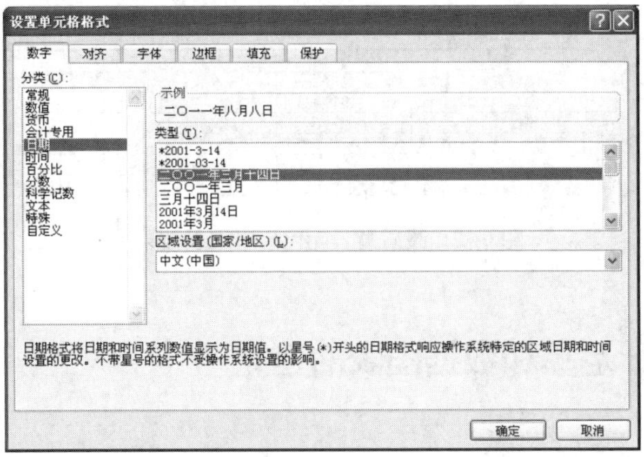

图 9.24　设置日期格式

（7）选中 A1 至 A2 单元格，选择"开始"→"对齐方式"→"合并后居中"按钮，将两个单元格合并为一个，应用设置后的效果如图 9.25 所示。

	A	B	C	D	E	F
1	二〇一一年八月八日					
2	全年部分商品销售统计表					
3	商品名称	第一季	第二季	第三季	第四季	合计
4	冰箱	462,000	350,058	452,200	416,884	1,681,142
5	洗衣机	320,152	450,055	505,600	456,223	1,732,030
6	微波炉	245,752	460,022	350,011	454,899	1,510,684
7	空调	586,400	1,822,010	9,531,212	854,564	12,794,186
8	液晶电视	802,000	902,060	806,025	1,045,122	3,555,207

图 9.25　设置日期格式后工作表效果图

13．设置单元格背景颜色

（1）选中 A4 至 F8 之间的单元格，然后单击"开始"→"字体"→"填充颜色"按钮 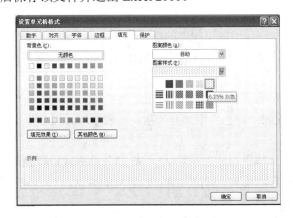，在弹出的面板中选择"紫色，强调文字颜色 4，淡色 80%"。

（2）用同样的方法将表格中 A3 至 F3 单元格中的背景设置为"深蓝，文字 2，淡色 80%"。

（3）如做特殊底纹设置时，右击选定底纹设置区域，在快捷菜单中单击"设置单元格格式"命令，打开"设置单元格格式"对话框，切换到"填充"选项卡，在"图案样式"下拉列表中选择"6.25%灰色"，如图 9.26 所示，单击"确定"按钮，设置背景颜色后的工作表效果如图 9.27 所示。设置完后保存该文件并退出 Excel 2010。

图 9.26　"图案"选项卡

	A	B	C	D	E	F
1	二○一一年八月八日					
2	全年部分商品销售统计表					
3	商品名称	第一季	第二季	第三季	第四季	合计
4	冰箱	462,000	350,058	452,200	416,884	1,681,142
5	洗衣机	320,152	450,055	505,600	456,223	1,732,030
6	微波炉	245,752	460,022	350,011	454,899	1,510,684
7	空调	586,400	1,822,010	9,531,212	854,564	12,794,186
8	液晶电视	802,000	902,060	806,025	1,045,122	3,555,207

图 9.27 设置背景颜色后工作表效果图

📖9.2 数据统计运算和数据图表的建立

9.2.1 实验目的

（1）掌握常用函数的使用，了解数据的统计运算。
（2）学会对工作表的数据进行统计运算。
（3）掌握使用条件格式设置单元格内容，了解删除条件格式的方法。
（4）掌握 Excel 中常用图表的建立方法。
（5）了解组成图表的各图表元素，了解图表与数据源的关系。
（6）掌握图表格式化方法。

9.2.2 实验内容

（1）按照表 9.2 输入数据，并完成相应的格式设置。

表 9.2 样表 9.2

	A	B	C	D	E	F	G
1	英语成绩统计表						
2	学号	姓名	口语	听力	作文	总分	备注
3	201101	甲	91	85	89		
4	201102	乙	82	58	95		
5	201103	丙	75	80	77		
6	201104	丁	45	56	60		
7	平均分						

（2）计算每个学生的成绩总分。
（3）计算各科成绩的平均分。
（4）在"备注"栏中注释出每位同学的通过情况：若"总分"大于 250 分，则在备注栏中填"优秀"；若总分小于 250 分但大于 180 分，则在备注栏中填"及格"，否则在备注栏中填"不及格"。
（5）将表格中所有成绩小于 60 的单元格设置为"红色"字体并"加粗"；将表格中所有成绩大于 90 的单元格设置为"绿色"字体并加粗；将表格中"总分"小于 180 的数据，设置为背景颜色。
（6）将 C3 至 F6 单元格区域中的成绩大于 90 的条件格式设置删除。
（7）对"英语成绩统计表"中每位同学三门科目的数据，在当前工作表中建立嵌入式柱形图图表。
（8）设置图表标题为"英语成绩表"，横坐标轴标题为姓名，纵坐标轴标题为分数。

（9）将图表中"听力"的填充色改为红色斜纹图案。

（10）为图表中"作文"的数据系列添加数据标签。

（11）更改纵坐标轴刻度设置。

（12）设置图表背景为"渐变填充"，边框样式为"圆角"，设置好后将工作表另存为"英语成绩图表"文件。

（13）将结果以"英语成绩统计表.xlsx"保存到桌面，并退出 Excel 2010。

9.2.3 实验步骤

1. 启动 Excel 并输入数据

启动 Excel 并按表 9.2 格式完成相关数据的输入。

2. 计算总分

单击 F3 单元格，输入公式"=C3+D3+E3"，按"Enter"键，移至 F4 单元格。

在 F4 单元格中输入公式"=SUM（C4:E4）"，按"Enter"键，移至 F5 单元格。

切换到"开始"选项卡，在"编辑"组中单击"求和"按钮 Σ，此时 C5:F5 区域周围将出现闪烁的虚线边框，同时在单元格 F5 中显示求和公式"=SUM（C5:E5）"。公式中的区域以黑底黄字显示，如图 9.28 所示，按"Enter"键，移至 F6 单元格。

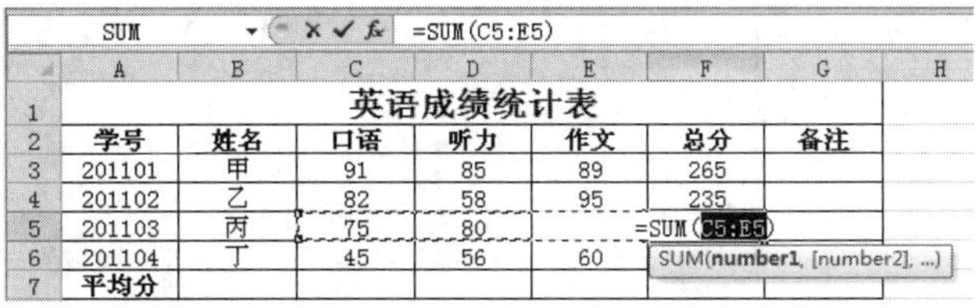

图 9.28　利用公式求和示意

单击"编辑栏"前边的"插入公式"按钮 fx，屏幕显示"插入函数"对话框，如图 9.29 所示。

在"或选择类别"下拉列表中选择"常用函数"选项，在"选择函数"列表框中选择"SUM"。单击"确定"按钮，弹出"函数参数"对话框。

图 9.29　"插入函数"对话框

在 Number 1 框中输入"C6:E6",如图 9.30 所示。单击"确定"按钮,返回工作表窗口。

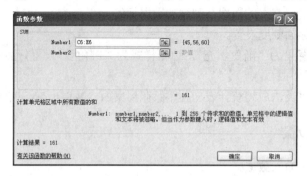

图 9.30 "函数参数"对话框

3. 计算机平均分

选中 C7 单元格,单击"插入公式"按钮 *fx*,弹出"插入函数"对话框,在"选择函数"区域中选择"AVERAGE",单击"确定"按钮后弹出"函数参数"对话框。

在工作表窗口中用鼠标选中 C3 到 C6 单元格,在 Number 1 框中即出现"C3:C6",如图 9.31 所示。

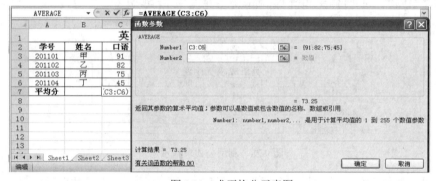

图 9.31 求平均分示意图

单击"确定"按钮,返回工作表窗口。利用自动填充功能完成其余科目平均分成绩的计算。

4. IF 函数的使用

选中 G3 单元格,单击"插入公式"按钮 *fx*,弹出"插入函数"对话框,在"选择函数"区域中选择"IF",单击"确定"按钮后弹出"函数参数"对话框。

单击 Logical_test 右边的"拾取"按钮 。单击工作表窗口中的 F3 单元格,然后输入">=250",如图 9.32 所示。

图 9.32 IF 函数参数图

单击"返回"按钮 。在 Value_if_ture 右边的文本输入框中输入"优秀",如图 9.33 所示。

图 9.33　IF 函数参数图

将光标定位到 Value_if_false 右边的输入框中，单击工作表窗口左上角的"IF"按钮 IF，弹出"函数参数"对话框。

将光标定位到"Logical_test"右边的输入框中，单击工作表窗口中的 F3 单元格，然后输入">=180"。

在"Value_if_true"右边的输入框中输入"及格"，在"Value_if_false"右边的输入框中输入"不及格"，如图 9.34 所示。

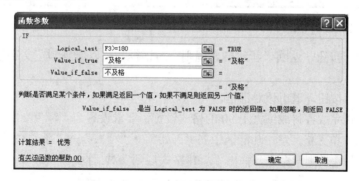

图 9.34　IF 函数参数图

单击"确定"按钮，完成其余数据操作，最终效果如图 9.35 所示。

	A	B	C	D	E	F	G
1	英语成绩统计表						
2	学号	姓名	口语	听力	作文	总分	备注
3	201101	甲	91	85	89	265	优秀
4	201102	乙	82	58	95	235	及格
5	201103	丙	75	80	77	232	及格
6	201104	丁	45	56	60	161	不及格
7	平均分		73.25	69.75	80.25		

图 9.35　使用 IF 函数后工作表效果图

5. 条件格式的使用

选中 C3:E6 单元格区域，单击功能区中的"开始"→"样式"→"条件格式"按钮，在弹出的列表中选择"新建规则"命令，弹出"新建格式规则"对话框。

在"选择规则类型"框中选择"只为包含以下内容的单元格设置格式"。在"编辑规则说明"中设置"单元格值小于 60"，如图 9.36 所示。

单击"格式"按钮，在弹出的"设置单元格格式"对话框中打开"字体"选项卡，将颜色设置为"红色"，字形设置为"加粗"，如图 9.37 所示。

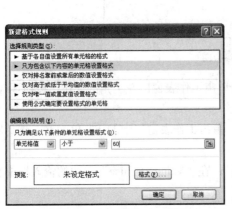

图 9.36　"新建格式规则"对话框　　　　　图 9.37　"字体"选项卡

单击"确定"按钮，返回"新建格式规则"对话框，可以看到预览文字效果，如图 9.38所示。

单击"确定"按钮，退出该对话框。

用同样的方式完成各科成绩大于 90 的格式设置，要求设置为"绿色"字体并加粗。

选中 F3 至 F6 单元格，单击功能区中的"开始"→"样式"→"条件格式"按钮，在弹出的列表中选择"新建规则"命令，弹出"新建格式规则"对话框。

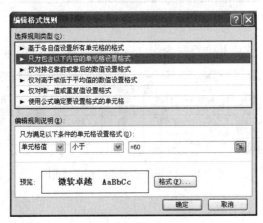

图 9.38　预览文字效果

在"选择规则类型"框中选择"只为包含以下内容的单元格设置格式"。在"编辑规则说明"中设置"单元格值小于 180"。

单击"格式"按钮，在弹出的"设置单元格格式"对话框中打开"填充"选项卡，将单元格底纹设置为"浅紫色"，如图 9.39 所示。

单击"确定"按钮，返回"新建格式规则"对话框，可以看到预览文字效果，如图 9.40 所示。

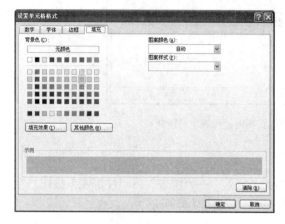

图 9.39　"填充"选项卡

图 9.40　"新建格式规则"对话框

单击"新建格式规则"对话框的"确定"按钮，退出该对话框，结果如图 9.41 所示。

	A	B	C	D	E	F	G
1	英语成绩统计表						
2	学号	姓名	口语	听力	作文	总分	备注
3	201101	甲	91	85	89	265	优秀
4	201102	乙	82	58	95	235	及格
5	201103	丙	75	80	77	232	及格
6	201104	丁	45	56	60	161	不及格
7	平均分		73.25	69.75	80.25		

图 9.41　设置"条件"和"格式"后工作表效果

6. 条件格式的删除

将光标位于 C3:F6 单元格区域中的任意单元格中，选择"开始"→"样式"→"条件格式"按钮，在弹出的列表中选择"管理规则"命令，弹出"条件格式规则管理器"对话框，如图 9.42 所示。

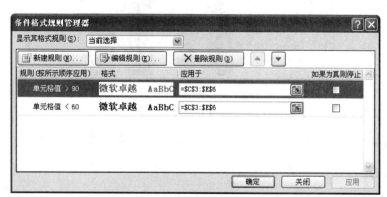

图 9.42　"条件格式规则管理器"对话框

选中"单元格值>90"条件规则，单击"删除规则"按钮，该条件格式规则即被删除，"条件格式规则管理器"中显示现有条件格式规则，如图 9.43 所示。

图 9.43　"条件格式规则管理器"对话框

7．创建图表

选择 B2:E6 区域的数据。单击功能区中的"插入"→"图表"→"柱形图"按钮，在弹出的列表中选择"二维柱形图"中的"簇状柱形图"，如图 9.44 所示。

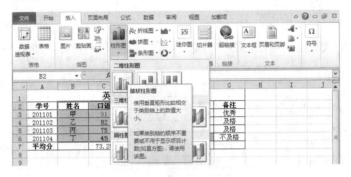

图 9.44　选择图标类型

此时，在当前工作表中创建了一个柱形图表，如图 9.45 所示。

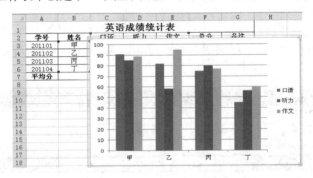

图 9.45　创建图表

单击图表内空白处，然后按住左键进行拖动，将图表移动到工作表内的一个适当位置。

8．添加标题

选中图表，激活功能区中的"设计""布局""格式"选项卡。单击"布局"→"标签"→"图表标题"按钮，在弹出的列表中选择"图表上方"命令，如图 9.46 所示。

在图表中的标题输入框中输入图表标题"英语成绩表"，单击图表空白区域完成输入。

图 9.46 添加图表标题

单击"布局"→"标签"→"坐标轴标题"按钮，在弹出的列表中分别完成横坐标与纵坐标标题的设置。

选中图表，然后拖动图表四周的控制点，调整图表的大小。

9. 修饰数据系列图标

双击听力数据系列或将鼠标指向该系列，单击右键，在弹出的菜单中单击"设置数据系列格式"。

在打开的对话框的"填充"面板中选择"图案填充"样式，设置前景色为"红色"，如图 9.47 所示。

10. 添加数据标签

选中作文数据系列，单击"布局"→"标签"→"数据标签"按钮，在弹出的下拉列表中选择"数据标签外"命令，如图 9.48 所示。图表中作文数据系列上方显示数据标签。

图 9.47 "设置数据系列格式"对话框

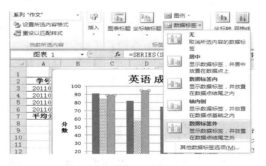

图 9.48 添加标签

11. 设置纵坐标轴刻度

双击纵坐标轴上的刻度值，打开"设置坐标轴格式"对话框，在"坐标轴选项"区域中将"主要刻度单位"设置为"20"，如图 9.49 所示。设置完毕后，单击"关闭"按钮。

图 9.49　"设置坐标轴格式"对话框

12. 设置图表背景并保存文件

分别双击图例和图表空白处，在相应的对话框中进行设置，图表区的设置参考图 9.50和图 9.51 所示。

图 9.50　设置填充颜色

图 9.51　设置边框样式

设置完毕后，单击"关闭"按钮，效果如图 9.52 所示。

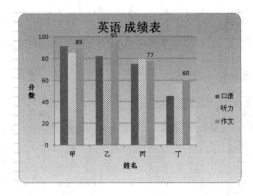

图 9.52　图表最终效果

按照前面介绍的另存文件的方法，将嵌入图表后的工作表另存为"英语成绩图表"文件。

13. 保存文件

将结果以"英语成绩统计表.xlsx"保存到桌面，并退出 Excel 2010。

📖9.3　数据管理

9.3.1　实验目的

（1）了解 Excel 2010 的数据处理功能。
（2）掌握数据列表的排序方法。
（3）掌握数据列表的自动筛选方法。
（4）掌握数据的分类汇总。
（5）了解数据透视表向导的使用方法。
（6）掌握简单数据透视表的建立。
（7）掌握创建合并计算报告。

9.3.2　实验内容

（1）在 Sheet 1 工作表中输入表 9.3 中的数据，并将 Sheet 1 工作表中的内容复制至两个新工作表中。将三个工作表名称分别更改为"排序""筛选""分类汇总"。并将 Sheet 2 和 Sheet 3 工作表删除。

（2）使用"排序"工作表中的数据，以"基本工资"为主要关键字，"奖金"为次要关键字降序排序。

（3）使用"筛选"工作表中的数据，筛选出"部门"为设计部并且"基本工资"大于等于 900 的记录。

（4）使用"分类汇总"工作表中的数据，以"部门"为分类字段，将"基本工资"进行"平均值"分类汇总。

（5）在 Sheet 2 工作表中输入表 9.4 中的数据，创建数据透视表。

（6）在 Sheet 3 工作表中输入表 9.5 中的数据，在"成绩分析"中进行"平均值"合并计算。

（7）将结果以"数据管理.xlsx"保存到桌面，并退出 Excel 2010。

表 9.3 样表 9.3

	A	B	C	D	E
1	糖果公司工资表				
2	姓名	部门	基本工资	奖金	津贴
3	王贺	设计部	850	600	100
4	张二	研发部	1000	550	150
5	尚珊	销售部	800	800	200
6	刘涛	设计部	900	600	110
7	高兴	研发部	1200	800	150
8	赵蕾	设计部	1100	600	100
9	孙峰	研发部	1300	500	150
10	王力	设计部	900	600	100
11	苗苗	研发部	1000	500	150
12	刘默	销售部	800	1000	200
13	赵丽	销售部	800	1100	200

表 9.4 样表 9.4

	A	B	C	D	E
1	体育用品店销售分析表				
2	商品	第一季	第二季	第三季	第四季
3	运动鞋	6800	9200	8600	8200
4	网球拍	4900	4300	5200	4300
5	高尔夫	7200	5100	4200	5700
6	羽毛球拍	2400	1900	2200	2000
7	篮球	1900	2100	2400	2000
8	足球	3200	3400	3100	2900
9	滑板	1300	1900	1500	1800
10	溜冰鞋	900	1700	1500	1100
11	乒乓球	1700	1200	1100	900
12	排球	4100	4400	3500	200
13	哑铃	800	500	1200	900
14	运动护具	2200	2200	2500	2100
15	拳击沙袋	3300	3900	3600	3000

表 9.5 样表 9.5

	A	B	C	D	E	F
1	计算机职称考试成绩表					
2	姓名	性别	年龄	职业	科目	总分
3	甲	女	25	教师	中文Windows XP操作系统	92
4	乙	男	28	律师	Excel 2003中文电子表格	86
5	丙	女	26	医生	中文Windows XP操作系统	75
6	丁	女	30	会计	Word 2003中文字处理	94
7	戊	男	45	教师	Internet应用	76
8	己	女	35	医生	Excel 2003中文电子表格	78
9	庚	女	30	律师	Internet应用	96
10						
11					成绩分析	
12					科目	平均分
13						
14						
15						
16						

9.3.3 实验步骤

1. 工作表的管理

（1）启动 Excel 2010，在 Sheet 1 工作表中按表 9.3 完成数据的输入。

（2）右击工作表中的"Sheet 1"标签，在弹出的菜单中单击"移动或复制"命令，打开"移动或复制工作表"对话框，选中"Sheet 2"选项，选中"建立副本"复选框，如图 9.53 所示。

（3）单击"确定"按钮，将增加一个复制的工作表，它与原来的工作表中的内容相同，默认名称为 Sheet 1（2），效果如图 9.54 所示。

图 9.53 "移动或复制工作表"对话框

11	苗苗	研发部	1000	500	150
12	刘默	销售部	800	1000	200
13	赵丽	销售部	800	1100	200

Sheet1　Sheet1 (2)　Sheet2　Sheet3

图 9.54 复制后的工作表

（4）用同样的方法创建另一张工作表，创建完成后，其默认名称为 Sheet 1（3）。

（5）右击工作表 Sheet 1 标签，在弹出的菜单中单击"重命名"命令，如图 9.55 所示，然后在标签处输入新的名称"排序"，如图 9.56 所示。

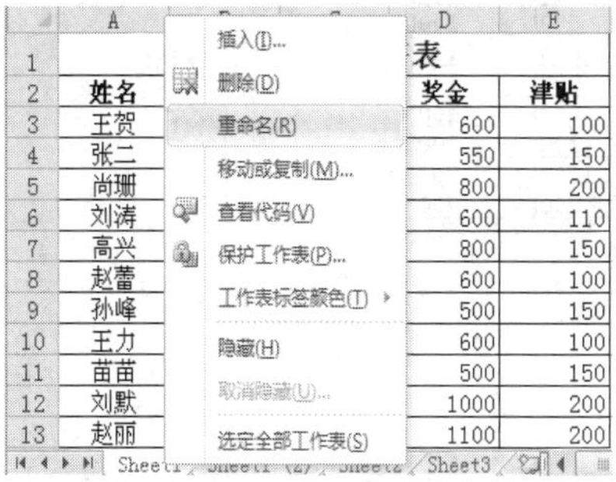

图 9.55 选择"重命名"菜单命令 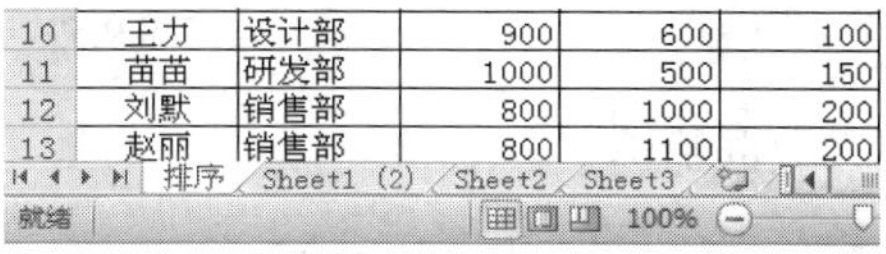　　　　　图 9.56 重命名后的工作表效果图

（6）用同样的方式修改 Sheet 1（2）和 Sheet 1（3）工作表的名称。

（7）右击工作表 Sheet 2 标签，在弹出的菜单中单击"删除"命令，则删除该工作表标签。用同样的方法将工作表 Sheet 3 删除，删除后的效果如图 9.57 所示。

图 9.57 删除后的工作表效果

2．数据排序

（1）使用"排序"工作表中的数据，将鼠标指针定位在数据区域任意单元格中，单击功能区中的"数据"→"排序和筛选"→"排序"按钮，弹出"排序"对话框。在"主要关键字"下拉列表中选择"基本工资"选项，在"次序"下拉列表中选择"降序"选项。

（2）单击"添加条件"按钮，增加"次要关键字"设置选项，在"次要关键字"下拉列表中选择"奖金"选项，"次序"下拉列表中选择"降序"选项，如图 9.58 所示。

图 9.58 "排序"对话框

（3）单击"确定"按钮，即可将员工按基本工资降序方式进行排序，若基本工资相同则按奖金进行降序排序，如图 9.59 所示。

图 9.59　排序后的工作表

3．数据筛选

（1）使用"筛选"工作表中的数据，将鼠标指针定位在第 2 行任一单元格中，单击功能区中的"数据"→"排序和筛选"→"筛选"按钮，这时在第 2 行各单元格中出现如图 9.60 所示的下拉按钮。

（2）单击"部门"单元格中的下拉按钮，在弹出的下拉列表中选择"设计部"，如图 9.61 所示。单击"确定"按钮，即可筛选出部门为"设计部"的数据。

（3）单击"基本工资"单元格的下拉按钮，在弹出的下拉列表中选择"数字筛选"→"大于或等于"选项，如图 9.62 所示。

图 9.60　设置筛选后的工作表

图 9.61　筛选设置（一）

图 9.62　筛选设置（二）

（4）在打开的"自定义自动筛选方式"对话框中，设置"基本工资大于或等于 900"，如图 9.63 所示。

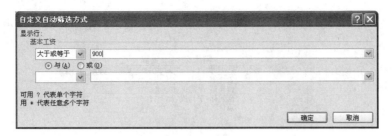

图 9.63 "自定义自动筛选方式"对话框

（5）单击"确定"按钮，即可筛选出"基本工资"大于等于 900 的记录，如图 9.64 所示。

	A	B	C	D	E
1			糖果公司工资表		
2	姓名	部门	基本工	奖金	津贴
6	刘涛	设计部	900	600	110
8	赵蕾	设计部	1100	600	100
10	王力	设计部	900	600	100

排序 / 筛选 / 分类汇总

图 9.64 自定义筛选后的工作表

（6）分别单击"部门"和"基本工资"单元格中的下拉按钮，在弹出的下拉列表中选择"全部"选项，则会显示原来所有数据。

4．分类汇总

（1）使用"分类汇总"工作表中的数据，将鼠标指针定位在数据区域任意单元格中，单击功能区中的"数据"→"排序和筛选"→"排序"按钮，弹出"排序"对话框。在"主要关键字"下拉列表中选择"部门"选项，在"次序"下拉列表中选择"升序"选项。

（2）单击"确定"按钮，即可将数据按部门的升序方式进行排序。

（3）单击功能区中的"数据"→"分级显示"→"分类汇总"按钮，弹出"分类汇总"对话框。在"分类字段"下拉列表中选择"部门"，"汇总方式"下拉列表中选择"平均值"，"选定汇总项"列表框中选择"基本工资"，如图 9.65 所示。

（4）选中"替换当前分类汇总"与"汇总结果显示在数据下方"两项，单击"确定"按钮。效果如图 9.66 所示。

图 9.65 "分类汇总"对话

	A	B	C	D	E
1		糖果公司工资表			
2	姓名	部门	基本工资	奖金	津贴
3	王贺	设计部	850	600	100
4	刘涛	设计部	900	600	110
5	赵蕾	设计部	1100	600	100
6	王力	设计部	900	600	100
7		设计部 平均值	937.5		
8	尚珊	销售部	1300	800	200
9	刘默	销售部	800	1000	200
10	赵丽	销售部	800	1100	200
11		销售部 平均值	966.667		
12	张二	研发部	1000	550	150
13	高兴	研发部	1200	800	150
14	孙峰	研发部	1300	500	150
15	苗苗	研发部	1000	500	150
16		研发部 平均值	1125		
17		总计平均值	1013.64		

排序 / 筛选 / 分类汇总

图 9.66 汇总后的工作表效果图

（5）单击分类汇总表左侧的减号，即可折叠分类汇总表，结果如图 9.67 所示。

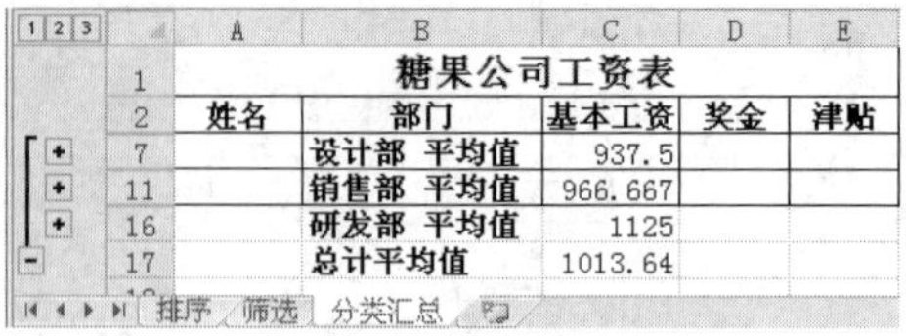

图 9.67　折叠分类汇总标效果图

5．建立数据透视表

（1）按照表 9.4 在 Sheet 2 工作表中输入数据。

（2）单击数据区域中的任意一个单元格，切换至"插入"选项卡，在"表格"组中单击"数据透视表"按钮，弹出"创建数据透视表"对话框，如图 9.68 所示。

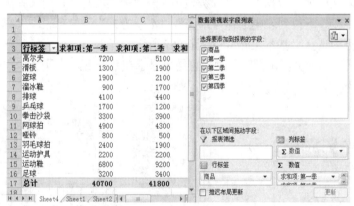

图 9.68　"创建数据透视表"对话框

（3）单击"确定"按钮，即可创建一个空白的数据透视表，并在窗口的右侧自动显示"数据透视表字段列表"窗格，在其中勾选需要的字段，并在左侧的数据透视表中显示出来，效果如图 9.69 所示。

图 9.69　数据透视表

（4）选择单元格"B3"，切换至"数据透视表工具"的"选项"选项卡，单击"活动字段"组中"字段设置"按钮，弹出"值字段设置"对话框，切换至"值汇总方式"选项卡，在其列表框中单击"最大值"选项，如图 9.70 所示。

（5）单击"确定"按钮，此时，"第一季"的数据在总计项中显示最大值，效果如图 9.71 所示。

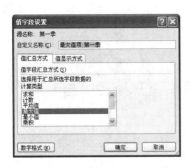

图 9.70 “值字段设置”对话框

	A	B	C	D	E
1					
2					
3	行标签	最大值项:第一季	求和项:第二季	求和项:第三季	求和项:第
4	高尔夫	7200	5100	4200	
5	滑板	1300	1900	1500	
6	篮球	1900	2100	2400	
7	溜冰鞋	900	1700	1500	
8	排球	4100	4400	3500	
9	乒乓球	1700	1200	1100	
10	拳击沙袋	3300	3900	3600	
11	网球拍	4900	4300	5200	
12	哑铃	800	500	1200	
13	羽毛球拍	2400	1900	2200	
14	运动护具	2200	2200	2500	
15	运动鞋	6800	9200	8600	
16	足球	3200	3400	3100	
17	总计	7200	41800	40600	

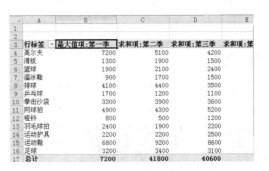

图 9.71 设置后的效果

6. 数据合并计算

（1）按照表 9.5 在 Sheet 3 工作表中输入数据。

（2）将光标定位到“成绩分析”中“科目”下方的单元格中，单击功能区中的“数据”→“数据工具”→“合并计算”按钮，弹出“合并计算”对话框，如图 9.72 所示。

（3）在“合并计算”对话框的“函数”下拉列表中选择“平均值”。

（4）单击“引用位置”文本框后面的工作表缩略图图标后，用鼠标选中“科目”和“总分”两列数据，单击“工作表缩略图”图标返回“合并计算”对话框中。

（5）单击“添加”按钮，将选择的源数据添加到“所有引用位置”列表框中。

（6）在“标签位置”组合框中，选中“最左列”复选框，如图 9.73 所示。

（7）单击“确定”按钮，返回工作表，完成效果如图 9.74 所示。

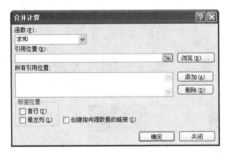

图 9.72 “合并计算”对话框

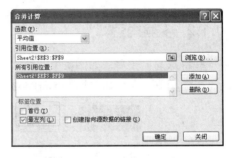

图 9.73 “合并计算”对话框

	A	B	C	D	E	F
1	计算机职称考试成绩表					
2	姓名	性别	年龄	职业	科目	总分
3	甲	女	25	教师	中文Windows XP操作系统	92
4	乙	男	28	律师	Excel 2003中文电子表格	86
5	丙	女	26	医生	中文Windows XP操作系统	75
6	丁	女	30	会计	Word 2003中文字处理	94
7	戊	男	45	教师	Internet应用	76
8	己	女	35	医生	Excel 2003中文电子表格	78
9	庚	女	30	律师	Internet应用	96
10						
11					成绩分析	
12					科目	平均分
13					中文Windows XP操作系统	83.5
14					Excel 2003中文电子表格	82
15					Word 2003中文字处理	94
16					Internet应用	86

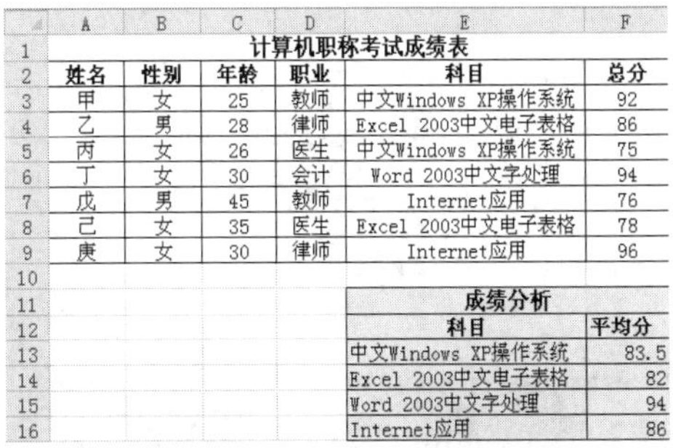

图 9.74 合并计算后工作表效果

7. 保存结果并退出

将结果以“数据管理.xlsx”保存到桌面，并退出 Excel 2010。

第 10 章

演示文稿软件实验

📖 10.1   制作电子贺卡

10.1.1   实验目的

（1）能够使用绘图工具绘画一般图形。
（2）熟练掌握插入图片的方法。
（3）学会利用文本框进行输入文字，了解文本框的特点。
（4）掌握字号、字形、颜色的设置方法。
（5）掌握背景设置、颜色填充方法，掌握颜色搭配的技巧。
（6）学会使用艺术字。

10.1.2   实验内容

在一些特殊的日子里，如国庆节、教师节或同学生日，我们可以制作一份美丽的贺卡来表达深深的祝福。下面介绍如何用 PowerPoint 制作生日贺卡送给小晓。效果如图 10.1 所示。

图 10.1   电子贺卡效果图

通过对以上图形的分析，确定以下具体任务。
（1）利用绘图工具绘制上下两个边框，并利用颜色设置功能，将其设置成相反的色彩。

（2）插入 snoopy 图片和字体图片 Happy Birthday。

（3）利用文本框输入需要的文字。

（4）对文字进行必要的设置。

10.1.3 实验步骤

（1）打开一张空白文稿。

（2）制作贺卡背景：单击"绘图"→"矩形"按钮 ，在幻灯片中画出几个矩形框，再单击"绘图"→"形状填充"按钮，对矩形框填充颜色，并进行适当的排列，效果如图 10.2 所示。

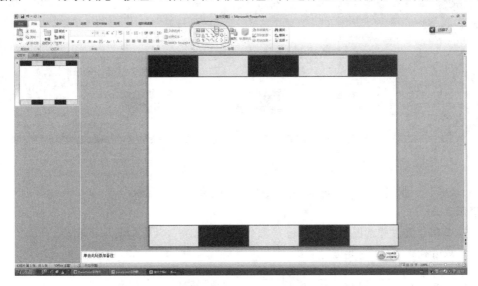

图 10.2　贺卡背景图

（3）选择"插入"→"图片"菜单命令，如图 10.3 所示。

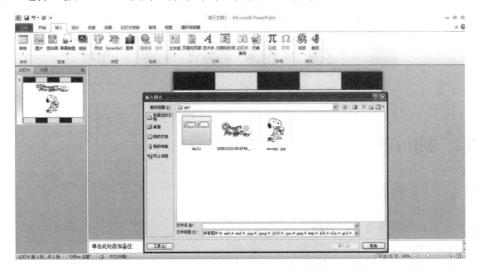

图 10.3　"插入图片"对话框

（4）选择"插入"→"文本框"→"水平"菜单命令，在幻灯片中分别画出四个文本框并输入相应文字，如图 10.4 所示。

图 10.4　插入文本框后效果

（5）OK！一张简单的贺卡做成了，按"F5"键可以全屏观看。

提示：

（1）在制作贺卡背景图形时，只须将几个矩形图重叠，效果如图 10.5 所示。

（2）或者使用"Ctrl"键进行复制。

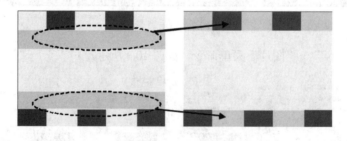

图 10.5　背景制作技巧

📖10.2　制作探照灯效果

10.2.1　实验目的

（1）熟练掌握设置背景颜色的方法。

（2）学会利用绘图工具绘制圆形、正方形等。

（3）掌握更改层与层的上下位置的方法。

（4）熟练掌握简单动画效果的设置方法。

10.2.2　实验内容

演示文稿内的动画使用，可以勾画出一个完美的动态效果。本实验根据色差实现探照灯照射物体的效果，如图 10.6 所示。

根据上述原理，确定以下具体任务。

（1）打开演示文稿，将背景设置为一种单色。

（2）利用文本框，输入文字，将文字颜色和背景颜色设置为一致。

（3）利用绘图工具，绘制一个圆形。

图 10.6　探照灯效果

（4）更改圆形层和文字层的上下位置。

（5）设置动画效果。

10.2.3　实验步骤

（1）打开一张空白演示文稿，将背景设置为黑色。

（2）输入一行文字，设置字体及字号，同时将字体颜色设置为黑色。

（3）利用绘图工具，绘制一个圆形（按"Shift"键），圆形的大小应略大于字的大小。将圆形放置在文字的右面（假设文字顺序为自左向右），设置圆形填充颜色为白色，线条颜色为无色或白色。

（4）将圆形的层次置于底层。

（5）选择"圆形"→"动画"→"飞入"命令。

（6）打开"动画窗格"，单击右键，选中"效果选项"，弹出如图 10.7 所示对话框。根据图 10.7 和图 10.8 进行相关设置。（根据实际情况可以改变）。

（7）单击"确定"，按"F5"键查看效果。

图 10.7　动画"飞入"效果设置对话框

图 10.8　动画"飞入"时间设置对话框

📖 10.3　太阳行星的运动

10.3.1　实验目的

（1）熟练掌握利用绘图工具绘制图形，并进行格式设置。

（2）学会使用路径设置动画效果。

（3）了解使用效果选项对动画的"效果""计时""持续时间"等进行设置。

10.3.2　实验内容

利用 PowerPoint 的动画效果，可以制作一些简单的连续动画。下面以太阳和地球为例，制作地球围绕太阳公转的动画，同学们也可以在这个基础上制作行星围绕太阳旋转的效果。

注意：金星方向相反。

根据上述原理，确定以下具体任务。

（1）打开演示文稿，绘制一个大圆形作为太阳，并进行颜色设置及外框线设置；再绘制一个小的圆形作为地球，进行同样的设置。或者利用网络资源下载太阳和地球图片。

（2）利用文本框，输入文字。

（3）设置动画效果，使用圆形扩展。

（4）设置效果选项，根据需要设置时间。

10.3.3　实验步骤

1．将"太阳"和"地球"放入幻灯片

首先，打开 PowerPoint 的"绘图"工具栏，按下"Shift"键单击工具栏中的"椭圆"按钮，拖动鼠标就可以在幻灯片中画出大小不等的两个圆。幻灯片中间放置的较大的圆代表"太阳"，在离"太阳"一定距离处放置较小的圆表示"地球"。如果你能找到"太阳"和"地球"的 3D 图片，也可以使用"插入"→"图片"命令，将它们插入幻灯片。

2．定义"地球"的运动路径

由于在太阳地球的运动课件中，"太阳"是固定的，只要设置"地球"的运动路径即可。选中"地球"，然后打开"动画"任务窗格中的"添加动画"→"其他动作路径"子菜单，选中"圆形扩展"命令，按"确定"后即可看到"地球"围绕太阳公转的效果。

如果"太阳"与"地球"的运动轨迹不合适，可以选中其中一个，用鼠标拖动到合适的位置。假如"地球"运动轨迹的形状或大小不合适，可以用鼠标选中"地球"的运动轨迹，然后拖动轨迹周围的控点进行调整，从而实现地球沿椭圆运动的轨迹演示效果（见图 10.9）。

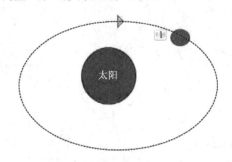

图 10.9　地球沿椭圆运动的轨迹演示效果图

3．定义"地球"的动画效果

选中"地球"，打开"动画"→"动画窗格"，单击右键窗格内的"地球"椭圆设置"开始"和"持续时间"，然后在"重复"下拉列表中选择"直到下一次单击"（这样可以让"地球一直绕地球转动"），或者根据需要选择合适的"速度"和重复次数。按"F5"键查看地球围绕太阳公转的效果。

📖10.4 用 PPT 制作联动效果

10.4.1 实验目的

（1）熟练掌握绘制图形或者导入图形、图像。
（2）了解联动原理，明确动态效果的实现方式。
（3）学会设计各种情况下的联动效果。
（4）了解使用触发器进行设置。

10.4.2 实验内容

由两组大小不同的小球组成的幻灯片，单击任意一个大球，另一组中的某个小球产生动画效果。要求随机单击时，动画效果完全不同。

根据联动原理，确定以下具体任务。

（1）打开演示文稿，绘制三个大圆形和三个小圆形，或者其他不同的图形和图像、声音等均可，并输入不同的名字加以区别。
（2）对联动参数进行设置，明确联动对象。
（3）对"效果选项"内的"触发器"进行设置。
（4）根据需要设置不同的动画效果（需要单独设置）。

10.4.3 实验步骤

（1）在 PPT 中新建一张空白演示文稿。利用绘图工具，绘制 A、B、C 三个大球和 a、b、c 三个小球（根据情况，插入的对象还可以是图片、声音、文本等），绘制图形时注意要求绘制圆形的（按"Shift"键），号码可以使用文本框来输入大小写字母标注，如图 10.10 所示。

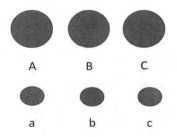

图 10.10　输入字母图形后效果图

（2）设置动画效果和关联。接下来给需要出现动画效果的小球设置动画参数，同时，还要设置该动画与哪个对象的点击相关联。这里以小球 c 设置动画，并希望单击大球 A 时能让小球 c 出现动画效果为例。具体设置步骤如下：选中小球 c 对应的图形，打开"动画"选项卡，选取一种动画效果，如"飞入"，如图 10.11 所示。

图 10.11　设置动画效果

（3）单击刚定义动画的对象，打开"动画窗格"，单击右键，如图 10.12 所示。

（4）选中"效果选项"，打开对应动画的效果设置对话框，如图 10.13 所示。

图 10.12　动画窗格设置　　　　　　图 10.13　设置动画效果

（5）选择"计时"选项卡，打击"触发器"选中"单击下列对象时启动效果"，并在下拉框中选择对应的小球。用同样的方法，给小球 b、a 设置不同的动画效果。在设置动画的同时，建立动画与大球之间的关联。

📖10.5　综合实例——年终总结报告

10.5.1　实验目的

（1）熟练掌握设置字体格式、添加艺术字效果、设置文本效果。

（2）掌握设置字体、形状、SmartArt 图形、图片格式。

（3）掌握添加文本渐变填充效果。

（4）熟练设置切换效果、动画效果。

10.5.2　实验内容

对任何单位或个人来说，年终总结都是有必要的，这有利于单位的长期稳定发展。如果使用 PPT 进行演示，可以使内容更生动、形象。本实验制作的年终总结报告，主要包含公司业务范围、现状、预期计划完成情况、未来计划等内容。

根据报告的内容和表现形式，确定以下具体任务。

（1）制作标题幻灯片。

（2）制作内容幻灯片。

（3）制作结束幻灯片。

（4）完成幻灯片切换及动画设置。

10.5.3 实验步骤

1．制作标题幻灯片

（1）设置字体格式。新建"年终总结报告"演示文稿，在标题占位符中输入标题文本，将其字体格式设置为"方正大黑简体、80 号"，如图 10.14 所示。

图 10.14 制作"年终总结报告"标题幻灯片

（2）设置文本效果。在"绘图工具"→"格式"选项卡的"艺术字样式"组中为标题文本添加一种合适的艺术字效果和三维旋转效果，调整标题文本框的大小和位置，如图 10.15 和图 10.16 所示。

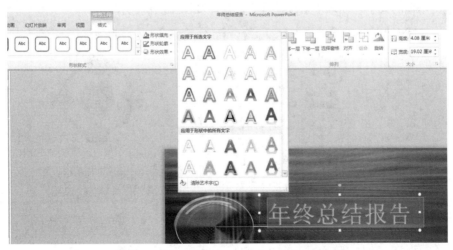

图 10.15 制作"年终总结报告"标题艺术字效果

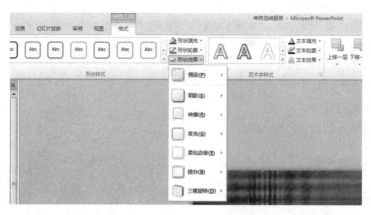

图 10.16 制作"年终总结报告"标题形状效果

（3）设置数字文本格式。在副标题文本框中添加"05"（单位成立年份）。设置数字一种字体，60 号，加粗，阴影，调整该文本框的大小和位置。复制几个文本框并进行相同的修改，如图 10.17 所示。

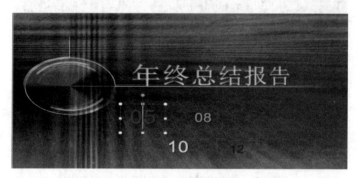

图 10.17 制作"年终总结报告"副标题效果

2. 制作内容幻灯片

（1）插入 SmartArt 图形。新建标题和内容幻灯片，输入标题和内容，并设置相应的字体格式，调整文本框的大小，插入"射线循环"图形，如图 10.18 所示。

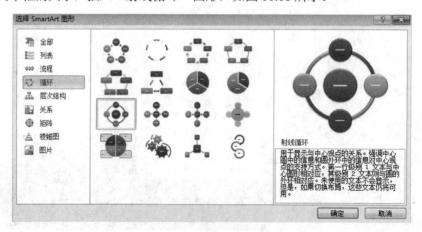

图 10.18 选择 SmartArt 图形设置对话框

（2）设置 SmartArt 图形样式。调整图形大小和位置，输入相应文本，将图形色彩设置为"更改颜色"→"彩色"，并为其添加强调文字颜色，如图 10.19 所示。

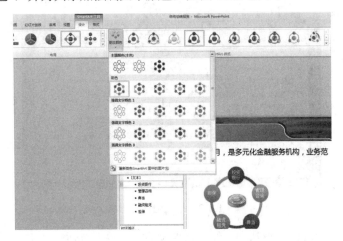

图 10.19　设置 SmartArt 图形色彩

（3）设置图片格式。选择图形中间的形状，将其缩小，插入素材"图片"，将其放置在缩小位置上，并为其添加"向下偏移"阴影效果，如图 10.20 所示。

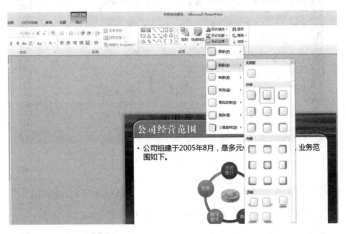

图 10.20　设置 SmartArt 图形形状效果

（4）突出数字文本。新建标题和内容幻灯片，输入文本并设置其字体格式，选择其中的数字文本，为其添加一种合适的艺术字效果，并设置其文本填充颜色效果，如图 10.21 所示。

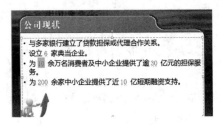

图 10.21　设置数字文本艺术效果

（5）绘制形状。在该幻灯片中根据任务完成情况，绘制五个高低不一的圆柱形，并在其中输入月份文本。在这些圆柱体下方再绘制一个燕尾箭头，输入文本，并对所有形状选择不同的样式，如图 10.22 所示。

图 10.22　绘制圆柱形形状

（6）输入文本。在圆柱体形状上方绘制透明文本框，输入合适的文本，并设置其字体格式，如图 10.23 所示。

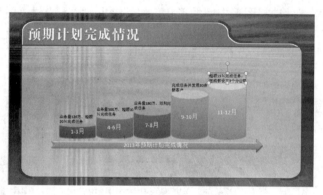

图 10.23　在图形上设置文本框

（7）设置形状格式。插入素材图片，调整其大小位置，再将其复制四次，放置在每个圆柱体上方，并为其设置合适的颜色和阴影效果，如图 10.24 所示。

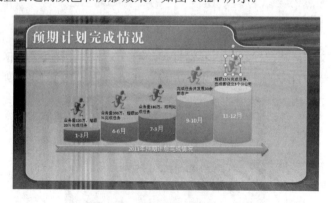

图 10.24　添加图片后圆柱效果

（8）设置段落间距。新建标题和内容幻灯片，输入文本内容，并设置其字体格式，选择正文文本，在其右键菜单中选择"段落"命令，将其段前间距设置为"6 磅"。并为各段落添加相应的项目符号，适当调整大小和位置。

3．制作结束幻灯片

（1）设置文本渐变填充效果。新建节标题幻灯片，在上方的文本框中输入文本内容，设置字体格式，并为该文本设置"从右下角"文本渐变填充效果，如图 10.25 所示。

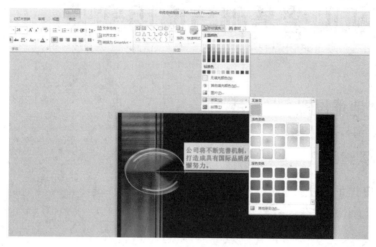

图 10.25　设置文本渐变效果

（2）添加艺术字效果。在下方的文本框中输入文本，设置其字体格式，并将其文本对齐方式设置为"右对齐"，再为该文本选择一种合适的艺术字效果，如图 10.26 所示。

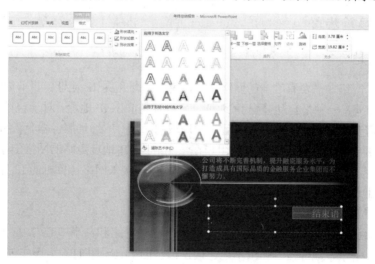

图 10.26　添加"结束语"艺术字

第11章

计算机网络基础与应用实验

📖 11.1　IP 地址设置

11.1.1　实验目的

（1）掌握 IP 地址的设置方法。

（2）学会查看网络状态。

11.1.2　实验内容

（1）学习 Windows 7 操作系统中 IP 地址的设置。

（2）学习并掌握查看网络运行状态的方法。

11.1.3　实验步骤

1．设置 IP 地址

计算机接入网络，需要有唯一的网络地址，这个地址就是 IP 地址。目前局域网中 IP 地址的分配有两种方式：一种是自动分配 IP 地址，另一种是静态 IP 地址。对于自动分配 IP 地址的局域网络，只需要将网线插入网络接口后，由局域网络的 IP 地址服务器负责分配可以使用的 IP 地址，不需要使用者做过多操作。当用户在采用静态 IP 地址策略的网络中，需要使用者到网络管理员处申请，并获得一个可使用的 IP 地址，设置接入网络计算机的 IP 地址才能接入网络。静态 IP 地址设置的方法很多，这里演示两种常用的方法。

方法一：

依次单击桌面左下角"开始"→"控制面板"→"网络和共享中心"，打开"网络和共享中心"窗口，单击"本地连接"弹出本地连接窗口。图 11.1～图 11.6 为操作过程演示。

方法二：

图 11.7 为"本地连接"图标，图 11.8 为"打开网络和共享中心"方法（单击窗口右下角）。

单击"打开网络和共享中心"，之后的操作方法与"方法一"中图 11.2 及后续图示操作一致。

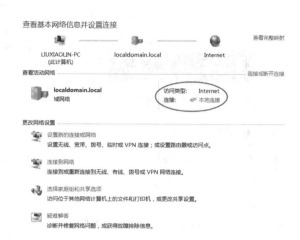

图 11.1　单击"开始"按钮　　　　　　图 11.2　"网络和共享中心"窗口

图 11.3　"本地连接属性"按钮　　　　图 11.4　"本地连接属性"窗口

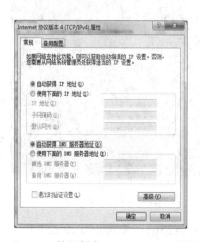
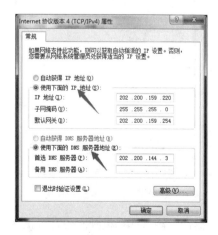

图 11.5　"Internet 协议版本 4（TCP/IPv4）属性"窗口　　　图 11.6　IP 地址及 DNS 地址修改

图 11.7　"本地连接"图标　　　　　图 11.8　"打开网络和共享中心"方法

2．查看网络运行状态

查看网络运行状态，是为了掌握网络及相关设备的运行情况。大家有时遇到 QQ 能使用，但打不开网页的情况，这时应首先排查网络连接。本节以"QQ 可以使用但打不开网页"为背景，介绍如何查看问题所在。

查看分为确定联网是否成功和域名解析是否正常两步。

1）确定联网是否成功

Windows、Linux 和 UNIX 等主流操作系统都支持"Ping"命令。"Ping"命令也属于一个通信协议，是 TCP/IP 协议的一部分。利用"Ping"命令可以检查网络是否连通，并协助用户分析和判定网络故障。应用格式：Ping（空格）IP 地址。该命令还可以增加许多参数使用，键入"Ping"再按"Enter"键即可看到详细说明。在 Windows 7 操作系统中使用"Ping"命令，首先运行控制台。操作方法：单击桌面左下角"开始"按钮，在展开的界面中将鼠标定位到"搜索程序和文件"输入框，输入"cmd"（见图 11.9）后按"Enter"键，随后弹出的窗口即为控制台（随后的操作都是在控制台中输入命令）。在控制台执行命令后，从反馈的结果得知网络的运行状态。测试联网成功分为两步：①测试故障计算机网卡是否正常工作；②测试到网关。

首先，测试故障计算机网卡是否正常工作。测试使用的命令为"Ping 127.0.0.1"，如果本地网卡工作正常则返回如图 11.10 所示的结果，它的特征是在结果中有类似"时间<1ms TTL=64"字样，表示感知网卡需要的时间。

图 11.9　cmd 命令调用　　　　　图 11.10　测试网卡状态

其次，测试计算机到网关是否正常。如果用户所在网络的网关地址为 10.2.32.1，那么在控制台输入"Ping 10.2.32.1"。若运行结果如图 11.11 所示，表示计算机到网关的网络连接正常。

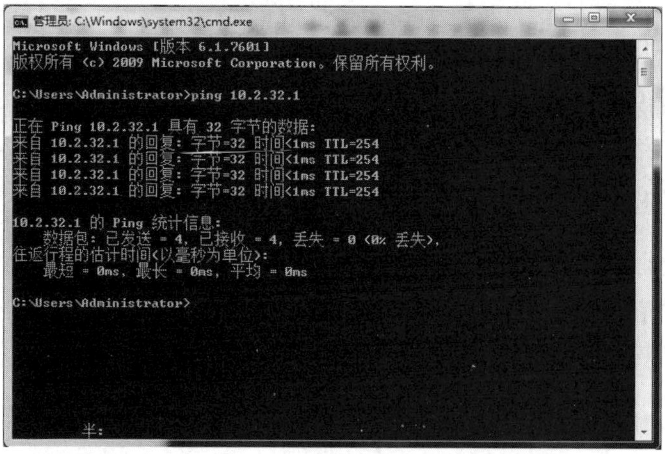

图 11.11　测试网卡联网状态

2）域名解析是否正常

域名解析系统原理在理论教材中已做讲解，这里不再重复，这里仅介绍关于 DNS 系统的查询常用命令"nslookup"。在 Windows、Linux 和 UNIX 等主流操作系统都支持"nslookup"这个命令，"nslookup"命令除了可以检索到所查网站域名对应服务器 IP 地址，还可以增加参数，实现从特定 DNS 服务器检索。在已安装 TCP/IP 协议的计算机上面均可以使用这个命令，它主要用来诊断域名系统（DNS）基础结构的信息。nslookup（name server lookup）（域名查询）：是一个用于查询 Internet 域名信息或诊断 DNS 服务器问题的重要工具。

具体操作：进入控制台窗口，输入"nslookup www.baidu.com"，若得到类似图 11.12 所示的结果，代表域名解析正常。结果中"Addresses:119.75.213.61119.75.216.20"代表用户所在网络访问百度服务器的 IP 地址。

图 11.12　测试 DNS 系统运行状态

如果用户平时上网时遇到 QQ 登录正常，但是打不开网页时，需要检查所在网络的域名解析系统是否正常。

📖11.2 局域网组建

11.2.1 实验目的

（1）学习双绞线的制作。
（2）学习针对中国电信 ADSL 业务局域网的搭建。
（3）完成无线局域网的搭建与设置。

11.2.2 实验内容

（1）认识并了解相关工具的使用，学会双绞线网络的制作及测试方法。
（2）了解如何依托电信 ADSL 业务的有线局域网的组建，理解线路连接原理，掌握 TP-LIN 路由器的设置方法。
（3）了解如何依托电信 ADSL 业务的无线局域网的组建，掌握 TP-LINK 路由器的设置方法。
（4）掌握移动终端设备的设置方法。

11.2.3 实验步骤

1. 制作网线

1）实验材料及工具

这里以使用较为普遍的 8 针网线制作方法为例。需要的工具有压线钳、网线、水晶头、测线仪。图 11.13 为使用的工具及材料，图 11.14 为水晶头，图 11.15 为双绞线。

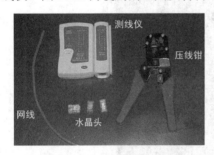

图 11.13 使用的工具及材料　　　　图 11.14 水晶头　　　　图 11.15 双绞线

2）网线去皮

用压线钳的剥皮功能剥掉网线的外皮（2~3cm），会看到彩色与白色互相缠绕的八根金属线，有橙、绿、蓝、棕四个色系，与它们相互缠绕的分别是白橙、白绿、白蓝、白棕。图 11.16 为使用压线钳剥离外皮，图 11.17 为剥离外皮后的双绞线。

图 11.16 使用压线钳剥离外皮

图 11.17 剥离外皮后的双绞线

3）梳理线序

将网线按照顺序排好。网线排布顺序为：白橙、橙、白绿、蓝、白蓝、绿、白棕、棕，然后把线整理好（见图 11.18 和图 11.19）。

图 11.18 整理线序 1

图 11.19 整理线序 2

4）制作网线水晶头

将网线整理整齐后，用压线钳把收紧的网线剪齐（见图 11.20 和图 11.21）。捏着网线不要松手，同时将水晶头有金属片的一侧面向制作者。确保网线线序排列从左往右依次排列（见图 11.22），将网线插入水晶头的线槽中。将水晶头插入网线钳里，并确保网线能接触到水晶头线槽末端，用力使网线钳两个手柄合在一起，即可完成水晶头与网线的结合（见图 11.23）。

图 11.20 截断双绞线

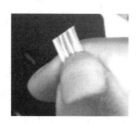
图 11.21 截断后

图 11.22 将线插入水晶头

5）网线测试

使用测线仪测试网线是否正常。将制作好的网线插入测线仪后，观察测线仪两排指示灯是否成对依次闪烁。若测线仪检测灯呈现"跑马灯"式的闪烁（见图 11.24），则说明网线制作成功，否则表示网线有问题。

图 11.23　将水晶头卡住网线

图 11.24　测线仪测试网线

2. 搭建有线局域网

1）实验材料

计算机、光猫、路由器、制作好的网线、光纤。

2）局域网功能指标

计算机通过连接局域网实现上网功能，同时可以拨打电话和观看中国电信 IPTV。

3）总体思路

目前常见的有线局域网是通过双绞线或光纤介质连接所有设备，实现数据传输的网络组网方法。本节以使用较为广泛的中国电信 ADSL 产品为背景，介绍局域网的搭建、实现与互联网数据互通。

本实验默认是在已经准备好了双绞网线和光纤网线的基础上，来演示如何组建局域网。局域网设备连接示意如图 11.25 所示。

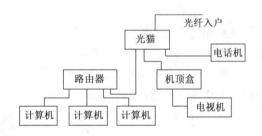

图 11.25　设备连接示意

4）线路连接

（1）主机网卡类型。目前多数计算机使用的是集成网卡，但独立网卡的使用量也相当可观。独立网卡位于 PCI 插槽处（见图 11.26），集成网卡常见在 USB 插槽旁边（见图 11.27）。

图 11.26　独立网卡

图 11.27　集成网卡

（2）准备好已经测试正常的网线（见图 11.28）。

（3）主机线路连接。将已经制作好的网线一端插入路由器 LAN 口，另一端连接计算机网卡。路由器的其他 LAN 口连接其他联网设备。

（4）iTV 线路连接。另取一条制作好的网线，一端插在光电猫的 iTV 口上（见图 11.29），另一端插在机顶盒的网口上（见图 11.30）。

（5）交换机线路连接。另取一条制作好的网线，一端插在路由器的 WAN 口上，一端插在光电猫的 LAN 口上（见图 11.30）。

图 11.28　网线连接头

图 11.29　机顶盒

图 11.30　光猫连接图

（6）连接入户光纤。将入户光纤连接到光猫的光纤插口上。

（7）连接电话线。将电话线插入光猫的电话线插口（见图 11.30），另一端连接电话机。

5）软件设置

上网时，如果要求局域网计算机和移动设备同时连接互联网，那么需要在路由器中输入上网账号和密码，同时设置 Wi-Fi 连接信息。以 TP-LINK 常见的设置方法为例，演示 TP-LINK 路由器设置方法。

（1）输入路由器管理地址。首先，将电脑的 IP 地址获取方式设定为"自动获取 IP 地址"（具体操作见 11.1 节）。打开已经连接局域网的 IE 浏览器，清空地址栏并输入路由器管理 IP 地址（192.168.1.1），按"Enter"键后弹出登录框（见图 11.31）。

图 11.31　输入路由器 IP 地址

（2）登录管理界面。初次进入路由器管理界面，为了保障您的设备安全，需要设置管理路由器的密码，请根据界面提示进行设置，如图 11.32 所示。

注意：部分路由器需要输入管理用户名、密码，均输入 admin 即可。

图 11.32　路由器初始化界面

成功登录后可以看到控制界面窗口（见图 11.33）。

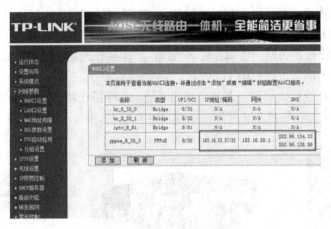

图 11.33　路由器控制窗口

（3）开始设置向导。进入路由器的管理界面后，单击"设置向导"→"下一步"（见图 11.34）。

图 11.34　路由器设置向导

（4）选择上网方式。如果所使用网络要求通过运营商分配的宽带账号密码进行 PPPoE 拨号上网时，则按照本书演示步骤继续设置。如果是其他形式的上网方式，请单击对应方式并参考设置过程（见图 11.35）。

图 11.35　IP 地址类型选择

上网方式选择 PPPoE（ADSL 虚拟拨号），单击"下一步"按钮（见图 11.36）。

（5）输入上网宽带账号和密码。在对应设置框填入运营商提供的宽带账号和密码，并确定该账号密码输入是否正确（见图 11.37）。

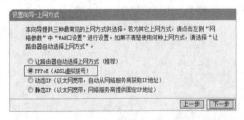

图 11.36　路由器 PPPoE（ADSL 虚拟拨号）模式选择　　图 11.37　路由器输入账号和密码

注意：很多用户因为输错宽带账号密码导致无法上网，请仔细检查入户的宽带账号密码是否正确，注意中英文输入、字母大小写、后缀等是否输入完整。

设置完成后，进入路由器管理界面，单击运行状态，查看 WAN 口状态，如图 11.38 所示框内 IP 地址不为 0.0.0.0，则表示设置成功。

图 11.38　路由器查看运行状态

至此，网络连接成功，路由器已经设置完成。电脑连接路由器后无须进行宽带连接拨号，可以直接打开网页上网。

如果还有其他计算机需要上网，用网线直接将计算机连接在 1\2\3\4 接口即可尝试上网，不需要再配置路由器。如果是笔记本电脑、手机等无线终端，无线连接到路由器直接上网即可。详细的信息可参考 TP-LINK 官方网站：http://service.tp-link.com.cn/detail_article_274.html。

3. 搭建无线局域网

1) 实验材料

计算机、无线路由器。

2) 局域网功能指标

手机、笔记本电脑等设备通过无线联网实现上网功能。

3) 总体思路

无线局域网的运行原理如图 11.39 所示。由于光电猫也具有无线信号连接能力，但通过光电猫无线接入需要拨号。为了使移动设备避免拨号，常见的连接方法为使用类似 TP-LINK 这样的路由器的无线连接通道接入互联网。

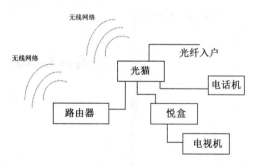

图 11.39　连接示意图

无线局域网除路由器无线连接设置与"搭建有线局域网"中的内容不同外，登录路由器等其他操作均相同。

4) 路由器无线连接设置

TP-LINK 路由器的无线信道为用户提供了信息通信的基础，但出于安全考虑，请在路由器中设置无线连接密码，防止匿名用户连接产生安全隐患及"蹭流量"导致的网速缓慢状况。这里演示如何设置 TP-LINK 的无线连接信息。

（1）设置无线参数。SSID 即无线网络名称（可根据实际需求设置），选中"WPA-PSK/WPA2-

PSK"并设置"PSK 密码",单击"下一步"按钮（见图 11.40）。

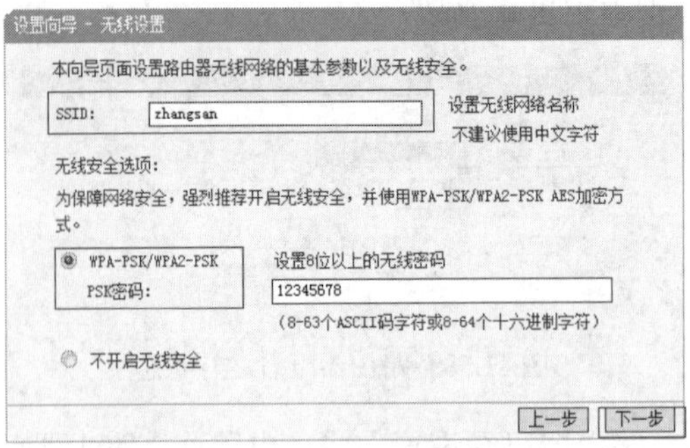

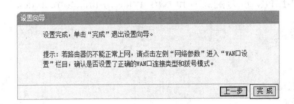

图 11.40　路由器"无线设置"界面

注意：无线密码是用来保证无线网络安全，确保不被别人蹭网。

（2）设置完成。单击"完成"，退出设置向导（见图 11.41）。

图 11.41　路由器设置结束

注意：部分路由器设置完成后需要重启，单击主控制界面菜单栏"重启"按钮即可。

（3）无线网络连接。

①笔记本电脑、台式计算机无线设置。在使用的计算机上设置无线连接，可以通过单击"无线连接"→"无线网络连接窗口"→"无线热点（SSID）"→"连接"（见图 11.42）。

图 11.42　计算机连接无线网络

②设置智能手机（以 Android 系统为例）连接路由器的无线信号。单击智能手机的"菜单按钮"→"系统设置"→"WLAN"。打开 WLAN 功能后，选择无线路由器信号的名称（见图11.43）。

图 11.43　Android 系统查看热点

输入设置好的无线密码即可连接成功（见图 11.44）。

图 11.44　Android 系统连接无线网络

③设置 iPad、iPhone 等 iOS 设备来连接路由器无线信号。打开 iPad 主界面，选择"设置"→"Wi-Fi"→"Wi-Fi 网络界面"。然后开启"Wi-Fi 开关"，并在无线网络列表中单击用户路由器的无线信号（见图 11.45）。

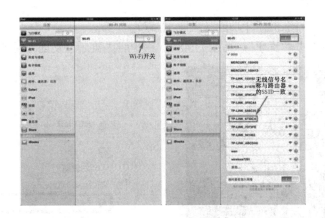

图 11.45　iOS 设备查找无线网络

输入之前设好的无线密码，单击"Join"键。等无线信号列表中相应的 SSID 前显示"√"时，就可以用 iPad 上网了（见图 11.46）。

图 11.46 iOS 设备连接无线网络

详细的信息可参考 TP-LINK 官方网站：http://service.tp-link.com.cn/detail_article_274.html。

📖11.3 手机蓝牙传送文件

11.3.1 实验目的

学会使用蓝牙方式实现手机互传文件。

11.3.2 实验内容

（1）学会通过蓝牙功能实现手机间传输数据的方法。
（2）以华为手机的蓝牙共享为例，演示图片文件的传输。

11.3.3 实验步骤

通过"设置"开启手机蓝牙功能（见图 11.47）。
在设置窗口中单击"蓝牙"（见图 11.48），并开启"蓝牙"功能（见图 11.49）。

图 11.47 Android 系统设置图标

图 11.48 选择"蓝牙"菜单

查找要连接的手机：开启"开放检测"功能，系统进入搜索状态（见图11.50）。

图 11.49　开启"蓝牙"功能　　　　　　　图 11.50　开启蓝牙"开放检测"

搜索到"可用设备"后，可在"可用设备"列表中看到设备列表（见图11.51）。

蓝牙配对：选择"可用设配"后进行连接。连接成功则弹出"蓝牙配对请求"对话框。单击"配对"按钮（见图11.52）。

图 11.51　搜索可用设备结果列表　　　　　　图 11.52　"蓝牙"配对

另一台手机若打开蓝牙并正常工作，此时将会收到"配对请求"窗口（见图11.53）。单击"配对"按钮响应配对请求，两台手机即可通过蓝牙传输文件。

传输文件：图11.54～图11.56为通过"蓝牙"功能向已配对的"Honor V8"手机传输图片文件的操作过程。

图 11.53　配对请求　　　　　　　　　图 11.54　选择图库

图 11.55　选择图片及"蓝牙"传输方式

图 11.56　Honor V8 手机接收界面

📖11.4　浏览器和信息检索

11.4.1　实验目的

（1）学会使用百度检索数据。
（2）学会使用百度高级搜索功能。

11.4.2　实验内容

（1）本实验以百度搜索引擎为例，演示搜索引擎的使用。
（2）了解百度搜索引擎关键字的使用技巧。

11.4.3　实验步骤

本实验利用百度进行信息检索。百度公司旗下有多款产品，其中检索信息成为用户最常用的功能之一。百度搜索引擎是全球最大的中文搜索引擎、最大的中文网站，本实验以百度搜索引擎为实验对象，学习百度搜索引擎使用方法。

首先打开浏览器，输入"www.baidu.com"。浏览器显示百度网页界面，如图 11.57 所示。

图 11.57　百度首页

将鼠标定位到文本输入框处，输入想要检索信息的关键字，如输入量子通信（见图11.58）。

图 11.58　输入检索关键字

与量子通信相关的信息就展现在浏览器中（见图11.59）。

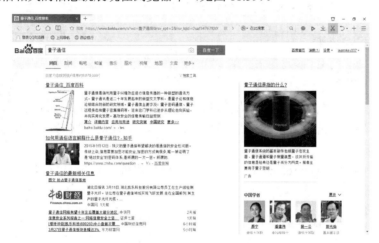

图 11.59　检索结果

单击一个检索信息后，即可查看该信息的内容。

使用百度检索信息时，掌握一些技巧可以事半功倍：

（1）"关键词1"+"空格"+"关键词2"。例如，输入"学生老师"，那么搜索出来的结果既有老师又有学生。

（2）"关键词1"+"空格"+"–不想包含的关键词2"。例如，输入"老师–学生"，那么搜索出来的结果只有老师没有学生。

（3）在关键词外加双引号""。例如，输入"老师学生"，那么搜索出来的结果包含"老师学生"这个完整关键词。

（4）"关键词"+"空格"+"filetype:"（英文半角:)+文件格式。例如，输入"老师 filetype:pdf"，那么搜索结果包含老师的PDF文档。

（5）"intitle:"（英文半角:）+"关键词"。例如，输入"intitle:老师"，那么检索结果中所有的标题中都包含"老师"这个关键词。

（6）"关键词"+"空格"+"site:"（英文半角:)+"网址"。例如，输入老师 site:jingyan.baidu.com，那么百度搜索引擎将定位百度经验网址里面搜索包含"老师"的结果。

📖11.5 电子邮件

11.5.1 实验目的

（1）掌握电子邮箱（Email）的申请方法。
（2）学会使用电子邮箱收发邮件。
（3）掌握邮件自动回复设置。

11.5.2 实验内容

（1）演示电子邮箱的申请。
（2）掌握电子邮箱的使用及自动回复设置方法。

11.5.3 实验步骤

1. 申请电子邮箱

目前使用较为广泛的电子邮箱分为免费版和收费版，免费版提供基础的电子邮箱功能，收费版则提供更多高级功能。由于 QQ 使用的普遍性，大家可以通过 QQ 软件开通腾讯公司的电子邮箱。本节演示在网易上申请电子邮箱。

首先，打开 http://www.163.com，单击"去注册"按钮（见图 11.60），打开注册界面（见图 11.61）。

图 11.60　163 邮箱申请按钮

图 11.61　申请 163 邮箱界面

完成邮箱注册要求填入的信息后，单击"立即注册"。
填写信息要求：
（1）注册可以使用自己设置的邮箱名称，也可以使用手机方式注册，除 VIP 邮箱注册外，均为免费注册。

（2）邮件地址的命名规则：在网易邮箱系统中申请，要求邮箱的名称组成包括数字、字母、下划线，名称为 6～16 个字符，并且首字符为字母。密码区分大小写，并且密码长度为 6～16 个字符。

（3）成功注册后，即可进入网易邮箱，并对邮箱进行设置（见图 11.62）。

图 11.62　邮箱设置

2. 使用电子邮箱收发邮件

成功登录网易免费邮箱后就可以收发电子邮件了。登录电子邮箱后，单击页面左上角"写信"按钮，打开写邮件界面（见图 11.63）。

注意：

（1）"发件人"栏。当使用登录的邮箱发邮件时，"发件人"栏会显示所使用的邮件地址。

（2）"收件人"栏。"收件人"栏填写邮件发送对象的电子邮件地址。"收件人"栏可以同时写多个接收人的地址，邮箱地址间用分号"；"间隔。

（3）"主题"栏。"主题"栏填写邮件的摘要题目，使接受者通过主题可以清楚邮件的概况。

（4）"内容"栏。"内容"栏是发件人书写邮件的区域。需要注意的是不同邮件系统对"内容"中信息量的限制，如果超出限制则对超出部分内容被截断，收件人看到的邮件内容不完整。

（5）"附件"。"附件"用来接收发件人发送的 Word、Excel、PowerPoint、图片等文件。对于免费用户，允许上传的文件大小有所限制。

使用网易电子邮箱查看、接收电子邮件。如果有人向你的网易邮箱里发送电子邮件，当登录电子邮箱时，单击"收信"按钮后可以刷新最新邮件信息（见图 11.64），单击"收件箱"，接收到的邮件以列表形式展现在页面中（见图 11.65）。单击一封未读取的邮件，即可查看里面的内容。

图 11.63　编辑邮件

图 11.64　接收邮件

图 11.65　邮件列表

3. 自动回复功能设置

网易免费电子邮箱支持用户对邮箱进行自定义设置，如当收件人无法即时处理电子邮件时，可以编辑并启动自动回复功能以便让发件人及时获悉收件方是否已经收到信件。自动回复启动后，当收到新邮件时，邮箱将会自动回复一封文字内容预先设置好的 Email 发送到对方的信箱中。设置自动回复的方法：

（1）登录邮箱。单击邮箱正上方的"设置"→"邮箱设置"→"自动回复"，进入邮箱设置界面（见图 11.66）。

（2）在"自动回复"勾选"在以下时间段内启用"，可以设定执行时间，编辑自动回复的正文内容，单击"保存"即可设置完毕（见图 11.67）。

图 11.66　邮箱设置窗口

图 11.67　自动回复设置

这样就可以实现给发件人自动回复个性化的信息。

📖11.6　在线课程学习

11.6.1　实验目的

（1）本实验通过操作网易公开课，体验网络学习平台。
（2）熟悉网易公开课在线课程检索与学习方法。

11.6.2　实验内容

（1）本实验依托网易公开课网站，演示在线学习平台的访问和检索方法。
（2）在线公开课程的学习方法。

11.6.3　实验步骤

1. 访问网易公开课

打开浏览器后，在地址栏输入"https://open.163.com"后，即可打开网易公开课网站首页（见图 11.68）。

图 11.68 网易公开课首页

在网页右上角搜索输入栏输入"西安建筑科技大学"后,单击输入栏右侧的放大镜图标(见图 11.69),系统将检索西安建筑科技大学发布的公开课(见图 11.70)。

图 11.69 检索功能

图 11.70 检索结果列表

2. 进入课堂

单击"西安建筑科技大学公开课:建筑文脉",进入公开课页面(见图 11.71)。

图 11.71 "建筑文脉"公开课

3. 课程学习

单击"立即播放"按钮，授课视频即可播放（见图 11.72）。

图 11.72 听课界面

4. 课程讨论

回到课程页面，还可以看到课程目录及讨论区。根据目录列表可以选择不同的课程，同时可以参与该课程的讨论（见图 11.73）。

图 11.73　讨论区

利用"网易公开课"平台，可以根据教材中罗列的网上学习平台选择自己青睐的课程。

测 试 篇

📖测试一　计算机基础知识测试题

一、单选题

1. 1946 年诞生的世界上公认的第一台电子计算机是（　　）。
   A．UNIVAC-I　　　B．EDVAC　　　C．ENIAC　　　　　D．IBM650
2. 第一台计算机在研制过程中采用科学家（　　）的两点改进意见。
   A．莫克利　　　B．冯·诺依曼　　C．摩尔　　　　　D．戈尔斯坦
3. 第二代电子计算机所采用的主要电子元件是（　　）。
   A．继电器　　　B．晶体管　　　C．电子管　　　　D．集成电路
4. 在计算机系统中，硬盘属于（　　）。
   A．内部存储器　　B．外部存储器　　C．只读存储器　　D．输出设备
5. 显示器显示的图像清晰程度取决于显示器（　　）指标。
   A．对比度　　　B．亮度　　　C．对比度和亮度　　D．分辨率
6. 在下列关于 ROM 的叙述中，叙述错误的是（　　）。
   A．ROM 中的信息只能被 CPU 读取
   B．ROM 主要用来存放计算机系统的程序和数据
   C．用户不能随时对 ROM 的内容改写
   D．一旦断电 ROM 中信息就会丢失
7. 在下列叙述中，叙述正确的是（　　）。
   A．十进制数中可用的 10 个数码是 1～10
   B．一般在数字后面加一大写字母 B 表示概数为八进制数
   C．二进制数只有 1 和 2 两个数码
   D．计算机内部的信息都是用二进制形式表示的
8. 计算机软件系统包括（　　）。
   A．程序和数据相应的文档　　　　B．系统软件和应用软件
   C．数据库管理系统和数据库　　　D．编译系统和办公软件
9. 运算器的主要功能是进行（　　）。
   A．算术运算　　B．逻辑运算　　C．加法运算　　D．算术和逻辑运算
10. 世界上第一台电子数字计算机 ENIAC 的应用领域是（　　）。
    A．信息处理　　B．科学计算　　C．过程控制　　D．人工智能
11. 显示或打印汉字时，系统使用的是汉字的（　　）。
    A．机内码　　　B．字形码　　　C．输入码　　　D．国标码
12. 下列说法中，正确的是（　　）。
    A．同一个汉字的输入码的长度随输入方法的不同而不同

    B．一个汉字的机内码与它的国标码是相同的，且均为 2 字节

    C．不同汉字的机内码的长度是不相同的

    D．同一汉字用不同的输入法输入时，其机内码是不相同的

13．计算机指令包括（　　）两部分。

    A．数据和字符　　B．操作码和地址码　　C．运算符和运算数　　D．运算符和运算结果

14．计算机能直接识别的语言是（　　）。

    A．高级程序语言　　B．机器语言　　　　C．汇编语言　　　　　D．C++语言

15．用高级程序设计语言编写的程序称为源程序，它（　　）。

    A．只能在专门的机器上运行　　　　　　B．无须编译或解释，可直接在机器上运行

    C．可读性不好且改错也很困难　　　　　D．具有良好的可读性和可移植性

16．计算机的硬件主要包括：中央处理器（CPU）、存储器、输出设备和（　　）。

    A．键盘　　　　　　B．鼠标　　　　　　C．输入设备　　　　　D．显示器

17．计算机内部采用的数制是（　　）。

    A．十进制　　　　　B．二进制　　　　　C．八进制　　　　　　D．十六进制

18．字符的比较大小实际是比较它们的 ASCII 码值。在下列选择中正确的比较是（　　）。

    A．"A" 比 "B" 大　　　　　　　　　　B．"H" 比 "h" 小

    C．"F" 比 "D" 小　　　　　　　　　　D．"9" 比 "D" 大

19．下列叙述中，正确的是（　　）。

    A．CPU 能直接读取硬盘上的数据　　　B．CPU 能直接存取内存储器

    C．CPU 由存储器、运算器和控制器组成　　D．CPU 主要用来存储程序和数据

20．打印机是计算机中使用较多的（　　）。

    A．存储器　　　　　B．微处理器　　　　C．输入设备　　　　　D．输出设备

二、填空题

1．内存中每个基本存储单元，都赋予一个唯一的序号，该序号称为_____。

2．第四代计算机是以_____为基本元件的计算机。

3．运算器可以完成算术运算和_____运算等操作运算。

4．未来计算机的发展趋势是：微型化、巨型化、_____、多媒体化和智能化。

5．计算机中所有信息都是以_____形式存放的。

6．十进制转换成 R 进制时，整数部分采用基数_____的方法。

7．CAM 是计算机中的一种_____软件。

8．鼠标和键盘都是计算机中的_____设备。

9．在存储系统中，_____存取速度慢，不直接与 CPU 交换数据，仅与内存储器交换信息。

10．CPU 主要由_____、运算器、Cache、寄存器和总线组成。

11．十进制整数 127 对应的二进制数等于_____。

12．存储一个 48×48 点阵的汉字字形码需要_____字节。

13．微机硬件系统中最核心的部件是_____。

14．在计算机系统中，规定一个字节等于_____二进制。

15．一个字长为 16 位的无符号二进制数能表示的十进制数值范围是_____。

16．已知英文字母 m 的 ASCII 码值为 6DH，那么 ASCII 码值 71H 的英文字母是_____。

17. 运算器的完整功能是进行_____。

18. 现代微型计算机中所采用的电子器件是_____。

19. 在微型计算机中，西文字符所采用的编码是_____。

20. AUTOCAD 属于计算机的_____软件。

三、是非题（正确的答 T，错误的答 F）

1. 微型计算机断电后，机器内部的计时系统将停止工作。 （　　）

2. 16 位字长的计算机是指它具有计算 16 位十进制数的能力。 （　　）

3. 微型计算机中的"BUS"一词是指"基本用户系统"。 （　　）

4. 十六进制数是由 0，1，2，…，13，14，15 这十六种数码组成。 （　　）

5. 磁盘读写数据的方式是顺序的。 （　　）

6. 软盘的存储容量与其直径大小成正比。 （　　）

7. 在计算机中数据单位 bit 的意思是字节。 （　　）

8. 外存储器的存取比内存储器速度慢。 （　　）

9. 计算机的 CPU 由控制器、运算器和存储器组成。 （　　）

10. ROM 是只读存储器。 （　　）

11. 1GB 的准确值是 1024×1024 Bytes。 （　　）

12. 存储 1024 个 24×24 点阵的汉字字形码需要的字节数是 72KB。 （　　）

13. CPU 能直接与内存储器交换数据。 （　　）

14. 在硬件设备中，显示器是一种常用的输入设备。 （　　）

15. 计算机中的 RAM 在系统断电后，其芯片中信息不变。 （　　）

16. 计算机中采用补码的主要原因是补码计算速度快。 （　　）

17. 计算机中采用二进制编码的主要原因是数字位数短。 （　　）

18. 字长是 CPU 的主要指标之一，它表示 CPU 一次能处理二进制数据的位数。 （　　）

19. 控制器的功能是进行二进制数运算。 （　　）

20. 操作系统中文件管理系统为用户提供的功能是按文件名管理文件。 （　　）

📖测试二　操作系统测试题

一、单选题

1. 按操作系统的分类，UNIX 操作系统是（　　）。

　　A．批处理操作系统　　B．实时操作系统　　C．分时操作系统　　D．单用户操作系统

2. 对计算机操作系统的作用描述完整的是（　　）。

　　A．管理计算机系统的全部软、硬件资源，合理组织计算机的工作流程，以达到充分发挥计算机资源的效率，为用户提供使用计算机的友好界面

　　B．对用户存储的文件进行管理，方便用户

　　C．执行用户键入的各类命令

　　D．它是为汉字操作系统提供运行的基础

3. 操作系统的主要功能是（   ）。

    A．对用户的数据文件进行管理，为用户管理文件提供方便

    B．对计算机的所有资源进行统一控制和管理，为用户使用计算机提供方便

    C．对源程序进行编译和运行

    D．对汇编语言程序进行翻译

4. 在计算机硬件上，安装操作系统的目的是（   ）。

    A．把源程序翻译成目标程序　　　　　B．进行数据处理

    C．控制和管理系统资源的使用　　　　D．实现软硬件的转换

5. Windows 系统中，采用的目录结构是（   ）。

    A．树型结构　　　B．线型结构　　　　　C．层次结构　　　D．网状结构

6. 将回收站中的文件还原时，被还原的文件将回到（   ）。

    A．桌面上　　　　B．"我的文档"中　　　C．内存中　　　　D．被删除的位置

7. 在 Windows 的窗口菜单中，命令项后面的黑三角，表示该命令项（   ）。

    A．有子菜单　　　B．单击可执行　　　　C．双击可执行　　D．右击可执行

8. Windows 中的剪贴板用于临时存放信息的（   ）。

    A．一个窗口　　　B．一个文件夹　　　　C．一块内存区　　D．一块磁盘区

9. 对处于还原状态的 Windows 应用程序窗口，不能实现（   ）操作。

    A．最小化　　　　B．最大化　　　　　　C．移动　　　　　D．旋转

10. 在计算机上插 U 盘的接口通常是（   ）标准接口。

    A．UPS　　　　　B．USP　　　　　　　C．UBS　　　　　D．USB

11. 在操作系统的发展过程中，手工阶段的主要特点是（   ）。

    A．独占主机　　　B．反应及时　　　　　C．反应慢　　　　D．共享主机

12. 以下关于 Windows 操作系统的描述中，叙述正确的是（   ）。

    A．控制和管理计算机软件的一种应用软件

    B．控制和管理计算机软硬件资源的一种系统软件

    C．一种多用户多任务操作系统

    D．一种计算机程序设计语言

13. Windows 7 是一个多任务操作系统，所谓多任务是指（   ）。

    A．可以运行多种操作系统　　　　　　B．可以执行文本编辑任务和图形编辑任务

    C．可以运行多个应用软件　　　　　　D．可以处理多媒体信息

14. Windows 7 是一种（   ）的操作系统。

    A．单用户多任务的具有友好图形界面的 64 位

    B．单用户单任务的 16 位

    C．多用户多任务的具有完善的 32 位

    D．多用户多任务的 32 位

15. 使用微机时，（   ）是一种能控制调度并有效使用系统各种资源的软件。

    A．应用软件　　　B．语言软件　　　　　C．高级语言　　　D．操作系统

16. Windows 操作系统是（   ）的操作系统。

    A．单用户单任务　　　　　　　　　　B．单用户多任务

    C．多用户多任务　　　　　　　　　　D．多用户单任务

17. Windows 任务栏中可包含的项目有（　　）。

    A．工具栏　　　　　　　　　　　B．已运行的应用程序图标

    C．桌面　　　　　　　　　　　　D．文本框

18. 在 Windows 中排列桌面项目图标的方法是（　　）。

    A．右键单击桌面空白区　　　　　B．右键单击任务栏空白区

    C．左键单击桌面空白区　　　　　D．左键单击任务栏空白区

19. 在 Windows 系统中，可以通过（　　）查看计算机系统性能状态和硬件配置。

    A．双击我的电脑　　　　　　　　B．打开资源管理器

    C．在控制面板中双击系统图标　　D．在控制面板中双击添加新硬件

20. 在 Windows 中，下列四种说法中正确的是（　　）。

    A．安装了 Windows 中的微型计算机，其内存容量不能超过 4MB

    B．Windows 中的文件名不能用大写字母

    C．Windows 操作系统感染的计算机病毒是一种程序

    D．安装了 Windows 的计算机硬盘常安装在主机箱内，因此硬盘是一种内存

二、填空题

1. 在计算机系统中，操作系统主要进行处理机管理、存储器管理、_____、文件管理。

2. 操作系统的_____管理主要解决处理机的分配策略、实施方法和资源回收等问题。

3. 多道程序系统和分时系统的出现标志着操作系统的_____。

4. 在 Windows 系统中，如果查找文件名为"？A*.*"的一批文件，那么"？A*.*"代表的含义是_____文件。

5. Windows 是一种图形用户界面的操作系统，属于_____软件。

6. 在 Windows 中剪贴板是程序和文件传递信息的临时存储区，该区是_____的一部分。

7. 在 Windows 系统中"Alt+F4"组合键的功能是_____。

8. Windows 菜单中有些命令后带有省略号，它们表示此命令下有_____。

9. 在 Windows 中，_____是磁盘上的一个文件夹，暂时保存删除的文件和文件夹。

10. 在 Windows 中可以打开多个窗口，但是只有一个窗口是_____窗口。

11. 计算机系统中，_____是计算机硬件上第一层软件。

12. 计算机操作系统是对计算机_____功能的第一次扩展。

13. UNIX 操作系统是计算机上最成功的_____操作系统。

14. 在 Windows 操作系统中，文件名最长为_____字符。

15. 在操作系统中，文件名分为主文件名和_____，它们之间用圆点分开。

16. 在操作系统中，一个程序经常分为多个_____运行。

17. 在 Windows 操作系统中，一个进程可进一步分为多个_____运行。

18. 批处理系统的主要目标是提高系统资源利用率和_____，以及作业流程的自动化。

19. 分时操作系统的主要目标是对用户请求_____。

20. _____和分时系统的出现标志着操作系统的形成。

三、是非题（正确的答 T，错误的答 F）

1. USB 接口只能连接 U 盘。　　　　　　　　　　　　　　　　　　　　　（　　）

2．Windows 中，文件夹的命名不能带扩展名。 （　　）

3．将 Windows 应用程序窗口最小化后，该程序将立即关闭。 （　　）

4．Windows 的任务栏只能放在桌面的下部。 （　　）

5．Windows 中的文件夹实际代表的是外存储介质上的一个存储区域。 （　　）

6．Windows 7 是一个单用户单任务的操作系统。 （　　）

7．操作系统是用户和计算机的接口。 （　　）

8．"计算机"图标始终显示在桌面上，控制面板不属于"计算机"窗口中的内容。 （　　）

9．操作系统可以管理计算机的软件资源，但不能管理硬件资源。 （　　）

10．在 Windows 中，可通过"我的电脑"和"资源管理器"浏览计算机资源。 （　　）

11．Windows 7 是一个 64 位的窗口式的操作系统。 （　　）

12．批处理系统的优点是作业流程自动化、效率高、吞吐率高。 （　　）

13．操作系统是计算机硬件之上的第一层系统软件，是对硬件功能的第一次扩充。 （　　）

14．在计算机系统中，操作系统是非常重要的应用软件。 （　　）

15．在 Windows 7 系统中，文件名中可用+、-、*、? 等符号。 （　　）

16．在 Windows 7 系统中，不用的应用程序必须通过卸载功能删除该软件。 （　　）

17．在 Windows 7 系统中的"回收站"是磁盘上的一个特殊的文件夹。 （　　）

18．Android 是一种基于 Linux 的自由开源的操作系统，主要使用于移动设备。 （　　）

19．绝对路径是指以当前路径开始的路径。 （　　）

20．任务管理器中的进程可通过"Alt+F4"组合键关闭。 （　　）

四、操作题

1．在桌面上显示"控制面板"图标。

2．浏览本机的 CPU 编号、CPU 核数、计算机名、内存容量等信息。

3．插入 U 盘。先将 U 盘格式化，再将 C：\Windows\system32*.BAT 复制到 U 盘中。

4．在 U 盘上建立一个"学习计划"的文件夹，然后在"学习计划"文件夹中建立名为"本学期学习计划和目标"的 DOCX 文档，再在文档中输入本学期的学习内容、学习目标、学习计划等并保存。

5．查看文件夹"学习计划"和文件"本学期学习计划和目标"的属性。

6．将计算机屏幕的分辨率设置为 1920×1080、刷新频率设置为 75。

7．将 Autumn 设置为桌面，在 20 分钟后启动三维管道屏幕保护图案。

8．记录 Word、Excel、PowerPoint 软件的启动时间，再查看这三个软件安装的分区，然后选择该磁盘分区并进行磁盘碎片整理。整理完后，再记录 Word、Excel、PowerPoint 软件的启动时间并比较。

9．给"记事本.exe"建立快捷键，并将该快捷键更名为"MyNote"。

10．查看网络的链接信息，记录网络连接的 IPv4 协议的 IP 地址、屏蔽码、网关和 DNS 服务器地址。

测试三 文字处理软件测试题

一、单选题

1. 在 Word 2010 的编辑状态下，进行字体设置操作后，按新设置的字体显示的文字是（　　）。
   A. 插入点所在段落中的文字　　　　　B. 文档中被选定的文字
   C. 插入点所在行中的文字　　　　　　D. 文档的全部文字

2. 在 Word 2010 的编辑状态，要想删除光标前面的字符，可以按（　　）键。
   A. "Backspace"　　　　　　　　　　B. "Delete"
   C. "Ctrl+P"　　　　　　　　　　　　D. "Shift+A"

3. 在 Word 文档窗口编辑区中，当前输入的文字被显示在（　　）。
   A. 文档的尾部　　　　　　　　　　　B. 鼠标指针的位置
   C. 插入点的位置　　　　　　　　　　D. 当前行的行尾

4. 一般情况下，输入了错误的英文单词时，Word 2010 会（　　）。
   A. 自动更正　　　　　　　　　　　　B. 在单词下加绿色波浪线
   C. 在单词下加红色波浪线　　　　　　D. 无任何措施

5. 下列选项中，对 Word 2010 表格的叙述正确的是（　　）。
   A. 表格中的数据不能进行公式计算
   B. 表格中的文本只能垂直居中
   C. 只能在表格的外框画粗线
   D. 可对表格中的数据排序

6. Word 的"格式刷"可用于复制文本或段落的格式，若要将选中的文本或段落格式重复应用多次，应操作（　　）。
   A. 单击格式刷　　　　　　　　　　　B. 双击格式刷
   C. 右击格式刷　　　　　　　　　　　D. 拖动格式刷

7. Word 中对输入的文档进行编辑排版时，首先应（　　）。
   A. 移动光标　　　　　　　　　　　　B. 选定编辑对象
   C. 设为普通视图　　　　　　　　　　D. 打印预览

8. 在 Word 2010 中，用拖放鼠标方式进行复制时，需要在（　　）的同时，拖动所选对象到新的位置。
   A. 按 "Ctrl" 键　　　　　　　　　　B. 按 "Shift" 键
   C. 按 "Alt" 键　　　　　　　　　　　D. 不按任何键

9. 在 Word 2010 的表格操作中，计算求平均的函数是（　　）。
   A. Count　　　　　　　　　　　　　B. Sum
   C. Total　　　　　　　　　　　　　　D. Average

10. 在 Word 2010 中，对表格的一行数据进行合计，下列公式正确的是（　　）。
    A. =average（right）　　　　　　　　B. =average（left）
    C. =sum（left）　　　　　　　　　　D. =sum（above）

11. 下列关于对 Word 中插入图片进行的操作，描述正确的是（　　）。

    A. 图片不能被移动　　　　　　　　B. 图片不能被裁剪

    C. 图片不能被放大或缩小　　　　　D. 图片的内容不能进行编辑

12. 在 Word 2010 中，对于用户的错误操作（　　）。

    A. 只能撤销最后一次对文档的操作　B. 可以撤销用户的多次操作

    C. 不能撤销　　　　　　　　　　　D. 可以撤销所有的错误操作

13. 在 Word 2010 中，选定图形的简单方法（　　）。

    A. 按 "F2" 键　　　　　　　　　　B. 双击图形

    C. 单击图形　　　　　　　　　　　D. 按 "Shift" 键

14. Word 中的 "格式刷" 的作用是（　　）。

    A. 快速进行格式复制　　　　　　　B. 选定刷过的文本

    C. 填充颜色　　　　　　　　　　　D. 删除刷过的文本

15. 为了看清文档的打印输出效果，应采用 Word 2010 的（　　）视图。

    A. 大纲　　　　　　　　　　　　　B. 页面

    C. 阅读版式　　　　　　　　　　　D. Web 版式

16. 在 Word 2010 中打印文档，下列说法不正确的是（　　）。

    A. 在同一页上，可以同时设置纵向和横向打印

    B. 在同一文档上，可以同时设置纵向和横向两种页面方式

    C. 在打印预览时可以同时显示多页

    D. 在打印时可以指定需要打印的页面

17. 在 Word 中编辑状态下，粘贴操作的组合键是（　　）。

    A. "Ctrl+A"　　　　　　　　　　　B. "Ctrl+C"

    C. "Ctrl+V"　　　　　　　　　　　D. "Ctrl+X"

18. 在 Word 2010 文档中，在一页未满的情况下需要强制换页，应该采用（　　）操作。

    A. 插入分段符　　　　　　　　　　B. 插入分页符

    C. 插入命令符　　　　　　　　　　D. 按 "Ctrl+Shift" 键

19. 在 Word 2010 中，什么情况下需要分节？（　　）。

    A. 多人协作处理一篇长文档

    B. 几个大段落组成的文档

    C. 由若干章节组成的文档

    D. 由相对独立的且版面格式互不相同的文档

20. Word 的查找、替换功能非常强大，下面的叙述中正确的是（　　）。

    A. 不可以指定查找文字的格式，只可以指定替换文字的格式

    B. 可以指定查找文字的格式，但不可以指定替换文字的格式

    C. 不可以按指定文字的格式进行查找及替换

    D. 可以按指定文字的格式进行查找及替换

21. 在 Word 2010 中，如果已有页眉，再次进入页眉区只需双击（　　）即可。

    A. 文本区　　　　　　　　　　　　B. 菜单区

    C. 页眉页脚区　　　　　　　　　　D. 工具栏区

22. 在 Word 2010 中，若要输入 y 的 x 次方，应（　　）。
    A. 将 x 改为小号字
    B. 将 y 改为大号字
    C. 选定 x，然后设置其字体格式为上标
    D. 其他选项说法都不正确

23. Word 2010 具有分栏功能，下列关于分栏的说法中正确的是（　　）。
    A. 最多可以设 4 栏
    B. 各栏的宽度必须相同
    C. 各栏的宽度可以不同
    D. 各栏之间的间距是固定的

24. 对 Word 2010 中一个已有的样式进行了修改，那么（　　）。
    A. 此修改只对以后采用该样式的段落文本输入起作用
    B. 此修改只对输入光标所在位置的那一段落文本起作用
    C. 此修改对采用该样式的所有段落文本都起作用
    D. 此修改只对选中的那个段落文本起作用

25. 下列选项中，对 Word 2010 中撤销操作描述正确的是（　　）。
    A. 不能方便地撤销已经做过的编辑操作
    B. 能方便地撤销已经做过的一定数量的编辑操作
    C. 能方便地撤销已经做过的任何数量的编辑操作
    D. 不能撤销已做过的编辑操作，也不能恢复

26. 在 Word 2010 中，下列关于"页码"的叙述，正确的是（　　）。
    A. 不允许使用非阿拉伯数字形式的页码
    B. 文档第 1 页的页码必须是 1
    C. 可以在文本编辑区中的任何位置插入页码
    D. 页码是页眉或页脚的一部分

27. 在 Word 2010 中，选择不连续的文本可以使用鼠标和（　　）键。
    A. "Shift"
    B. "Ctrl"
    C. "Alt"
    D. "Ctrl+Alt"

28. 在 Word 2010 中，"不缩进段落的第一行，而缩进其余的行"的操作是指（　　）。
    A. 首行缩进
    B. 左缩进
    C. 悬挂缩进
    D. 右缩进

29. 下列有关"Word"的描述，正确的一条是（　　）。
    A. Word 具有"所见即所得"的特点，所以在 Word 编辑状态下，屏幕上见到的所有内容都可以打印输出
    B. Word 具有"自动更正"功能，所以用户输入的任何错字，Word 都会立即自动更正
    C. Word 具有很好的兼容性，它既能在 Windows 下运行，也能在 DOS 下运行
    D. Word 的功能很强大，它既能处理文本、表格，还能进行图文混排

30. 在某 Word 2010 文档中，A 和 B 是前后连续但格式不同的两个段落，当 A 段段落标记删除后，A、B 两段合并成一个段落，则新段落的格式（　　）。
    A. 必须重新设定
    B. 为 A 段落的格式
    C. 为 B 段落的格式
    D. 分别保持原来 A、B 两段的格式不变

31．Word 2010 定时自动保存功能的作用是（　　）。

A．定时自动地为用户保存文档，使用户可免存盘之累

B．为用户保存备份文档，以供用户恢复备份时用

C．为防意外保存的文档备份，以供 Word 恢复系统时用

D．为防意外保存的文档备份，以供用户恢复文档时用

32．在 Word 2010 的编辑状态下，当单击"文件"选项卡中的"保存"命令后（　　）。

A．将所有打开的文档存盘

B．只能将当前文档存储在原文件夹内

C．可以将当前文档存储在已有的任意文件夹内

D．可以先建立一个新文件夹、再将文档存储在该文件夹内

33．当 Word 2010 文档中含有页眉、页脚、图形、分栏等格式时，就应采用（　　）方式进行显示。

A．大纲视图　　　　　　　　　B．Web 版式视图

C．普通视图　　　　　　　　　D．页面视图

34．在 Word 2010 的编辑状态下，"复制"操作的快捷键是（　　）。

A．"Ctrl+A"　　　B．"Ctrl+X "　　　C．"Ctrl+V "　　　D．"Ctrl+C"

35．Word 中，当前已打开一个文件，若想打开另一文件，则（　　）。

A．首先关闭原来的文件，才能打开新文件

B．打开新文件时，系统会自动关闭原文件

C．两个文件同时打开

D．新文件的内容将会加入原来打开的文件

二、填空题

1．在 Word 2010 中，默认保存文档的扩展名是_____。

2．在 Word 2010 中，段落标记是在按_____键之后产生，它既表示了当前段的结束，又表示了下一段的开始，同时还记载了被结束的段格式信息。

3．在 Word 2010 中，_____标记包含控制前面段落格式的信息。

4．在 Word 2010 中，要复制字符格式而不复制字符，需用_____按钮。

5．在 Word 2010 中，当修改一文档时，必须把_____移到需要修改的位置。

6．Word 2010 中，与打印机输出完全一致的 Word 2010 显示视图称为_____视图。

7．在打印 Word 2010 文档前，常使用_____功能，观察页面的整体状态。

8．Word 2010 将页面正文的顶部空白部分称为_____。

9．在 Word 中，用户在用"Ctrl+C"组合键将所选内容复制到剪贴板后，可以使用_____组合键粘贴到所需要的位置。

10．Word 2010 文本编辑中"剪切"操作的快捷键是按"Ctrl+_____"组合键。

11．在 Word 编辑状态下，若要选择整个文档，应当按_____键。

12．在 Word 2010 表格中，一个单元格可以_____成多个单元格。

13．若前后两个页面分别设置不同的纸张方向，需要在页面之间插入_____符。

14．在 Word 编辑状态下，文档中有一行被选择，当按_____键后，被选择的行将被删除了。

15. 设置段落的缩进方式时，首行缩进是指段落中的第一行相对于_____缩进。

16. _____是应用于文本的一组格式，利用它可以快速设置文本的字符或段落格式。

17. 选定文本后，单击工具栏上的复制按钮，Word 就把所选内容放到_____上，以便随后使用。

18. 在 Word 2010 中，利用水平标尺可以设置段落的_____格式。

19. 在 Word 文档编辑过程中，如果先选定了文档内容，再按住"Ctrl"键并拖曳鼠标至另一位置，即可完成选定文档内容的_____操作。

20. Word 2010 中包括五种对齐方式，分别是左对齐、右对齐、_____、两端对齐和分散对齐。

三、是非题（正确的答 T，错误的答 F）

1. 在 Word 2010 中，通过键盘启动和关闭汉字输入法用"Ctrl+空格"键。　　　（　）

2. Word 对插入的图片，不能进行放大或缩小的操作。　　　　　　　　　　（　）

3. 在 Word 2010 文档编辑中可以同时选定多个不连续的文档内容。　　　　（　）

4. Word 对新创建的文档既能执行"另存为"命令，又能执行"保存"命令。　（　）

5. 在 Word 中，"字号"的单位可以是"号"和"磅"。　　　　　　　　　　（　）

6. 在 Word 的编辑状态，执行"复制"命令后，剪贴板中的内容移到插入点。（　）

7. Word 2010 的"页面布局"中能够设置页边距、纸张大小。　　　　　　　（　）

8. Word 2010 打印预览时，只能预览一页，不能多页同时预览。　　　　　　（　）

9. 中文 Word 提供了强大的数据保护功能，即使用户在操作中连续出现多次误删除，也可能通过"复原"功能，予以恢复。　　　　　　　　　　　　　　　　　　　　（　）

10. 在 Word 2010 中可设置自动保存编辑文档时间。　　　　　　　　　　　（　）

11. 在设置段落缩进时，如缩进单位为"厘米"，只能按"厘米"缩进而不能按"字符"缩进。　　　　　　　　　　　　　　　　　　　　　　　　　　　　　　　　（　）

12. 在 Word 2010 文档中一个段只能设置一种段落格式。　　　　　　　　　（　）

13. 在 Word 2010 中，能够利用公式计算表格中的数据。　　　　　　　　　（　）

14. 在 Word 2010 中，把选定的文本删除掉，可以按"Delete"键。　　　　　（　）

15. 在 Word 2010 文档页面上插入的页码，可以放在页面的页眉位置或页脚位置。（　）

16. 在 Word 2010 中，段落缩进可以通过拖动水平标尺上的游标完成。　　　（　）

17. Word 2010 中可以把文字转换成表格，但不能把表格转换成文字。　　　（　）

18. 在 Word 2010 的字符格式化中，可以把选定的文本设置成上标或下标的效果。（　）

19. 在 Word 2010 保存新文件时默认路径是 My Documents。　　　　　　　（　）

20. 在 Word 2010 中，设置字符的字号时，当要设置的字号列表中没有时，可以在"字号"组合框中输入字号数字。　　　　　　　　　　　　　　　　　　　　　　　（　）

21. 在 Word 2010 中，对文档设置分栏，最多能分五栏。　　　　　　　　　（　）

22. 在使用 Word 2010 的"查找"功能查找文档中的字串时，可以使用通配符。　（　）

23. 在文档中绘制多个图形时，先绘制的图形放置在上层，后绘制的图形放置在下层。（　）

24. Word 2010 中允许设置奇偶页不同的对称页面。　　　　　　　　　　　（　）

25. 在 Word 2010 中，利用"节"的概念，可以在同一个文档中定义多种分栏格式。（　）

四、操作题

1. 输入下框中的内容，并以"mydoc.docx"为文件名，保存类型为"Word 文档"。

中华民族的摇篮——黄河

黄河是中国第二大河，全长 5464 千米，流域面积 75 万多平方千米。黄河是中华民族的摇篮，考古学家在黄河流域的陕西蓝田、山西丁村等处都发现了化石，在西安半坡发现了母系氏族的遗址。这证明了从遥远的古代起，我们中华民族的祖先就已经在黄河流域从事生产和生活了。黄河流域有 3 亿多亩肥沃的耕地，黄河用自己的乳汁哺育了中华民族。黄河发源于青海巴颜喀拉山西段北麓卡日曲河的涌泉。流经青海、四川、甘肃、宁夏、内蒙古、陕西、山西、河南、山东九省区，最后注入渤海。自源头到内蒙古自治区的河口是黄河的上游。流到青海高原东部，沿途穿过龙羊峡、刘家峡等不少峡谷。黄河出青铜峡，进入宁夏平原和河套平原。

自河口至河南省孟津是黄河的中游。著名的三门峡就在中游断，黄河流经黄土高原，含沙量剧增，河水变得十分混浊，是名副其实的"黄河"了。自孟津至入海口是黄河的下游，就是华北平原。这里河道宽阔，水流缓慢，携带的泥沙大量沉积下来，使河床不断抬高。为了防止河水泛滥，河堤不得不一再加高，自郑州黄河花园口一段起，河床平均比两岸地面高 4~5 米，成了世界有名的"悬河"。

---

2. 将正文第 1 段（"黄河是中国第二大河……"）中自"黄河发源于青海巴颜喀拉山西段……"以后的内容另起一段，成为正文第 2 段；将正文第 2、3 段交换位置。

3. 将标题段"中华民族的摇篮——黄河"设置为楷体、三号、蓝色、加粗、居中、段后间距设置为 0.5 行。将正文第 1、3 段设为"仿宋体、小四号"，正文第 2 段设为"楷体、四号"。

4. 将正文第 1、2 段首行缩进 2 字符。正文第 1 段行距设为 1.75 倍行距，正文第 2 段行距设为"固定值"，23 磅；正文第 2 段左缩进 1 字符，右缩进 1 厘米，段后间距 1 行。

5. 将正文第 2 段（"自河口至河南省孟津是黄河……"）分 3 栏，栏宽相等，加分隔线。

6. 将正文第 3 段（"黄河发源于青海巴颜喀拉山西段……"）首字"悬挂式"下沉 2 行，下沉的"字体"为"华文行楷"，加背景为"白色，背景 1，深色 25%"的底纹。

7. 在正文第 1 段插入一张图片，设置为宽 3 厘米，高 2.7 厘米，做"四周"型环绕。

8. 插入页眉和页脚，页眉内容为："中华民族的摇篮——黄河"，设为"楷体"，"五号""左对齐"；在页面底端插入页码，居中对齐。

9. 进行页面设置。上、下页边距为 2.3 厘米，左、右页边距为 3 厘米，方向为"纵向"，纸张大小为"A4"。

10. 在文档后插入如下表格：表中字符均为"宋体、五号、水平居中、垂直居中"。

课程 姓名	英 语	高 数	计算机基础
张玉山	90	87	86
王 玲	76	80	75
赵 君	69	72	75
郭 铭	84	77	73
黄培望	89	82	92

（1）在第 4 列"计算机基础"右边增加两列，分别是"总分"和"平均分"；计算每个学生的总分和平均分，均保留 1 位小数。第一行高度设为 1.5 厘米，其他行高度为 0.5 厘米。

（2）对表格进行排序：主要关键字为"总分"、次要关键字为"高数"，类型选择"数字""降序"排列；第三关键字为"课程"、类型选择"拼音""升序"排列。

📖测试四　电子表格软件测试题

一、单选题

1. Office 办公软件，是（　）哪一个公司开发的软件。

    A．WPS　　　　　　B．Microsoft　　　　C．Adobe　　　　D．IBM

2. 在 Excel 2010 中，若选定多个不连续的行所用的键是（　）。

    A．"Ctrl"　　　　　B．"Shift"　　　　　C．"Alt"　　　　D．"Shift+Ctrl"

3. 在 Excel 2010 中，排序对话框中的"升序"和"降序"指的是（　）。

    A．数据的大小　　　B．单元格的数目　C．排列次序　　　D．以上都不对

4. 在 Excel 2010 中，若在工作表中插入一列，则一般插在当前列的（　）。

    A．左侧　　　　　　B．上方　　　　　　C．右侧　　　　D．下方

5. 在 Excel 2010 中，使用"重命名"命令后，则下面说法正确的是（　）。

    A．只改变工作表的名称　　　　　　B．只改变它的内容

    C．既改变名称又改变内容　　　　　D．既不改变名称又不改变内容

6. 在 Excel 2010 中，一个完整的函数包括（　）。

    A．"="和函数名　　　　　　　　　B．函数名和变量

    C．"="和变量　　　　　　　　　　D．"="、函数名和变量

7. 在 Excel 2010 中，在单元格中输入文字时，缺省的对齐方式是（　）。

    A．左对齐　　　　　B．右对齐　　　　　C．居中对齐　　　D．两端对齐

8. 在 Excel 2010 中，下面哪一个选项不属于"单元格格式"对话框中"数字"选项卡中的内容？（　）

    A．日期　　　　　　B．货币　　　　　　C．字体　　　　D．自定义

9. Excel 中分类汇总的默认汇总方式是（　）。

    A．求和　　　　　　B．求平均　　　　　C．求最大值　　　D．求最小值

10. Excel 中取消工作表的自动筛选后（　）。

    A．工作表的数据消失　　　　　　　B．工作表恢复原样

    C．只剩下符合筛选条件的记录　　　D．不能取消自动筛选

11. Excel 中向单元格输入 3/5 Excel 会认为是（　）。

    A．分数 3/5　　　B．小数 3.5　　　C．日期 3 月 5 日　D．错误数据

12. 如果 Excel 某单元格显示为#DIV/0，这表示（　）。

    A．除数为零　　　　B．格式错误　　　　C．行高不够　　　D．列宽不够

13. 如果删除的单元格是其他单元格的公式所引用的，那么这些公式将会显示（   ）。

    A．######   B．#REF!   C．#VALUE!   D．#NUM

14. 如果想插入一条水平分页符，那么活动单元格应（   ）。

    A．放在任何区域均可   B．放在第 1 行 A1 单元格除外

    C．放在第 1 列 A1 单元格除外   D．无法插入

15. 如要在 Excel 输入分数形式：1/3，下列方法正确的是（   ）。

    A．直接输入 1/3   B．先输入单引号，再输入 1/3

    C．先输入双引号，再输入 1/3   D．先输入 0，然后空格，再输入 1/3

16. 在 Excel 中，输入的文字默认的对齐方式是（   ）。

    A．左对齐   B．右对齐   C．居中对齐   D．两端对齐

17. 以下不属于 Excel 中的算术运算符的是（   ）。

    A．/   B．%   C．^   D．<>

18. 以下填充方式不属于 Excel 的填充方式是（   ）。

    A．等差填充   B．等比填充   C．排序填充   D．日期填充

19. 在 Excel 2010 中，已知某工作表中的 D1 单元格等于 1，D2 单元格等于 2，D3 单元格等于 3，D4 单元格等于 4，D5 单元格等于 5，D6 单元格等于 6，则 sum（D1:D3,D6）的结果是（   ）。

    A．10   B．6   C．12   D．21

20. 有关 Excel 2010 打印的以下说法中错误的理解是（   ）。

    A．可以打印工作表   B．可以打印图表

    C．可以打印图形   D．不可以进行任何打印

21. 在 Excel 中，若单元格 C1 中公式为=A1+B2，将其复制到 E5 单元格，则 E5 中的公式是（   ）。

    A．=C3+A4   B．=C3+D4   C．=C5+D6   D．=A3+B4

22. 在 Excel 2010 中，进行分类汇总之前，必须对数据清单进行（   ）。

    A．筛选   B．排序   C．建立数据库   D．有效计算

23. 在 Excel 数据透视表的数据区域默认的字段汇总方式是（   ）。

    A．平均值   B．乘积   C．求和   D．最大值

24. 在 Excel "格式" 工具栏中提供了（   ）种对齐方式

    A．2   B．3   C．4   D．5

25. 在 Excel 中，输入当前时间可按（   ）组合键。

    A．"Ctrl+;"   B．"Shift+;"   C．"Ctrl+Shift+;"   D．"Ctrl+Shift+:"

26. 在 Excel 中，下面关于分类汇总的叙述错误的是（   ）。

    A．分类汇总前必须按关键字段排序

    B．进行一次分类汇总时的关键字段只能针对一个字段

    C．分类汇总可以删除，但删除汇总后排序操作不能撤销

D. 汇总方式只能是求和

27. 在 Excel 中编辑栏中的符号"对号"表示（   ）。

    A. 取消输入   B. 确认输入   C. 编辑公式   D. 编辑文字

28. 在 Excel 中函数 min（10,7,12,0）的返回值是（   ）。

    A. 10   B. 7   C. 12   D. 0

29. 在 Excel 中快速插入图表的快捷键是（   ）。

    A. F9   B. F10   C. F11   D. F12

30. 在 Excel 中某单元格的公式为"=IF("学生">"学生会",True,False)"，其计算结果为（   ）。

    A. 真   B. 假   C. 学生   D. 学生会

31. 在 Excel 中如何跟踪超链接？（   ）

    A. Ctrl+单击   B. Shift+单击   C. 单击   D. 双击

32. 在 Excel 中为了移动分页符，必须处于何种视图方式？（   ）

    A. 普通视图   B. 分页符预览   C. 打印预览   D. 缩放视图

33. 现 A1 和 B1 中分别有内容 12 和 34，在 C1 中输入公式"=A1&B1"，则 C1 中的结果是（   ）。

    A. 1234   B. 12   C. 34   D. 46

34. 在 Excel 中要将光标直接定位到 A1，可以按（   ）键。

    A."Ctrl+Home" B."Home"   C."Shift+Home" D."PgUp"

35. 在 Excel 中有一个数据非常多的成绩表，从第二页到最后均不能看到每页最上面的行表头，应如何解决？（   ）

    A. 设置打印区域   B. 设置打印标题行

    C. 设置打印标题列   D. 无法实现

36. 在 Excel 中在一个单元格中输入数据为 1.678E+05，它与（   ）相等。

    A. 1.67805   B. 1.6785   C. 6.678   D. 167800

37. 在 Excel 2010 中打开"单元格格式"的快捷键是（   ）。

    A."Ctrl+Shift+E" B."Ctrl+Shift+F" C."Ctrl+Shift+G" D."Ctrl+Shift+H"

38. 在单元格输入下列哪个值，该单元格显示 0.3？（   ）

    A. 6/20   B. =6/20   C."6/20"   D. ="6/20"

39. 下列函数，能对数据进行绝对值运算的是（   ）。

    A. ABS   B. ABX   C. EXP   D. INT

40. 在 Excel 2010 中，如果给某单元格设置的小数位数为 2，则输入 100 时显示（   ）。

    A. 100.00   B. 10000   C. 1   D. 100

41. 给工作表设置背景，可以通过下列哪个选项卡完成？（   ）

    A."开始"选项卡   B."视图"选项卡

    C."页面布局"选项卡   D."插入"选项

42．以下关于 Excel 2010 的缩放比例，说法正确的是（　　）。

    A．最小值 10%，最大值 500%　　　　　B．最小值 5%，最大值 500%

    C．最小值 10%，最大值 400%　　　　　D．最小值 5%，最大值 400%

43．已知单元格 A1 中存有数值 563.68，若输入函数=INT（A1），则该函数值为（　　）。

    A．563.7　　　　B．563.78　　　　C．563　　　　D．563.8

44．在 Excel 2010 中，仅把某单元格的批注复制到另外单元格中，方法是（　　）。

    A．复制原单元格，到目标单元格执行粘贴命令

    B．复制原单元格，到目标单元格执行选择性粘贴命令

    C．使用格式刷

    D．将两个单元格链接起来

45．在 Excel 2010 中，要在某单元格中输入 1/2，应该输入（　　）。

    A．#1/2　　　　B．0.5　　　　C．0　1/2　　　　D．1/2

二、填空题

1．Excel 2010 是一个通用的_____软件。

2．在 Excel 2010 中，工作簿默认的文件扩展名为_____。

3．在 Excel 2010 的_____是计算和存储数据的文件。

4．在 Excel 2010 中，选中整个工作表的快捷方式是_____。

5．在 Excel 2010 工作表中，单元格区域 D2:E4 所包含的单元格个数是_____个。

6．在 Excel 2010 中设置的打印方向有_____和_____两种。

7．将"A1+A4+B4"用绝对地址表示为_____。

8．在 Excel 中，如果单元格 D3 的内容是"=A3+C3"，选择单元格 D3，然后向下拖曳数据填充柄，这样单元格 D4 的内容是_____。

9．在 Excel 中，如果要将工作表冻结便于查看，可以用_____功能区的"冻结窗格"来实现。

10．在 Excel 2010 中新增"迷你图"功能，可选定数据在某单元格中插入迷你图，同时打开_____功能区进行相应的设置。

11．在 A1 单元格内输入"20001"，然后按下"Ctrl"键，拖动该单元格填充柄至 A8，则 A8 单元格中的内容是_____。

12．一个工作簿包含多个工作表，缺省状态下有_____个工作表，分别为 Sheet1、Sheet2、Sheet3。

13．在 Excel 2010 中，某单元格内显示数字字符串"0456"，正确的输入方式是_____。

14．在 Excel 2010 中，在单元格输入"=$C1+E$1"是_____引用。

15．在 Excel 2010 中，当打印一个较长的工作表时，常常需要在每一页上打印行或列标题，这通过_____选项卡来设置。

三、操作题

1. 在 Excel 中录入下列表格。

学生成绩表

学 号	姓 名	英 语	计算机	数 学	总成绩
04001	张 志	80	85	86	
04002	李小玲	84	83	81	
04003	王 云	90	82	95	
04004	赵 慧	89	95	95	
04005	马文杰	71	80	75	
04006	李 超	92	98	97	
04007	赵 哲	58	62	60	
平均分					
最高分					

请按下列要求操作：

（1）设置工作表行、列：标题行：行高 30；其余行高为 20。

（2）设置单元格：

①标题格式：字体：楷书；字号：20；字体颜色为红色；跨列居中；底纹黄色。

②将成绩右对齐；其他各单元格内容居中。

（3）设置表格边框：外边框为双线，深蓝色；内边框为细实心框，黑色。

（4）重命名工作表：将 Sheet 1 工作表重命名为"学生成绩表"。

（5）复制工作表：将"学生成绩表"工作表复制到 Sheet2 中。

（6）把 Sheet 2 工作表命名为"学生成绩综合表"。

（7）在"学生成绩综合表"工作表中计算学生总成绩、平均成绩、最高成绩，并保留一位小数。

（8）按总成绩递增排序。

（9）数据筛选：筛选"数学"字段选择">90"分。

（10）将姓名和总成绩建立三维簇状柱形图，图表标题为"学生总成绩图"，并将其嵌入到工作表的 A12:F23 区域中。

2. 启动 Excel 并建立新工作簿，文件名为"百货超市销售情况统计表.xls"，在 Sheet 1 工作表中输入下图所示的内容。

百货超市销售情况统计表						
部 门	1 月			合 计		
服装部	17630	16930	13340			
家电部	53620	46820	28950			
烟酒部	63550	55820	38720			
食品部	37160	45220	28870			
化妆品部	52410	43560	48680			
合 计						

（1）使用"填充"序列，将月份填充至 3 月，将 Sheet 1 工作表重命名为"第一季度销售情况"。

（2）按照下列操作要求，设置文本、数据及边框格式，具体要求如下。

①标题：字体为"隶书"，字号为"20"，字的颜色为"深蓝色"，底纹填充"浅绿色"，跨列居中。

②表头（指"部门"一行）：字体为"仿宋"，字号为"14"，字形要"加粗、倾斜"，底纹填充"棕黄"，水平居中。

③第一列（指"服装部"一列）：字体为"楷体"，字号为"12"，底纹填充"浅黄色"，水平居中。

④数据区域（包括合计）：数字格式选"会计专用"，小数点位数为"0"，使用货币符号，水平居中，填充"灰色 25%"。

⑤列宽：设置为 13。

⑥边框：外边框为粗实线，内边框为细线，标题下边框为双细线。

（3）公式计算。

①在 F4 单元格中用加法（不得使用函数）计算服装部 1～3 月销售额合计值，再利用公式复制功能计算其他各部门 1～3 月销售额合计值。

②在 C9 单元格中利用函数计算 1 月份各部门销售额合计值，再利用公式复制功能计算 2 月和 3 月销售额合计值。

（4）数据处理。

将"第一季度销售情况"工作表复制到 Sheet 2 工作表中，再在 Sheet 2 工作表中按如下要求操作。

排序：以"合计"列为关键字，按递增方式排序。

筛选：筛选出 1 月销售额>40000 的部门。

（5）建立图表。

将"第一季度销售情况"工作表中，选中 B3:E8 区域，创建三维簇状柱形图，并设置图表标题"第一季度销售情况"及坐标轴标题"销售额"和"部门"。

📖测试五　演示文稿软件测试题

一、单选题

1．PowerPoint 2010 系统默认的视图方式是（　　）。

　　A．大纲视图　　　　B．幻灯片浏览视图　　C．普通视图　　　　D．幻灯片视图

2．在演示文稿中，给幻灯片重新设置背景，若要给所有幻灯片使用相同背景，则在"背景"对话框中应单击（　　）按钮。

　　A．全部应用　　　　B．应用　　　　　　　C．取消　　　　　　D．重置背景

3．创建动画幻灯片时，应选择"动画"选项卡的"动画"组中的（　　）。

　　A．自定义动画　　B．动作设置　　　　C．动作按钮　　　　D．自定义放映

4．在 PowerPoint 2010 中，对已做过的有限次编辑操作，以下说法正确的是（　　）。

    A．不能对已作的操作进行撤销

    B．能对已经做的操作进行撤销，但不能恢复撤销后的操作

    C．不能对已做的操作进行撤销，也不能恢复撤销后的操作

    D．能对已做的操作进行撤销，也能恢复撤销后的操作

5．放映幻灯片时，要对幻灯片的放映具有完整的控制权，应使用（　　）。

    A．演讲者放映　　　B．观众自行浏览　　　C．展台浏览　　　D．重置背景

6．在 PowerPoint 2010 中，不属于文本占位符的是（　　）。

    A．标题　　　　　B．副标题　　　　　C．普通文本　　　D．图表

7．下列（　　）不属于 PowerPoint 2010 创建的演示文稿的格式文件保存类型。

    A．PowerPoint 放映　B．RTF 文件　　　C．PowerPoint 模板　D．Word 文档

8．下列（　　）属于演示文稿的扩展名。

    A．.opx　　　　　B．.pptx　　　　　C．.dwg　　　　　D．.jpg

9．在 PowerPoint 中输入文本时，按一次"Enter"键则系统生成段落。如果是在段落中另起一行，需要按（　　）组合键。

    A．"Ctrl+Enter"　　B．"Shift+Enter"　C．"Ctrl+Shift+Enter"　D．"Ctrl+Shift+Del"

10．在幻灯片上常用图表（　　）。

    A．可视化的显示文本　　　　　　　B．直观地显示数据

    C．说明一个进程　　　　　　　　　D．直观地显示一个组织的结构

11．绘制图形时，如果画一条水平、垂直或斜度为 45°的直线，在拖动鼠标时，需要按（　　）键。

    A．"Ctrl"　　　　　B．"Tab"　　　　　C．"Shift"　　　　　D．"F4"

12．选择全部幻灯片时，可用快捷键（　　）。

    A．"Shift+A"　　　B．"Ctrl+A"　　　C．"F3"　　　　　　D．"F4"

13．若计算机没有连接打印机，则 PowerPoint 2010 将（　　）。

    A．不能进行幻灯片的放映，不能打印

    B．按文件类型，有的能进行幻灯片的放映，有的不能进行幻灯片的放映

    C．可以进行幻灯片的放映，不能打印

    D．按文件大小，有的能进行幻灯片的放映，有的不能进行幻灯片的放映

14．绘制圆时，需要按下（　　）键再拖动鼠标。

    A．"Shift"　　　　　B．"Ctrl"　　　　　C．"F3"　　　　　　D．"F4"

15．选中图形对象时，如选择多个图形，需要按下（　　）键，再单击要选中的图形。

    A．"Shift"　　　　　B．"Alt"　　　　　C．"Tab"　　　　　D．"F1"

16．如果要求幻灯片能够在无人操作的环境下自动播放，应该事先对演示文稿进行（　　）。

    A．自动播放　　　B．排练计时　　　C．存盘　　　　　D．打包

17．当在幻灯片中插入了声音以后，幻灯片中将会出现（　　）。

    A．喇叭标记　　　B．一段文字说明　C．超链接说明　　　D．超链接按钮

18．对幻灯片中某对象进行动画设置时，应在（　　）对话框中进行。

    A．计时　　　　　B．动画预览　　　C．动态标题　　　D．动画效果

19. 当需要将幻灯片转移至其他地方放映时,应( )。

    A. 将幻灯片文稿发送至磁盘

    B. 将幻灯片打包

    C. 设置幻灯片的放映效果

    D. 将幻灯片分成多个子幻灯片,以存入磁盘

20. 在 PowerPoint 2010 中,( )不是演示文稿的输出形式。

    A. 打印输出   B. 幻灯片放映   C. 网页   D. 幻灯片拷贝

21. PowerPoint 2010 将演示文稿保存为"演示文稿设计模版"时的扩展名是( )。

    A. .POT   B. .PPTX   C. .PPS   D. .PPA

22. 在 PowerPoint 2010 中默认的新建文件名是( )。

    A. Doc1   B. Sheet1   C. 演示文稿 1   D. Book1

23. 若要使一张图片出现在每一张幻灯片中,则需要将此图片插入到( )中。

    A. 幻灯片模板   B. 幻灯片母版   C. 标题幻灯片   D. 备注页

24. 幻灯片布局中的虚线框是( )。

    A. 占位符   B. 图文框   C. 文本框   D. 表格

25. 保存演示文稿的快捷键是( )。

    A. "Ctrl+O"   B. "Ctrl+S"   C. "Ctrl+A "   D. "Ctrl+D"

26. 在幻灯片浏览视图中要选定连续的多张幻灯片,先选定起始的一张幻灯片,然后按( )键,再选定末尾的幻灯片。

    A. "Ctrl"   B. "Enter"   C. "Alt"   D. "Shift"

27. 如果让幻灯片播放后自动延续 5s 再播放下一张幻灯片,应( )。

    A. 单击"播放动画",在前一事件 5s 后自动播放

    B. 单击"播放动画",单击鼠标时

    C. 单击 PowerPoint 2003 的默认选项"无动画"

    D. 可同时选择 A、B 两项

28. 下列叙述错误的是( )。

    A. 幻灯片母版中添加了放映控制按钮,则所有的幻灯片上都会包含放映控制按钮

    B. 在幻灯片之间不能进行跳转链接

    C. 在幻灯片中也可以插入自己录制的声音文件

    D. 在播放幻灯片的同时,也可以播放 CD 唱片

29. 在"自定义动画"任务窗格中为对象"添加效果"时,不包括( )。

    A. 进入   B. 退出   C. 切换   D. 动作路径   E. 强调

30. 要使幻灯片在放映时实现在不同幻灯片之间的跳转,需为其设置( )。

    A. 超级链接   B. 动作按钮

    C. 排练计时   D. 录制旁白

二、填空题

1. PowerPoint 2010 生成的演示文稿的默认扩展名为_____。

2．在幻灯片正在放映时，按键盘上的"Esc"键，可_____。

3．保存 PowerPoint 2010 演示文稿，系统默认的文件夹为_____。

4．同一个演示文稿中的幻灯片，只能使用_____个模板。

5．在 PowerPoint 2010 中，标题栏显示_____。

6．在 PowerPoint 2010 中，快速访问工具栏默认情况下有_____、_____、_____等三个按钮。

7．要在 PowerPoint 2010 中设置幻灯片动画，应在_____选项卡中进行操作。

8．要在 PowerPoint 2010 中显示标尺、网络线、参考线，以及对幻灯片母版进行修改，应在_____选项卡中进行操作。

9．在 PowerPoint 2010 中要用到拼写检查、语言翻译、中文简繁体转换等功能时，应在_____选项卡中进行操作。

10．在 PowerPoint 2010 中对幻灯片进行页面设置时，应在_____选项卡中操作。

11．要在 PowerPoint 2010 中设置幻灯片的切换效果以及切换方式，应在_____选项卡中进行操作。

12．要在 PowerPoint 2010 中插入表格、图片、艺术字、视频、音频时，应在_____选项卡中进行操作。

13．在 PowerPoint 2010 中对幻灯片进行另存、新建、打印等操作时，应在_____选项卡中进行操作。

14．在 PowerPoint 2010 中对幻灯片放映条件应在_____选项卡中进行设置。

15．在 PowerPoint 2010 中，"开始"菜单选项卡可以创建_____、_____、_____、_____演示文稿。

16．在 PowerPoint 2010 中，"开始"选项卡可以插入_____。

17．在 PowerPoint 2010 中，"插入"选项卡可将表、形状，_____插入到演示文稿中。

18．在 PowerPoint 2010 中，"设计"选项卡可自定义演示文稿的背景、主题、颜色和_____。

19．PowerPoint 2010 提供了六种视图方式：_____、_____、_____、_____、_____、_____。

20．在 PowerPoint 2010 中，新建第 2 章幻灯片时，"开始"选项功能区中，单击_____按钮。

21．_____是幻灯片窗格中带有虚线或影线标记边框，是为标题、文本、图标、剪贴画等内容预留的内容。

22．所有演示文稿都包含一个母版集合：_____、_____和_____。

23．PowerPoint 2010 提供的模板可以快速地创建演示文稿。设计模板定义了包括：_____、_____和_____等在内的设置。

24．在幻灯片中，文本占位符有_____、_____和_____三类。

25．PowerPoint 2010 新增的_____图形工具有几十套图形模板，利用这些图形模板可以设计出各式各样的精美的和专业的图形。

26．和其他 Office 2010 程序一样，PowerPoint 2010 的窗口也由_____、_____、_____、_____和状态栏等组成。

27．如果将要演示文稿在没有安装 PowerPoint 2010 的机器上播放，应执行_____命令。

28．PowerPoint 2010 中，按_____键，开始放映当前幻灯片；按_____键可以从第一张幻灯片开始放映。

29. 要选择多张不连续的幻灯片，在按住_____键的同时，分别单击需要选择的幻灯片的缩略图即可。

30. 为了使 PowerPoint 2010 中编辑的演示文稿能在低版本的 PowerPoint 中打开，可以将演示文稿保存为"_____"类型演示文稿。

三、操作题

1. 按要求制作五张幻灯片

1）第一张要求

（1）采用"空白"版式，插入艺术字作为标题，艺术字内容为"侏罗纪公园"，楷体，80 号，倾斜。

（2）艺术字的填充色为渐变—预设—金乌坠地；幻灯片背景用填充效果—渐变—双色—粉、浅蓝。

（3）添加该幻灯片切换效果为"水平百叶窗"，慢速，无声音；添加艺术字动画效果为"飞入"、自底部、中速。

2）第二张要求

（1）采用"只有标题"版式，标题内容为"最古老的鸟类"。标题字体为华文新魏，加粗，黄色，60 号字。

（2）插入一个横排的文本框，输入正文，正文内容为"自从始祖鸟的化石在德国发现以后，就一直被认为是最古老的鸟类，它的学名翻译成中文，就是"远古的翅膀"的意思，正文字体为楷体，加粗，黄色，36 号字。

（3）在合适位置插入一副剪贴画"花"的剪贴画。

（4）给所有文字设置"飞入"的动画效果，给剪贴画设置"向内溶解"的动画效果。

（5）幻灯片背景用填充效果为渐变—预设—孔雀开屏。

（6）插入动作按钮，单击该按钮可以进入第一张幻灯片，按钮颜色配合幻灯背景自行设置。

3）第三张要求（表格）

	市场 1	市场 1	市场 1
一季度	50000	40000	52000
二季度	100000	50000	100000
三季度	65000	80000	75000
四季度	80000	100000	120000

（1）插入一个 5 行 4 列的表格，输入以上表格内容。

（2）设置所有单元格为"中部居中"，外边框为 6 磅、黄色、实线；内边框为 3 磅、玫红色、实线。

（3）设置表格背景为双色——浅蓝、蓝色渐变。

（4）添加标题"销售业绩"，设置字体格式为黑体、32 号字、加粗。

（5）幻灯片背景用填充效果—纹理—花束。

4）第四张要求（模板和配色方案）

（1）插入一张新幻灯片，选择的"模板"名称为"暗香扑面"。

（2）进入"幻灯片母版"设计界面，对该演示文稿的幻灯片母版进行"文本背景""强调文字""强调文字和超链接""已访问的超级链接为龙腾四海"等设置。

（3）标题栏中输入"新年快乐"。

5）第五张要求（超链接）

（1）采用"标题与内容"版式，在内容区域输入"返回首页""表格""新年快乐"，分别设置超链接，依次链接到第1张、第3张、第4张。

（2）设置行距为2行，幻灯片背景为双色——浅蓝、红色渐变。

（3）在标题处增加竖排艺术字"认真检查"，设置字体为楷体，60号字；设置艺术字的形状为"双波形2"，艺术字的填充色为"预设"——红日西斜。

6）保存

以"Test1.pptx"为名，保存到U盘。

2. 请在打开的演示文稿中新建一张幻灯片，选择版式为："空白"，并完成以下操作

（1）设置幻灯片的高度为"20厘米"，宽度为"25厘米"。

（2）在新建文稿中插入任意一幅图片，调整适当大小，然后插入任意样式的艺术字，艺术字内容为"休息一下"。

（3）插入一版式为"空白"的幻灯片，将插入到第1页中的图片复制到第2页，并将图片的高度设置为"11.07厘米"，宽度设置为"10厘米"。

（4）插入一个水平文本框，输入内容为"现在开始计时"。字号：48；字形："加粗，斜体"；下划线，对齐方式：居中对齐。

（5）在第2页插入一个垂直文本框，在其中输入"我们可以休息到十二点钟"，并调整到适当位置。

（6）把两张幻灯片的背景设为"漫漫黄沙"。

（7）设置所有幻灯片的幻灯片切换效果为"水平百叶窗"。

📖测试六　计算机网络基础与应用测试题

一、填空题

1. 计算机网络最早的提出，是为了实现＿＿＿＿＿＿＿＿＿＿问题，但由于当时计算机使用不普及，所以计算机网络技术发展十分缓慢。

2. 20世纪＿＿＿＿＿，由于美苏关系紧张及核战潜在威胁，美国军方在＿＿＿＿年出资研发了一种新型的军事指挥网络，这种军事指挥网络能在核战环境中顽强存在，从而保证军事信息通畅传输。

3. 我们现在使用的计算机网络采用的是＿＿＿＿＿＿＿＿技术，该技术于＿＿＿＿年提出。

4. 计算机网络经历了四个阶段，分别是＿＿＿＿＿＿＿、＿＿＿＿＿＿＿、＿＿＿＿＿＿＿、＿＿＿＿＿＿＿。

5. 当前，计算机网络的主要用途有：＿＿＿＿＿、＿＿＿＿＿、＿＿＿＿＿、＿＿＿＿＿、＿＿＿＿＿、＿＿＿＿＿、＿＿＿＿＿。

6. 我国嫦娥工程登月科考时,利用网络控制登月舱和着陆舱完成科考任务,这种任务管控在网络主要用途中可以认为是_____。

7. 随着_____的成熟、_____的兴起和_____的支撑,电子商务孕育而生。

8. 你所在学校的教务系统应用,在计算机网络用途中属于_____。

9. 美团软件的使用,在计算机网络用途中属于_____。

10. "贪吃蛇"游戏在计算机网络用途分类中,属于_____。

11. 计算机网络的发展趋势主要集中在_____、_____、_____、_____、_____五个方面。

12. 计算机网络的构成分为_____部分与_____部分。计算机网络的硬件部分主要是组成计算机网络的_____、_____和设备。计算机网络的软件部分主要是_____、_____。

13. _____是目前使用较为普遍的网络连接介质之一,它作为网络数据的传输媒介,我们通过对铜导线特定的绕转方式,达到信号抗干扰能力强、数据高速传输的目的。

14. 采用_____作为数据传输方式的网络线路称为光纤线路。

15. _____的功能是负责计算机发送/接收数据过程中的数据交换功能。

16. 计算机网络从网络覆盖范围角度对网络进行分类,可以分为_____、_____、_____。

17. 局域网的英文缩写为:_____。城域网的英文缩写为:_____。广域网的英文缩写为:_____。

18. 计算机网络按拓扑结构可以分为_____、_____、_____。

19. 在日常使用中,常见的网络拓扑结构分型有_____、_____、_____、_____、网型。

20. ISO 是_____。OSI 是计算机网络的_____模型。OSI 将计算机网络中的各种资源分为七层,它们分别是_____、_____、_____、_____、_____、_____、_____。

21. TCP/IP 模型将计算机网络中的各种资源分为四层,它们分别是_____、_____、_____、_____。

22. _____是目前人类发展史上规模最大的信息高速公路。

23. Internet 中文正式译名为_____,又称为_____。Internet 应用主要集中在_____、数字化的生活与工作方式、_____、_____、_____、闲暇生活、社交和其他应用。

24. 信息要在 Internet 上传输,必须按 TCP/IP 规范要求给出_____的主机地址和_____的主机地址。

25. IP 地址目前常用的有_____和_____规范版本。IP 地址划分为___、___、___、___、___等五类地址。

26. IP 地址的 A 类地址,用___位二进制位表示网络号,用___位二进制位表示主机号。IP 地址的 A 类地址,用___个字节表示网络号,用___个字节表示主机号。IP 地址的 B 类地址,用___位二进制位表示网络号,用___位二进制位表示主机号。IP 地址的 B 类地址,用___个字节表示网络号,用___个字节表示主机号。IP 地址的 C 类地址,用___位二进制位表示网络号,用___位二进制位表示主机号。IP 地址的 C 类地址,用___个字节表示网络号,用___个字节表示主机号。

27. 用 255.255.255.0 表示子网掩码,该子网掩码默认属于___类地址的子网掩码。用 255.255.0.0 表示子网掩码,该子网掩码默认属于___类地址的子网掩码。用 255.0.0.0 表示子网掩码,该子网掩码默认属于___类地址的子网掩码。

28. 域名 www.sina.com.cn 中，一级域名为_____。域名 www.sina.com.cn 中，二级域名为_____。域名 www.sina.com.cn 中，三级域名为_____。域名 www.sina.com.cn 中，四级域名为_____。域名 www.xauat.edu.cn 中，"edu.cn"表示_____。

29. 域名 www.gov.cn 中，"gov.cn"表示_____。域名 www.icbc.com.cn 中，"com.cn"表示_____。万维网的英文全称为_____，简写为_____，中文翻译为_____。

30. 百度（www.baidu.com）是一个_____引擎。

31. 计算机病毒可以使用_____进行查杀。

32. 对于一个完善的计算机网络安全系统的主要特征有：_____、_____、_____、_____。

33. 计算机病毒的主要特征有：_____、_____、_____、_____、_____、_____。

34. 国家级应急中心的主要职责为：按照"_____、_____、_____、_____"的方针，开展互联网网络安全事件的_____、_____、_____和_____等工作，维护国家_____安全，保障基础_____和重要信息系统的安全运行，开展以互联网金融为代表的"互联网+"融合产业的相关安全监测工作。

二、单选题

1. 支付宝、淘宝、天猫均是由阿里巴巴公司开发的网上交易平台，这种平台属于计算机网络应用中的（　　）。

    A. 电子商务　　　　B. 电子竞技　　　　C. 数据库应用　　　　D. 以上均不对

2. 计算机网络根据流量的变化自动调整策略，适应流量变化带来的数据冲击，将有限的带宽进行有效的分配。这属于计算机未来发展趋势中的（　　）。

    A. 高速化　　　　B. 综合化　　　　C. 智能化　　　　D. 可靠性

3. 未来推出的 5G 网络技术，将会使计算机网络数据传输速度再上一个新台阶。这属于计算机未来发展趋势中的（　　）。

    A. 高速化　　　　B. 综合化　　　　C. 智能化　　　　D. 可靠性

4. 随着量子通信技术的不断完善，可以预见量子通信将为我们提供新一代通信技术，其传输的高效和绝对安全性为我们提供更可靠的保障。这属于计算机未来发展趋势中的（　　）。

    A. 高速化　　　　B. 综合化　　　　C. 智能化　　　　D. 可靠化

5. 随着计算机网络通信能力的不断加强，不仅为众多业务提供数据传输保障，而且随着不同技术的融合也推进了网络的综合化，避免了网络重复建设的人力物力消耗。这属于计算机未来发展趋势中的（　　）。

    A. 高速化　　　　B. 综合化　　　　C. 智能化　　　　D. 可靠性

6. 网络的易用性体现在可以为用户提供所需要的信息，同时网络的覆盖范围和覆盖形式也将提高网络服务的用户体验，更好用、更方便、更简单将是网络发展的主要方向。这属于计算机未来发展趋势中的（　　）。

    A. 高速化　　　　B. 综合化　　　　C. 易用性　　　　D. 可靠性

7. 计算机网络的构成分为软件部分与（　　）部分。

    A. 数字　　　　B. 模拟信号　　　　C. 硬件　　　　D. 以上均不对

8. 计算机网络的构成分为（　　）部分与硬件部分。

    A．数字   B．模拟信号   C．软件   D．以上均不对

9．美国微软公司的 Windows 7 操作系统属于（　　）。

    A．桌面版操作系统   B．服务器操作系统   C．移动版操作系统   D．嵌入式操作系统

10．美国微软公司的 WindowsMobile 操作系统属于（　　）。

    A．桌面版操作系统   B．服务器操作系统   C．移动版操作系统   D．嵌入式操作系统

11．美国微软公司的 Windows Server 2012 操作系统属于（　　）。

    A．桌面版操作系统   B．服务器操作系统   C．移动版操作系统   D．嵌入式操作系统

12．美国微软公司的 Windows CE 操作系统属于（　　）。

    A．桌面版操作系统   B．服务器操作系统   C．移动版操作系统   D．嵌入式操作系统

13．QQ 软件属于（　　）类型的软件。

    A．金融理财   B．社交软件   C．在线医生   D．导航软件

14．中国工商银行的网址为 www.icbc.com.cn，我们在该网站登录个人银行后，可以进行各种操作。中国银行网站属于（　　）。

    A．在线游戏   B．社交软件   C．在线医生   D．金融类在线平台

15．由阿里巴巴集团控股有限公司开发的"天猫"平台属于（　　）。

    A．在线游戏   B．电子商务   C．在线医生   D．电子竞技

16．局域网的英文缩写为（　　）。

    A．LAN   B．WAN   C．MAN   D．以上均不对

17．局域网的覆盖的范围为（　　）。

    A．全球   B．北半球   C．一个国家   D．十千米

18．城域网的覆盖的范围为（　　）。

    A．全球   B．北半球   C．一个国家   D．几十千米

19．广域网的覆盖的范围为（　　）。

    A．全球   B．北半球   C．一个国家   D．几十千米

20．下列表达，属于正确的电子邮箱地址表达为（　　）。

    A．abc@163.com   B．@abc.163.com

    C．abc.163.com@   D．以上均不正确

21．对计算机病毒描述正确的是（　　）。

    A．一种特殊的程序   B．该病毒传染给人

    C．无法在计算机中运行   D．可以使用药物杀灭

22．计算机网络安全描述正确的是（　　）。

    A．可以影响整个网络   B．具有破坏性

    C．多样性、多变性   D．以上均正确

23．通过浏览器访问网站的方式属于（　　）。

    A．B/S 通信模式   B．C/S 通信模式

    C．单机软件   D．以上均不正确

24．从应用角度，计算机网络可以分为公用网和（　　）。

    A．自由网   B．专用网   C．星型网   D．树型网

25．OSI 模型是（　　）。

    A．开放系统互联基本参考模型   B．国际化标准组织

C．特殊团体 D．以上均不对

26．（ ）是目前人类发展史上规模最大的信息高速公路。

A．Internet B．ISO C．TCP/IP D．以上均不对

27．Internet 中文正式译名为（ ），又称为国际互联网。

A．局域网 B．广域网 C．城域网 D．因特网

28．信息要在 Internet 上传输，必须按 TCP/IP 规范要求给出（ ）的主机地址和（ ）的主机地址。

A．发送信息 B．接收信息 C．监督信息 D．传递信息

29．下边采用十进制分段式表示的 IP 地址中，正确的是（ ）。

A．202#200#144#1 B．202&200&144&1

C．202-200-144-1 D．202.200.144.1

30．IP 地址的 A 类地址，用（ ）位二进制位表示网络号，用（ ）位二进制位表示主机号。正确选项为（ ）。

A．8、24 B．1、3 C．4、32 D．2、2

31．用 255.255.0.0 表示子网掩码，该子网掩码默认属于（ ）类子网掩码。

A．"A" B．"B" C．"C" D．"D"

32．用 255.0.0.0 表示子网掩码，该子网掩码默认属于（ ）类子网掩码。

A．"A" B．"B" C．"C" D．"D"

33．属于国别域名标识的字符是（ ）。

A．cn B．org C．edu D．biz

34．域名系统中，用来标识美国国别的字符是（ ）。

A．cn B．us C．edu D．biz

35．网页中的超链接的功能是（ ）。

A．一种机械传动装置 B．引导用户跳转到其他地址

C．一种场能量 D．无法确定

三、操作题

1．确认网卡是否正常工作。

2．设置 IP 地址。

3．查看百度服务器 IP 地址。

4．制作可以用来连接计算机和交换机的网线，并对其进行测试。

5．完成对 TP-LINK 路由器的设置，使其能够实现有线连接设备和无线连接设备上网。

6．通过蓝牙方式，实现手机间数字文件传输。

7．利用百度搜索引擎，搜索你所学专业领域内的知名科学家。

8．利用 163 电子邮箱系统，申请电子邮箱，并给老师电子邮箱发送个人简历。

9．通过平台在线学习"建筑文脉"课程，体验在线学习。

10．通过学校的教务系统，完成个人信息的填充和完善。

参考答案

第1章　习题参考答案

一、单选题

1. D 　2. B 　3. A 　4. B 　5. A 　6. B 　7. D 　8. B 　9. A 　10. D

二、填空题

1. ENIAC，1946，美国　　2. 软件　　　3. 操作码和地址码
4. 11010111．001　　　　5. ASIIC　　6. 解释型，编译型
7. 应用软件　　　　　　　8. Intel 4004　9. 字节
10. 加法

第2章　习题参考答案

一、单选题

1. B 　2. D 　3. A 　4. C 　5. A 　6. A 　7. A 　8. B 　9. C 　10. B

二、填空题

1. Alt+PrintScreen、PrintScreen　　　2. 扩展名　　3. 255
4. 相对路径　　　　　　5. *　　　6. ▸，◢
7. Ctrl+Alt+Del 或 ctrl+Alt+Esc　8. 进程　 9. 控制面板　10. 磁盘碎片整理

第3章　习题参考答案

一、单选题

1. B 　2. C 　3. B 　4. B 　5. B 　6. B 　7. D 　8. A 　9. D 　10. C

二、填空题

1．Ctrl+A　　2．Ctrl+Space　，　Ctrl+Shift　　3．Ctrl+X　，　Ctrl+V
4．大，小　　5．.docx, .dotx

三、思考题

略

第4章　习题参考答案

一、单选题

1．A　2．C　3．D　4．C　5．B　6．A　7．B　8．A　9．A　10．D
11．C　12．B　13．D　14．C　15．D

三、简答题

12．先选中 D 列，单击"格式"菜单中的"单元格"命令，在打开的"单元格格式"对话框的"保护"选项卡中，勾选"隐藏"复选项，单击"确定"按钮。然后再单击"工具"菜单中的"保护"→"保护工作表"命令，在"保护工作表"对话框中的"取消工作表保护时使用的密码"文本框中输入密码，单击"确定"按钮，再输入一次密码，单击"确定"按钮。

14．方法一：选中 G2 单元格，输入"=AVERAGE（B2:E2）"，按"Enter"键。

方法二：选中 G2 单元格，输入"=（B2+C2+D2+E2）/4"，按"Enter"键。

方法三：选中 G2 单元格，单击"插入"菜单中的"函数"命令，在出现的"插入函数"对话框的"选择函数"列表框中选择"AVERAGE"，单击"确定"按钮，在出现的"函数参数"对话框中的"Number1"文本框中输入"B2:E2"，单击"确定"按钮。

其他略。

第5章　习题参考答案

一、单选题

1．C　2．C　3．A　4．A　5．A　6．B　7．B　8．D　9．B　10．C
11．A　12．B　13．C　14．A　15．D　16．B　17．D　18．C　19．A　20．D

二、填空题

1．.pptx　2．结束放映　3．我的文档　4．1　　5．程序名及当前操作的文件名
6．保存、撤销、恢复　7．动画　　8．视图　9．审阅　10．设计
11．切换　12．插入　　13．文件　　14．幻灯片放映

15．幻灯片母版，讲义母版，备注母版　　16．新幻灯片　　17．页眉或页脚

18．页面设置　　19．普通视图，幻灯片浏览视图，幻灯片放映视图，备注页试图

20．演讲者放映（全屏幕），观众自行浏览（窗口），在展台浏览（全屏幕）

三、判断题

1．T　　2．F　3．F　4．F　5．F　6．F　7．F　8．T　9．T　10．F

11．T　　12．F　13．T　14．T　15．T

第6章 习题参考答案

一、单选题

1. D   2. C   3. C   4. D   5. B   6. A

二、名词解释

略。

三、简答题

略。

四、计算题

解：首先将 IP 地址和子网掩码转换为二进制。

202.200.144.56   ->110010101100100010010000   00111000

255.255.255.0   -> 11111111   11111111   11111111   00000000

接下来做与运算

```
        11001010    11001000   10010000   00111000
    &   11111111    11111111   11111111   00000000
    ─────────────────────────────────────────────
        11001010    11001000   10010000   00000000
```

将计算结果转换为十进制分段表达法

11001010   11001000   10010000   00000000   -> 202.200.144.0

IP 地址 202.200.144.56 所在的网络地址 202.200.144.0

📖 测试一   参考答案

一、单选题

1. C   2. B   3. B   4. B   5. D   6 D   7. D   8. B   9. D   10. B
11. B 12. A 13. B 14. B 15. D 16. C 17. B 18. D 19. B 20. D

二、填空题

1. 地址   2. 大规模和超大规模集成电路 3. 逻辑运算   4. 网络化
5. 二进制   6. 基数连除取余   7. 应用软件   8. 输入设备
9. 外存储器   10. 控制器   11. 111 1111   12. 288
13. CPU   14. 八位   15. 0 到 2^{16}-1   16. q
17. 算术运算和逻辑运算   18. 大规模和超大规模集成电路 19. ASCII 码   20. 应用

三、是非题（正确的答 T，错误的答 F）

1．F　2．F　3．F　4．T　5．F　6．F　7．F　8．T　9．T　10．T
11．T　12．T　13．T　14．F　15．F　16．T　17．F　18．T　19．F　20．T

📖测试二　参考答案

一、单选题

1．C　2．A　3．B　4．C　5．A　6．D　7．A　8．C　9．D　10．D
11．A　12．B　13．C　14．A　15．D　16．B　17．B　18．A　19．C　20．C

二、填空题

1．设备管理　2．处理机管理　3．诞生　4．文件名为第2个字母为A的一批文件
5．系统软件　6．内存　7．关闭窗口　8．对话框
9．回收站　10．活动窗口　11．操作系统　12．硬件
13．分时　14．255　15．扩展文件名　16．进程
17．线程　18．系统吞吐量　19．及时响应　20．多道批处理系统

三、是非题（正确的答 T，错误的答 F）

1．F　2．F　3．F　4．F　5．T　6．F　7．T　8．T　9．F　10．T
11．T　12．T　13．T　14．F　15．F　16．T　17．T　18．V　19．F　20．F

四、操作题

略。

📖测试三　参考答案

一、单选题

1．B　2．A　3．C　4．C　5．D　6．B　7．B　8．A　9．D　10．C
11．D　12．B　13．C　14．A　15．B　16．A　17．C　18．B　19．D　20．D
21．C　22．C　23．C　24．C　25．B　26．D　27．B　28．C　29．D　30．B
31．C　32．B　33．D　34．D　35．C

二、填空题

1．docx　2．Enter 或回车　3．段落　4．格式刷　5．插入点或光标
6．页面　7．打印预览　8．页眉　9．Ctrl+V　10．X
11．Ctrl+A　12．拆分　13．分节　14．Delete　15．其他行

16. 样式   17. 剪贴板   18. 缩进   19. 复制   20. 居中对齐

三、是非题（正确的答 T，错误的答 F）

1. T   2. F   3. T   4. T   5. T   6. F   7. T   8. F   9. T   10. T
11. F   12. T   13. T   14. T   15. T   16. T   17. F   18. T   19. T   20. T
21. F   22. T   23. F   24. T   25. T

四、操作题

略。

📖测试四 参考答案

一、单选题

1. B   2. A   3. C   4. A   5. A   6. D   7. A   8. C   9. A   10. B
11. C   12. A   13. B   14. C   15. D   16. A   17. D   18. C   19. C   20. D
21. C   22. B   23. C   24. C   25. C   26. D   27. B   28. D   29. C   30. B
31. C   32. B   33. A   34. A   35. B   36. D   37. B   38. B   39. A   40. A
41. C   42. C   43. C   44. B   45. B

二、填空题

1. 电子表格处理   2. .xlsx   3. 工作簿   4. 单击工作表左上角的全选按钮
5. 6   6. 纵向、横向   7. $A$1+$A$4+$B$4   8. =A4+C4
9. 视图   10. 插入   11. 20008   12. 3
13. ′0456   14. 混合   15. 页面布局

三、操作题

略。

📖测试五 参考答案

一、单选题

1. C   2. A   3. A   4. D   5. A   6. D   7. B   8. B   9. B   10. B
11. C   12. B   13. C   14. A   15. A   16. B   17. A   18. B   19. B   20. D
21. A   22. C   23. B   24. A   25. B   26. D   27. A   28. B   29. C   30. B

二、填空题

1. .pptx   2. 结束放映   3. 我的文档   4. 1   5. 程序名及当前操作的文件名

6．保存、撤销、恢复　　　7．动画　　　8．视图　　9．审阅　　10．设计

11．切换　　12．插入　　13．文件　　14．幻灯片放映　　15．新文件、打开、保存和打印

16．新幻灯片　　17．页眉或页脚　　　18．页面设计

19．普通视图、幻灯片浏览视图、幻灯片放映视图、阅读视图、母版视图、演示者视图

20．新幻灯片　　　21．占位符　　　22．幻灯片模板、讲义模板，备注模板

23．文本格式，背景颜色，项目符号　　24．标题占位符，副标题占位符，项目占位符

25．SmartArt　　26．Office 按钮，快速访问工具栏，标题栏，功能区　　27．CD 数据包

28．Shfit+F5，F5　　29．Ctrl　　　30．PowerPoint 97-2010

三、操作题

略。

📖 测试六　参考答案

一、填空题

1．不同计算机系统间的通信

2．60 年代、1969

3．存储转发（Store and Forward）、1965

4．远程终端信息处理阶段、计算机互联网阶段、计算机网络体系结构形成阶段、网络的互联和高速网络阶段

5．网上办公、数据库应用、过程控制、电子商务、网上医疗、实况直播、电子竞技

6．过程控制　　7．网络技术、物流行业、金融业　　8．网上办公　　9．电子商务

10．电子竞技　　11．高速化、综合化、智能化、易用性、可靠性

12．软件、硬件、电子元器件、传输介质、网络操作系统、网络通信软件

13．双绞线　　14．光信号　　15．交换机　　16．局域网、城域网、广域网

17．LAN、．MAN、WAN

18．集中式网络、分散式网络、分布式网络

19．星型拓扑、总线型拓扑、环型拓扑、树型拓扑

20．国际化标准组织，开放系统互联基本参考，应用层、表示层、会话层、传输层、网络层、数据链路层、物理层

21．应用层、传输层、网络层、网络接口层

22．Internet

23．因特网、国际互联网、 接发电子邮件、上网浏览或冲浪、查询信息、电子商务

24．发送信息、接收信息

25．IPv4、IPv6、A、B、C、E、F

26．8、24、1、3、16、16、 2、2、24、8、3、1

27．C、B、A

28．cn、com、sina、www、 中国国别下的教育机构

29．中国国别下的政府机构、表示中国国别下的公司或组织、World Wide Web、环球信息网

30．搜索

31．杀毒软件

32．保密性、完整性、可用性、可控性、可查性

33．传染性、潜伏性、隐蔽性、破坏性、寄生性、触发性

34．"积极预防、及时发现、快速响应、力保恢复"、预防、发现、预警和协调处置、公共互联网、信息网络

二、单选题

1．A　2．C　3．A　4．D　5．B　6．C　7．C　8．C　9．A　10．C
11．B　12．D　13．B　14．D　15．B　16．A　17．D　18．D　19．C　20．A
21．A　22．D　23．A　24．B　25．A　26．A　27．D　28．A　29．D　30．A
31．B　32．A　33．A　34．B　35．B

三、操作题

略。

参考文献

[1] 马睿，李丽芬，王先水. 大学计算机基础及应用[M]. 北京：科学出版社，2016.

[2] 费翔林，骆斌. 操作系统教程[M]. 5 版. 北京：高等教育出版社，2014.

[3] 叶斌. 大学计算机基础教程[M]. 北京：人民邮件出版社，2010.

[4] 李敬兆. 大学计算机基础实验教程[M]. 合肥：中国科学技术大学出版社，2009.

[5] 杨振山，龚沛曾. 大学计算机基础简明教程[M]. 北京：高等教育出版社，2006.

[6] 赵万龙. 大学计算机应用基础[M]. 北京：清华大学出版社，2013.

[7] 冯博琴，赵英良，等. 计算机软件技术基础[M]. 西安：西安交通大学出版社，2010.

[8] 陆汉权. 计算机科学基础[M]. 北京：电子工业出版社，2011.

[9] 顾刚，程向前. 大学计算机基础[M]. 2 版. 北京：高等教育出版社，2011.

[10] 陈国君，陈尹立. 大学计算机基础教程[M]. 2 版. 北京：清华大学出版社，2014.

[11] 刘腾红，王少波，范爱萍. 大学计算机基础[M]. 3 版. 北京：清华大学出版社，2013.

[12] 熊江，吴元斌，刘井波. 大学计算机应用教程[M]. 北京：科学出版社，2015.

[13] 中国高等院校计算机基础教育课题研究组. 中国高等院校计算机基础教育课程体系 2008[M]. 北京：清华大学出版社，2008.

[14] 吴元斌，熊江，钟静. 大学计算机应用实验教程[M]. 北京：科学出版社，2015.

[15] 张菁，吕显强. 大学计算机基础实验教程[M]. 北京：科学出版社，2013.

[16] 姚琳. 大学计算机基础与应用实验指导[M]. 北京：人民邮电出版社，2013.

[17] 陈国君，陈尹立. 大学计算机基础教程习题解答与实验指导[M]. 2 版. 北京：清华大学出版社，2014.

[18] 杨清平，向伟. 大学计算机基础实践教程[M]. 2 版. 合肥：中国科学技术大学出版社，2011.

[19] 杨振山，龚沛曾. 大学计算机基础上机实验指导与测试[M]. 4 版. 北京：高等教育出版社，2006.

[20] 李敬兆. 大学计算机基础实验教程[M]. 合肥：中国科学技术大学出版社，2009.

[21] 张玲，等. 大学计算机基础教程习题解答与上机指导[M]. 北京：电子工业出版社，2003.

[22] 谭浩强. 计算机应用基础实训指导与习题集[M]. 北京：中国铁道出版社，2002.

[23] 卢湘鸿. 计算机应用基础习题解答与实验指导[M]. 北京：清华大学出版社，2002.

[24] 刘腾红，王少波，范爱萍. 大学计算机基础实验指导[M]. 3 版. 北京：清华大学出版社，2013.

[25] 吴宁. 大学计算机基础实验教程[M]. 2 版. 北京：电子工业出版社，2013.

[26] 马志强. 大学计算机基础实验教程[M]. 北京：科学出版社，2012.

[27] 彭金莲. 大学计算机基础实验指导[M]. 北京：中国水利水电出版社，2012.

反侵权盗版声明

电子工业出版社依法对本作品享有专有出版权。任何未经权利人书面许可，复制、销售或通过信息网络传播本作品的行为；歪曲、篡改、剽窃本作品的行为，均违反《中华人民共和国著作权法》，其行为人应承担相应的民事责任和行政责任，构成犯罪的，将被依法追究刑事责任。

为了维护市场秩序，保护权利人的合法权益，我社将依法查处和打击侵权盗版的单位和个人。欢迎社会各界人士积极举报侵权盗版行为，本社将奖励举报有功人员，并保证举报人的信息不被泄露。

举报电话：（010）88254396；（010）88258888

传　　真：（010）88254397

E-mail：　dbqq@phei.com.cn

通信地址：北京市万寿路 173 信箱

　　　　　电子工业出版社总编办公室

邮　　编：100036